TERMODINÂMICA
AMISTOSA
PARA
ENGENHEIROS

Blucher

Octave Levenspiel
Departamento de Egenharia Química
Universidade Estadual do Oregon
Departamento de Engenharia Química
da Universidade Estadual de Oregon

TERMODINÂMICA AMISTOSA PARA ENGENHEIROS

TRADUTORES
José Luís Magnani
Engenheiro Químico, Mestre e Doutor
Professor da Escola Politécnica da
Universidade de São Paulo

Wilson Miguel Salvagnini
Engenheiro Químico, Mestre e Doutor
Professor da Escola Politécnica da
Universidade de São Paulo
e da Escola de Engenharia Mauá

Título original
UNDERSTANDING ENGINEERING THERMO
A edição em língua inglesa foi publicada pelo autor

Termodinâmica amistosa para engenheiros

10ª reimpressão - 2021

Blucher

Rua Pedroso Alvarenga, 1245, 4º andar
04531-934 - São Paulo - SP - Brasil
Tel.: 55 11 3078-5366
contato@blucher.com.br
www.blucher.com.br

Dados Internacionais de Catalogação na Publicação (CIP)
(Câmara Brasileira do Livro, SP, Brasil)

Levenspiel, Octave
Termodinâmica amistosa para engenheiros / Octave Levenspiel ; tradução José Luís Magnani, Wilson Miguel Salvagnini - São Paulo : Blucher, 2002.

Título original : Understanding engineering thermo.

Bibliografia
ISBN 978-85-212-0309-4 (impresso)
ISBN 978-85-212-1548-6 (ebook)

1. Engenharia 2. Termodinâmica I. Título.

09-00854 CDD-621.4021

Índice para catálogo sistemático:
1. Termodinâmica : Engenharia térmica 621.4021

PREFÁCIO

Meu livro favorito sobre termodinâmica* começa com uma citação da prima de Josia Willard Gibbs, ao ver uma cópia de seu mais famoso artigo sobre o assunto. Sua reação foi:

> "Parece um amontoado de palavras duras, sinais e números, nada divertido nem compreensível, e eu gostaria de saber se isso tornará as pessoas melhores e mais sábias."

Há um chamado para mim — tornar as pessoas mais sábias sem aquelas palavras duras. O guru da termodinâmica Kenneth Denbigh** escreveu:

> "A termodinâmica é um assunto que deve ser estudado não uma única vez, mas diversas vezes, em níveis cada vez mais avançados. Na segunda, terceira vez..., é útil retornar repetidamente às bases da primeira e da segunda lei e, nesse momento, numa seqüência mais lógica."

Este livro não se destina a ser aquele da segunda ou da terceira vez neste assunto, mas uma primeira introdução. Eu pretendo apresentar as principais idéias da termodinâmica e mostrar a sua utilização com numerosos problemas práticos.

A opinião típica de um estudante que bate de frente com o assunto pela primeiras vez é citada por Andrews***:

> "Para mim, a termodinâmica é um labirinto de quantidades indefinidas, símbolos com sobrescritos, subscritos, barras, estrelas, círculos, etc., que mudam ao longo do desenvolvimento da matéria, utilizando um duvidoso método de começar com uma equação e ir incorporando equações diferencias parciais, até terminar com alguma coisa nova, supostamente útil."

---

* S. W. Angrist e L. G. Helper, *Order and Chaos* (New York: Basic Books, 1967).

** K. G. Denbigh, *The Principles of Chemical Equilibrium*, 3.ª ed. (Cambridge University Press, 1971)

*** F. C. Andrews *Thermodinamycs; Principles and Applications* (New York: 1971) Willey Interscience.

Simpatizei com aquele estudante. Onde o assunto é prático, evitei a sofisticação lógica e os aspectos abstratos que seriam mais fáceis de digerir se fosse o segundo ou o terceiro contato. Para mim, o estudo de termodinâmica pode ser útil, interessante e divertido — e não uma tarefa maçante. Também peço desculpas ao leitor por usar, às vezes, a forma abreviada "termo" no lugar da palavra completa "termodinâmica".

Neste livro, os primeiros dezenove capítulos devem fornecer a base razoável para um primeiro curso, enquanto que os últimos seis devem aguçar o apetite do estudante para estudos mais avançados.

Minha gratidão a Peggy Blair e Marta Follett, pela paciência em fazer e refazer sucessivas versões dos meus manuscritos. Finalmente, sou particularmente devedor do meu colega e engenheiro mecânico professor Murty Kanury, que consumiu numerosos lanches coreanos quentes discutindo e inquirindo diversos pontos delicados do tema.

CONTEÚDO

SIMBOLOGIA

Os símbolos e constantes definidos e usados somente no local não estão listados aqui .

c	concentração em massa, kg/m^3
c_p	calor específico a pressão constante, J/mol·K; veja a Eq. 8-2
c_v	calor específico a volume constante, J/mol·K; veja a Eq. 8-1
C	concentração em mol, mol/m^3; veja a Eq. 2-1
$\mathbf{C}$	$=3 \times 10^8$ m/s, velocidade da luz; veja a Eq. 6-8
$\mathbf{e}$	energia total por unidade de massa; J/kg
$\dot{e}$	taxa de variação da energia total por unidade de massa de um sistema descontínuo, J/kg·s = W/kg; veja a Eq. 3-4
$\mathbf{E}$	energia total de um sistema, J; veja a Eq. 3-1
$\dot{\mathbf{E}}$	taxa de variação da energia total de um sistema descontínuo, J/s = W; veja a Eq. 3-3
E_k	energia cinética, J; veja antes a Eq. 3-1
E_p	energia potencial, J; veja antes a Eq. 3-1
g	aceleração da gravidade, m/s^2; veja a Eq. 5-1
g	energia livre de Gibbs por mol do sistema, J/mol
g_c	fator de conversão, necessário quando se utilizam outros sistemas que não o SI; veja a Eq. 5-1
G	mols ou vazão molar de um gás, mol ou mol/s; veja o Cap. 21
G	energia livre de Gibbs. J; veja a Eq. 22-7
$\mathbf{G}$	constante universal da gravitação de Newton; veja a Eq. 5-3
h	entalpia por unidade de massa do sistema, J/kg ou J/mol; veja antes da Eq. 7-7
H	entalpia, J
$\Delta H_{s\ell}, \Delta H_{\ell g}$	calor latente, J; veja o Cap. 8
$\Delta H_c, \Delta H_f, \Delta H_r$	entalpia de combustão, formação e reação para uma dada transformação química , J; veja o Cap. 9
I	informação, (–); veja a Eq. 24-1
k	$= c_p/c_v$, relação de calores específicos; veja a Eq. 11-15
$\mathbf{k}$	$= 1{,}38 \times 10^{-23}$ J/molécula·K, constante de Boltzmann; veja antes da Eq. 24-8
K	constante de equilíbrio químico, (–); veja a Eq. 23-4
K_i	constante de equilíbrio de fase, (–); veja o Cap. 21
L	mols ou vazão molar de líquido, mol ou mol/s; veja o Cap. 21
m	massa, kg; veja a Eq. 2-1
$\dot{m}$	vazão em massa, kg/s; veja a Eq. 3-5
$\overline{mw}$	massa molecular ou peso molecular, kg/mol; veja a Eq. 2-1
n	número de mols, mol; veja a Eq. 2 - 1

$\dot{n}$	vazão molar, mol/s
p	pressão, Pa =N/m^2; veja a Eq. 2-1
P	pressão de vapor de líquido puro, Pa; veja o Cap. 21
q	calor adicionado a uma unidade de massa do sistema, J/kg ou J/mol
$\dot{q}$	taxa de adição de calor por unidade de massa do sistema, W/kg ou W/mol; veja a Eq. 3-4
Q	calor adicionado, J; veja antes da Eq. 3-1
$\dot{Q}$	taxa de calor adicionada ao sistema, W; veja a Eq. 3-3
Q	uma grande quantidade de calor, unidade de energia, veja o Cap. 10
R	= 8,314 J/mol·K, constante dos gases ideais; veja depois a Eq. 2-1
s	entropia por unidade de massa do sistema, J/kg·K ou J/mol·K; veja o Cap. 15
S	entropia, J/K; veja a Eq. 15-2
t	tempo, s
T	temperatura, K, °C, °R, °F; veja antes da Eq. 2-1
u	energia interna por unidade de sistema, J/kg ou J/mol
$\dot{u}$	taxa de aumento em energia interna de um sistema em batelada, W/kg ou W/mol
U	energia interna, J; veja a Eq. 3-1
$\dot{U}$	taxa de aumento de energia interna por unidade de massa de um sistema em batelada, J/s = W
v	volume por unidade de massa do sistema, m^3/kg ou m^3/mol
v	velocidade, m/s; veja a Eq. 6-2
V	volume, m^3; veja a Eq. 2-1
w	trabalho executado por unidade de massa do sistema, J/kg ou J/mol
$\dot{w}$	potência produzida por unidade de massa do sistema, W/kg ou W/mol; veja a Eq. 3-4
W	trabalho executado pelo sistema; veja a Eq. 3-1
$\dot{W}$	potência produzida pelo sistema, J/s = W; veja a Eq. 3-3
x	distância, m; veja a Eq. 4-1
x	fração mássica ou molar, (–) veja antes da Eq. 12-6
y_i	fração molar de i numa mistura gasosa,(–); veja o Cap. 21
z	altura em relação a um nível de referência, m; veja a Eq. 5-2
z	fator de compressibilidade, (–) veja a Eq. 12-11

LETRAS GREGAS

γ	constante para processos politrópicos; veja a Eq. 11-19
π	pressão total, Pa; veja a Eq. 12-2
ρ	densidade, kg/m^3; veja a Eq. 2-1
σ	tensão superficial, N/m; veja a Eq. 4-5
η	eficiência, (–); veja a Eq. 18-1

SUBSCRITOS

ex	exergia
ℓg	refere-se à mudança de fase de líquido para gás
rev	processo reversível
$s\ell$	refere-se às variações sólido para líquido

SOBRESCRITOS

o	refere-se a um estado de referência, usualmente 1 atm

CAPÍTULO 1

DO QUE TRATA A TERMODINÂMICA

Por que a escravidão não é viável atualmente? Por inúmeros motivos, entre eles, porque não dá lucro. Bois, búfalos, camelos e especialmente cavalos podem transportar pessoas e mercadorias com maior eficiência. Mais que isso: nos anos 1700, os inventores desenvolveram uma série de conceitos e aparelhos que propiciaram a Revolução Industrial na Europa. Eles descobriram como fazer o fogo e o vapor trabalharem para nós e isso substituiu o trabalho animal.

Imagine como o mundo se transformou. Em lugar de quatro cavalos puxando um ônibus de dois andares pelas ruas, em lugar de confiar no vento ou em remadores para atravessar o oceano, em lugar de puxar a água das minas com baldes amarrados a cordas, apareceram equipamentos capazes de executar esses trabalhos a um custo muito menor.

Essa grande revolução, a *Revolução Industrial*, criou a máquina a vapor, o motor de combustão interna, o motor elétrico, o motor a jato, e vários outros tipos de motores. E aqueles que praticavam o desenvolvimento e a construção desses engenhos, eram chamados de *engenheiros*.

O conceito central desses desenvolvimentos era "capacidade de realizar trabalho" do vapor, carvão ou madeira. Quanta madeira é necessária para fazer o mesmo trabalho de um balde de carvão ou de um galão de gasolina? O termo *energia* foi desenvolvido[1] como "capacidade para realizar trabalho". Ainda mais, a energia mostrava muitas diferentes facetas, como energia potencial, energia cinética, energia química e assim por diante.

Atualmente as máquinas disponíveis em nossa civilização são tão eficientes que se você quiser transportar, digamos, mil textos de termodinâmica como este que está lendo agora, para algum lugar, digamos, a 160 quilômetros de distância e fizer isso empregando seu trabalho físico, carregando tudo numa mochila às suas costas, você economizará menos de R$ 0,05 por hora, bem menos que o salário mínimo. Realmente, as máquinas mudaram nossas vidas de forma irreversível.

[1] É até difícil para nós acreditar que o termo "energia" só tenha sido proposto por Thomas Young em 1805, na "Bakerian Lecture to the Royal Society". Para detalhes, consulte D. W. Theobald, *The Concept of Energy* (New York: Barnes and Noble, 1966).

A termodinâmica, então, foi desenvolvida para estudar a energia — quanto dessa energia está no carvão, na madeira, na água corrente, no vapor de alta ou baixa pressão, nos ovos fritos ou balinhas açucaradas. Esse é o conceito básico da *primeira lei da termodinâmica*.

Mais tarde, se descobriu que, embora uma quantidade dessa energia seja equivalente a certa quantidade de outra, nem sempre se pode transformar uma na outra. Em particular, você não pode retirar toda a energia contida no vapor na forma de trabalho. Nas locomotivas a vapor, sempre uma parte da energia contida no carvão é perdida. Com que eficiência a energia pode ser convertida de uma forma para outra? Sadi Carnot, um brilhante jovem militar francês respondeu a essa pergunta com a *segunda lei da termodinâmica*.

E é isso. A primeira e a segunda lei da termodinâmica são o principal enfoque da termodinâmica. Vamos dizer algumas palavras sobre essas duas leis.

A primeira lei trata da transformação da energia (quanto desta forma é equivalente a quanto da outra). Entretanto, verificou-se que nem sempre se pode realizar essa transformação na prática.

A segunda lei é provavelmente a mais fascinante em toda a ciência, e Carnot tocou apenas em um aspecto dela. Ela se aplica a todas as áreas da ciência:

- mostra qual transformação é possível e qual não é;
- acaba com o conceito de moto perpétuo;
- mostra a direção do tempo. Por exemplo, quando você assiste a um filme, como sabe se ele está indo para a frente ou passando para trás? Você só pode responder quando vê algum fato relacionável com a segunda lei. Sem a segunda lei não pode saber o sentido do tempo.
- teoria da informação, mecânica estatística, envelhecimento humano, o funcionamento do cérebro, tudo tem a ver com a segunda lei da termodinâmica.

Quando foram combinados os conceitos da primeira e da segunda lei para dizer quanto trabalho pode estar disponível em uma dada situação, desenvolveu-se o conceito de *disponibilidade* ou *exergia*. Por exemplo, se você tem um curso de água descendo uma montanha, você pode represá-lo e gerar eletricidade. Mas com a mesma vazão de água num lugar muito plano você não consegue gerar muita eletricidade. O conceito de disponibilidade trata da energia que pode ser extraída de um *sistema em seu ambiente específico*. Você precisa conhecer tanto o sistema quanto suas vizinhanças para poder dizer qual a fração da energia total do sistema pode ser extraída como trabalho útil.

Neste livro:	os capítulos 3 a 14:	tratam da primeira lei;
	os capítulos 15 a 18:	tratam de segunda lei;
	o capítulo 19:	trata da disponibilidade ou exergia; e
	os capítulos 20 a 25:	tratam de várias aplicações.

Nossa visão do mundo que nos cerca é muito influenciada pela linguagem que usamos para descrevê-lo. Pense nisso. A termodinâmica, aqui, é muito importante. Ela permite um melhor entendimento da era industrial, a idade das máquinas. Atualmente, estamos no meio de uma nova revolução, a revolução da informação. Qual o máximo de informação que pode caber em um disquete, quanto podemos miniaturizar um chip e qual a velocidade máxima de transmissão de dados por fibras ópticas? A termodinâmica comparece aqui para determinar esses limites teóricos. Portanto, quem lida com energia, com suas transformações de uma forma para outra, e com a possibilidade ou não dessas transformações, deve entender os conceitos da termodinâmica. Por isso, os engenheiros devem conhecer termodinâmica, pelo menos seus conceitos básicos.

A primeira associação de engenheiros não-militares foi organizada na Inglaterra em 1811. Foi o Institute of Civil Engineers. A primeira frase de seus estatutos define claramente seus objetivos:

"...para dominar o poder e as forças da natureza em benefício da humanidade..."

Podemos refletir a esse respeito. Serve tão bem hoje quanto na época para o conceito da profissão de engenheiro.

Finalmente, R. Hazen e J. Trefil listaram "Os Vinte Maiores Sucessos da Ciência" (veja R. Pool, *Science*, 251, 266-267 (1991)). Onde a termodinâmica se encontra nessas vinte maiores idéias da ciência, as mais importantes e fundamentais idéias de todas as ciências? A seguir, o início da lista.

1. O universo é regular e possível de ser previsto.
2. Um conjunto de leis descreve o movimento.
3. Energia mais massa se conservam (primeira lei).
4. A energia sempre caminha da forma mais útil para a menos útil (segunda lei).

Assim, por trás das leis de Newton, temos as leis da termodinâmica.

Albert Einstein, refletindo sobre quais leis da ciência podiam ser consideradas entre as supremas, concluiu diferentemente:

> "A teoria que causa maior impacto é aquela de maior simplicidade de premissas, aquela que relaciona diferentes espécies de coisas e que tenha uma maior faixa de aplicação. Daí a profunda impressão que a termodinâmica clássica me causou. É a única teoria, em física, de conteúdo universal, e estou convencido de que, dentro de seus limites de aplicabilidade, nunca terá seus conceitos superados."[2]

[2] A. Einstein, "Autobiographical Notes", in P. A. Schilpp (Ed.), *Albert Einstein: Philosopher-Scientist* (Evanston, IL: Library of Living Philosophers, 1949).

PROBLEMA

1. Este capítulo mencionou que seu trabalho físico para movimentar cargas de um lado para outro vale menos de R$ 0,05 por hora, quando comparado às máquinas adequadas a esse tipo de trabalho. Vamos ver se essa afirmativa faz sentido. Imagine que desejamos transportar mil livros como este por 160 quilômetros.

    (a) Uma forma de fazer isso é: alugue um furgão por um dia, embale os livros, dirija por 160 quilômetros, faça um lanche rápido, dirija de volta, encha o tanque de gasolina e devolva o furgão para a locadora. Avalie o custo dessa operação.

    (b) Outra forma de realizar o trabalho é sem o uso de máquinas modernas. Assim, vamos carregá-lo com aproximadamente vinte livros, você caminha 160 quilômetros, entrega e volta. Quanto você demora para fazer isso? Repita a operação até transportar todos os livros e calcule quanto tempo a mais você gasta em comparação com o método (a). Despreze o custo da alimentação e do tênis.

    Observação: este problema sugere que foi a tecnologia que aboliu a escravatura. É por causa destes R$0,05/h que você vai para a universidade. Para poder usar seu cérebro e os conhecimentos de ciência e engenharia, em lugar do esforço físico, para ganhar seu pão com manteiga.

CAPÍTULO 2

PRELIMINARES

A. SISTEMA DE UNIDADES

Muitos sistemas de unidades têm sido usados nas diversas sociedades pelo mundo afora, o que tem dado muita dor de cabeça para quem se desloca de uma sociedade para outra. Por exemplo, você sabia que temos a polegada inglesa, a polegada norte-americana e a polegada canadense, ligeiramente diferentes uma da outra? Você sabia que o rei George III da Inglaterra decidiu que o galão deveria ser o volume de seu urinol? Vem daí o "galão imperial". Ele, inclusive, enviou o urinol de sua esposa para as colônias para servir de padrão. E vem daí o "galão americano". Atualmente, para encerrar a confusão e estabelecer uma linguagem universal para as medidas, usadas por todos os cientistas em toda parte, foi desenvolvido o Sistema Internacional de Unidades de Medida, ou SI.[1]

Em termodinâmica, lidamos basicamente com trabalho, calor, energia e potência; as Tabs. 2-1 e 2-2 mostram as relações entre as diferentes unidades dessas quantidades. Essas tabelas e as tabelas de outras grandezas físicas, como comprimento, massa, volume etc., estão no final do livro.

EXEMPLO 2-1 Conversão de unidades

Meu automóvel tem um potente motor de 6 cilindros capaz de desenvolver 200 hp. Quantos quilowatts isso representa?

SOLUÇÃO

A partir das tabelas citadas, temos

$$200 \text{ hp} \left(\frac{10^3 \text{ kW}}{1.341 \text{ hp}} \right) = \underline{\underline{149 \text{ kW}}} \longleftarrow$$

[1] Muita gente nos Estados Unidos ainda rejeita o SI e pergunta: "Porque mudar para o sistema métrico agora? Continuo fiel à polegada. Se encontro algum centímetro, eu o converto."

TABELA 2-1 Trabalho, calor e energia[2]

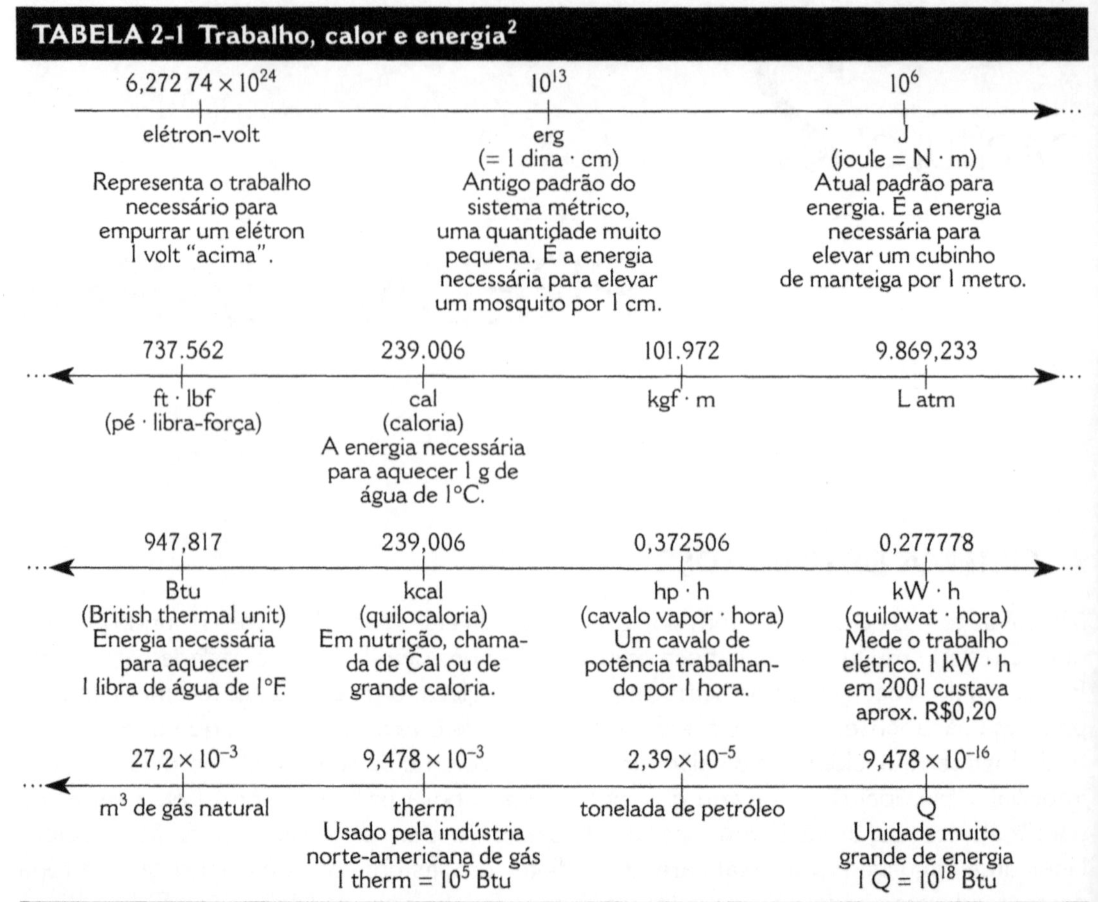

[2] O padrão SI é o joule (1 J = 1 N·m).

TABELA 2-2 Potência ou fluxo de trabalho[3]

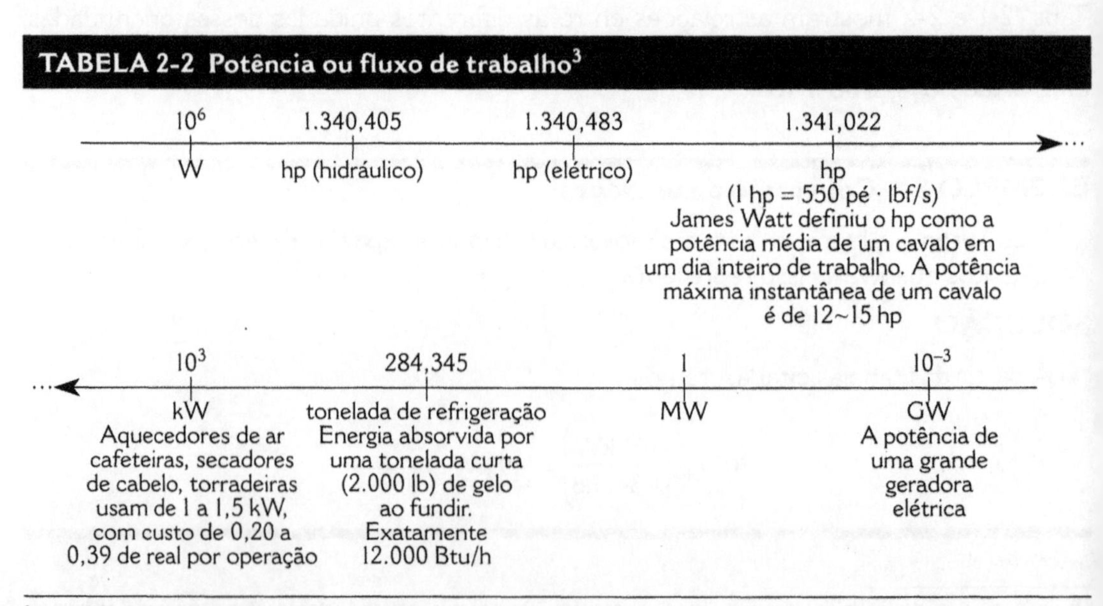

[3] O padrão SI é o watt (1 W = 1 J/s = 1 N · m/s).

EXEMPLO 2-2

Ingerimos cerca de 2.000 Cal por dia. A que uso de energia elétrica isso corresponde?

Solução

Lembrando que em nutrição Cal significa quilocaloria, temos 2.000 quilocalorias por dia; portanto, usando as tabelas de conversão:

$$\left(\frac{2.000\ \text{cal}}{\text{dia}}\right)\left(\frac{1\ \text{kcal}}{1\ \text{Cal}}\right)\left(\frac{10^6\ \text{J}}{239{,}006\ \text{kcal}}\right)\left(\frac{1\ \text{dia}}{24\times 3.600\ \text{s}}\right)=96{,}85\frac{\text{J}}{\text{s}}=\underline{\underline{96{,}85\ \text{W}}}\longleftarrow$$

Ou seja, vivemos, amamos e geramos calor consumindo energia como uma lâmpada de 100 W.

EXEMPLO 2-3

A promoção do mês no supermercado é um pacote com 6 garrafas de refrigerante, (garrafas de 12 onças), por R$3,98. Mas a garrafa de 2 litros custa R$2,58. Qual é mais econômica?

Observação: atualmente, há quatro definições diferentes de onça:

onça Troy	31,10 g de água	medida de massa
onça avoirdupois	28,35 g de água	medida de massa
onça fluida inglesa	28,41 mL	medida de volume
onça fluida americana	29,57 mL	medida de volume

Você está confuso? Use o SI

Solução

Vamos nos basear no custo de 1 m^3 de refrigerante. Para a garrafa de 2 litros, o custo é

$$1\ \text{m}^3\left(\frac{1.000\ \text{L}}{1\ \text{m}^3}\right)\left(\frac{\$2{,}58}{2\ \text{L}}\right)=\text{R\$}1.290$$

Para o pacote com 6 unidades, usando a tabela de conversão do final do livro, o custo é:

$$1\ \text{m}^3\left(\frac{33.814\ \text{onças}}{1\ \text{m}^3}\right)\left(\frac{\text{pacote de 6}}{6\times 12\ \text{onças}}\right)\left(\frac{\text{R\$}3{,}98}{\text{pacote de 6}}\right)=\text{R\$}1.870$$

Portando, a relação de custo é

$$\left(\frac{\text{pacote de 6}}{\text{garrafa de 2 L}}\right)=\frac{1.870}{1.290}=1{,}45$$

<u>Compre a garrafa de 2 litros!</u> ⟵

B. PESO MOLECULAR E MOLS

A expressão "massa molecular" é mais adequada que "peso molecular", mas, como é de uso comum, vamos usar ambas com o mesmo sentido. Vejamos um pouco mais a respeito do mol, essa aborrecida e malcompreendida criaturinha.

Primeiramente, átomos e moléculas são tão pequenos que não convém exprimir a massa de uma partícula individual. Por exemplo, um átomo de hidrogênio tem massa de

$$0{,}000\,000\,000\,000\,000\,000\,000\,001\,660 \text{ g}$$

Portanto, por conveniência, preferimos lidar com um conjunto de $6{,}023 \times 10^{23}$ entidades, átomos ou moléculas. Chamamos essa quantidade de *mol* do material. Então o que acontece é que

1 mol de átomos de hidrogênio tem a massa de 1 grama.

Chamamos isso de *peso atômico* do hidrogênio. A Tab. 2-3 nos dá o peso atômico dos elementos mais comuns.

TABELA 2-3 Alguns pesos atômicos[1]

Elemento	Símbolo	Peso Atômico (g)
Alumínio	Al	27,0
Argônio	A	39,9
Cálcio	Ca	40,1
Carbono	C	12,0
Cloro	Cl	35,5
Enxofre	S	32,1
Flúor	F	19,0
Hélio	He	4,0
Hidrogênio	H	1,0
Chumbo	Pb	207,2
Magnésio	Mg	24,3
Nitrogênio	N	14,0
Oxigênio	O	16,0
Fósforo	P	31,0
Potássio	K	39,1
Silício	Si	28,1
Sódio	Na	23,0
Urânio	U	238,1

[1]Estes são os pesos de $6{,}023 \times 10^{23}$ átomos de cada um dos elementos listados

De forma similar, a massa de 1 mol de uma dada molécula é chamada de *massa molecular*, $\overline{mw}$, do composto. Por exemplo, o açúcar comum, chamado sacarose, é uma combinação de 45 átomos, simbolizada por $C_{12}H_{22}O_{11}$. Sua massa molecular é

$$\begin{aligned}\overline{mw}_{\text{sacarose}} &= (12 \times 12{,}0 \text{ g/mol}) + (22 \times 1{,}0 \text{ g/mol}) + (11 \times 16{,}0 \text{ g/mol}) \\ &= 342 \text{ g/mol} = 0{,}342 \text{ kg/mol}\end{aligned}$$

A seguir algumas massas moleculares:

Gás hidrogênio H_2	: $\overline{mw}$ =	2	g/mol = 0,002	kg/mol
Gás oxigênio O_2	:	32	g/mol = 0,032	kg/mol
Ozônio O_3	:	48	g/mol = 0,048	kg/mol
Ar (21%O_2, 78%N_2, etc.)	:	28,9	g/mol = 0,0289	kg/mol
Gás carbônico CO_2	:	44	g/mol = 0,044	kg/mol
Água H_2O	:	18	g/mol = 0,018	kg/mol

C. PROPRIEDADES DAS SUBSTÂNCIAS PURAS

A termodinâmica estuda materiais — sólidos, líquidos e gases — com vistas a transformá-los de formas de energia de difícil uso em outras mais facilmente utilizáveis, por exemplo, transformar carvão em gasolina sintética para alimentar carros e tratores, transformar lixo em ar condicionado para sua casa, esterco de porco em eletricidade para ligar sua televisão. Portanto, antes de começar com a termodinâmica, vamos enfocar algumas propriedades simples dos materiais, como pressão (p), temperatura (T), densidade (ρ) e olhar para as relações entre elas.

1. Sólidos e Líquidos

Não há equações simples e confiáveis para prever densidades de líquidos e sólidos. Essas densidades estão tabeladas em numerosas publicações e, especialmente, em manuais.

As densidades dos sólidos e líquidos variam ligeiramente com a temperatura (não passam de um fator 2) e ainda menos com a pressão. Por exemplo, para uma variação de pressão de 1 bar para 1.000 bar, a densidade da água muda em 3% e do ferro sólido muda em 2%. Para uso em termodinâmica, um único valor citado nos manuais costuma fornecer aproximação suficiente. Entretanto, para alguns materiais de grande importância para a engenharia, como a água, é necessária uma maior precisão, e existem extensas tabelas para várias pressões e temperaturas.

Infelizmente, não existem equações genéricas para prever a densidade de um novo material. Para os gases, a abordagem é bem diferente, como veremos a seguir.

2. Gases

Existem várias relações entre pressão, volume e temperatura para gases, como as propostas por

$$\left.\begin{array}{l}\text{van der Waals}\\ \text{Benedict Weeb Rubin}\\ \text{Beattie Bridgeman}\end{array}\right\}\ \text{equações.}$$

Entretanto, quando podemos, gostamos de lidar com o gás ideal, cujo equacionamento simples nos permite deduzir várias conseqüências interessantes. O modelo dos gases perfeitos representa bem os gases reais em pressões não muito altas. Portanto constitui ainda um veículo para o aprendizado de termodinâmica, como veremos a seguir.

Em suas várias formas equivalentes, a lei dos gases ideais (ou lei dos gases perfeitos) afirma que

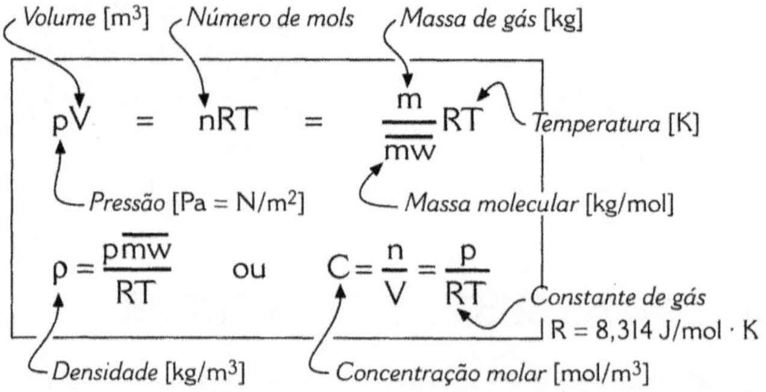
Volume [m³]
Número de mols
Massa de gás [kg]
Temperatura [K]
Pressão [Pa = N/m²]
Massa molecular [kg/mol]
Constante de gás
R = 8,314 J/mol · K
Densidade [kg/m³]
Concentração molar [mol/m³]

$$pV = nRT = \frac{m}{\overline{mw}}RT \qquad \rho = \frac{p\overline{mw}}{RT} \quad \text{ou} \quad C = \frac{n}{V} = \frac{p}{RT} \tag{2-1}$$

Lembre-se de que no SI as unidades e valores da massa molecular são definidos como

$$\begin{aligned} mw_{H_2} &= 0{,}0020 \text{ kg/mol} \\ mw_{ar} &= 0{,}0289 \text{ kg/mol} \\ mw_{O_2} &= 0{,}032 \text{ kg/mol} \end{aligned}$$

Outros valores já foram citados na Tab. 2-3. No SI, o valor da constante dos gases perfeitos é

$$\begin{aligned} R &= 8{,}314 \text{ J/mol} \cdot \text{K} \\ R &= 8{,}314 \text{ Pa} \cdot \text{m}^3\text{/mol} \cdot \text{K} \\ R &= 8{,}314 \text{ N} \cdot \text{m/mol} \cdot \text{K} \end{aligned}$$

Neste livro, usaremos o SI, porém qualquer conjunto consistente de unidades pode ser usado. Portanto, a lei dos gases perfeitos pode ser usada em outras unidades. Basta usar o respectivo valor da constante dos gases perfeitos. Por exemplo:

$$\begin{aligned} R &= 1{,}987 \text{ cal/mol} \cdot \text{K} \\ R &= 1{,}987 \text{ Btu/lbmol} \cdot {}^\circ\text{R} \\ R &= 0{,}08206 \text{ L} \cdot \text{atm/mol} \cdot \text{K} \\ R &= 0{,}729 \text{ pé}^3 \cdot \text{atm/lbmol} \cdot {}^\circ\text{R} \end{aligned}$$

Em pressão não muito alta, p. ex. até 5 bar, a lei dos gases perfeitos representa razoavelmente todos os gases, do hidrogênio ao hexafluoreto de urânio[4].

EXEMPLO 2-4 Um catalisador fantástico

Minha pesquisa? Por favor, não comente, mas estou trabalhando no desenvolvimento de um pó fantástico que, disperso na água, a decompõe em seus elementos:

$$\text{água} \xrightarrow[30^\circ\text{C, 1 bar}]{\text{catalisador superespecial}} \text{hidrogênio e oxigênio}$$

Se funcionar (e com certeza funcionará), por favor calcule para mim quantos metros cúbicos de gás a 1 bar e 30°C podem ser produzidos com 1 L de água. Admita que 1 L de água pesa 1 kg.

---

[4] (N. do T. com raras exceções). Em condições próximas ao ponto de ebulição, alguns gases apresentam desvios em relação ao comportamento ideal, mesmo a baixas pressões.

Solução

Em linguagem química, a reação é

$$H_2O \rightarrow H_2 + \frac{1}{2} O_2$$

ou 1 mol de água líquida produz 1 mol de hidrogênio e $^1/_2$ mol de oxigênio, ambos gasosos. Calculemos primeiro o número de moles de gás formado:

$$(1\ L\ H_2O)\left(\frac{1\ kg\ H_2O}{1\ L}\right)\left(\frac{1\ mol\ H_2O}{0{,}018\ kg\ H_2O}\right)\left(\frac{1\ mol\ H_2 + \frac{1}{2} mol\ O_2}{1\ mol\ H_2O}\right) = 83{,}3\ mols\ de\ gás$$

Portanto, o volume de gás formado, pela lei dos gases perfeitos, é

$$V_g = \frac{nRT}{p} = \frac{(83{,}3\ mols)\left(8{,}314 \frac{Pa \cdot m^3}{mol \cdot K}\right)(303\ K)}{100.000\ Pa} = \underline{\underline{2{,}1\ m^3}} \longleftarrow$$

EXEMPLO 2-5 Combustão de lixo plástico

Restos de polietileno, fórmula química $(C_2H_4)_n$ — uma mistura de sacos, garrafas plásticas, embalagens de alimentos — são moídos e queimados com o ar estequiometricamente necessário[5] (Fig. 2-1). A equação química que representa essa reação, fazendo-se n = 1 (sem perder a validade geral), é

$$C_2H_4 + 3O_2 \rightarrow 2CO_2 + 2H_2O$$

a) Que volume de ar, a uma pressão ligeiramente superior à atmosférica, digamos a p = 103.000 Pa e 25°C, é necessário para queimar 3 kg dessas aparas?

b) Que volume dos gases de combustão (gases de saída), a 227°C e 0,9 atm, resulta da queima de 3 kg dessas aparas?

Solução

Primeiramente, vamos calcular a massa por unidade monomérica do polietileno. Usando a Tab. 2-3 deste capítulo, encontramos

$$mw_{C_2H_4} = [2\ (0{,}012) + 4(0{,}001)] = 0{,}028\ kg/mol$$

Agora, como estamos lidando com gases e não com líquidos ou sólidos, é quase sempre mais fácil trabalhar com quantidades molares em lugar de massas. Vamos verificar a que quantidade molar 3 kg de aparas correspondem:

$$(3\ kg)\left(\frac{1\ mol\ C_2H_4}{0{,}028\ kg}\right) = 107\ mols\ de\ C_2H_4$$

[5] O termo "estequiometria" foi criado pelo químico alemão Richter em 1792. Ele se referia à arte (naquela época era arte) de determinar quanto de um produto químico pode combinar com uma quantidade de outro. Atualmente, a química fornece equações para os cálculos estequiométricos das várias reações.

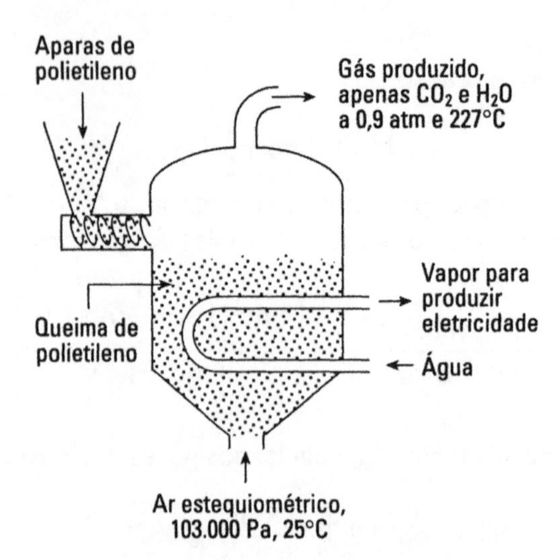

Figura 2-1

A seguir, vamos fazer o balanço das diversas substâncias químicas entrando e saindo do reator; é uma boa idéia fazer isso através de uma tabela com todos os componentes. Nossa estequiometria adota como base 107 mols de C_2H_4.

Substâncias participantes	Entram no reator	Saem do reator
C_2H_4 (sólido)	107 mols (sólido)	0
O_2	3 (107) = 321	0
N_2	(79/21) (321)	(79/21) (321)
CO_2	0	2 (107)
H_2O	0	2 (107)
Gases totais	1.529 mols	1.636 mols

Portanto, para 3 kg desse lixo, o volume de entrada de gases — apenas ar nesse caso — é

$$V_{entrada} = (1.529 \text{ mols}) \left(\frac{0{,}0224 \text{ m}^3}{\text{mol}} \right) \left(\frac{101.325 \text{ Pa}}{103.000 \text{ Pa}} \right) \left(\frac{298 \text{ K}}{273 \text{ K}} \right) \quad \text{(a)}$$

Nas condições padrão, 0°C e 101.325 Pa

Nas condições padrão — *Correção de pressão* — *Correção de temperatura*

$$= \underline{\underline{36{,}8 \text{ m}^3 \text{ de ar/3 kg de lixo}}} \longleftarrow$$

E, para os gases de combustão mais o nitrogênio proveniente do ar,

$$V_{saída} = (1.636 \text{ moles}) \left(\frac{0{,}0224 \text{ m}^3}{\text{mol}} \right) \left(\frac{101.325 \text{ Pa}}{0{,}9 \times 101.325 \text{ Pa}} \right) \left(\frac{227 + 273 \text{ K}}{273} \right) \quad \text{(b)}$$

$$= \underline{\underline{74{,}6 \text{ m}^3 \text{ saem/3 kg de lixo}}} \longleftarrow$$

PROBLEMAS

1. Para simular a dispersão de material tóxico, vamos imaginar que um tambor com 42 galões de água é lançado ao oceano e, então, bem misturado com as águas de todos os oceanos da Terra.

   Se eu for para Newport depois disso e pegar uma colher de chá da água do oceano, qual será a probabilidade de eu encontrar uma das moléculas originais, ou quantas moléculas devo esperar encontrar?

   Dados:

   - A distância do Pólo Norte ao Equador é de 10 milhões de metros. Foi assim que se escolheu o tamanho do metro.
   - Dois terços da superfície do planeta são cobertos por água.
   - A profundidade média dos oceanos é de 3.000 m.
   - 1 mol de uma substância contém $6{,}023 \times 10^{23}$ moléculas.

2. Se todos os seres humanos do planeta (da ordem de 4,5 bilhões de pessoas, homens, mulheres, crianças) fossem cuidadosamente comprimidos em um único cubo, qual seria o tamanho da aresta?

   Observação: freqüentemente, em problemas reais, ou temos excesso de dados, dados contraditórios ou não temos dados suficientes. Quando não temos dados suficientes, usamos nossa capacidade de julgamento, nosso bom senso para fazer avaliações razoáveis daquilo que não é conhecido, se necessário.

3. *Diversão em Casa* é o título de um pequeno livro que sugere projetos criativos para entreter crianças precoces entediadas. Aqui vai um exemplo. Coloque um pouco de gelo seco (CO_2 sólido) em uma garrafa plástica de refrigerante, vazia, de 2 litros, sele a garrafa e coloque-a cuidadosamente no armário da cozinha, onde se guardam os copos, xícaras e travessas. Então, por razões de segurança, verifique se a porta do armário está bem fechada. Quando o gelo seco se aquecer à temperatura ambiente e sublimar (vaporizar) irá explodir como uma granada de mão de tamanho médio, quebrando tudo no armário. Interessante, não?

   A propósito, quantos gramas de gelo seco são necessários para esse efeito, sabendo-se que a garrafa explode quando a pressão interna ultrapassa 11 bar?

4. O ar de uma fábrica contém 0,1 ppb (uma parte por bilhão) de uma substância carcinogênica de massa molecular $\overline{mw} = 0{,}290$ kg/mol, que se acumula no corpo quando inalada. Quando 1 mg dessa substância se acumula, ocorre uma modificação irreversível que geralmente leva a um câncer. Admitindo 12 inspirações por minuto, meio litro por inspiração, 20% de absorção da substância carcinogênica do ar a 20°C, calcule quanto tempo uma pessoa tem que trabalhar (40 horas por semana, 48 semanas por ano) nesse local até acumular a quantidade crítica do carcinogênico (1 mg).

5. Quantos quilos de oxigênio são necessários para queimar 10 kg de benzeno (C_6H_6) até dióxido de carbono e água?

6. Um tanque de 0,82 m^3 foi projetado para suportar uma pressão de 10 atm. O tanque contém 4,2 kg de nitrogênio e se aquece lentamente a partir da temperatura ambiente. A que temperatura (°C) ele se romperá?

7. Queremos vender oxigênio em pequenos cilindros de 0,5 $pé^3$ cada, contendo 1,0 lb de oxigênio puro. Se os cilindros vão ser submetidos à temperatura máxima de 120°F, calcule a pressão para a qual os cilindros devem ser projetados, admitindo-se comportamento de gás ideal. O cilindro será fabricado em Cingapura, portanto, por favor, dê a resposta em pascal.

8. Podemos produzir oxigênio pela seguinte reação:

$$2KClO_3 \xrightarrow{\text{calor}} 2KCl + 3O_2 \uparrow$$

a) Quantos gramas de oxigênio podem ser produzidos pela decomposição de 10 g de clorato de potássio?

b) Quantos litros esse oxigênio ocupa a 20°C e 98.195 Pa?

9. A combustão completa da gasolina (considere octano puro, C_8H_{18}, $\rho = 700$ kg/m^3) produz água e dióxido de carbono.

Se eu queimar 1 galão de gasolina no motor de meu automóvel e deixar os gases esfriarem o suficiente para que condensem, quantos galões de água líquida vou produzir para danificar meu escapamento com seu caríssimo catalisador ecologicamente correto de última geração?

10. Carbonato de cálcio ($CaCO_3$), quando aquecido, se decompõe em óxido de cálcio (CaO) e dióxido de carbono. Quantos metros cúbicos de CO_2 a 449°C e 120 kPa são produzidos ao se decompor 1 t de $CaCO_3$?

CAPÍTULO 3

PRIMEIRA LEI DA TERMODINÂMICA

Observa-se que a energia não pode simplesmente aparecer do nada. Se um sistema ou objeto ganha energia, essa energia tem que ser proveniente de algum lugar. Então:

> **Primeira Lei da Termodinâmica, ou Lei da Conservação da Energia**
> Energia não pode ser criada ou destruída. Só se pode mudá-la de uma forma para outra, ou só acrescentá-la a um sistema (aquilo com que estamos lidando) retirando de outro lugar, que chamaremos de *arredores*.

A unidade básica de energia em qualquer de suas formas é o joule (J).

Vamos analisar um exemplo. Imagine que você quer aquecer uma xícara de água fria, ou, em linguagem termodinâmica, quer aumentar sua energia interna. Primeiramente, você não conseguirá fazer isso se isolar a xícara (o sistema) dos arredores. Você terá que adicionar energia de fora do sistema para conseguir isso. A Fig. 3-1 mostra algumas formas de se fazer isso.

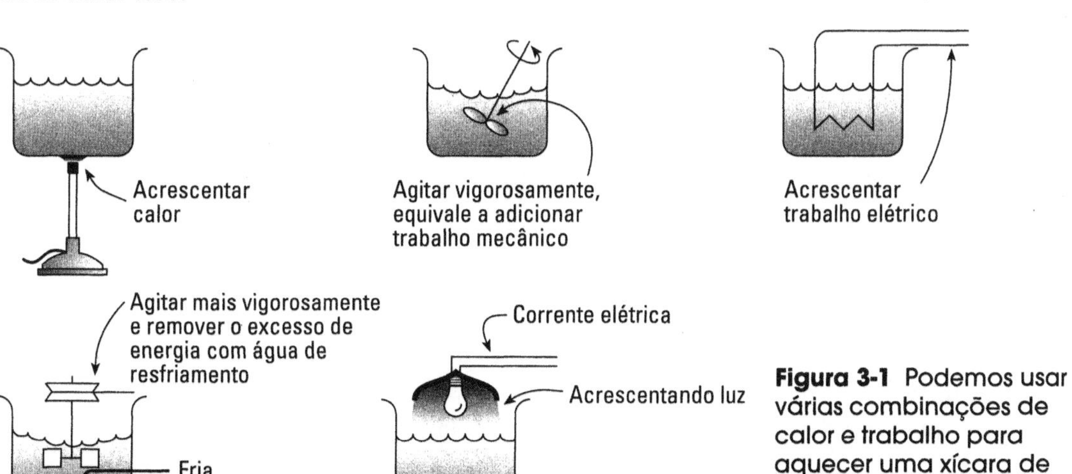

Figura 3-1 Podemos usar várias combinações de calor e trabalho para aquecer uma xícara de água fria.

A Fig. 3-2 nos dá outro exemplo: imagine que queremos levantar um peso.

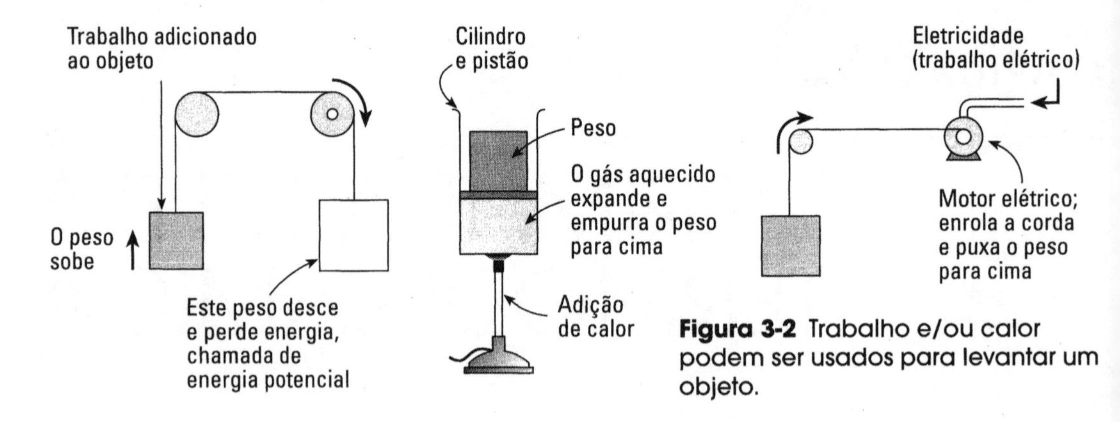

Figura 3-2 Trabalho e/ou calor podem ser usados para levantar um objeto.

Imagine, ainda, que queremos acelerar um objeto (Fig. 3-3).

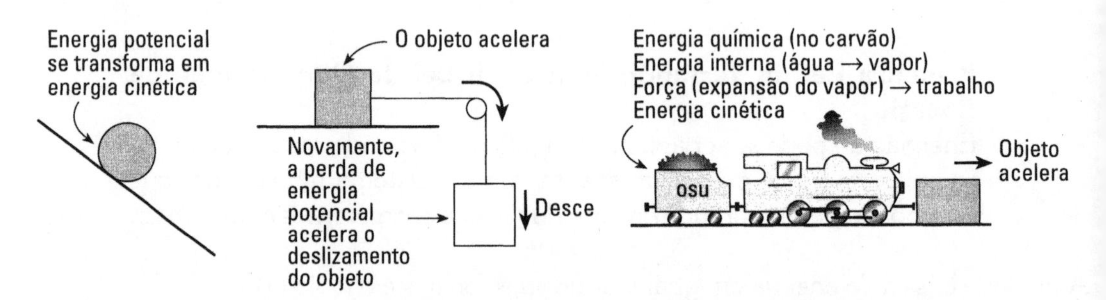

Figura 3-3 Várias formas de se usar calor e trabalho para acelerar um objeto.

Esses exemplos mostram que, adicionando ou removendo calor ou trabalho, ou, ainda, uma combinação de calor e trabalho, a energia de um objeto pode ser alterada.

Vamos olhar as diversas formas de transformação de energias em um sistema e o que pode causá-las.

1. **Calor** Pode ser adicionado ou retirado de um sistema por contato com um corpo mais quente ou mais frio. Vamos considerar +Q (J) o *calor adicionado* ao sistema.
2. **Trabalho** Excetuando a remoção ou adição de calor, são todas as outras formas de mudar a energia, inclusive
   - trabalho de puxa-empurra (pistão-cilindro, em um motor);
   - trabalho elétrico e magnético (motor elétrico);
   - trabalho químico (reação da gasolina com o ar em um motor de automóvel);
   - trabalho de superfície (criar interface, fazer emulsão tipo maionese);
   - trabalho elástico (deformação de uma mola).

   Vamos considerar +W (J) o *trabalho realizado* pelo sistema contra os arredores, portanto +W representa a perda de energia pelo sistema.

3. **Alteração da energia interna de um objeto ou sistema, ΔU** Pode ser feita de várias formas:
   - por mudança de temperatura (aquecimento ou resfriamento);
   - por mudança de fase (sólido para líquido ou líquido para vapor);
   - por mudança de arranjo molecular (reação química), por exemplo, combinando carbono e oxigênio em uma fornalha de carvão para produzir dióxido de carbono, ou seja, $C + O_2 \rightarrow CO_2$;
   - por mudança da estrutura atômica (fissão nuclear) ou quebra de grandes átomos em átomos menores,

$$\underbrace{{}_{92}U^{235}}_{\text{urânio}} + \underbrace{{}_{0}n^{1}}_{\text{nêutron}} \rightarrow \underbrace{{}_{42}Mo^{100}}_{\text{molibdênio}} + \underbrace{{}_{54}Xe^{134}}_{\text{xenônio}} + 2\,{}_{0}n^{1} + 4\,\underbrace{{}_{-1}\beta^{0}}_{\text{elétron}}$$

   - por combinação de pequenos átomos para formar átomos maiores (fusão nuclear),

$$\underbrace{{}_{1}D^{2}}_{\text{deutério}} + \underbrace{{}_{1}T^{3}}_{\text{trítio}} \rightarrow \underbrace{{}_{2}He^{4}}_{\text{hélio}} + \underbrace{{}_{0}n^{1}}_{\text{nêutron}}$$

   Vamos considerar $\Delta U = U_2 - U_1$ como a mudança de energia interna de um sistema que sai o estado 1 e chega ao estado 2.

4. **Alteração da energia potencial de um objeto, ΔE_p** Deve-se à alteração de sua localização em relação ao campo de força, seja gravitacional, elétrico ou magnético; por exemplo, levantar um objeto do chão ou empurrar um elétron em direção a uma placa carregada negativamente. Tensionar uma mola ou esticar um elástico também funciona como incremento na energia potencial do sistema.

5. **Alteração da energia cinética de um objeto, ΔE_k** Deve-se à alteração da velocidade do objeto. Quanto mais rápido se move, maior sua energia cinética.

A. NOMENCLATURA

Vamos considerar um sistema uniforme[1], de massa m ou contendo n mols de material (em algumas situações é mais conveniente usar a massa; em outras o número de mols). Adotaremos a nomenclatura a seguir:

$\mathbf{E} = m\mathbf{e}$ = energia total do sistema de massa m [J];

$\mathbf{e} = \frac{\mathbf{E}}{m}\left(= \frac{\mathbf{E}}{n}\right)$ = energia total por unidade de massa (ou por mol) do sistema [J/kg ou J/mol];

[1] Geralmente usamos a expressão "sistema uniforme" para designar os sistemas em que a temperatura, a pressão e a composição são as mesmas em todos os pontos. Entretanto, no mundo real, esse sistema não existe. Por exemplo, mesmo um copo de água do mar em equilíbrio (em repouso), a pressão no topo e no fundo do copo difere, o mesmo acontecendo com a composição. Se a concentração de sal de equilíbrio na superfície do oceano é de 3%, a concentração de equilíbrio nas profundezas, 8 km abaixo da superfície, em condições de equilíbrio, deveria ser de 8%; mas não é o que encontramos. Isso significa que os oceanos não estão em equilíbrio e nem próximo dele. Consideraremos esse aspecto de equilíbrio no Cap. 22. Apesar disso, para a maior parte dos sistemas estudados, podemos admitir pressão e temperatura médias e considerar tais sistemas como uniformes.

$\dot{\mathbf{E}} = m\dot{\mathbf{e}} = \frac{d\mathbf{E}}{dt}$ = taxa de variação de energia do sistema [J/s ou W];

$\dot{\mathbf{e}} = \frac{\dot{\mathbf{E}}}{m}\left(=\frac{\dot{\mathbf{E}}}{n}\right) = \frac{d\mathbf{e}}{dt}$ = taxa de variação de energia por quilograma (ou mol) [W/kg ou W/mol].

Vamos adotar definições similares para outras medidas de energia de que trataremos mais tarde:

$$U, E_p, E_k, H, S.$$

Para calor e trabalho, temos os termos:

Q, q, $\dot{Q}$, e $\dot{q}$ [J, J/kg ou J/mol, W, W/kg ou W/mol] representam as várias medidas do *calor adicionado ao sistema* e *a taxa de adição*.

W, w e $\dot{W}$, $\dot{w}$ [J, J/kg ou J/mol, W, W/kg ou W/mol] representam as várias medidas do *trabalho feito pelo sistema* e a taxa com que o trabalho é feito, chamada *potência de saída*.

B. VÁRIAS FORMAS DA PRIMEIRA LEI

Agora estamos prontos para escrever a primeira lei de diversas formas.

1. Sistema Isolado

Nesses sistemas, nada entra ou sai, nem massa, nem calor ou trabalho, durante o intervalo de tempo considerado, entre t_1 e t_2. Pode haver trocas entre as ener-gias potencial, cinética e energia inter- na, dentro do sistema, mas não com seus arredores. Dessa forma, a energia total do sistema permanece inalterada, como representado na Fig. 3-4. Para um siste-ma de massa m, podemos equacionar:

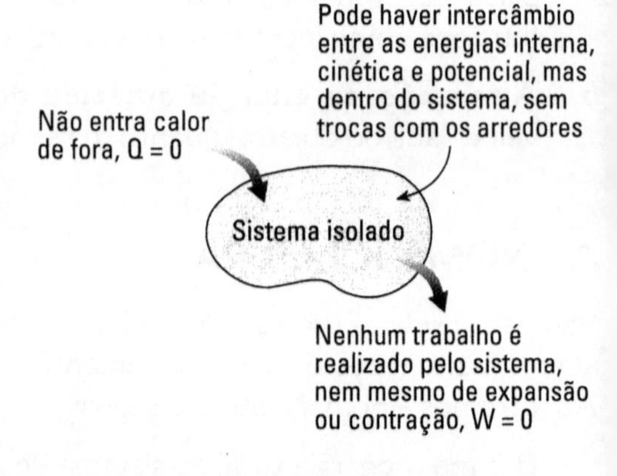

Figura 3-4 O sistema isolado.

$$\left.\begin{aligned} \Delta\mathbf{E} = \mathbf{E}_{\text{instante 2}} - \mathbf{E}_{\text{instante 1}} &= 0 \\ (U + E_p + E_k)_{\text{instante 2}} - (U + E_p + E_k)_{\text{instante 1}} &= 0 \\ \Delta U + \Delta E_p + \Delta E_k &= 0 \end{aligned}\right\} \text{[J]} \qquad (3.1)$$

Interna — *Potencial* — *Cinética*

2. Sistema Fechado ou Batelada

2. Sistema Fechado ou Batelada

Aqui os termos "fechado" ou "batelada" significam que não há nenhuma massa entrando ou saindo do sistema considerado; entretanto, pode haver troca de calor ou trabalho com os arredores. Portanto, entre o instante 1 e o instante 2, para um sistema fechado de massa m, como o da Figura 3-5, podemos escrever:

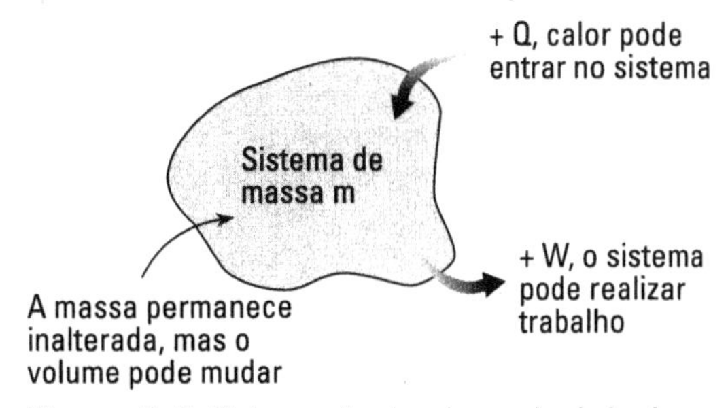

Figura 3-5 Sistema fechado ou batelada

$$\Delta \mathbf{E} = \mathbf{E}_{\text{instante 2}} - \mathbf{E}_{\text{instante 1}} = Q - W \quad [J] \tag{3-2}$$

Recebido pelo sistema no intervalo de tempo (Q); *Realizado pelo sistema no intervalo de tempo* (W)

$$\Delta U + \Delta E_p + \Delta E_k = Q - W$$

Em forma de taxas, para o sistema de massa m, temos

$$\dot{\mathbf{E}} = \frac{d\mathbf{E}}{dt} = \dot{Q} - \dot{W} \qquad [W] \tag{3-3}$$

$$\dot{\mathbf{e}} = \frac{d\mathbf{e}}{dt} = \dot{q} - \dot{w} \qquad \left[\frac{W}{kg}\right] \tag{3-4}$$

3. Sistema Aberto

Nesses sistemas massa, calor e trabalho podem entrar ou sair, como representado na Fig. 3-6. O balanço de massa pode ser escrito como:

$$\sum_{\substack{\text{que saem}}} \dot{m}_{\text{correntes}} + \dot{m}_{\text{sistema}} = \sum_{\substack{\text{que entram}}} \dot{m}_{\text{correntes}}$$

ou

$$\dot{m}_{\text{sistema}} \pm \sum \dot{m}_{\text{correntes}} = 0 \qquad [kg/s] \tag{3-5}$$

$\pm$: *+ para correntes que saem*; *− para correntes que entram*

Podemos escrever o balanço de energia de forma similar ao de massa:

$$\dot{\mathbf{E}}_{\text{sistema}} + \underbrace{\sum_{\text{que saem}} \dot{\mathbf{E}}_{\text{correntes}}}_{\text{Saindo}} + \dot{W} = \underbrace{\dot{Q} + \sum_{\text{que entram}} \dot{\mathbf{E}}_{\text{correntes}}}_{\text{Entrando}}$$

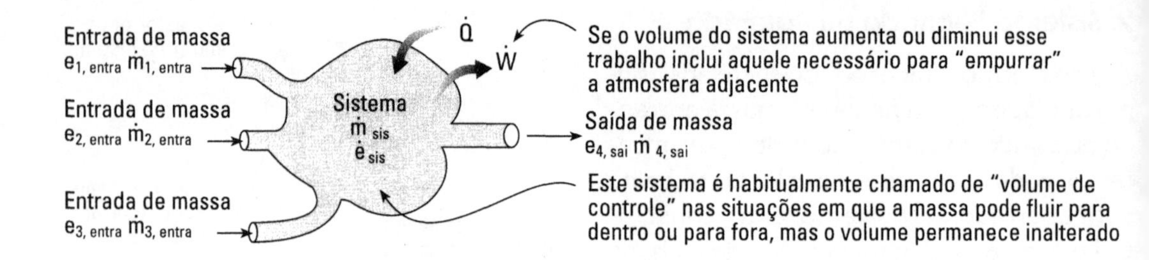

Figura 3-6 Sistema aberto, com três correntes de entrada e uma de saída.

Rearranjando os termos, obtemos:

$$\dot{\mathbf{E}}_{\text{sistema}} \pm \sum \dot{\mathbf{E}}_{\text{correntes}} = \dot{Q} - \dot{W}, \quad [W] \tag{3-6}$$

{ + *para correntes que saem*
{ – *para correntes que entram*

$$(\mathbf{e}\dot{m})_{\text{sistema}} \pm \sum (\mathbf{e}\dot{m})_{\text{correntes}} = \dot{Q} - \dot{W}, \quad [W] \tag{3-7}$$

No jargão termodinâmico, freqüentemente se usa o termo *sistema* para o fechado ou batelada, e *volume de controle* para o sistema aberto. O volume de controle delimita uma região cujo volume permanece inalterado.

No Cap.13, desenvolveremos as equações para o regime permanente e, no Cap. 14, para o regime transiente. Inicialmente, trataremos de sistemas fechados.

PROBLEMAS

1. Na Fig. 3-1, encontram-se quatro formas de se aquecer uma xícara de água fria. Você pode pensar em outras formas?

2. A Fig. 3-2 mostra três maneiras de se levantar um objeto. Você consegue imaginar outra forma?

3. Na Fig. 3-3, temos três maneiras de acelerar um objeto. Você pode imaginar outra forma?

4. Martin Mauk Smith, natural do Alasca, come, bebe, sua, urina, excreta sólidos (inclusive unhas e cabelo), inspira oxigênio, expira gás carbônico e vapor de água, executa trabalho pesado, seu corpo perde calor, mas seu peso permanece praticamente inalterado durante todo o ano.

a) Faça um esquema dessa pessoa (ou objeto, ou sistema, ou volume de controle, chame-o do que quiser) e represente as correntes de entrada e saída.

b) Escreva o balanço de massa usando símbolos como $\dot{m}_{alimento}$ [kg/s] e $\mathbf{e}_{alimento}$ [J/kg].

c) Escreva o balanço energético para Martin Mauk Smith.

5. Você consegue imaginar um sistema isolado em que a energia interna, a potencial e a cinética estejam mudando? Faça um esquema.

6. Um potente ventilador elétrico está ligado em uma sala fechada e isolada, fazendo o ar circular no sentido horário. Após 14 horas, o ventilador é revertido e faz o ar circular no sentido anti-horário. Após 28 horas, o ventilador é desligado. O que você pode dizer a respeito da temperatura e energia dessa sala antes e depois das 28 horas? Faça um gráfico da temperatura e da energia dessa sala em função do tempo, desde uma hora antes de se ligar o ventilador até uma hora depois de se desligá-lo.

7. Um peso está pendurado por um fio delgado (despreze sua massa) de uma caixa preta realmente misteriosa e que parece estar perfeitamente isolada. Observamos que, lentamente, o peso está sendo içado. O que está havendo com a energia dessa caixa misteriosa? Dê uma explicação plausível para o que está acontecendo.

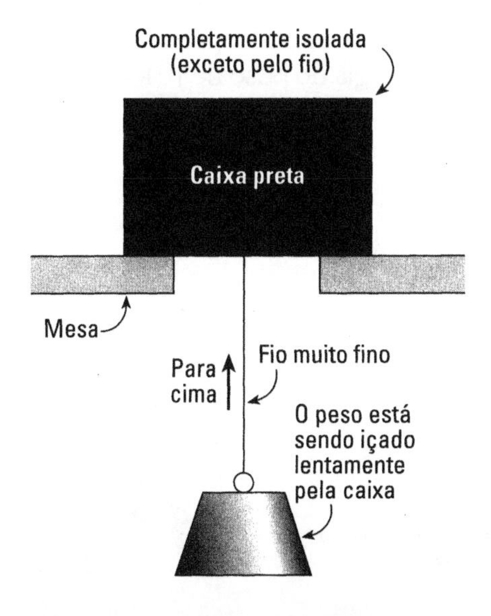

8. O flexível porém incompressível jovem Bubbles-La-Rue está boiando inocentemente em sua piscina, quando o Zzoran-the-Mean se aproxima furtivamente, empurra-o para baixo e o mantém afundado. Naturalmente, o nosso caro Bubbles fica paralisado com a surpresa. Do ponto de vista termodinâmico, o que essa covarde ação mudou em termos da

a) energia dele (aumentou, diminui ou permaneceu inalterada)?

b) energia da água (aumentou, diminui ou permaneceu inalterada)?

9. Um ventilador elétrico, em uma sala isolada, está conectado a um conjunto de pilhas de grande durabilidade, colocadas sobre o piso da sala. O ventilador é ligado e funciona até a exaustão das pilhas.

a) O que você pode dizer a respeito da energia da sala antes e depois do funcionamento do ventilador?

b) O que você pode dizer a respeito da temperatura da sala antes e depois do funcionamento do ventilador?

10. Um peso de 10 kg está preso 2 m acima do solo por um fio que, após passar por uma roldana, está preso a um peso de 40 kg, apoiado no solo (veja o desenho). Com muito esforço, o personagem consegue baixar o peso de 10 kg até o nível do solo e mantê-lo aí. O que acontece com a energia do peso de 10 kg nesse processo? Aumenta, diminui ou permanece inalterada?

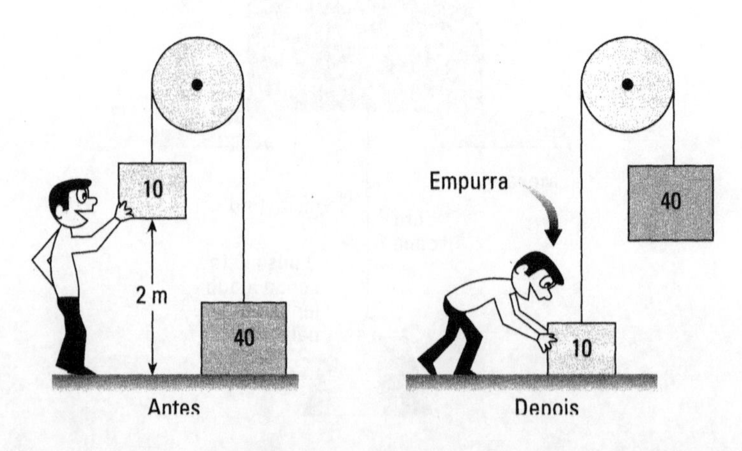

11. Dois béqueres idênticos contêm a mesma quantidade de ácido sulfúrico, na mesma concentração. No primeiro béquer, ponho uma mola apertada até o fim; no outro, ponho uma mola idêntica, mas sem submetê-la a nenhum esforço. As molas são atacadas pelo ácido e se dissolvem. Qual a diferença no estado final dos dois béqueres?

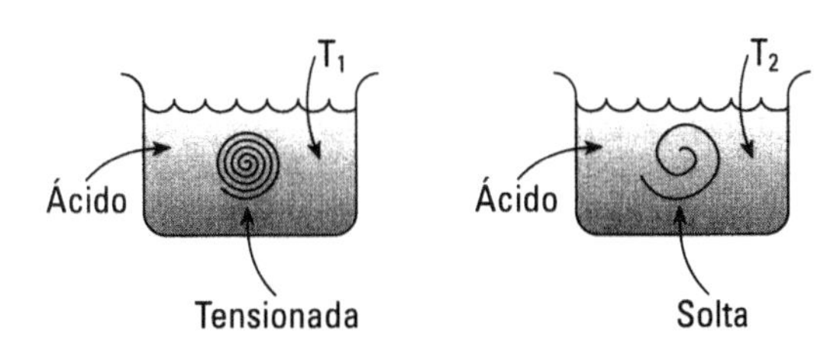

12. A porta de uma geladeira comum foi esquecida aberta por acidente (com a geladeira ligada) quando os donos da casa saíram para o fim de semana. Com a porta da cozinha fechada e as paredes bem isoladas termicamente, o ambiente irá ficar mais frio, mais quente ou à mesma temperatura que o resto da casa? Por quê?

13. Um tubo de ensaio preenchido até a metade com água é fechado e girado lentamente, sem atrito, em torno de seu centro de gravidade até a posição horizontal (veja a ilustração). O que acontece com a temperatura?

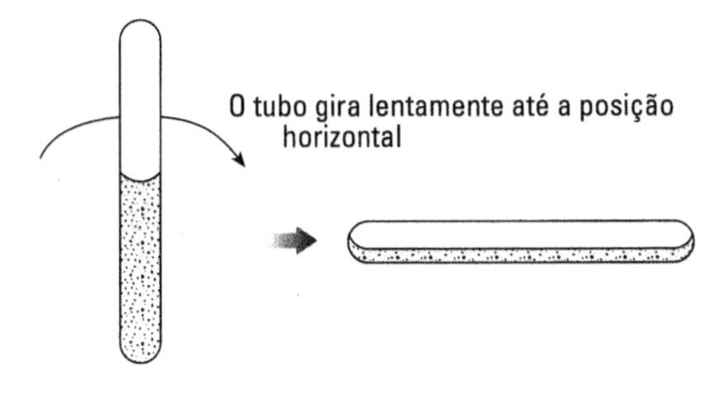

14. Dois estilingues idênticos são esticados ao máximo e soltos. Um lança uma pedra e o outro não lança nada. Há alguma diferença no estado final do elástico dos estilingues?

15. No *The Feynman Lectures in Physics*, Vol. 1, pg. 45-4, California Institute of Technoloy (1963), podemos ler:

"... consideremos um elástico de borracha. Quando esticado, verificamos que a sua temperatura cai..."

a) Faça um experimento para verificar isso. Pegue um elástico, estique-o e libere-o (tocando em seus lábios para maior percepção da temperatura) e depois decida se você concorda ou discorda dessa afirmação.

b) Tente então explicar em termos de termodinâmica.

16. Uma flecha está sendo puxada horizontalmente em um arco. A energia da flecha está aumentando, diminuindo ou permanece inalterada? Se você acha que a energia permanece inalterada, por que seria loucura permanecer na frente da flecha? (Colaboração de Bob Pettit.)

17. Um sistema fechado recebe 100 J na forma de calor e realiza 125 J de trabalho nos arredores.

a) Isso é possível?

b) Justifique.

CAPÍTULO 4

TRABALHO E CALOR

O Cap. 3 apresentou as três formas gerais da primeira lei — para sistemas isolados, para sistemas fechados (sem entrada ou saída de matéria) e para sistemas abertos (pode haver entrada e/ou saída de matéria). Apresentamos as equações, mas sem mostrar como os termos individuais referentes a calor, trabalho ou energia podem ser medidos quantitativamente. Assim, voltando à Eq. 3-2, temos

$$\overbrace{\underset{\uparrow\,\textit{Capítulo 5}}{\Delta E_p} + \underset{\uparrow\,\textit{Capítulo 6}}{\Delta E_k} + \underset{\uparrow\,\textit{Capítulo 7-9}}{\Delta U}}^{\Delta \mathbf{E}} = \underset{\uparrow\,\textit{Capítulo 4}}{\underbrace{Q - W}} \tag{3-2}$$

Portanto, neste capítulo, vamos nos concentrar nos termos referentes a calor e trabalho.

A. TRABALHO

Em linguagem comum, a palavra "trabalho" pode ter vários significados, como malhar, resfolegar e suar; o que você faz das 8 da manhã às 5 da tarde ou o que você faz para ser pago. Entretanto, a definição científica da palavra é precisa[1], sem ambigüidades e será usada aqui exatamente com esse significado. Entretanto, veremos que "trabalho" tem diferentes facetas — trabalho elétrico, trabalho químico, trabalho mecânico e assim por diante. Consideraremos todos esses trabalhos.

Primeiramente, vamos considerar um sistema que realize ou receba trabalho sem trocar calor, ou seja, Q=0 na equação anterior.

1. Trabalho de Puxa-Empurra (Fig. 4-1)

A definição básica de trabalho foi adequadamente definida por Newton:

$$W = Fx$$

Trabalho realizado → W; *Força aplicada ao objeto* → F; *Distância percorrida pelo objeto enquanto a força atua* → x

[1] O termo "trabalho" foi usado pela primeira vez em seu sentido científico por Coriolis, em 1829. Veja *Science*, 173, 118 (1971).

ou, de forma mais geral

$$W = \int_{x_1}^{x_2} F\,dx \qquad [N \cdot m = J] \tag{4-1}$$

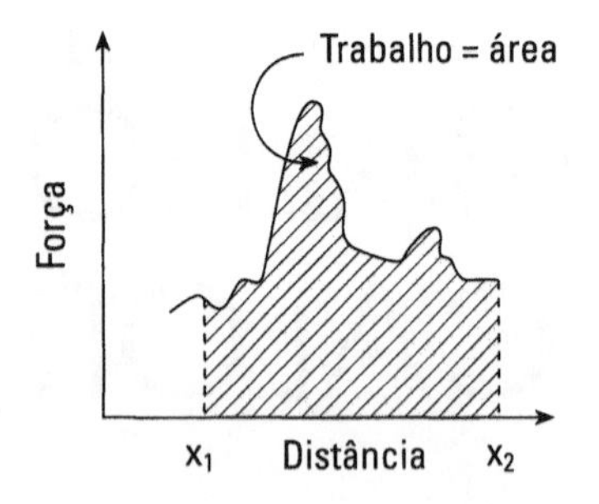

Figura 4.1

2. Trabalho pV (Fig.4-2)

É a forma usual de se medir o trabalho envolvido em processos tipo cilindro e pistão, como nos motores de automóveis. Para um pistão com área de secção reta A, podemos escrever

$$W = \int F\,dx = \int \frac{F}{A}\,d(xA)$$

Força do gás empurrando a cabeça do pistão (F) — *Volume do gás* (d(xA))

ou

$$W = \int_{V_1}^{V_2} p\,dV \qquad \left[Pa \cdot m^3 = \frac{N}{m^2} \cdot m^3 = J \right] \tag{4-2}$$

Realizado pelo gás (W) — *Pressão do gás* (p)

Os valores da pressão e do volume do gás no cilindro, à medida que o pistão se move, permitem calcular o trabalho total realizado pelo gás.

Uma questão: a equação anterior mostra o trabalho realizado pelo gás no cilindro, mas para onde vai esse trabalho?

- Parte é consumido empurrando a atmosfera.
- Parte pode servir para empurrar o eixo.
- Parte é consumido em atrito e, portanto, gerando calor.

Entretanto, com o movimento de vaivém do pistão, o trabalho de "empurrar" a atmosfera é compensado "por ser empurrado" pela atmosfera quando o pistão volta à sua posição de partida. Portanto, essa parcela do trabalho se cancela e pode ser desprezada. Também o atrito é geralmente um item menor e freqüentemente desprezado. Assim, como primeira aproximação, o trabalho realizado pelo gás no sistema cilindro-pistão é transmitido ao eixo.

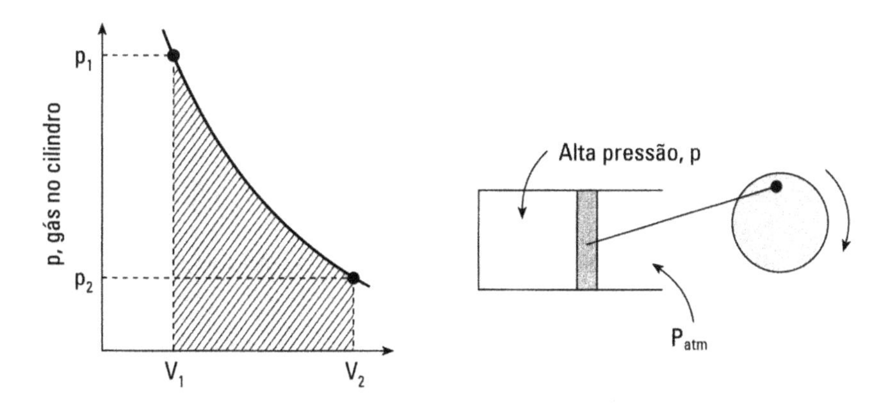

Figura 4-2

EXEMPLO 4-1 Trabalho pV

Gás inicialmente em alta pressão expande-se em um cilindro, empurrando sem atrito um pistão conectado a um eixo (Fig. 4-3), transferindo dessa forma trabalho ao eixo e contra a atmosfera, com pressão de 1 atm.

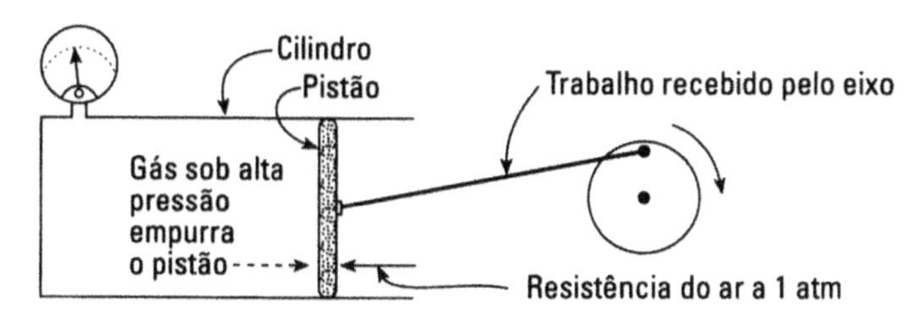

Figura 4-3

Em uma expansão, foram obtidos os seguintes dados:

	Volume do gás no cilindro (L)	Pressão do gás no cilindro (atm)		Diferença de pressão (atm)
No início ⟶	2,0	12	O ar	11
	2,4	10	externo	9
	3,0	8	resiste	7
	4,3	6	a 1 atm	5
No fim ⟶	7,6	4		3

Quanto trabalho, em joules, o gás transmite ao eixo em uma expansão?

Solução

Trabalho realizado pelo gás em uma expansão:

$$W = \int_{2,0}^{7,6} p\,dV$$

A Fig. 4-4 representa graficamente essa integral.

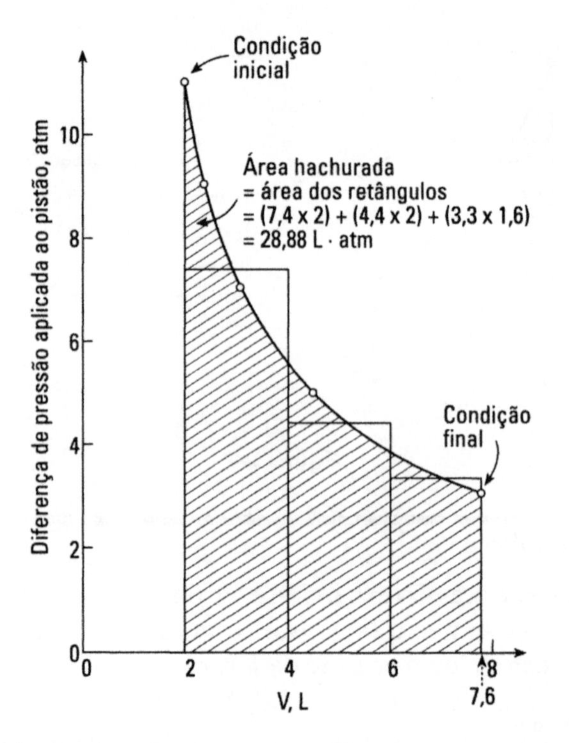

Figura 4-4

Trabalho transmitido ao eixo em uma expansão:

$$= 28{,}88 \text{ L} \cdot \text{atm}$$

$$= (28{,}88 \text{ L} \cdot \text{atm}) \left(\frac{1 \text{ m}^3}{1.000 \text{ L}}\right)\left(\frac{101.325 \text{ Pa}}{1 \text{ atm}}\right)\left(\frac{1 \text{ J}}{1 \text{ Pa} \cdot \text{m}^3}\right)$$

$$= \underline{\underline{2.926 \text{ J}}} \longleftarrow$$

3. Trabalho Elétrico

Vamos começar por algumas definições. O *coulomb* (C) é a carga, a quantidade de eletricidade ou o número de elétrons que estão sendo empurrados, ou

$$1 \text{ coulomb} = 6{,}24 \times 10^{18} \text{ elétrons}$$

O *ampère* (A) é o fluxo de elétrons, ou

$$1 \text{ ampère} = 1 \text{ coulomb/segundo}$$

O *volt* (V) é a diferença de potencial no campo elétrico.

A partir dessas definições básicas, temos:

$$\begin{aligned} \text{Trabalho: } 1 \text{ J} &= 1 \text{ coulomb} \cdot \text{volt} \\ &= 1 \text{ ampère} \cdot \text{volt} \cdot \text{segundo} \end{aligned} \tag{4-3}$$

$$\begin{aligned} \text{Potência: } 1 \text{ W} &= 1 \text{ coulomb} \cdot \text{volt/segundo} \\ &= 1 \text{ ampère} \cdot \text{volt} \\ &= 1 \text{ joule/segundo} \end{aligned} \tag{4-4}$$

Na sua conta elétrica, você paga pelo número de joules usado, da ordem de:

R$ 0,20 por kW · h
= R$ 0,20 por (1.000 J/s) · (3.600 s)
= R$ 0,20 por 3,6 milhões de joules
= R$ 0,056 por milhão de joules

Como você pode ver, o joule é uma unidade muito pequena para medir o trabalho.

4. Trabalho da Tensão Superficial

Você já viu um inseto se debatendo para se livrar da superfície da água? O problema é criar uma nova superfície para o lugar que ele próprio ocupava. Criar superfície requer trabalho que é medido pela tensão superficial do líquido, ou seja:

$$\sigma = \text{tensão superficial} = \begin{pmatrix} \text{Trabalho} \\ \text{necessário} \\ \text{para criar} \\ \text{nova} \\ \text{superfície} \end{pmatrix} \qquad [\text{N} \cdot \text{m/m}^2] = [\text{N/m}] \tag{4-5}$$

Para água: $\sigma = 0{,}072$ N/m;
etanol: $\sigma = 0{,}024$ N/m;
mercúrio: $\sigma = 0{,}470$ N/m.

Assim, o trabalho necessário para criar uma nova superfície é dado por

$$W = \int_0^A \sigma \, dA \quad [\text{N/m} \cdot \text{m}^2 = \text{J}] \tag{4-6}$$

Se fôssemos do tamanho de pequenos insetos, esse tipo de trabalho seria importantíssimo em nossas vidas; alguns precisariam chamar os bombeiros cada vez que uma gota de chuva os apanhasse em sua superfície.

Dá para notar ainda que a água em um copo tem uma só superfície de interface com ar; entretanto, uma bolha tem duas, uma dentro e outra fora (Fig. 4-5). Portanto um inseto pode achar maior facilidade em se safar de uma superfície água-ar em um copo de água do que em uma bolha no ar, com suas duas interfaces líquido-ar, a interna e a externa.

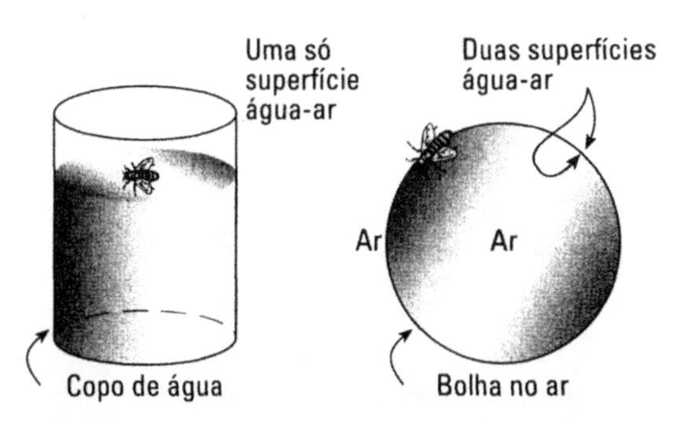

Figura 4-5

EXEMPLO 4-2 Um bebedor de cerveja não-convidado

Uma mosca sedenta pousou no meu copo de cerveja, tomou um golinho e tentou sair. Quanto trabalho ela terá que realizar para conseguir escapar da interface cerveja-ar?

Dados: A área da secção da mosca em contato com o líquido é de 25 mm^2, a superfície é plana com tensão superficial de $\sigma = 0{,}048$ N/m.

Solução

O trabalho necessário para criar uma área de 25 mm^2 de interface em substituição à mosca é

$$W = \int \sigma \, dA = \left(0{,}048 \frac{N}{m}\right)(25 \text{ mm}^2)\left(\frac{1 \text{ m}^2}{10^6 \text{ mm}^2}\right)\left(\frac{1 \text{ J}}{1 \text{ N}\cdot\text{m}}\right)$$

$$= \underline{\underline{1{,}2 \times 10^{-6} \text{ J}}}$$

5. Trabalho Elástico

Vamos considerar uma barra elástica sofrendo deslocamento da posição y_1 para y_2, ambas as deflexões pequenas (Fig. 4-6).

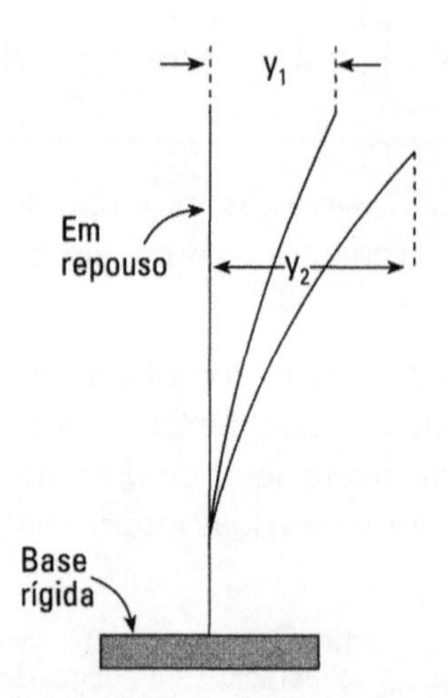

Figura 4-6

A Lei de Hooke afirma que a força necessária é proporcional ao deslocamento y, a partir da posição de repouso, desta forma, quanto maior o deslocamento, maior a força necessária para produzí-lo. Equacionando,

$$F = K_s \, y \quad [J] \tag{4-7}$$

Módulo de Hooke, N/m (K_s) — *Deflexão*, m (y)

Para fletir a barra da posição y_1 para y_2, é necessário realizar o trabalho dado por

$$W = \int_{y_1}^{y_2} F\,dy = \int_{y_1}^{y_2} K_s y\,dy = \frac{K_s}{2}\left(y_2^2 - y_1^2\right) \qquad [J] \tag{4-8}$$

Essa é a forma usual de se analisar uma mola tensionada.

6. Outras Formas de Trabalho

Existem numerosas outras formas de trabalho, como o químico e o magnético. Nós as introduziremos no momento adequado deste desenvolvimento.

B. CALOR

Há pouco a se dizer sobre calor neste ponto de nosso desenvolvimento, mas já sabemos que ele pode ser adicionado a um sistema ou objeto por:

- contato com um objeto mais quente, que assim perde energia; ou
- radiação proveniente de objeto mais quente.

E calor pode ser retirado de um sistema ou objeto por:

- contato com objeto mais frio; ou
- radiação para a vizinhança mais fria.

O total do calor transferido é medido em joules e seu fluxo em watts ou joules por segundo.

PROBLEMAS

1. Uma pistola de 9 mm, cano curto, atira e os gases provenientes da explosão impulsionam a bala até o fim do cano. A pressão foi cuidadosamente monitorada à medida que a bala acelerava em direção à saída. Eis alguns dos dados coletados:

Posição da bala, ou distância percorrida, cm	0	2	3	4	5	6	7	8
Pressão na câmara da pistola, atrás da bala, bar	23	25	24	22	17	10	6	4

↓ *Bala no início, logo após acionamento do gatilho*

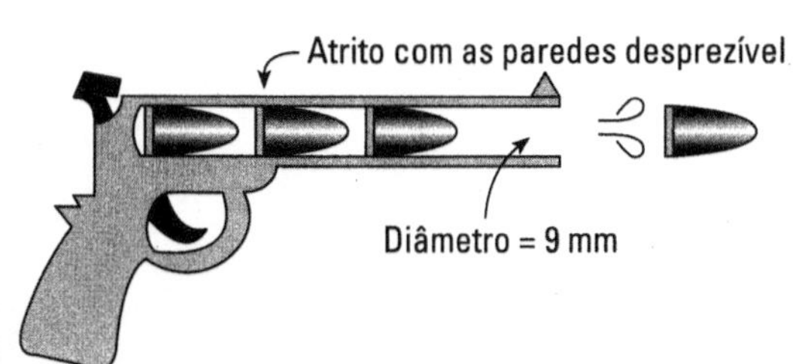

Qual o trabalho realizado sobre a bala?

2. O gás de um cilindro se expande, empurrando um pistão. Ao mesmo tempo, calor é retirado ou fornecido a este sistema e a sua temperatura alterada. Os dados a seguir mostram como o sistema evolui.

Pressão empurrando o pistão (bar)	Volume do gás no cilindro (L)	Temperatura do gás no cilindro (°C)
7	10	68
5	12	19
4	14	0
4	16	39
5	18	166
7	20	409

Quanto trabalho foi realizado pelo gás no pistão nessa operação?

3. No XIII Campeonato Anual de Bolhas de Sabão de Caxaprego, no dia de São João, Mariazinha soprou uma bolha gigantesca, de 23 cm de diâmetro, quebrando assim todos os recordes anteriores. Ela usou uma solução especial de detergentes com tensão superficial de $\sigma = 0{,}026$ N/m. Calcule o trabalho recebido pela solução para desenvolver essa bolha.

4. Uma bateria de 12 V recebe uma carga rápida de 50 A em 20 min. Nesse período, a bateria esquenta e perde 120 kJ de calor para o ambiente. Calcule a variação da energia interna da bateria.

CAPÍTULO 5

ENERGIA POTENCIAL

A energia potencial de um objeto em um campo de força, como o gravitacional, elétrico ou magnético, é uma energia extra que o objeto tem por estar dentro do campo de força em questão. Se o objeto mudar sua posição nesse campo, sua energia poderá mudar.

Mas o que é um campo? Para olhar de forma muito simples, o campo de força é a região do espaço em que forças estão presentes. Neste capítulo, focalizaremos as mudanças de energia em um campo gravitacional. Isso é representado pelo segundo termo da Eq. 3-2:

Faça = 0 *Faça = 0*

$$\Delta U + \Delta E_p + \Delta E_k = Q - W \qquad (3\text{-}2)$$

Energia potencial

O equacionamento desenvolvido aqui se aplica analogamente (para a mesma geometria) a outros campos, como o elétrico e o magnético.

A. GRAVIDADE CONSTANTE

Entendemos por gravidade constante que o campo de forças é constante na região do espaço que nos interessa. É o que ocorre quando movemos um sistema ou objeto próximo à superfície da Terra até a altura em que um avião a jato voa ou talvez um pouco mais alto (Fig. 5-1). Nessa região, o campo potencial, representado pela aceleração de gravidade (g), pode ser considerado constante, situação na qual geralmente nossos problemas se situam.[1]

---

[1] Dizemos que o campo gravitacional, representado por g, é constante na superfície de Terra ou próximo a ela. Mas isso é apenas uma aproximação. Ainda mais: como a Terra está girando, a força centrífuga diminui essa força g, especialmente nas proximidades do Equador. De fato, g varia de 9,78 a 9,83 m/s^2 na superfície da Terra. Mas para que procurar sarna para se coçar? Neste livro usamos g = 9,80 m/s^2, válido geralmente para pequena distância da superfície da Terra. O Problema 1 trata justamente do cálculo dessa "pequena distância".

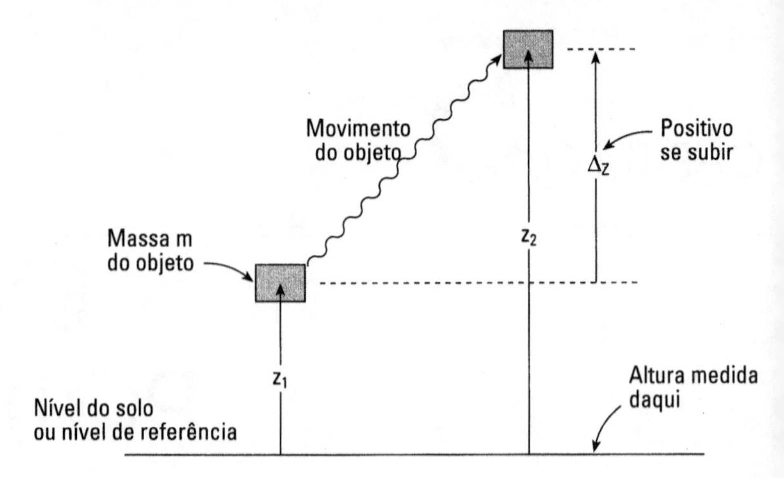

Figura 5-1

Pela lei de Newton, a força de atração entre qualquer objeto e a Terra é dada por

Massa do objeto — 9,8 m/s² *perto da superfície da Terra*

$$F = \frac{mg}{g_c} \qquad [N] \tag{5-1}$$

onde $g_c = 1\ kg \cdot m/s^2 \cdot N$.[2]

Então, para efeitos de mudança de velocidade desprezíveis e sem mudança na energia interna, a primeira lei, da Eq. 3-2, dá

$$\underbrace{\Delta U}_{=0} + \Delta E_p + \underbrace{\Delta E_k}_{=0} = Q - W$$

ou

$$\Delta E_p = Q - W = \int_{z_1}^{z_2} F\,dz = \int_{z_1}^{z_2} \frac{mg}{g_c}\,dz$$

ou ainda

$$\boxed{\Delta E_p = Q - W = \frac{mg}{g_c}(z_2 - z_1) = \frac{mg\,\Delta z}{g_c} \qquad [J]} \tag{5-2}$$

Do sistema

[2] No sistema SI, pode-se dispensar o "g_c" sem receio. Entretanto, ele está incluído para que os engenheiros e cientistas na Birmânia, nos Estados Unidos e em Gana, que ainda usam as unidades inglesas, possam usar as equações aqui desenvolvidas. Para aqueles que usam o SI, basta ignorar o g_c, uma vez que seu valor é 1 kg · m/s² · N.

B. GRAVIDADE NÃO-CONSTANTE

Temos que considerar mudanças de gravidade, o que ocorre quando a força de atração entre os dois corpos não é constante, mas depende da distância entre os corpos (Fig. 5-2). Para dois corpos sem superposição, essa força é dada pela lei da gravitação universal de Newton.

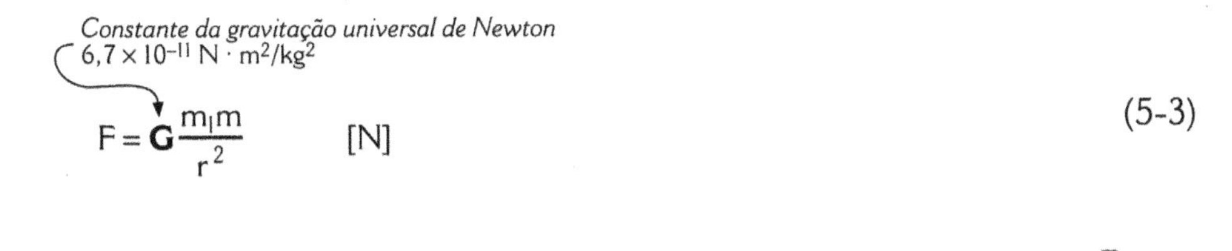

$$F = \mathbf{G}\frac{m_1 m}{r^2} \qquad [N] \qquad (5\text{-}3)$$

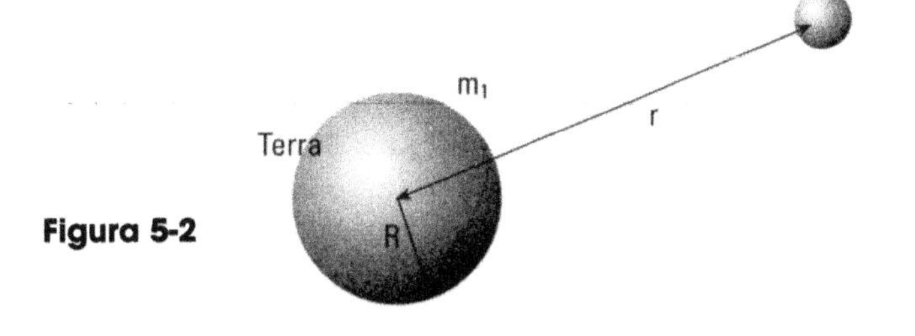

Figura 5-2

A Eq. 5.3, combinada à Eq. 5-1, para um valor local da gravidade g e um corpo de massa m à distância r de outro corpo de massa m_1, dá:

$$g_{local} = \frac{g_c\, \mathbf{G}\, m_1}{r^2} \qquad (5\text{-}4)$$

Para a superfície da Terra (Figura 5-3),

$$g_{sup} = \frac{g_c\, \mathbf{G}\, m_1}{R^2} \qquad (5\text{-}5)$$

então

$$\frac{g_{local}}{g_{sup}} = \frac{R^2}{r^2} \qquad (5\text{-}6)$$

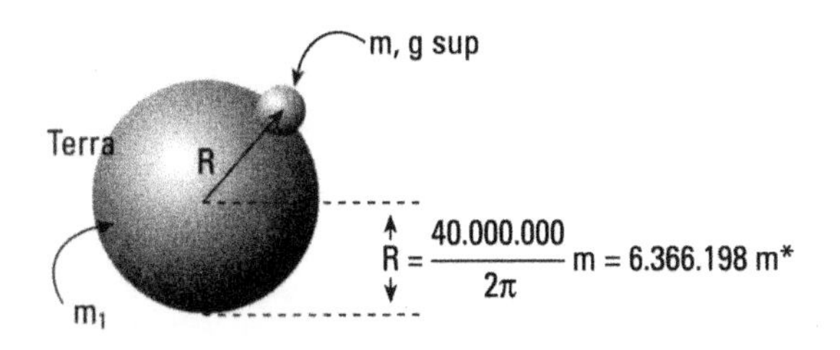

Figura 5-3

* O padrão de medida de comprimento, o metro, foi escolhido pela Academia Francesa há cerca de 200 anos como 1/10.000.000 da distância entre o Equador e o Pólo. Para determinar que distância realmente é essa, foram enviadas expedições à Noruega e ao Equador. Suas medidas mostraram que o planeta não é uma esfera perfeita, mas achatada no Pólo Sul. No Equador, a circunferência é de 40.074 km, com desvios maiores que 20 km em relação à esfera. Neste livro, usaremos 40.000 km como a circunferência da Terra porque é uma média razoável e também por ser um número fácil de lembrar.

Dessa forma, quando um pequeno corpo se move da distância r_1 para r_2 de um grande corpo (distâncias de centro a centro) (Fig. 5-4), a primeira lei associada à Eq. 5-1 leva a:

$$\Delta E_p = Q - W = \int_{r_1}^{r_2} F\,dr = \int_{r_1}^{r_2} \frac{m\,g_{local}}{g_c}\,dr$$

que, com a Eq. 5-6,

$$\Delta E_p = \int_{r_1}^{r_2} \frac{m\,g_{sup} R^2}{r^2} dr = \frac{m\,g_{sup} R^2}{g_c}\left(\frac{1}{r_1} - \frac{1}{r_2}\right) \quad [J] \qquad (5\text{-}7)$$

O sistema ganha energia potencial ao se afastar da Terra

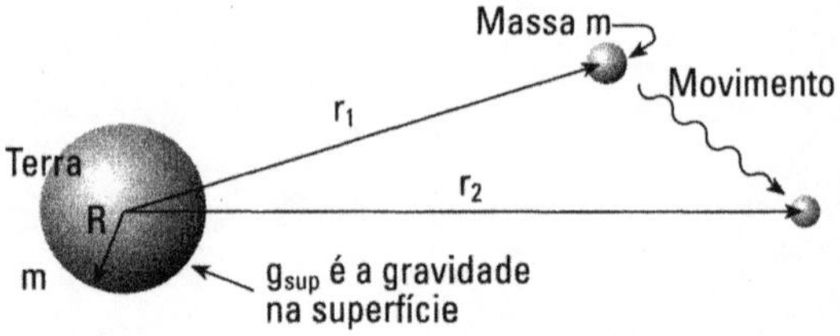

Figura 5-4

Vamos ver agora como g_{sup} muda conforme o tamanho e a densidade do planeta. A Eq. 5-5 nos dá:

$$g_{sup} = \frac{g_c \mathbf{G}\left(\frac{4}{3}\pi R^3\right)\rho}{R^2} \quad \text{ou} \quad g_{sup} \propto R\,\rho \qquad (5\text{-}8)$$

EXEMPLO 5-1 Descarte de resíduos

Há discussões sobre a conveniência de se lançar lixo radioativo muito perigoso para o Sol. Quanta energia potencial teremos de fornecer para retirar esse material do campo gravitacional do nosso planeta?

Solução

Para suspender 1 kg desse lixo, o aumento da energia potencial pode ser calculado pela Eq. 5-7, ou

Medido a R, na superfície da Terra

$$\Delta E_p = \frac{m\,g R^2}{g_c}\left(\frac{1}{r_1} - \frac{1}{r_2}\right) \quad \text{onde } r_1 = R \text{ e } r_2 = \infty$$

$$= \frac{m\,g\,R}{g_c}$$

$$= \frac{(1\,\text{kg})\,(9{,}8\,\text{m/s}^2)\left(\frac{40.000.000\,\text{m}}{2\pi}\right)}{(1\,\text{kg}\cdot\text{m/s}^2\cdot\text{N})} = \underline{\underline{62{,}4 \times 10^6\,\text{J}}}$$

Por kg

Observação: A R$ 0,20 o kWh, isso pode custar (apenas a energia potencial):

$$\left(\frac{62{,}4\times10^{6}\ \mathrm{J}}{\mathrm{kg}}\right)\cdot\left(\frac{R\$0{,}20}{\mathrm{kWh}}\right)\left(\frac{\mathrm{h}}{3.600\ \mathrm{s}}\right)\left(\frac{1\ \mathrm{kW}}{1.000\ \mathrm{J/s}}\right)=R\$3{,}4/\mathrm{kg}$$

C. CORPO ESFÉRICO COM DENSIDADE CONSTANTE

Onde o campo potencial não é descrito como $F \propto 1/r^2$, precisamos usar a equação correta. Quando um dos dois corpos está dentro do outro, a física nos mostra que

$$F = \overset{\text{Constante}}{k}r \tag{5-9}$$

Na superfície do corpo maior, de raio R e gravidade na superfície g_{sup}, temos

$$F_{sup} = kR \tag{5-10}$$

que, com a Eq. 5-1, nos dá

$$\frac{F}{F_{sup}} = \frac{r}{R} = \frac{g_{local}}{g_{sup}} \tag{5-11}$$

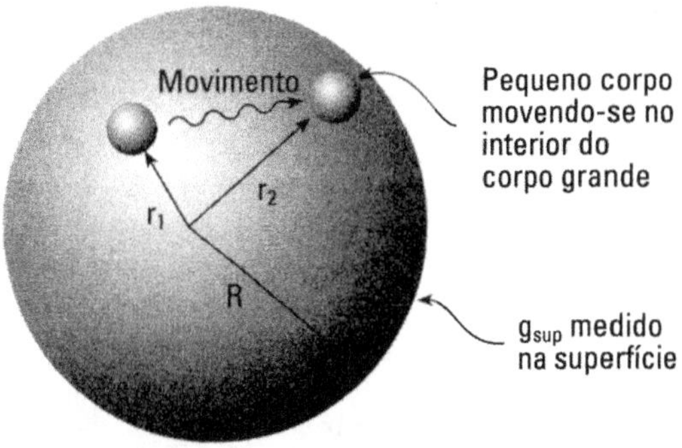

Movimento

r_1 r_2 R

Pequeno corpo movendo-se no interior do corpo grande

g_{sup} medido na superfície

Figura 5-5

Portanto, quando um corpo de massa m move-se de r_1 para r_2 dentro de um corpo maior de raio R (Fig. 5-5), a primeira lei nos mostra que

$$\Delta E_p = Q - W = \int_{r_1}^{r_2} F\,dr = \int_{r_1}^{r_2} \frac{m\,g_{local}}{g_c}\,dr \tag{5-12}$$

e, com a Eq. 5-11, dá

$$\boxed{\Delta E_p = \int_{r_1}^{r_2} \frac{m\,g_{sup}r}{g_c R}\,dr = \frac{m\,g_{sup}}{2\,g_c R}\left(r_2^2 - r_1^2\right) \qquad [\mathrm{J}]} \tag{5-13}$$

Movendo-se para longe do centro da esfera maior, ainda dentro dela, o sistema ganha energia potencial

Comentário: As partes B e C mostraram que a força de atração da Terra (e o valor local de g) variam com o inverso do quadrado da distância de centro a centro para objetos externos à Terra. Mas, se perfurarmos uma esfera homogênea, para um objeto "dentro" da esfera, as forças de atração decrescerão linearmente até zero no centro da esfera. Essa é a situação representada na Figura 5-6.

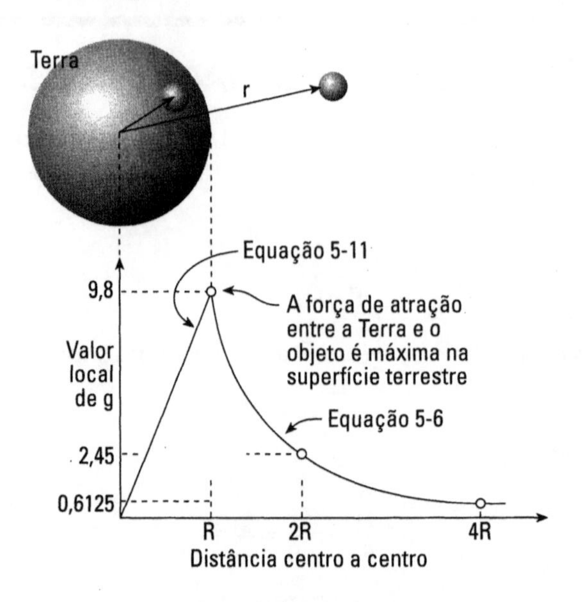

Figura 5-6

A Eq. 5-13 só se aplica a um planeta com densidade constante, o que não é o caso do nosso planeta, uma vez que estudos atuais mostraram que o núcleo central é muito denso, enquanto a crosta é muito menos densa, como a Fig. 5-7 mostra. Veja C. Tsuboi, *Gravity* (Londres: Allen and Unwin, 1979).

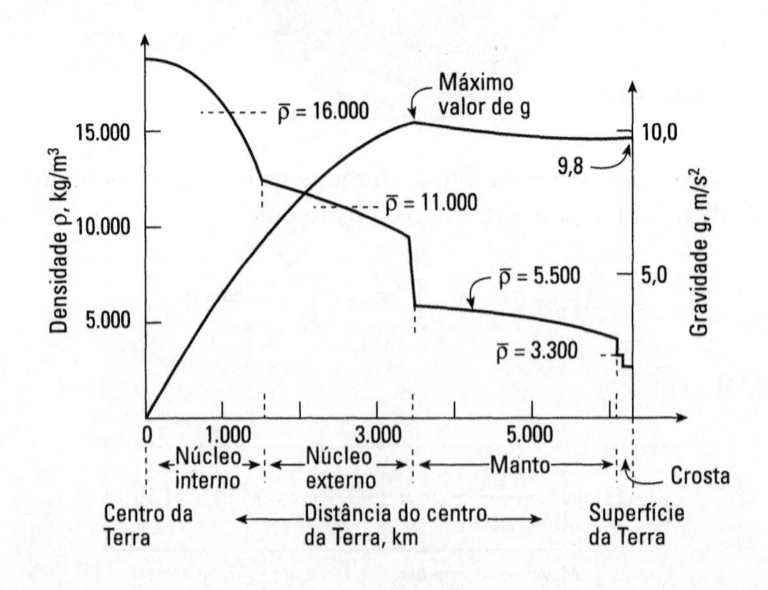

Figura 5-7

PROBLEMAS

1. O valor de g varia de um lugar para outro na superfície da Terra, de 9,78 m/s^2 no Equador até 9,83 m/s^2 nos pólos. O valor padrão adotado pela ciência é de 9,80665 m/s^2, valor que ocorre por volta de 45° de latitude. Neste livro, vamos adotar 9,80 m/s^2. A que altura esse valor corresponde em um lugar em que g, ao nível do mar, é de 9,80665 m/s^2?

2. Um objeto com massa de 1 kg é trazido à superfície da Terra por uma perfuração que vai até o centro da Terra. Quanto trabalho é necessário para isso? Quanta energia é necessária (em J/kg)?

   Dados: a circunferência da Terra é de 40.000 km. Admita densidade uniforme para o planeta.

3. Para retornar à Terra, uma sonda espacial enviada a Marte tem que vencer o campo gravitacional marciano. Quanta energia é necessária (em J/kg)?

   Dados: o diâmetro de Marte é de 6.787 km e sua gravidade junto à superfície é 38% da que teríamos na Terra.

4. Vamos brincar com a idéia de que a Nasa construa uma estação lunar permanente, no meio do caminho entre a superfície da Lua e seu centro, por volta do ano 2055. Espera-se encontrar diamantes do tamanho de laranjas no centro da Lua, devido às pressões reinantes lá. Um dos objetivos dessa estação seria perfurar até o centro da Lua e obter essas gemas preciosas. Quanto tempo levaria um motor de 100 W, com 100% de eficiência, para levar 10 kg de material do centro da Lua até essa estação? *Dados*: o diâmetro da Lua é de 3.476 km, sua densidade é aproximadamente constante e igual à da crosta terrestre e sua gravidade na superfície é de 16% daquela da Terra.

5. Calcule o acréscimo de energia de uma massa de 1 kg ao ser elevada 1.000 m acima da superfície da Terra, onde g = 9,80 m/s^2.

   a) Admita g constante.
   b) Admita g variando com a altura (solução mais exata).

6. Satélites de comunicação estacionários orbitam a Terra 37.000 km acima da superfície. Seu lançamento é feito em duas etapas: primeiramente sobem até 1.000 km no foguete-mãe, e o resto do caminho são impulsionados pelo foguete do segundo estágio. Quanta energia potencial o satélite ganha no segundo estágio do lançamento?

7. Rider Haggard, um popular escritor de ficção científica do passado, escreveu uma história sobre exploradores que constroem uma escavadeira para perfurar o interior da Terra. Para sua surpresa, descobrem que o interior da Terra é oco. Eles chegam a Pelucidar, uma nevoenta terra de continentes e oceanos, com uma inimaginável vegetação, terríveis criaturas e lindas mulheres, desesperadas, é claro.

   O diâmetro de Pelucidar é exatamente metade do próprio diâmetro da Terra. Rider Haggard admite automaticamente que a gravidade g de Pelucidar é a mesma da superfície da Terra. Admitindo-se densidade uniforme para a Terra, seria razoável essa igualdade de gravidades? Calcule o que seria razoável admitir.

Dica: um pouco de aritmética pode ajudar, como mostra a figura abaixo.

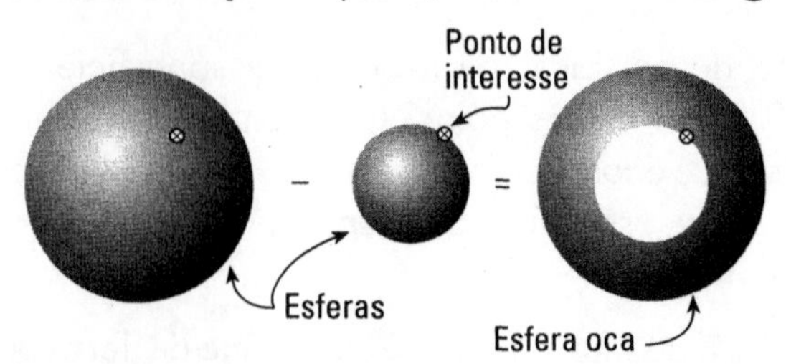

8. Os astrólogos apregoam que as forças gravitacionais dos planetas podem influenciar grandemente nosso humor e nosso caráter. Por exemplo, o comportamento lunático estaria associado à Lua cheia; Marte estava a pino quando você nasceu, por isso você tem tendências agressivas, e assim por diante.

No *The Jupiter Effect*, escrito por Gribbin e Plagemann (New Yord: Random House, 1974), sugere-se que, quando este planeta gigantesco se aproxima da Terra, seu campo gravitacional pode produzir terríveis efeitos, como induzir terremotos, afetar a personalidade de recém-nascidos e assim por diante. Você nasceu nessas circunstâncias? Que perigo!

Numa discussão sobre astrologia na National Public Radio, um cientista zombou dos astrólogos, afirmando que uma enfermeira carregando um recém-nascido (1/2 m, centro a centro), teria um efeito gravitacional maior que o de Júpiter sobre a criança.

Por favor, confira essa informação; quem de verdade tem maior efeito gravitacional sobre o recém-nascido, a enfermeira ou Júpiter?

Dados: Júpiter massa $= 2 \times 10^{27}$ kg
distância do Sol $= 780 \times 10^{9}$ m
Terra distância do Sol $= 150 \times 10^{9}$ m

9. Cavendish determinou o valor da constante gravitacional **G** medindo o giro de uma barra muito fina entre duas bolas A e B quando duas outras bolas C e D, bem maiores, eram colocadas perto e então removidas, como ilustrado a seguir

O conhecimento de **G** permitiu que ele determinasse a massa e a densidade da Terra. Você pode repetir os cálculos de Cavendish, e avaliar a massa e a densidade da Terra, usando o valor de **G** e as informações contidas neste capítulo?

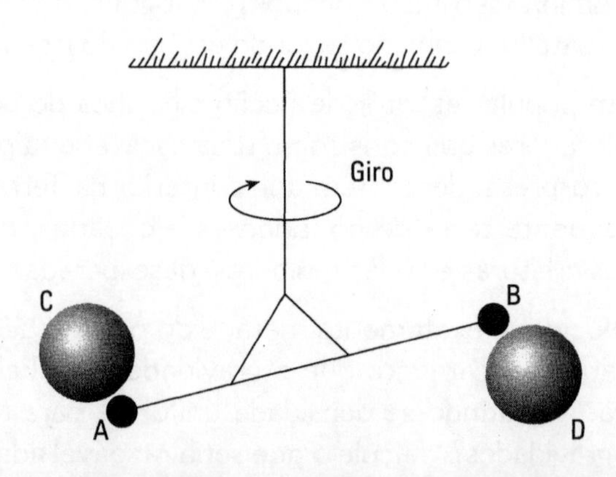

CAPÍTULO 6

ENERGIA CINÉTICA

A energia cinética, E_k, se deve ao movimento de um objeto. Quando a velocidade do objeto se altera, sua energia cinética se altera também. Neste capítulo, vamos estudar como considerar as alterações de energia cinética, ΔE_k, enquanto consideramos a energia potencial, E_p, e a energia interna, U, constantes:

$$\underbrace{\Delta E_p}_{\textit{Faça} = 0} + \Delta E_k + \underbrace{\Delta U}_{\textit{Faça} = 0} = Q - W \tag{3-2}$$

Nessas condições, uma mudança da energia cinética é acompanhada por uma troca de calor e/ou trabalho, e veremos uma série de casos a considerar.

A. MOVIMENTO LINEAR NÃO MUITO RÁPIDO

($v < 10.000$ km/h)

A energia cinética de um objeto em movimento, em relação a esse objeto em repouso, é dada por:

$$E_k = \int F\,dx = \int \frac{m\,\overset{\text{Aceleração}}{a}}{g_c}\,dx \tag{6-1}$$

Essa equação tem duas variáveis, a e x, e só poderão ser integradas se reduzirmos uma delas. Podemos fazer isso de forma simples, a partir da cinemática de Galileu, deduzida antes da época de Newton. A uma aceleração constante Galileu encontrou que

$$\mathbf{v}^2 = 2\,a\,x$$

ou, diferenciando,

$$2\,\mathbf{v}\,d\,\mathbf{v} = 2\,a\,dx \tag{6-2}$$

Substituindo a Eq. 6-2 na Eq. 6-1, temos

$$E_K = \int_0^v \frac{m\,a}{g_c}\frac{2\,\mathbf{v}}{2\,a}d\mathbf{v} = \frac{m\,\mathbf{v}^2}{2\,g_c} \tag{6-3}$$

Assim, quando um objeto aumenta sua velocidade de $\mathbf{v}_1$ para $\mathbf{v}_2$, sua alteração de energia cinética é dada por

$$\Delta E_k = Q - W = \frac{m}{2\,g_c}\left(\mathbf{v}_2^2 - \mathbf{v}_1^2\right) \tag{6-4}$$

Quando aumenta... (aponta para ΔE_k); *... calor ou trabalho devem ser acrescentados* (aponta para Q e W); *... e o objeto ganha energia* (aponta para $\mathbf{v}_2^2 - \mathbf{v}_1^2$)

B. MOVIMENTO ROTACIONAL NÃO MUITO RÁPIDO

A mecânica mostra que a energia cinética de um corpo em rotação (veja a Fig. 6-1) é dada por:

$$E_k = \frac{1}{2\,g_c}\int \mathbf{v}^2 dm = \frac{\omega^2}{2\,g_c}\underbrace{\int r^2 dm} \tag{6-5}$$

$\mathbf{v} = \omega\, r$; *Momento de inércia rotacional* = I, kg·m²

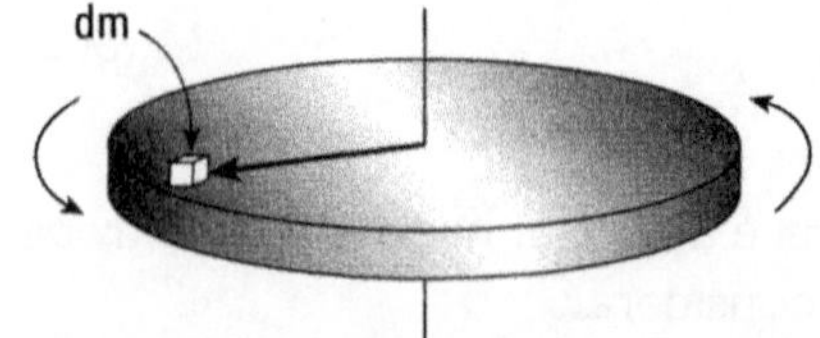

Figura 6-1

ou

$$E_k = \frac{\omega^2 I}{2\,g_c}, \quad \left[\frac{(1/s^2)(kg\cdot m^2)}{(kg\cdot m/s^2\cdot N)} = N\cdot m = J\right]$$

Assim, quando a velocidade angular muda de ω_1 para ω_2, temos

$$\boxed{\Delta E_k = Q - W = \frac{(\omega_2^2 - \omega_1^2)I}{2\,g_c}} \tag{6-6}$$

Para um objeto de massa m e raio R girando axialmente (Fig. 6-2), o momento de inércia é

para a esfera:	$I = \frac{2}{5} m\,R^2$	(6-7)
para o disco:	$I = \frac{1}{2} m\,R^2$	
para o anel:	$I = m\,R^2$	
massa localizada girando à distância R:	$I = m\,R^2$	

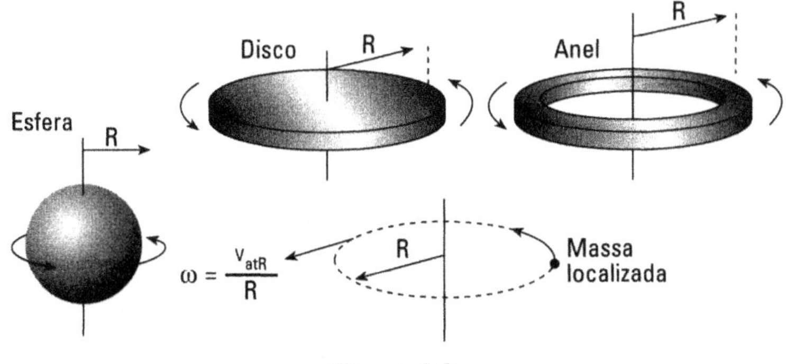

Figura 6-2

EXEMPLO 6-1 Comparando baterias

A melhor bateria colocada à venda por um fabricante (72 meses de garantia) pode fornecer 25 A a 12 V por 135 min, a 27°C. Vamos compará-la com um sistema de armazenagem de energia por rotação de um volante. Esse sistema é constituído por um disco reforçado por fibra de vidro, que gira em uma câmara de vácuo, na qual levita por ação de campo magnético estabelecido para obter esse efeito.

Dados: O disco tem massa de 8 kg, raio de 20 cm e, quando totalmente carregado, gira a 60.000 rpm; entretanto, apenas 85% da energia armazenada pode ser recuperada como eletricidade.

Solução

Vamos calcular a energia útil acumulada em cada um desses aparelhos.

- Para a bateria de chumbo: pela Eq. 4-3, temos

$$\begin{aligned}\text{Energia armazenada} &= \mathbf{V} \cdot \text{A} \cdot \text{tempo} \\ &= (12\ \text{V})\ (25\ \text{A}) \left(135\ \text{min} \times \frac{60\ \text{s}}{\text{min}}\right) \\ &= 2.430.000\ \text{J} = 2{,}43\ \text{MJ}\end{aligned}$$

- Para o sistema de volante: pela Eq. 6-6, temos

$$\begin{aligned}\text{energia armazenada} = \text{E}_\text{k} &= \frac{\omega^2 \text{I}}{2\,g_c} = \left(\frac{\text{radianos}}{\text{s}}\right)^2 \frac{\text{m R}^2}{2 \cdot 2\,g_c} \\ &= \left[2\pi \left(\frac{60.000\ \text{radianos}}{\text{min}}\right)\left(\frac{\text{min}}{60\ \text{s}}\right)\right]^2 \frac{(8\ \text{kg})\ (0{,}2\ \text{m})^2}{2 \cdot 2(\text{kg} \cdot \text{m/N} \cdot \text{s}^2)} \\ &= 3.158.273\ \text{N} \cdot \text{m}\end{aligned}$$

com 85% de eficiência, ou seja

$$(\text{energia útil}) = (3.158.273 \text{ J})\ (0{,}85) = 2{,}68 \text{ MJ}$$

Portanto o sistema de volante pode acumular

$$\frac{2{,}68 - 2{,}43}{2{,}43} \times 100 = \underline{\underline{10{,}3\% \text{ de energia a mais}}} \leftarrow$$

Para mais informações a respeito, leia R. F. Post e S. F. Post, "Flywheels", *Scientific American*, 229, 17 (1973).

C. MOVIMENTO MUITO RÁPIDO, PRÓXIMO À VELOCIDADE DA LUZ

Einstein deduziu que a energia total de um objeto que se move com $\Delta E_p = 0$ é dada por

Energia em repouso

$$\mathbf{E}_{total} = U + E_k = \frac{\mathbf{E}_0}{\sqrt{1 - \dfrac{\mathbf{v}^2}{\mathbf{C}^2}}} \qquad [\text{J}]$$

Velocidade da luz, 3×10^8 m/s

onde a energia desse objeto em repouso é dada por

$$\mathbf{E}_0 = \frac{m\,\mathbf{C}^2}{g_c} \tag{6-8}$$

e

$\mathbf{C}$ = 300.000 km/s, velocidade da luz no vácuo.

Portanto a energia cinética desse objeto em movimento muito rápido é

$$E_k = \frac{\mathbf{E}_0}{\sqrt{1 - \dfrac{\mathbf{v}^2}{\mathbf{C}^2}}} - \mathbf{E}_0 = \frac{m_0 \mathbf{C}^2}{g_c}\left[\left(1 - \frac{\mathbf{v}^2}{\mathbf{C}^2}\right)^{-1/2} - 1\right] \tag{6-9}$$

Massa do corpo em repouso — *Expansão por série de Taylor*

A série de Taylor para a raiz quadrada dá

$$(1+x)^n = 1 + nx + \frac{n(n-1)}{2!}x^2 + \frac{n(n-1)(n-2)}{3!}x^3 + \dots$$

que, substituindo na Eq. 6-9, dá

$$(1-a)^{-1/2} = 1+\frac{1}{2}a+\frac{3}{8}a^2+\frac{5}{16}a^3+\ldots$$

ou

$$E_k = \frac{m_0 \mathbf{C}^2}{g_c}\left[\left(1+\frac{1}{2}\frac{\mathbf{v}^2}{\mathbf{C}^2}+\frac{3}{8}\left(\frac{\mathbf{v}^4}{\mathbf{C}^4}\right)+\frac{5}{16}\left(\frac{\mathbf{v}^6}{\mathbf{C}^6}\right)+\cdots\right)-1\right]$$

ou ainda

$$E_k = \underbrace{\frac{m_0}{g_c}\left[\frac{1}{2}\right.}\mathbf{v}^2+\frac{3}{8}\frac{\mathbf{v}^4}{\mathbf{C}^2}+\frac{5}{16}\frac{\mathbf{v}^6}{\mathbf{C}^4}+\left.\ldots\right] \quad (6\text{-}10)$$

Velocidade não muito alta, da Eq. 6-4

Mesmo em Mach 10, ou 10.000 km/h, este segundo termo e os seguintes são desprezíveis.

Verificamos portanto que a nossa equação usual da energia cinética (Eq. 6-3) é apenas a aproximação para baixas velocidades da Eq. 6-9, mais geral.

As reações nucleares liberam quantidades enormes de energia. Isso ocorre através de partículas elementares — nêutrons, prótons, elétrons e outras mais — lançadas do núcleo atômico em velocidades inacreditáveis, próximas à velocidade da luz. Essa enorme quantidade de energia, à medida que a partícula diminui sua velocidade, é transformada em energia interna e calor. Dessa forma, a enorme liberação de energia das reações nucleares e das bombas atômicas ocorrem pela redução da E_k da sua vertiginosa velocidade inicial. Por exemplo, 1 g de material, movendo-se a 0,99 **C**, ao ser parado, libera tanta energia quanto a queima de 17.000 m^3 de gasolina. Imagine só: freando quatro selos postais comuns (1 g), você obtém energia suficiente para dar 3.500 voltas ao mundo com seu carro, sobre a terra ou sobre os mares.

PROBLEMAS

1. O livro dos recordes indica que Bob Feller lançou a mais rápida bola em campeonatos de beisebol. Eu pessoalmente também tenho uma canhota bem rápida, cheguei a arremessar uma bola a 40 metros de altura. Qual a velocidade de minha bola mais rápida, em metros por segundo e em milhas por hora.

Nota. despreze o atrito com o ar; nessas velocidades, ele é insignificante.

2. O *Corvallis Gazette-Times* de domingo, 01 de dezembro de 1986, noticiou que a maior máquina rotativa do mundo, uma turbina de duas pás (diâmetro do rotor = 91 m), construída pela Boeing para captar a energia do vento, estava sendo montada em Goldendale, Washington. Você precisa de uma dessas no seu quintal? Está em oferta. A reportagem afirma que a potência média de saída desse monstro é de 2,5 MW. Como você compara esse valor com o melhor possível?

Dados: O máximo rendimento teórico da energia cinética do vento que chega à turbina é de 59%. A temperatura do ar em Goldendale é de 10°C e a velocidade média do vento é de 24 km/h.

3. No Campeonato Nacional de Carros Não-Motorizados de Mirassol do Sul, há competidores de todas as partes; grandes honras e louvores esperam os vencedores. Os veículos devem ter quatro rodas e partem do repouso no alto do Morro da Igreja. Vence quem primeiro chegar à Estrada Boiadeira. Pretendo entrar na corrida com um carrinho com rodas de bicicleta. Posso usar rodas de grande ou pequeno diâmetro, ambas têm quase o mesmo peso. Que tipo devo escolher?

Dado: Os pneus podem estar muito cheios, com alta pressão, de forma que o atrito com o solo pode ser desprezado.

4. A Sandia National Laboratories, no Novo México, desenvolveu um canhão experimental que pode acelerar um projétil a uma velocidade nunca antes atingida por algo maior que uma partícula de pó. No vácuo, esse canhão, com 20 m de cano, conforme relataram, pode lançar objetos a 16 quilômetros por segundo. Para uma bala de 1 g, equivalente à massa de quatro selos postais:

a) calcule a energia;
b) calcule a potência teoricamente necessária para atingir essa velocidade.

CAPÍTULO 7

ENERGIA INTERNA U E ENTALPIA H

A. ENERGIA INTERNA

Como vimos nas Figs. 3-1, 3-2, 3-3 e na Eq. 3-2, adicionando calor ou trabalho a um sistema podemos mudar sua energia cinética, potencial ou sua energia interna. Vamos considerar as alterações da energia interna.

O que é energia interna? É a energia das próprias moléculas, devida às forças de atração que mantém os líquidos e sólidos como tal, a energia cinética das moléculas de um gás se movimentando, a quantidade suplementar de energia necessária para criar uma superfície, e assim por diante. Apesar de ser complicado dizer o que é a energia interna, podemos medir sua variação sem dificuldade.

Por analogia, vamos perguntar quanto dinheiro há em um banco. É difícil de dizer, mas é relativamente fácil avaliar a diferença entre o quanto tem hoje e quanto tinha ontem. Basta desenhar uma linha tracejada em torno do banco e contabilizar o que atravessar esse limite, como ilustrado na Figura 7-1

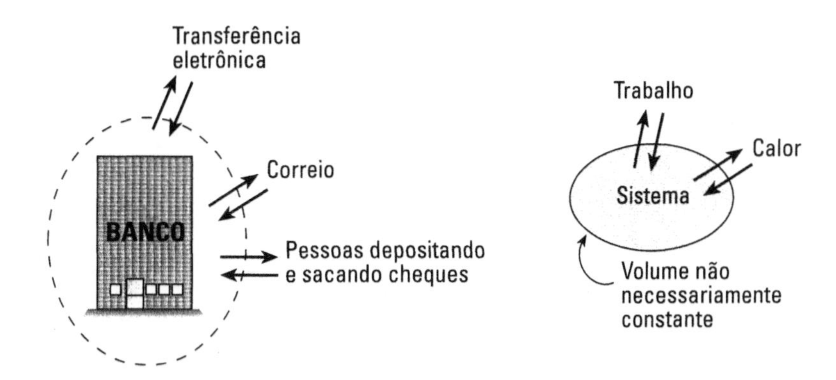

Figura 7-1

Podemos fazer o mesmo com a energia interna. Passamos uma superfície imaginária em torno de nosso sistema e anotamos todo o calor e trabalho que atravessa essa fronteira. Contamos ainda as alterações das energias potencial e cinética desse sistema. O que não foi contado, o que falta para zerar o balanço, é a mudança de energia interna. Então, a partir da Eq. 3-2,

$$\Delta U = \underbrace{Q - W}_{\text{Calor adicionado e trabalho realizado pelo sistema}} - \underbrace{\Delta E_p - \Delta E_k}_{\text{Energia que aumentou } E_p \text{ e } E_k \text{ do sistema}} \tag{3-2}$$

B. ENTALPIA, UMA MEDIDA ÚTIL

Uma balança de farmácia não pesa apenas a pessoa que subiu nela; pesa a pessoa e mais suas roupas. De forma similar, quando avaliamos a energia em um objeto de volume V, temos que lembrar que esse objeto teve de realizar trabalho para afastar seus arredores e ocupar seu lugar no espaço, geralmente à pressão atmosférica. A uma pressão qualquer p, o trabalho necessário para abrir seu próprio espaço é:

$$W = \int_0^V p\, dV = pV$$

Isso ocorre tanto com um objeto quanto com um sistema e esse trabalho não é desprezível. Lembre-se de que, à pressão de 1 bar, a atmosfera exerce por metro quadrado uma força exatamente igual ao peso de uma massa de 10 t, o que não é nada desprezível.

Dessa forma, a energia total de um corpo (por exemplo, um gás em seu recipiente) é sua energia interna mais a energia extra necessária para "abrir" o espaço V que ele ocupa à pressão p. Vamos chamar esse total de entalpia H, definida como:

$$H = \underbrace{U}_{\text{Energia interna}} + \underbrace{p}_{\text{Pressão do sistema}} V \tag{7-1}$$

e a diferença de entalpia entre os estados 1 e 2 é dada por:

$$\begin{aligned} \Delta H = H_2 - H_1 &= \Delta U + \Delta(p\,V) \\ &= (U_2 + p_2\,V_2) - (U_1 + p_1\,V_1) \end{aligned} \tag{7-2}$$

O termo pV representa uma espécie de energia potencial.

Cuidado Você com certeza vai encontrar situações em que a pressão do sistema pode não ser a pressão de suas vizinhanças. Nesse caso, lembre-se de que você não pode usar a pressão dos arredores para calcular a entalpia. Por quê? Porque não foi assim que definimos entalpia.

C. MAIS DA PRIMEIRA LEI PARA SISTEMA EM BATELADA

Quando um sistema evolui de um estado para outro, ele pode produzir trabalho para mover um eixo, gerar eletricidade, e assim por diante. É o chamado *trabalho de eixo*, W_{sh}; o índice sh é convencional devido à palavra *shaft* (eixo em inglês). O sistema pode inclusive expandir, como quando água se torna vapor; é o chamado *trabalho pV*, (W_{pV}). Então o trabalho total produzido é de dois tipos:

$$W = W_{sh} + W_{pV} \tag{7-3}$$

e, de forma geral, a Eq. 3-2 para sistemas fechados pode ser escrita como

$$\boxed{\Delta U + \Delta E_p + \Delta E_k = Q - W_{sh} - W_{pV} \qquad [J]} \tag{7-4}$$

Qualquer trabalho que não o pV, como de eixo, elétrico, etc. (indica W_{sh})

$\int p\,dV$ (indica W_{pV})

Dois casos usuais são

- a volume constante

$$\Delta U + \Delta E_p + \Delta E_k = Q - W_{sh} \tag{7-5}$$

- a pressão constante

Constante (indica p)

$$\Delta U + \Delta E_p + \Delta E_k = Q - W_{sh} - \int p\,dv$$
$$= Q - W_{sh} - p_2 V_2 + p_1 V_1$$

que, com a Eq. 7-2, dá

$$\Delta H + \Delta E_p + \Delta E_k = Q - W_{sh} \tag{7-6}$$

D. DEVEMOS USAR ΔH OU ΔU?

Para um sistema em batelada a volume constante, geralmente achamos mais conveniente usar as equações em ΔU. Entretanto, veremos que, para sistemas operando à pressão constante, seja em batelada ou com escoamento, as equações em ΔH são sempre preferíveis.

Como as equações escritas em termos de entalpia são geralmente mais úteis para as questões de engenharia, há publicações que não incluem suas correspondentes em termos de energia interna. Se necessário, basta lembrar que a energia interna u pode ser calculada a partir da entalpia h, pressão p e volume v, segundo

$$u = h - pv\ldots \text{ (J/mol ou J/kg)} \qquad \text{ou} \qquad U = H - pV\ldots \text{ [J]}$$

Você pode estar se sentindo desconfortável neste ponto com o conceito de entalpia. Entretanto, eu garanto que em breve você o achará mais fácil do que comer comida chinesa com pauzinhos.

E. ESTADO PADRÃO PARA U E H

O valor do zero absoluto da energia de qualquer material em repouso, indicado pelo índice zero, é dado pela famosa expressão de Einstein[1]:

Velocidade da luz $= 3 \times 10^8$ m/s

$$U_0 = \mathbf{E}_0 = \frac{m_0 \mathbf{C}^2}{g_c} \qquad \text{(6-8) ou (7-7)}$$

Assim, qualquer modificação na energia interna do material em repouso é simplesmente acompanhada por uma modificação Δm em sua massa.

$$\Delta U_0 = \Delta \mathbf{E}_0 = \frac{\Delta m_0 \mathbf{C}^2}{g_c} \qquad \text{(7-8)}$$

Essa expressão mostra que, se você aquece um objeto, ele se torna mais pesado; se o resfria, ele se torna mais leve.

Infelizmente, essa equação não é prática para o uso cotidiano. Vamos ver por quê. Se aquecemos 1 t de água de 10°C a 90°C, o aumento de energia em termos de joules é enorme. Entretanto, o aumento de massa pode ser tão pequeno que fica impossível detectá-lo, mesmo com as balanças mais sensíveis. Assim, a Eq. 7-8 é impraticável.

Em lugar disso, para finalidades práticas, escolhemos arbitrariamente um estado padrão no qual definimos a energia interna ou a entalpia como zero e, quando nos movemos desse estado, temos valores relativos a ele positivos ou negativos. Escolhemos:

- para a água (líquida), $U = 0$ a $T = 0{,}01$°C, $p = 611{,}3$ Pa, ponto triplo[2]
- para a amônia (líquida), $H = 0$ a $T = -40$°C, $p = 71.770$ Pa

---

[1] Einstein apresentou essa equação quase mágica em 1905, quando desenvolveu sua teoria da relatividade. O Prêmio Nobel não foi dado a ele por essa teoria ou pelo que fez naquele mesmo ano. Sim, em 1905 ele era um jovem gênio de 25 anos. Realmente, ele publicou a teoria em 1905, portanto deve tê-la elaborado antes, quando era ainda mais jovem (talvez a idade da maior parte dos leitores deste livro), quando pela primeira vez vislumbrou idéias revolucionárias.

[2] O ponto triplo define a única condição de pressão e temperatura em que temos sólido, líquido e vapor de uma substância pura em equilíbrio ao mesmo tempo. Veremos mais a esse respeito no Cap. 12.

Para refrigeração, aparece um pequeno problema. Como já mencionado, nosso fluido refrigerante mais usado, o Freon-12, foi recentemente banido e está sendo substituído pelo HFC-134a, isento de cloro, para uso em refrigeradores, aparelhos de ar condicionado e outros. Entretanto, ingleses e americanos não estão de acordo, pois chamam essa substância por nomes diferentes e não conseguiram entrar em acordo para estabelecer o mesmo estado padrão. A ICI o chama de Klea-134a, enquanto a Dupont o designa por Suva-134a. Para o estado padrão do HFC-134a:

$$\left.\begin{array}{ll}\text{a ICI escolheu} & h = 100\ \text{kJ}/\text{kg} \\ \text{a Dupont escolheu} & h = 200\ \text{kJ}/\text{kg}\end{array}\right\}\text{ambos a } T = 0°\text{C e } p = 292.930\ \text{Pa}$$

A tabela no final do livro usa os valores preconizados pela Dupont. Entretanto, como sempre queremos os valores de ΔH, use a tabela que você quiser. Apenas tome cuidado para não pegar um valor da tabela da ICI e o outro da tabela da Dupont. Isso daria grandes erros.

PROBLEMA

1. Um bloco de metal incompressível está em repouso no fundo de minha banheira, cheia de água. Eu retiro o tampão e a água se vai. Tudo isso ocorreu à mesma temperatura. Que aconteceu com a energia interna e a entalpia do bloco?

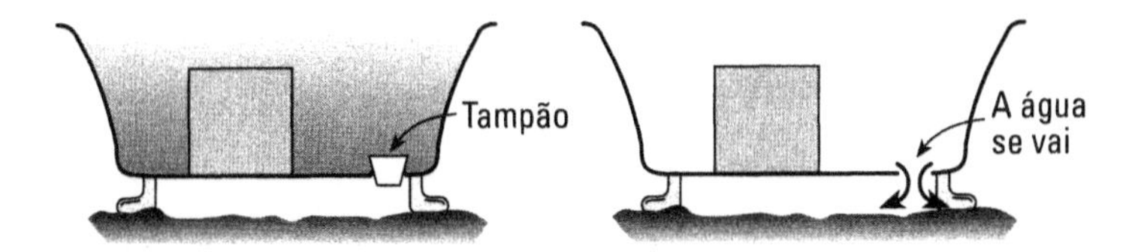

CAPÍTULO 8

ΔU E ΔH PARA MUDANÇAS FÍSICAS

Adicionando calor, trabalho, E_p e/ou E_k a um sistema, a mudança em U e H pode dar vários resultados. Pode:

a) mudar a temperatura do sistema (aumentar a temperatura);
b) mudar de fase (sólido → líquido → gasoso);
c) mudar a estrutura química ($H_2O \rightarrow H_2 + {}^1/_2\, O_2$);
d) mudar a estrutura atômica.

Consideraremos as mudanças (a) e (b) neste capítulo e as mudanças (c) e (d) no próximo. Lembre-se de que u e h referem-se a 1 mol ou 1 kg de material, enquanto U e H se referem à energia de toda uma porção de matéria.

A. ΔU E ΔH PARA MUDANÇA DE TEMPERATURA

Para um dado material, à medida que a temperatura T aumenta, U e H aumentam porque $U = f_1(T)$ e $H = f_2(T)$, como representado na Fig. 8-1

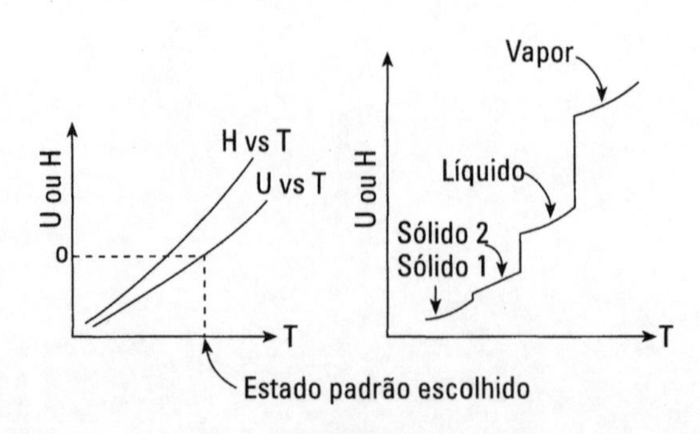

Figura 8-1

Podemos escrever para as várias transformações

$$\text{V constante:} \quad \Delta U = n \int c_v dT, \quad \text{onde} \quad c_v = a + bT + \ldots \tag{8-1}$$

$$\text{p constante:} \quad \Delta H = n \int c_p dT, \quad \text{onde} \quad c_p = a' + b'T + \ldots \tag{8-2}$$

c_v e c_p, em J/mol · K ou J/kg · K, são chamados de *calor específico* ou *capacidade calorífica* da substância, e os índices indicam se estamos tratando de transformação a volume constante ou a pressão constante.

Lembre-se de que a diferença entre Δh e Δu é o trabalho necessário para empurrar a atmosfera à medida que o material se aquece e expande. Para líquidos e sólidos, a mudança de volume é muito pequena, de forma que $\Delta h \cong \Delta u$ e $c_v \cong c_p$.

Para exemplificar, vamos aquecer um 1 kg de um gás, de um líquido e de um sólido, de 20 para 30°C, e observar a importância da contribuição do $\Delta(pV)$ no total da mudança de energia.

A 1 atm	**$\Delta(pv) = \Delta h - \Delta u$**	**Δu**	**Δh**
Ar de 20 a 30°C	2.850 J/kg	7.170 J/kg	10.020 J/kg
Água de 20 a 30°C	0,1 J/kg	41.840 J/kg	41.840 J/kg
Ferro de 20 a 30°C	0,004 J/kg	4.494 J/kg	4.494 J/kg

Observe que os termos pV para sólidos e líquidos são desprezíveis

Para o gás, o trabalho requerido para empurrar a atmosfera não pode ser desprezado. Lembre-se do acidente aéreo, ocorrido há alguns anos, em que a janela de um avião se quebrou e uma passageira foi sugada (ou melhor, empurrada) através dela.

B. ΔU E ΔH PARA MUDANÇA DE FASE

A energia necessária para ferver água e dessa forma gerar vapor tem que fazer duas coisas. Tem que fazer com que as moléculas se tornem tão ativas e energizadas que elas voem para longe umas das outras e vençam as forças que as mantinham próximas no líquido. Mas também tem que fazer o trabalho de empurrar a atmosfera e, dessa forma, abrir o espaço para o vapor ocupar. A energia total necessária para essa transformação é chamada de *calor latente de vaporização*, $h_{\ell g}$ (J/kg ou J/mol).

Por exemplo, para 1 kg de água se tornando vapor a 100°C e 1 atm, as tabelas no final do livro dão:

- energia para manter as moléculas separadas,

$$\Delta u_{\ell g} = 2.087.600 \text{ J/kg}$$

- energia para empurrar a atmosfera e abrir espaço,

$$p(v_g - v_\ell) = (101.325)\,(1{,}673 - 0{,}001\ 044) = 169.400 \text{ J/kg}$$

Portanto o calor latente de vaporização é

$$\Delta h_{\ell g} = 2.087.600 + 169.400 = 2.257.000 \text{ J/kg}$$

Observe que a água líquida dá cerca de 1.600 vezes o seu volume quando na forma de vapor, e a energia para essa expansão é da ordem de 8% da total. Dessa forma, como não se vai de líquido a vapor sem alterar o volume, o $\Delta u_{\ell g}$ não é uma medida útil e sempre usamos $\Delta h_{\ell g}$.

Para a transformação de sólido para líquido, o calor latente é chamado de *calor de fusão* ($h_{s\ell}$ ou $H_{s\ell}$) e, como a alteração de volume usualmente é muito pequena, temos $\Delta u_{s\ell} \cong \Delta h_{s\ell}$

O calor latente de vaporização, $\Delta h_{\ell g}$, muda com a temperatura, sendo maior em baixas temperaturas. Isso faz sentido, pois as moléculas de um líquido frio precisam de mais energia para se "destacarem" das proximidades de suas vizinhas, do que as moléculas do mesmo líquido quando quente. Por outro lado, quando o líquido está muito quente, as moléculas estão muito energizadas e se movendo muito ativamente. Então a quantidade de energia para mandá-las para a forma vapor é pequena. Para a água, por exemplo,

$$\begin{aligned} \Delta h_{\ell g} &= 2.454,1 \text{ kJ/kg} \\ &= 44,17 \text{ kJ/moles a } 20°\text{C} \end{aligned}$$

$$\begin{aligned} \Delta h_{\ell g} &= 893,4 \text{ kJ/kg} \\ &= 16,08 \text{ kJ/moles a } 350°\text{C} \end{aligned}$$

TABELA 8-1 Valores aproximados muito úteis para c_p, c_v, $\Delta h_{\ell g}$ e $\Delta h_{s\ell}$

Para sólidos e líquidos	$c_p \cong c_v$,	e, para metais	$c_p \cong 400$ J/kg · K
Para gases	$c_p > c_v$,	e, para o ar	$c_p \cong 1.000$ J/kg · K

Gases ideais

Monoatômico:	$c_p = (^5/_2)R = 20,79$ J/mol · K	$c_v = (^3/_2)R = 12,47$ J/mol · K
Diatômico:	$c_p = (^7/_2)R = 29,10$ J/mol · K	$c_v = (^5/_2)R = 20,79$ J/mol · K
Triatômico:	$c_p \cong 4R \cong 33,0$ J/mol · K	$c_v \cong 3R \cong 25,0$ J/mol · K

Para todos os gases ideais: $c_p = c_v + R$, onde $R = 8,314$ J/mol · K

Para água

Gelo:	$c_p = 2.000$ J/kg · K = 36 J/mol · K	
Líquido:	$c_p = 4.184$ J/kg · K = 75 J/mol · K,	$\Delta h_{s\ell,\,0°C} = 333$ kJ/kg = 6,0 kJ/mol
Vapor:	$c_p = 1.500$ J/kg · K = 27 J/mol · K,	$\Delta h_{\ell g,\,100°C} = 2.250$ kJ/kg = 40,6 kJ/mol

Observação: Para valores mais exatos, consulte os anexos.

EXEMPLO 8-1 Preparando uma xícara de chá

Coloquei 1 L de água na minha chaleira elétrica (Fig. 8-2) e liguei-a. Quanto tempo terei que esperar pela fervura?

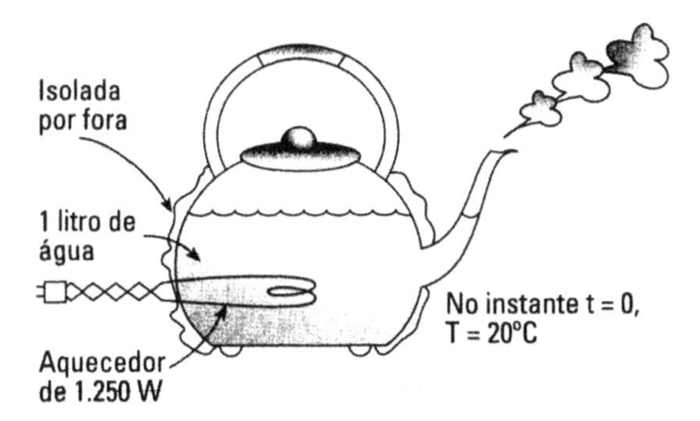

Figura 8-2

Dados: A capacidade calorífica do metal da chaleira equivale a 200 cm^3 de água e sua potência é de 1.250W.

Solução

Vamos definir a chaleira e seu conteúdo como o nosso sistema. Dessa forma, a pressão do sistema é constante e igual à atmosfera que é empurrada para fora quando a água ferve. A primeira lei, expressa pea equação 7-6, pode ser aplicada em sua forma simplificada:

$$\Delta H + \underbrace{\Delta E_p}_{=0} + \underbrace{\Delta E_k}_{=0} = \underbrace{Q}_{=0} - W_{sh}$$

E, usando os valores da Tab. 8-1, o trabalho elétrico necessário é:

$$\begin{aligned} -W_{sh} &= \Delta H = m\, c_p \Delta T \\ &= (1{,}2\ \text{L})\left(\frac{1\ \text{kg}}{1\ \text{L}}\right)\left(4.184\frac{\text{J}}{\text{kg}\cdot{}^\circ\text{C}}\right)(100^\circ\text{C} - 20^\circ\text{C}) \\ &= 401.664\ \text{J} \end{aligned}$$

Com uma potência de aquecimento de 1.250 W,

$$\left(\begin{array}{c}\text{Tempo necessário} \\ \text{para ferver a água}\end{array}\right) = \frac{401.664\ \text{J}}{1.250\ \text{J/s}} = 321\ \text{s}$$

$$= \underline{\underline{5\ \text{min}\ 21\ \text{s}}} \longleftarrow$$

EXEMPLO 8-2 O apito enlouquecedor da chaleira

Minha chaleira elétrica tem um apito no bico de forma que, quando ferve, a saída do vapor produz um assobio enlouquecedor. Para incomodar os vizinhos, vou "esquecer" a chaleira ligada e sair para comprar jornal; mas preciso voltar antes que a chaleira seque completamente. Quanto tempo de assobio posso proporcionar aos meus vizinhos?

Solução

A energia necessária para evaporar 1 L de água foi dada na Tab. 8-1; portanto

$$\not{Q} - W_{sh} = m\,\Delta h_{lg}$$
$$= (1\,L)\left(1\frac{kg}{L}\right)\left(2.255\frac{kJ}{kg}\right) = 2.255\ kJ$$

Aproximadamente

O trabalho elétrico é $\not{Q} - W_{sh} = 1.220\ W = 1.220\frac{J}{s}$

E o tempo para ferver toda a água é

$$t = \frac{\text{energia necessária}}{\text{taxa de fornecimento de energia}} = \frac{2.255.000\ J}{1.220\ J/s} = 1.841\ s$$
$$= \underline{\underline{30\ min\ 41\ s}} \longleftarrow$$

EXEMPLO 8-3. A termodinâmica de uma trombada espetacular

Você está dirigindo o seu belo carrão modelo 1923 (combinando as cores abacate e alaranjado) a 200 km/h, quando percebe um Mustang 1999 vindo diretamente em sua direção, também a 200 km/h. Antes que você possa dizer "ai Jesus", CRASH. Várias coisas acontecem ao mesmo tempo, uma delas é que a temperatura aumenta instantaneamente nessa pilha de lixo recém-criado. Quanto a temperatura aumentou e qual o ΔU e o ΔH dessa catástrofe?

Dados: Cada carro pesa 2 t e tem $c_p = 0{,}5$ kJ/kg · K.

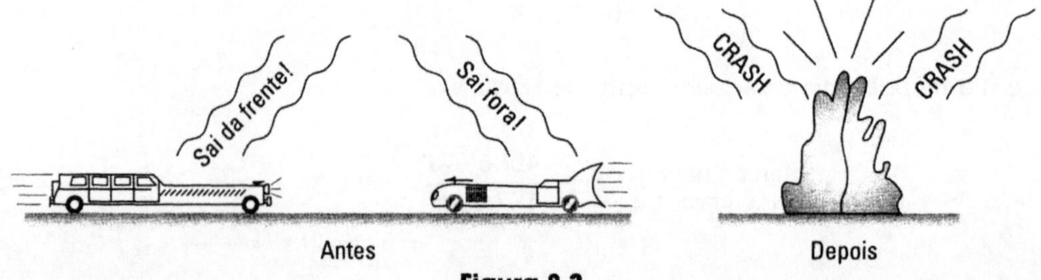

Figura 8-3

Solução

Como as massas são iguais, o mesmo acontece com ambos os carros e o que sobrou permanece em repouso. Assim, a energia cinética dos carros foi transformada em energia interna ou

$$\Delta U + \cancel{\Delta E_p}^{=0} + \Delta E_k = \cancel{Q}^{=0} - \cancel{W}^{=0} \qquad \text{(3-2) ou (7-4)}$$

ΔU — *Aumento*; ΔE_k — *Decréscimo*

ou

$$m\,c_v(T_2 - T_1) = -\frac{m(\cancel{\mathbf{v}_2^2}^{=0} - \mathbf{v}_1^2)}{2\,g_c}$$

Como os carros são feitos de sólidos e líquidos, $c_p \cong c_v$, e, para cada quilograma de carro, temos

$$\left(500\frac{\text{J}}{\text{kg}\cdot\text{K}}\right)(\Delta T,\ \text{K}) = \left[\left(200\frac{\text{km}}{\text{h}}\right)\left(\frac{1.000\ \text{m}}{\text{km}}\right)\left(\frac{\text{h}}{3.600\ \text{s}}\right)\right]^2 \Big/ 2\left(1\frac{\text{kg}\cdot\text{m}}{\text{s}^2\cdot\text{N}}\right)$$

ou

$$500\,\Delta T = 1.543$$

$$\text{ou}\ \Delta T = \frac{1.543}{500} = \underline{\underline{3{,}09°\text{C}}} \longleftarrow$$

E a alteração da entalpia ou da energia interna por quilograma de carro é

$$\Delta h \cong \Delta u = c_v \Delta T = \left(500\frac{\text{J}}{\text{kg}\cdot\text{K}}\right)(3{,}09\ \text{K}) = 1.543\frac{\text{J}}{\text{kg}}$$

Para esse evento envolvendo dois carros, m = 4.000 kg, temos o total de

$$\Delta H \cong \Delta U = m\,c_v \Delta T = (4.000\ \text{kg})\left(1.543\frac{\text{J}}{\text{kg}}\right) = 6.172.000$$

$$= 6.172.000\frac{\text{J}}{2\ \text{carros}}$$

$$= \underline{\underline{6.172\frac{\text{MJ}}{\text{trombada}}}} \longleftarrow$$

PROBLEMAS

1. Para aquecer 1 t de água inicialmente a 25°C até seu ponto de ebulição e depois aquecer o vapor a 500°C, sempre à pressão atmosférica, eu preciso de quantos joules de calor?

   a) Resolva usando os valores aproximados da Tab. 8-1

   b) Resolva usando os valores das tabelas do final do livro

2. Calcule o calor necessário para aquecer 1 kg de grafite de 0°C a 800°C em um ambiente sem oxigênio.

   Dados:

Temperatura (K)	c_p (J/kg · K)
200	420
400	1.070
600	1.370
800	1.620
1.000	1.820

3. Um aquecedor de 1.500 W é ligado durante 1 ks e seu calor é dirigido para uma massa de 5 kg de gelo a 0°C. Não havendo perdas para o ambiente, qual o estado final desse gelo? Será vapor, líquido, sólido ou uma mistura sólido/líquido ou líquido/vapor? Qual a temperatura final dessa massa de 5 kg?

4. Uma barra metálica (c_p = 800 J/kg · K) de 2 kg, inicialmente a 200°C, é lançada em um tanque com água a 25°C. Após algum tempo, a água e a barra estão em equilíbrio a 75°C.

   a) Quanto mudou a entalpia do metal nesse processo?

   b) Se toda a energia do metal foi transferida realmente à água, quanta água havia no tanque?

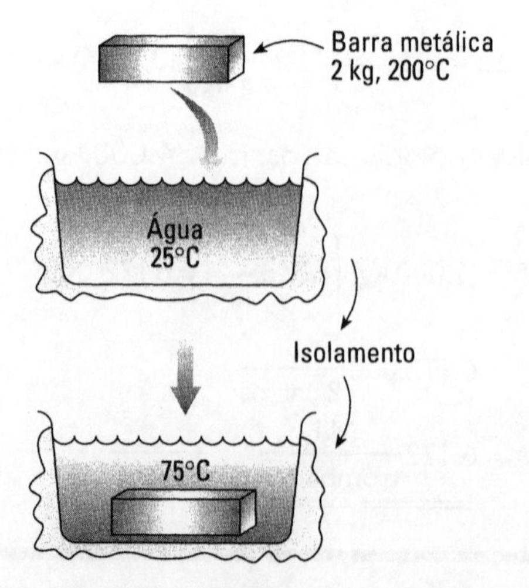

5. "O asseio é próximo da religiosidade", disse John Wesley (1703-1791). Bem, três jovens compartilham uma casa e cada um deles toma, em média, dois banhos de chuveiro por dia. Cada chuveirada dessas consome 32 galões de água morna (1/3 de água fria a 5°C e 2/3 de água quente a 72,5°C). Um aquecedor central elétrico responde pela água quente, com a eletricidade a R$0,16/kW · h. Quando custará por mês toda essa devoção dos jovens?

6. Mudança de fase de um sal. A Universidade de Illinois estudou como armazenar o calor não utilizado nos períodos de baixa demanda das termoelétricas (*Chemical Engineering News*, setembro de 1975). O conceito-chave é armazenar o calor pela fusão de um sal contido em reservatórios de 100 m^2 de superfície e profundidade de 15 m. Cada estrutura pode conter 220 milhões de quilogramas de nitrato de sódio.

Durante os períodos de baixa demanda, uma serpentina dentro do reservatório leva o vapor para fundir o sal. E, durante os períodos de grande demanda, a serpentina pode conduzir a água que ferve enquando o sal se solidifica.

Uma típica termoelétrica de grande porte gera 1 GW. Por quanto tempo esse reservatório pode absorver e armazenar toda a saída de uma unidade dessas? O sal, absorvendo ou liberando calor por fusão, permanece à mesma temperatura.

Dados: À pressão de 1 bar, o nitrato de sódio, $\overline{mw}$ = 0,085 kg/mol, funde a 310°C com um calor latente de fusão $\Delta h_{s\ell}$ = 15,9 kJ/mol.

7. A Catarata do Anjo, na Venezuela, é a maior queda de água do mundo, uma queda de 975 m. (As Cataratas do Niágara parecem brincadeira, com sua queda de apenas 50 m.)

a) Admitindo que não há atrito (o que não é razoável), qual a velocidade final da água logo antes de cair no rio lá embaixo?

b) Admitindo que não ocorra troca de calor com o ambiente (um absurdo total), quanto a água seria mais quente no rio abaixo da cachoeira do que acima dela?

8. Uma substância misteriosa X foi aquecida de 20°C, no estado sólido, até 370°C, no estado vapor. Quanto a entalpia mudou, em J/kg, nessa operação?

Dados: Para a substância X, $\overline{mw} = 0{,}1$ kg/mol

Ponto de fusão = 120°C

Ponto de ebulição = 170°C

$c_{p,\,s} = 1.000$ J/kg · K

Calor latente $\Delta h_{s\ell} = 200$ kJ/kg

Calor latente $\Delta h_{\ell g} = 30$ kJ/mol

$c_{p,\,\ell} = 2.000$ J/kg · K

$c_{p,\,g} = 150$ J/mol · K

9. O Capitão Schultz[1] trabalha no circo mergulhando de grande altura em uma tina de água. Ele exige que a temperatura da água de seu "banho" esteja exatamente a 37°C, e mede-a com um termômetro de precisão antes de relaxar após um dia de tensão.

Em uma terrível noite, nosso capitão encontrou a água a 36,8°C. Imediatamente ordenou ao seu camareiro que transportasse sua banheira portátil, com 80 kg de água, de seus aposentos para perto do mais alto trampolim do circo. Subiu pela escada, despiu-se e se jogou na banheira de forma tão precisa e espetacular que nem uma gota de água espirrou fora. O Capitão Schultz tem 1,70 m de altura, cabelo loiro, olhos azuis e pesa 70 kg. De que altura ele saltou?

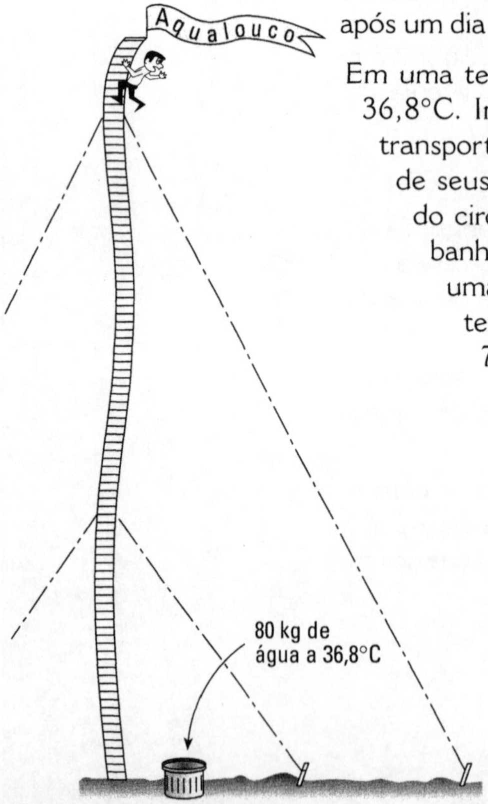

[1] O Capitão Schultz fez sua primeira aparição como grande mergulhador na página 102 do *Elementary General Thermodynamics* (Reading, MA: Addison Wesley, 1972).

10. A maior indústria de tubos de PVC do Oregon, a P. W. Pipe Co., em sua fábrica em Eugene, produz tubos de até 60 cm de diâmetro interno e espessura de parede de 2,5 cm.

O primeiro passo na construção do tubo consiste em misturar e aquecer PVC em pó (95%) com vários aditivos, como calcário, pigmentos, cera lubrificante e outros, em um enorme misturador. Daí a mistura segue para gigantescos extrusores onde é espremida e expelida como pasta de dente.

A mistura e o aquecimento são feitos simplesmente revolvendo o pó com um sistema de pás enormes.

Qual a potência necessária para esse revolvedor aquecer meia tonelada do produto de 20°C para 116°C, em 5 min? Admita que não há trocas com o ambiente.

Dados:

Para o pó em aquecimento: $c_p = 625$ J/kg · K

11. Quando um projétil de alta potência atinge seu alvo, como as chapas de aço de um tanque, sua energia cinética é transformada em energia interna, capaz de fundir parte do costado do tanque em contato com ele. Dessa forma, o projétil "desliza" através do furo fundido na chapa e explode dentro do tanque.

Para que a perfuração ocorra, ou melhor, para que o projétil consiga fundir seu caminho através da blindagem, avaliamos que sua metade anterior tenha o dobro da massa da chapa.

Dados:

Admita as propriedades do projétil e do tanque como as do aço:

$c_p = 500$ J/kg · °C, $\Delta h_{s\ell} = 15.000$ J/mol, $T_{s\ell} = 1.375$°C, $\overline{mw} = 0,055$ kg/mol

Admita ainda que tudo o que não fundiu, nem ao menos se aqueceu.

12. O Nepal orgulhosamente pretende integrar o clube das nações espaciais lançando o seu *Anapurna*, que transportará dois Sadhus (homens sagrados) em uma órbita a 100 km da superfície da Terra, à velocidade de 5 km/s. Essa é a mesma órbita do ônibus espacial americano.

Você foi designado para projetar o escudo térmico capaz de dissipar 99% do calor gerado na reentrada desse sagrado veículo na atmosfera. Entretanto você precisa primeiro determinar quanto a temperatura do veículo aumenta e se esse aquecimento pode causar desconforto aos Sadhus. Se causar, será necessário incluir refrigerantes geladinhos na carga da nave. Admitindo que o *Anapurna* faça um pouso suave em Swayambu, quanto a nave aquecerá?

Dados:

Admita como média de todos os materiais da nave c_p =500 J/kg · K.

Admita ainda a aceleração da gravidade média de 9, 70 m/s^2.

13. Em Rangum, na antiga Birmânia, presenciei um método primitivo porém eficiente de soldar dois tarugos de metal topo a topo (veja o desenho). O tarugo A é acoplado a um disco de 160 kg com 1 m de diâmetro. Um homem forte pedala uma bicicleta estacionária que faz o tarugo A girar. Este é repentinamente pressionado, topo a topo, contra o tarugo estacionário B e o atrito aquece o metal até a fusão, à medida que o disco vai parando. Qual a velocidade (em rpm) necessária para soldar os dois tarugos de 1 cm de diâmetro ?

Dados:

Para o aço birmanês:

Densidade $\rho = 7.820\ \text{kg/m}^3$
Ponto de fusão $T_m = 1.460°\text{C}$
Calor específico $c_p = 460\ \text{J/kg} \cdot \text{K}$
Calor latente de fusão $\Delta h_{s\ell} = 270.000\ \text{J/kg}$
Camada de aço que deve ser levada à temperatura de fusão em cada tarugo = 1,5 mm
Camada de aço que deve fundir em cada tarugo = 10 μm

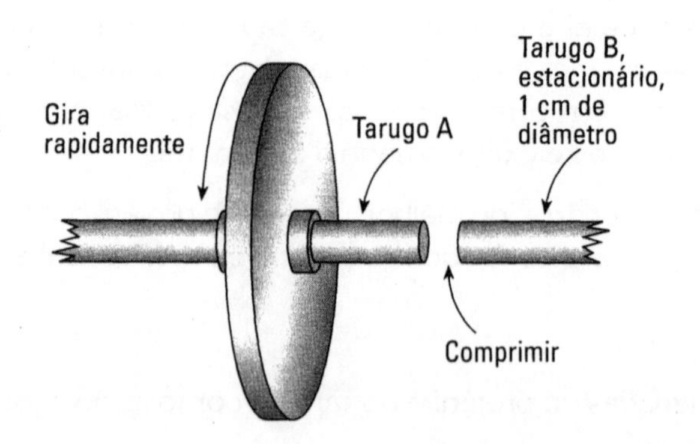

14. O rifle Weatherby Magnum pode disparar balas especiais com a velocidade de até 1.181 m/s. Se atingir uma parede ortogonalmente e toda a energia cinética da bala for transformada em energia interna da bala (feita de chumbo), qual será sua temperatura final?

Dados:

Para a bala: $T_{inicial} = 20°\text{C}$ $c_{p,s} = 135\ \text{J/kg} \cdot \text{K}$, $c_{p,\ell} = 140\ \text{J/kg} \cdot \text{K}$
Para fundir: $T_{s\ell} = 327°\text{C}$ $\Delta h_{s\ell} = 24.740\ \text{J/kg}$
Para vaporizar: $T_{\ell g} = 1.700°\text{C}$ $\Delta h_{\ell v} = 850.140\ \text{J/kg}$

CAPÍTULO 9

ΔU E ΔH EM SISTEMAS COM REAÇÕES QUÍMICAS OU NUCLEARES

Vamos começar nossos estudos considerando um sistema à temperatura T que contém, entre outras coisas, um pouco de A e um pouco de B. Como indicado na Fig. 9-1, vamos supor que n mols de A reajam com 3n mols de B para produzir 2n mols de R e, após isso, o sistema volta à sua temperatura original T. Em geral, o volume pode não ser o mesmo antes e depois da reação.

A. REAÇÕES EM SISTEMA A VOLUME CONSTANTE[1]

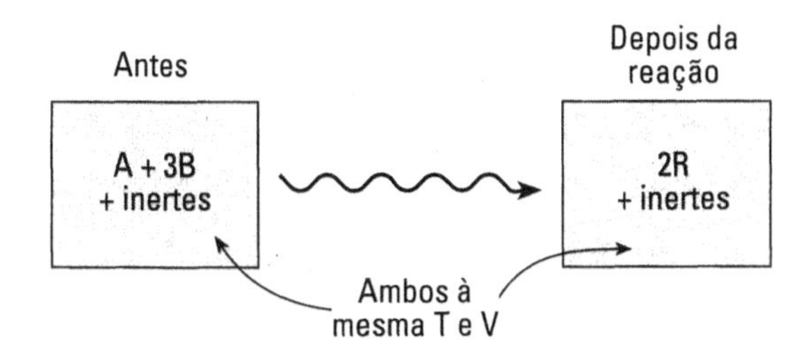

Figura 9-1

Vamos rescrever a primeira lei para esta situação

$$\boxed{Q - W_{sh} = \Delta U_r} + \cancel{\Delta E_p}^{=0} + \cancel{\Delta E_k}^{=0} \qquad \text{(7-5) ou (9-1)}$$

Usamos o índice para lembrar que a variação de U *se deve à reação, não apenas à temperatura ou mudanças de fase*

[1] Na realidade, a temperatura e o volume não precisam ser constantes ao longo desse processo. Apenas os valores inicial e final devem ser os mesmos nos instantes que escolhemos para calcular as mudanças de energia envolvidas.

O termo ΔU_r é chamado de *calor de reação a volume constante*. De forma mais sintética, escrevemos:

$$A + 3B \rightarrow 2R \ldots \Delta U_r \qquad [\text{J/mol A, ou J/3 mol B, ou J/2 mol R}]$$

B. REAÇÕES EM SISTEMA A PRESSÃO CONSTANTE (O VOLUME PODE VARIAR) (Fig. 9-2)

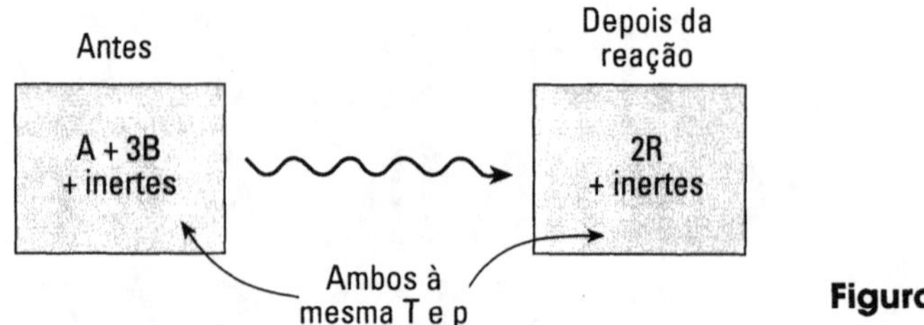

Figura 9-2

Agora podemos rescrever a primeira lei, a partir da Eq. 7-6, como

$$\boxed{Q - W_{sh} = \Delta H_r} + \cancel{\Delta E_p}^{=0} + \cancel{\Delta E_k}^{=0} \qquad (9\text{-}2)$$

Chamado calor de reação a pressão constante (refere-se a ΔH_r)

De forma mais sintética, podemos escrever

$$A + 3B \rightarrow 2R \ldots \Delta H_r \qquad [\text{J/mol A, ou J/3 mol B, ou J/2 mol R}]$$

Se $\Delta H_r > 0$, significa que H_{depois} tem que ser maior que H_{antes}, uma vez que acrescentamos energia ao sistema para que ele não esfriasse. Da mesma forma, se $\Delta H_r < 0$, é preciso esfriar o sistema para que a temperatura não varie. Portanto:

- se $\Delta H_r > 0$, chamamos a reação de endotérmica;
- se $\Delta H_r < 0$, chamamos a reação de exotérmica.

Repare também que

1 mol de A e 3 de B desaparecem e 2 mols de R são produzidos

$$A + 3B \rightarrow 2R \ldots \Delta Hr_r = 1.000$$

onde, para

$$2A + 6B \rightarrow 4R \ldots \Delta H_r = 2.000$$

e para

$$2R \rightarrow A + 3B \ldots \Delta H_r = -1.000$$

Quando 2 mols de R desaparecem

Portanto, ΔH_r depende de como você escreveu a estequiometria da reação:

- para líquidos e sólidos como $\Delta(pV) \cong 0$, temos $\Delta H_r \cong \Delta U_r$;
- apenas para gases ideais, à temperatura T e pressão p, por definição podemos escrever

$$\Delta H_r = \Delta U_r + \Delta(pV)$$

Com p constante — *Com V constante* — $\Delta(nRT)$

ou

$$\Delta H_r = \Delta U_r + (\Delta n)RT \tag{9-3}$$

E, quando o número total de mols não se alterar com a reação, $\Delta H_r = \Delta U_r$. Geralmente, ΔH_r é mais útil para nossos cálculos do que ΔU_r; portanto, usualmente os calores de reação são tabelados em termos de entalpia.

C. REAÇÕES EM CONDIÇÕES PADRÃO, 25°C E 1 ATM

Nos laboratórios e fábricas geralmente conduzimos as reações em pressão constante, não em volume constante. Portanto, devemos usar entalpias e a Eq. 9-2, e não a energia interna e a Eq. 9-1 para representar as mudanças energéticas ocorridas.

Vamos considerar um mapa geral envolvendo o reagente A e o produto R, como na Fig. 9-3, sempre a 25°C e 1 atm, todo equacionado em termos de mudanças de entalpia. Para as mesmas substâncias de partida e finais, a mudança entálpica deve ser a mesma, não importa o caminho seguido. Então,

$$\Delta H_{f1} + \Delta H_{r3} = \Delta H_{f2}$$

dá o ΔH_r a partir das entalpias de formação. Da mesma forma,

$$\Delta H_{r3} + \Delta H_{c5} = \Delta H_{c4}$$

dá o ΔH_r a partir das entalpias de combustão. Generalizando

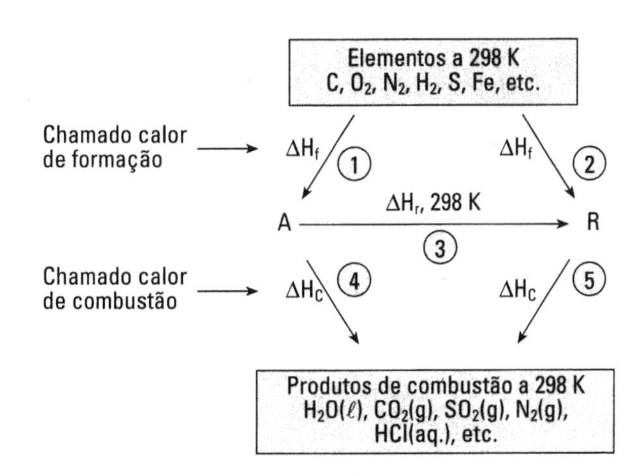

Figura 9-3

$$\Delta H_r = \Sigma\Delta H_f - \Sigma\Delta H_f \quad (9\text{-}4)$$

(↑ Produtos, ↑ Reagentes)

ou

$$\Delta H_r = \Sigma\Delta H_c - \Sigma\Delta H_c \quad (9\text{-}5)$$

(↑ Reagentes, ↑ Produtos)

Dessa forma, tanto os calores de formação quanto os de combustão podem ser usados para calcular os calores de reação.

Isso é particularmente útil porque não precisamos mais tabelar os ΔH_r de milhares e milhares de reações química conhecidas ou imaginadas. Basta tabelar ΔH_f e/ou ΔH_c para cada substância de interesse. Assim, você pode calcular o ΔH_r para quaisquer reações envolvendo uma combinação destas substâncias.

Para que queremos calcular o ΔH_r de uma reação? Porque a partir dessa informação podemos dizer se o reator deve ser resfriado ou aquecido e quanto; ou, em outro caso, se os reagentes constituem ou não um bom combustível (ΔH_r negativo e bem grande).

A Tab. 9-1, apresenta, em notação simplificada, os calores de formação de algumas substâncias selecionadas, e a Tab. 9-2 apresenta calores de combustão, também em notação simplificada, para outra seleção de substâncias.

TABELA 9-1 Calores de formação padrão, $\Delta H_{f,298K}$

O calor de formação padrão de uma substância é o calor de reação necessário para produzir 1 mol dessa substância a partir dos elementos, onde todos os reagentes e produtos se encontram nas condições padrão, 25°C por escolha.

Esta linha representa a reação

$H_2(g) + {}^1/_2O_2(g) \rightarrow H_2O(g)$ $\Delta H_r = -241{,}83$ kJ/mol

Todos a 25°C e 1 atm

$H_2O(g)$	$\Delta H_{f,298} = -241{,}83$ kJ/mol
$H_2O(\ell)$	−285,84
CO_2	−393,5
CO	−110,5
$C_6H_5CHO(\ell)$, benzaldeído	−88,83
$Fe_3C(s)$, carbeto de ferro	+20,92
HCN(g), cianeto de hidrogênio	+130,54
MgO(s), óxido de magnésio	−601,8
$N_2O(g)$, óxido nitroso	+81,5
$SO_2(g)$, dióxido de enxofre	−296,9

O sinal de menos indica a necessidade de se remover calor para obter os produtos a 298 K, já que se trata de uma reação exotérmica.

TABELA 9-2 Calores de combustão padrão, $\Delta H_{c,298K}$

O calor de combustão padrão de uma substância é o ΔH_r de sua reação (queima ou oxidação) de um mol, dando produtos oxidados como H_2O (l), CO_2, todos os produtos a 25°C.

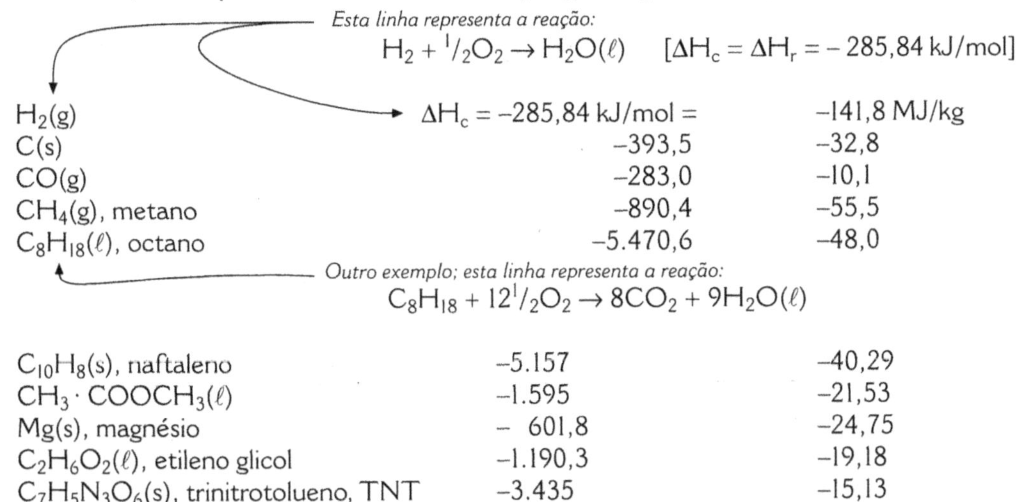

Esta linha representa a reação:

$H_2 + {}^1/{}_2O_2 \rightarrow H_2O(\ell)$ $[\Delta H_c = \Delta H_r = -285{,}84 \text{ kJ/mol}]$

Substância	ΔH_c (kJ/mol)	MJ/kg
$H_2(g)$	ΔH_c = –285,84 kJ/mol =	–141,8 MJ/kg
$C(s)$	–393,5	–32,8
$CO(g)$	–283,0	–10,1
$CH_4(g)$, metano	–890,4	–55,5
$C_8H_{18}(\ell)$, octano	–5.470,6	–48,0

Outro exemplo; esta linha representa a reação:

$C_8H_{18} + 12{}^1/{}_2O_2 \rightarrow 8CO_2 + 9H_2O(\ell)$

Substância	ΔH_c (kJ/mol)	MJ/kg
$C_{10}H_8(s)$, naftaleno	–5.157	–40,29
$CH_3 \cdot COOCH_3(\ell)$	–1.595	–21,53
$Mg(s)$, magnésio	– 601,8	–24,75
$C_2H_6O_2(\ell)$, etileno glicol	–1.190,3	–19,18
$C_7H_5N_3O_6(s)$, trinitrotolueno, TNT	–3.435	–15,13

Para algumas moléculas maiores usadas como combustível

Substância	ΔH_c	MJ/kg	kcal/g
Metanol, $CH_3OH(\ell)\Delta H_c$=	–726,55 kJ/mol =	–22,7 MJ/kg ≅	–5,4 kcal/g
Etanol, $C_2H_5OH(\ell)$	–1.366,9	–29,7	–7,1
Glucose, frutose, $C_6H_{12}O_6(\ell)$	–2.815,8	–15,6	–3,7
Sacarose, $C_{12}H_{22}O_{11}(s)$	–5.643,8	–16,5	–3,9
Amido, enormes moléculas de $\overline{mw}$ desconhecido		–17,5	–4,2
Estearina, gordura animal, $C_3H_5(C_{17}H_{35}COO)_3(s)$		–39,2	–9,4
Proteínas, toda uma família de moléculas enormes		–21	–5,0

EXEMPLO 9-1 Reação em bomba de volume constante

Enchemos um recipiente de volume constante (Fig. 9-4) com 8 g de H_2, 28 g de N_2 e 64 g de O_2, a 25°C. Uma faísca elétrica passa pela mistura e o oxigênio e o hidrogênio reagem e formam água; enquanto isso, o recipiente se aquece. Quanto calor devemos retirar para que o recipiente e seu conteúdo voltem aos 25°C, temperatura na qual toda a água está condensada?

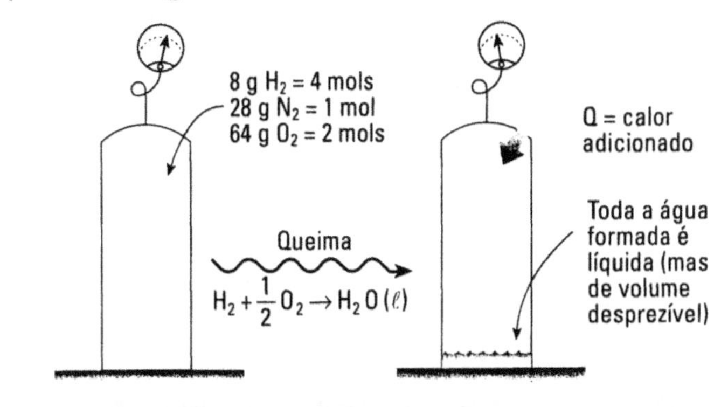

Figura 9-4

Solução

Primeiramente, vamos construir uma tabela para contabilizar o que desapareceu e o que se formou.

	Mols antes da reação	**Mols depois da reação**
N_2	1	1
H_2	4	0
O_2	2	0
$H_2O(\ell)$	0	4(líquido)
Mol gasoso total	7	1

Para a reação em volume constante, a Eq. 9-1 se torna

$$Q - \cancel{W_{sh}} = \Delta U_r + \cancel{\Delta E_p} + \cancel{\Delta E_k}$$

Vamos calcular ΔU_r. A partir da Tab. 9-2, temos

$$H_2 + {}^1/_2 O_2 \rightarrow H_2O(\ell) \ldots \Delta H_r = -285.840 \text{ J}$$

Temos o valor de ΔH_r tabelado, mas não o de ΔU_r que é o que queremos nesse caso. Mas, por definição, da Eq. 9-2

$$Q_{adicionado} = \Delta U_r = \Delta H_r - \Delta(pV)$$

Para gases ideais

$$= \Delta H_r - (\Delta n)RT$$

$$= 4(-285.840) - (-6)(8,314)(298)$$

$$Q_{adicionado} = -1.128.495 \text{ J}$$

Significa que calor deve ser retirado

Observação: Nesta reação, 7 mols de gás deram origem a 1 mol. Em um sistema sob pressão constante, pode ocorrer uma grande variação de volume, o sistema pode receber trabalho e Q pode ser diferente do que calculamos. Em sistemas sob pressão constante, seja em batelada ou contínuos, temos que usar ΔH_r para avaliar Q, em vez de ΔU_r a volume constante.

Os exemplos seguintes lidam com sistemas nos quais é mais adequado usar o balanço de entalpia.

Trabalho de eixo realizado pela massa reacional

$$\Delta H + \Delta E_p + \Delta E_k = Q - W_{sh}$$

Calor adicionado

EXEMPLO 9-2 Guerra química

Fantástico! Me disseram que o "U. S. Intelligence" acaba de desenvolver o mais notável catalisador que, garantidamente, faz ocorrer, em temperatura ambiente, a reação a seguir; pode acreditar!

$$C_{10}H_8(s) + 6N_2(g) + H_2O(g) \rightarrow 10HCN(g) + N_2O(g)$$

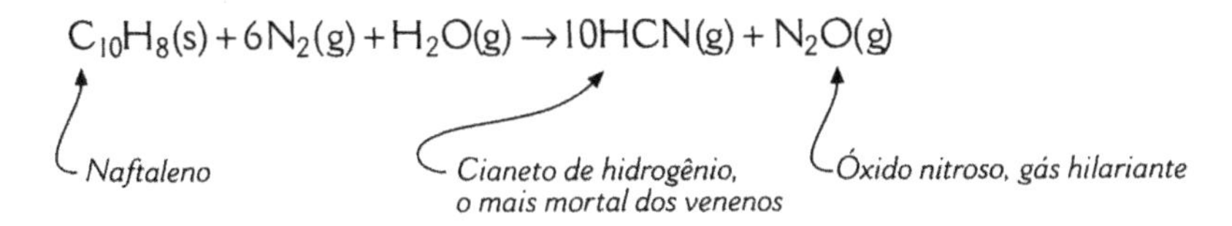

Você percebe o alcance? Representa o máximo em guerra química — faz o inimigo morrer rapidamente e rindo!

Mas antes de construir um reator para produzir essa mistura, precisamos saber seu calor de reação. Isso vai informar se precisamos aquecer ou resfriar o reator. Por favor, calcule para 1 mol de naftaleno reagindo.

Solução

Primeiramente, vamos montar um mapa da reação com os vários calores de reação, obtidos nas Tabs. 9-1 e 9-2, para as numerosas reações de ① até ⑧, encontradas na Fig. 9-5

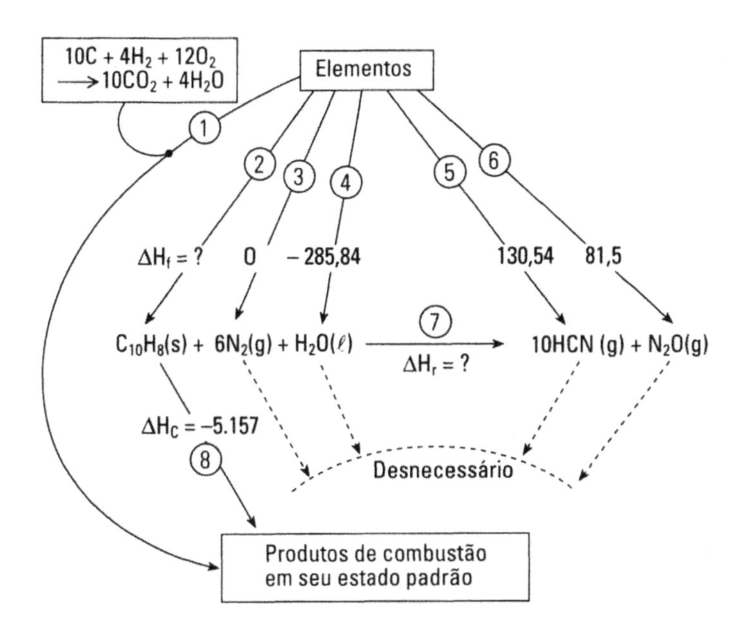

Figura 9-5

Antes de mais nada, notamos que o calor de formação, ΔH_f, para o naftaleno não consta da Tab. 9-1, portanto vamos calculá-lo a partir das etapas ①, ② e ⑧ deste mapa, segundo

$$① = ② + ⑧, \text{ ou } ② = ① - ⑧$$

Substituindo os valores, temos:

$$\Delta H_{f,\,C_{10}H_8} = [10(\Delta H_{f,CO_2}) + 4(\Delta H_{f,H_2O(\ell)})] - \Delta H_{c,C_{10}H_8}$$

que, com os valores da Tab. 9-1,

$$\Delta H_{f,C_{10}H_8} = 10(-393{,}5) + 4(-285{,}84) - (-5.157)$$
$$= 78{,}64 \text{ kJ}$$

Agora que temos os ΔH_f completos para todas as substâncias envolvidas, vamos fazer o balanço de energia em termos de calor de formação, segundo:

$$② + ③ + ④ + ⑦ = ⑤ + ⑥$$
$$⑦ = ⑤ + ⑥ - [② + ③ + ④]$$

Esse balanço pode ser feito simplesmente usando a Eq. 9-4, por substituição direta de valores:

$$\Delta H_r = 10(\Delta H_{f,HCN}) + \Delta H_{f,N_2O} - [\Delta H_{f,C_{10}H_8} + 6\Delta H_{f,N_2} + \Delta H_{f,H_2O(\ell)}]$$
$$= 10(130{,}54) + 81{,}5 - [78{,}64 + 0 + (-285{,}84)]$$

ou

$$\Delta H_r = +1.594{,}10 \text{ kJ/mol } C_{10}H_8 \longleftarrow$$

De onde se conclui que essa é uma reação altamente endotérmica e requer grande fornecimento de calor.

D. REAÇÕES FORA DAS CONDIÇÕES PADRÃO

Até agora vimos como calcular o ΔH_r de qualquer reação em temperatura padrão de 298 K, dados ΔH_f ou ΔH_c de todos os componentes. Mas precisamos calcular também o ΔH_r em temperaturas diferentes de 298 K, digamos, à temperatura T. Primeiramente, preparamos o mapa das energias envolvidas, como na Fig. 9-6

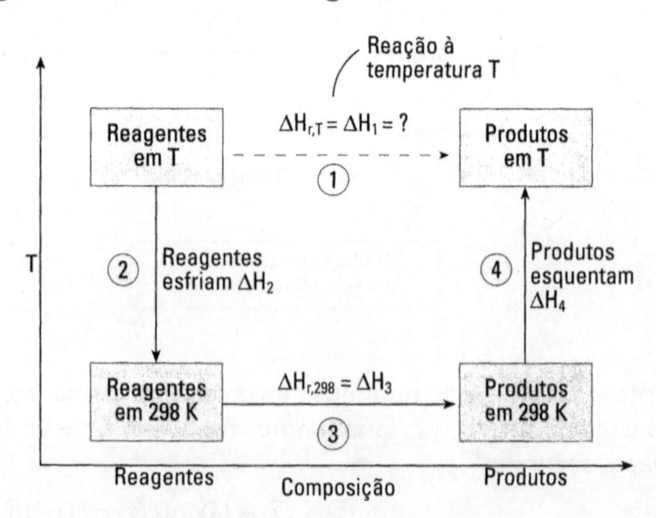

Figura 9-6

Com os mesmos materiais no início e no fim, as mudanças totais de entalpia são as mesmas, por qualquer caminho que se siga; portanto:

$$\Delta H_I = \Delta H_2 + \Delta H_3 + \Delta H_4$$

e, conhecendo os diversos c_p e o $\Delta H_{r,298}$, podemos calcular ΔH_I.

EXEMPLO 9-3 ΔH_r em outras temperaturas

A partir das tabelas de ΔH_c e de ΔH_f, calculamos o calor padrão da reação em fase gasosa como

$$A + B \rightarrow 2R \ldots \Delta H_{r,\,298\,K} = -50.000\ J$$

A 25°C, a reação é fortemente exotérmica, mas isso não interessa porque queremos realizá-la a 1.025°C. Qual o ΔH_r nessa temperatura? Será a reação ainda exotérmica ou será endotérmica?

Dados: Entre 25°C e 1.025°C, temos o c_p médio para as várias substâncias:

$\overline{c_{p,A}} = 35$ J/mol · K $\overline{c_{p,B}} = 45$ J/mol · K $\overline{c_{p,R}} = 80$ J/mol · K

Solução

Como de costume, primeiramente vamos montar um mapa (Fig. 9-7)

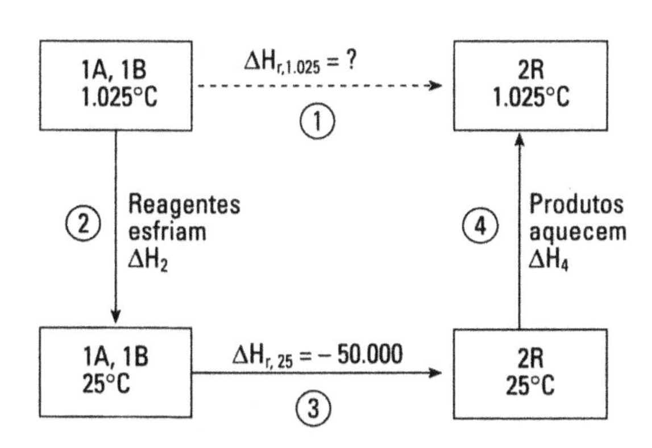

Figura 9-7

Fazendo o balanço de energia para 1 mol de A, 1 mol de B e 2 mols de R, temos:

$$\begin{aligned}\Delta H_I &= \Delta H_2 + \Delta H_3 + \Delta H_4\\ &= (n\bar{c}_p\Delta T)_{\text{reagentes } 1A + 1B} + \Delta H_{r,\,25°C} + (n\bar{c}_p\Delta T)_{\text{produtos } 2R}\\ &= 1(35)\,(25 - 1.025) + 1(45)\,(25 - 1.025) + (-50.000) + 2(80)\,(1.025 - 25)\end{aligned}$$

ou

$$\Delta H_{r,\,1.025°C} = 30.000\ J \quad \longleftarrow$$

A reação é $\begin{cases}\text{exotérmica a 25°C}\\ \text{endotérmica a 1.025°C}\end{cases}$

E. MAIS REAÇÕES FORA DAS CONDIÇÕES PADRÃO

Há inúmeras variações dessa situação simples. Veja os exemplos a seguir.

1. Encontre o ΔH_r quando os reagentes estão à temperatura T_1, os produtos a T_2, dados os valores de c_p e $\Delta H_{r,298K}$. De acordo com o mapa da Fig. 9-8, vemos que

$$\Delta H_1 = \Delta H_2 + \Delta H_3 + \Delta H_4$$

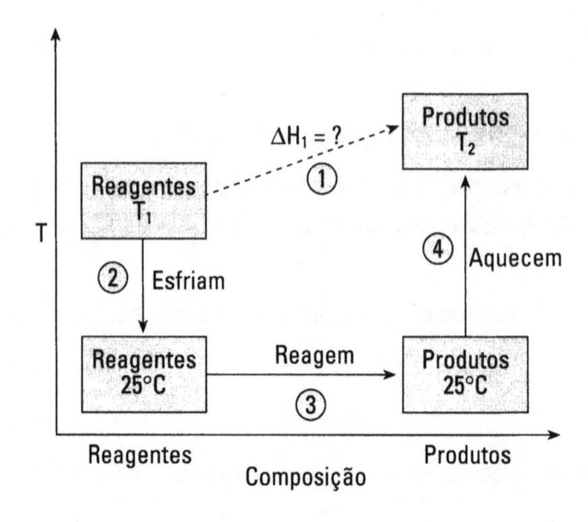

Figura 9-8

2. Encontre a temperatura de chama T_2 para uma reação adiabática com os reagentes a T_1, dados os vários c_p e o $\Delta H_{r,298K}$. Do mapa da Fig. 9-9, vemos que

$$\Delta H_1 = 0 = \Delta H_2 + \Delta H_3 + \Delta H_4$$

e de ΔH_4, que se refere ao aquecimento de 298 K, até a temperatura T_2, obtemos T_2.

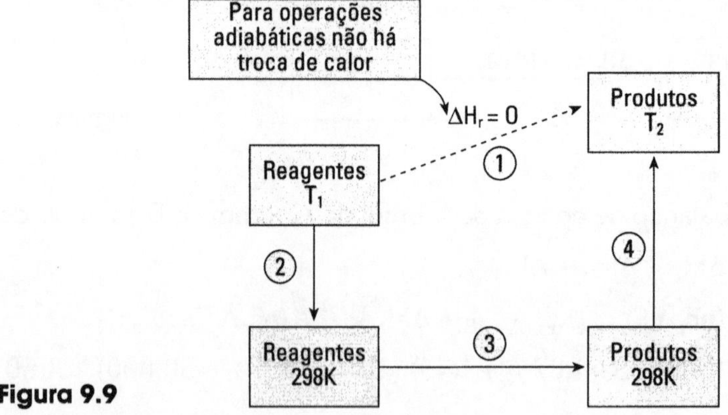

Figura 9.9

3. Calcule ΔH_{r1} à temperatura T_1, na qual o componente R é um gás, enquanto que, a 298 K é um líquido, dada a equação estequiométrica

$$A(g) \rightarrow R(g)$$

e conhecidos os diversos valores de c_p, de $\Delta H_{\ell g}$ e $\Delta H_{r,298K}$. Do mapa da Fig. 9-10, vem:

$$\Delta H_1 = \Delta H_2 + \Delta H_3 + \Delta H_4 + \Delta H_5 + \Delta H_6$$

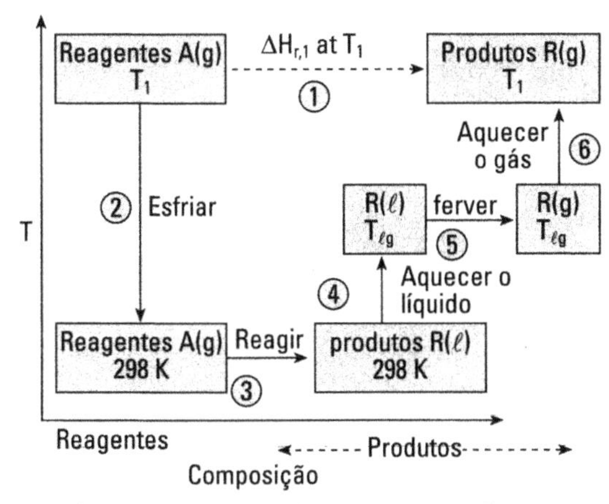

Figura 9-10

Vamos fazer um exemplo numérico. Observe que a presença de substâncias inertes devem ser consideradas nas reações.

EXEMPLO 9-4 Uma reação sem graça

Um mol de A gasoso, 2 mols de B gasoso e 1 mol de um inerte gasoso I são introduzidos, a 25°C, em um reator adiabático que opera a pressão constante e volume variável a 25°C. Nessa temperatura, ocorre a reação

$$A(g) + B(g) \rightarrow R(\ell) \;\ldots\; \text{a } 25°C \qquad (9\text{-}6)$$

Entretanto, como essa reação é exotérmica, ao fim dela, estamos com a massa a 325°C e, a essa temperatura, todo o R já vaporizou. Calcule o $\Delta H_{r,298K}$. para a reação representada na Eq. 9-6.

Dados:

Para A: $c_p(g) = 30$ J/mol · K
Para B: $c_p(g) = 40$ J/mol · K
Para R: $c_p(\ell) = 60$ J/mol · K
$c_p(g) = 80$ J/mol · K
Para R: $c_p(g) = 30$ J/mol · K

R funde a $T_{s\ell} = -25°C$
R ferve a $T_{\ell g} = 125°C$
Para R: $\Delta H_{\ell g} = 10.000$ J/mol

Solução:

Base de cálculo: 1 mol de A. Veja o desenho do reator na Fig. 9-11:

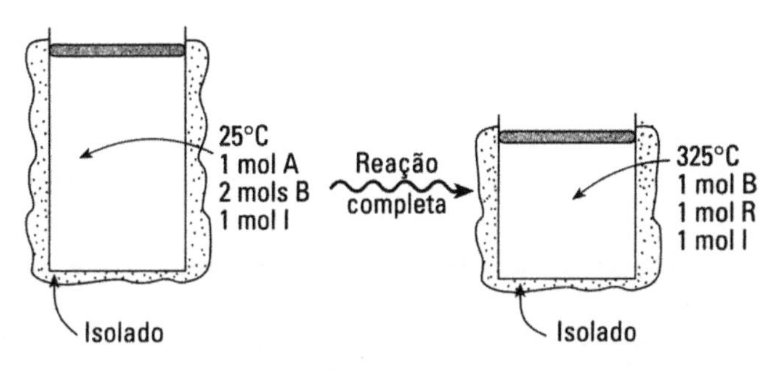

Figura 9-11

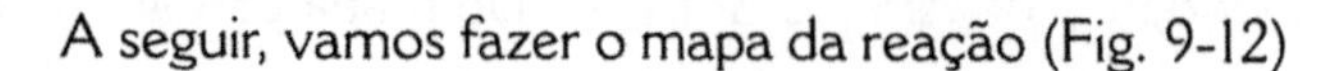

A seguir, vamos fazer o mapa da reação (Fig. 9-12)

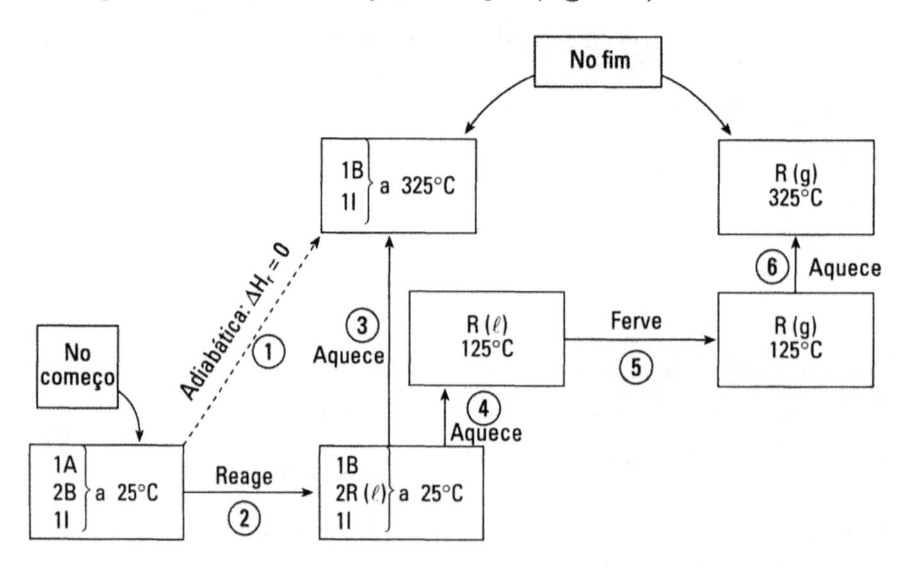

Figura 9-12

Igualando a mudança de entalpia pelos dois caminhos, temos:

ou

$$\Delta H_1 = \Delta H_2 + \Delta H_3 + \Delta H_4 + \Delta H_5 + \Delta H_6$$

$$0 = \Delta H_{r,298K} + [n_B \Delta H_B(25 \rightarrow 325) + n_I \Delta H_I(25 \rightarrow 325)]$$
$$+ n_R \Delta H_{R,\ell}(25 \rightarrow 125) + n_R \Delta H_{\ell g} \text{ (a 125°C)} + n_R \Delta H_{R,g}(125 \rightarrow 325)$$

Substituindo os valores

$$0 = \Delta H_{r,298K} + [1(40)(300) + 1(30)(300)]$$
$$+ (1)(60)(100) + (1)(10.000) + (1)(80)(200)$$
$$= \Delta H_{r,298K} + 12.000 + 9.000 + 6.000 + 10.000 + 16.000$$

$$\Delta H_{r,298K} = -\underline{\underline{53.000 \text{ J}}} \text{ para a reação da Eq. 9-6} \longleftarrow$$

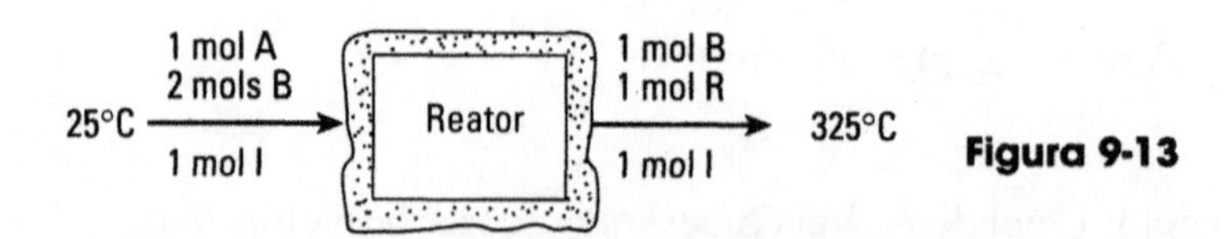

Figura 9-13

Observação: Neste capítulo, consideramos reatores em batelada. No Cap. 13, veremos que os valores calculados para os reatores em batelada, a pressão constante, são os mesmos para reator contínuo que opera em pressão constante. Assim, se a reação deste exemplo ocorrer em um reator contínuo, teremos os mesmos valores calculados aqui (veja a Fig. 9-13).

Estudaremos os reatores contínuos no Cap. 13.

F. ΔU DEVIDA À ALTERAÇÃO DA MASSA

Até Einstein fazer sua mágica, tínhamos duas leis separadas, a da conservação da massa e a da conservação da energia. A teoria da relatividade de Einstein combinou essas duas leis em uma lei mais geral, válida também para velocidades muito altas e variações de energia muito grandes. Originalmente:

- E_k e E_p foram relatadas por Galileu;
- calor por Joule e Mayer;
- eletricidade por Faraday;
- reações químicas, tensão superficial, harmônicos moleculares e por aí vai, por Van't Hoff, Weber e outros heróis da termodinâmica.

Einstein disse a última palavra. Ele afirmou que cada quilograma de matéria, independentemente de que (pena de passarinho, cérebro ou barra de aço, tanto faz), tem a mesma quantidade de energia. Sua famosa equação $\mathbf{E} = m\mathbf{C}^2$, em nossa simbologia, é:

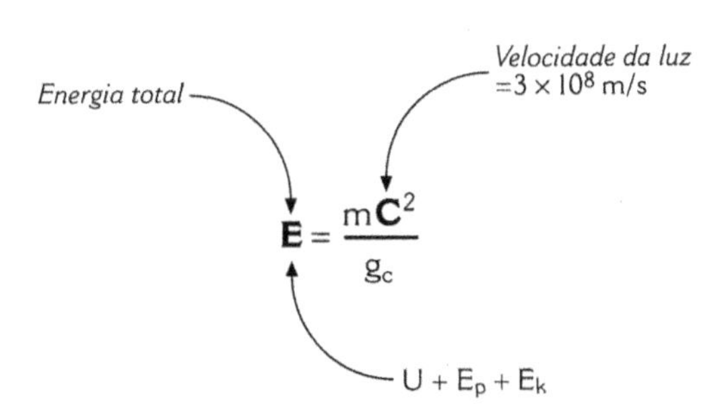

ou

$$\Delta\mathbf{E} = \frac{(\Delta m)\mathbf{C}^2}{g_c} \tag{9-7}$$

Nesse contexto, estamos considerando enormes quantidades de energia, tanto que podemos desprezar a diferença entre **E**, U e H. É como ignorar centavos ao lidar com trilhões.

Para uma apresentação simples e saborosa da teoria da relatividade, feita em 88 páginas, veja L. R. Lieber *The Einstein Theory of Relativity* (Londres: Denis Dobson Ltd., 1949).

EXEMPLO 9-5 Consumo norte-americano de energia

Avalia-se que o consumo anual de energia elétrica dos norte-americanos seja de 2×10^{15} W · h. Quantos quilogramas de matéria você precisaria destruir para produzir toda essa energia?

Solução

Podemos dizer que **E** = 2×10^{15} W · h/ano. A equivalência entre massa e energia dada pela Eq. 9-7, nos permite escrever:

$$m = \frac{\mathbf{E} g_c}{\mathbf{C}^2}$$

$$= \frac{\left[\left(2\times 10^{15}\,\frac{W\cdot h}{ano}\right)\left(\frac{3.600\ s}{h}\right)\left(\frac{J}{s\cdot W}\right)\left(\frac{N\cdot m}{J}\right)\right]\left(\frac{kg\cdot m}{s^2\cdot N}\right)}{\left(3\times 10^8\,\frac{m}{s}\right)^2}$$

ou

$$m = 80\,\frac{kg}{ano} \longleftarrow$$

PROBLEMAS

1. Calcule a diferença entre o calor liberado quando 1 mol de CH_4 queima a pressão constante e quando queima a volume constante.

   Dados: Pressão inicial = 0,9 bar.
   Temperatura no início e no fim = 146°C.

2. Calcule a diferença entre o calor liberado quando 1 mol de glicose ($C_6H_{12}O_6$) queima a pressão constante e quando queima a volume constante.

   Dados: Pressão inicial = 1,274 bar.
   Temperatura no início e no fim = 208°C.

3. Meu forninho doméstico pode queimar metano ou gasolina (admita igual a octano). O supermercado local está vendendo ambos os combustíveis e o quilograma de um custa o mesmo que o quilograma do outro. Qual devo comprar para ter o menor custo por unidade de energia?

4. Calcule o calor de combustão a 25°C de 1 kg de benzaldeído líquido.

5. Calcule o ΔH_f do acetato de metila a partir de seu calor de combustão.

6. Uau! Desta vez vou ficar rico e famoso. Comprei os direitos de patente de um processo fantástico para produzir magnésio puro e brilhante e, ao mesmo tempo, acetato de metila de alta pureza, a partir de matérias-primas bem baratinhas. A equação estequiométrica é a seguinte:

$$\underbrace{2MgO + 3C + 3H_2}_{\textit{Bem baratinho}} \xrightarrow[\text{temperatura ambiente}]{\text{catalisador secreto}} 2Mg + \underbrace{CH_3 \cdot COOCH_3}_{\textit{Valioso}}$$

Infelizmente, o camarada que me vendeu o processo e o catalisador esqueceu de me contar se eu preciso aquecer ou resfriar o reator ... e, ao que parece, ele não está mais no endereço que me deu. Você pode me fazer o favor de calcular quanto calor (em kJ) preciso fornecer ou retirar para cada tonelada de magnésio metálico que eu produzir? Rapidinho por favor, pois tenho pressa de construir logo esse reator.

7. Minhas iniciativas anteriores não rolaram como eu esperava. Mas isso são águas passadas. Agora tenho um negócio em bases totalmente diferentes. Meu sócio é um verdadeiro professor com dois doutorados (ele me mostrou os diplomas). Temos uma sociedade meio a meio. Eu forneço o dinheiro para a fábrica e ele entra com a tecnologia. O conceito é muito engenhoso e politicamente correto. Trata-se de transformar ferro velho em produtos úteis. A reação é a seguinte:

$$\underset{\text{Ferro velho}}{\underset{\uparrow}{3Fe}} + \underset{\text{Gás}}{\underset{\uparrow}{CH_4}} \rightarrow \underset{\text{Sólido valioso}}{\underset{\uparrow}{Fe_3C}} + \underset{\text{Combustível útil}}{\underset{\uparrow}{2H_2}}$$

Precisamos saber exatamente quanto calor está envolvido nessa reação. O professor disse que fere sua dignidade resolver um problema assim tão simples e o passou para mim. Fiquei inibido em confessar que não sei resolvê-lo. Por favor, você pode calcular o $\Delta H_{r,298K}$ para mim?

8. a) Qual é a alteração da energia interna ΔU_r a 298 K para a reação do Exemplo 9-4?

b) Imagine que a reação do Exemplo 9-4 seja feita em batelada, em um reator a volume constante (não pressão constante). A temperatura final será maior, menor ou igual a 325°C?

Observação: Não é preciso calcular a temperatura.

9. A *Science News*, 143, 410 (de 26 de junho de 1993) relatou que havia um recém- chegado ao Sistema Solar, o Cometa Shoemaker-Levy, que passou tão próximo a Júpiter que foi colhido por seu campo gravitacional. Os astrônomos calcularam que por volta de 22 de julho de 1994 ele iria voltar e se espatifar contra o gigantesco planeta em uma colisão fenomenal, liberando uma energia equivalente à explosão de 1 bilhão de megatons de TNT. Se isso tivesse acontecido na Terra você poderia esquecer a termodinâmica. Avaliou-se que o cometa tinha um diâmetro de 10 km, densidade de 5.400 kg/m^3 e deveria atingir Júpiter a 60 km/s. Pergunta-se: a *Science News* é uma revista inglesa ou americana?*

10. Os modernos petroleiros deslocam 300.000 toneladas e viajam a 45 km/h. Bastante energia cinética, não? Isso equivale a que massa?

11. Calcule a diferença em massa quando hidrogênio e oxigênio se combinam a 25°C para produzir 1 kg de água.

---

*Trata-se de uma provocação do autor dada à idiossincrasia de que, para norte-americanos, 1 bilhão equivale a 10^9 e, para ingleses 10^{12}) (N. do T.).

12. O Corvalis *Gazette-Times* (31 de maio de 1980), apresentou uma reportagem sobre a erupção vulcânica no Monte Santa Helena, com um trecho que transcrevemos a seguir:

> "...a mistura explodia como uma imensa bomba nuclear. Como uma catapulta lançou, no mínimo, uma milha cúbica de rochas pelo menos a 70.000 pés de altura..."

O *Time* (2 de junho de 1980) publicou que a energia liberada equivalia a quinhentas bombas atômicas como a que foi lançada sobre Hiroshima, cada uma delas equivalente a 25.000 t de TNT. Vamos admitir que a densidade da matéria ejetada pelo vulcão seja $\rho_s = 2.500\ kg/m^3$. O valor de quinhentas bombas atômicas parece um bocado grande. Por favor, confira a estimativa do *Time*.

13. V. L. Sharpton e colaboradores (*Science*, 261, 1564, de 17 de setembro de 1993), apresentaram a sétima versão do ano de 1993 de como os dinossauros foram extintos há 65 milhões de anos. Admitem, como especulação científica, que um objeto de cerca de 12 km de diâmetro se chocou com a Terra, bem na ponta da Península de Yucatan. Teria sido o maior impacto sofrido pela Terra desde que a vida apareceu no planeta, e teria produzido uma cratera de 300 km de diâmetro. Eles calcularam que o impacto liberaria uma colossal energia, equivalente a 300 milhões de bombas de hidrogênio, cada uma delas com potência 70 vezes maior que a bomba de Hiroshima (equivalente a 25.000 t de TNT).

a) A que velocidade o objeto teria atingido a Terra?

b) Você concorda com o valor publicado (300 milhões de bombas H, etc.)?

Admita a densidade do objeto cósmico como $\rho_s = 5.400\ kg/m^3$.

14. Quanto tempo pode operar uma usina de fusão nuclear de 1 GW quando 1 t de hidrogênio se transforma em hélio segundo a reação:

$$2H_2 \rightarrow He$$

Massas atômicas: H, 1,008 g; He, 4,003 g.

15. A fusão nuclear é uma das mais promissoras esperanças humanas de contornar a exaustão da energia disponível. Trata-se da reação de deutério (D) e trítio (T), ambos formas de hidrogênio pesado, provavelmente a reação de fusão mais fácil de se conseguir. É ainda a de maior rendimento entre as cogitadas atualmente. As matérias-primas não são tão difíceis de obter. A reação é

$$D + T \rightarrow {}_2He^4 + {}_0n^1$$

Quantos quilogramas de D e de T precisam ser "fundidos" por dia para manter 1 GW de potência (*grosso modo*, equivalente a uma termoelétrica de bom tamanho)?

Dados: As massas dos envolvidos na reação são:

Para nêutrons: ${}_0n^1 = 1{,}008\ 665$ g/átomo-grama
Para hélio comum: ${}_2He^4 = 4{,}002\ 60$ g/átomo-grama
Para deutério: $D = {}_1H^2 = 2{,}014\ 0$ g/átomo-grama
Para trítio: $T = {}_1H^3 = 3{,}016\ 05$ g/átomo-grama

16. Quanto tempo pode funcionar uma usina nuclear de fissão a 1 GW de potência usando 1 t de urânio combustível? Lembre-se de que 1 g de urânio produz 0,999 085 g de produtos de fissão.

17. Quando urânio 235 é bombardeado por nêutrons a uma certa velocidade, ele se fragmenta em partículas menores com grande liberação de energia. Esse é o processo atualmente usado para gerar eletricidade nas usinas nucleares. Simplificadamente, a reação de fissão pode ser representada assim:

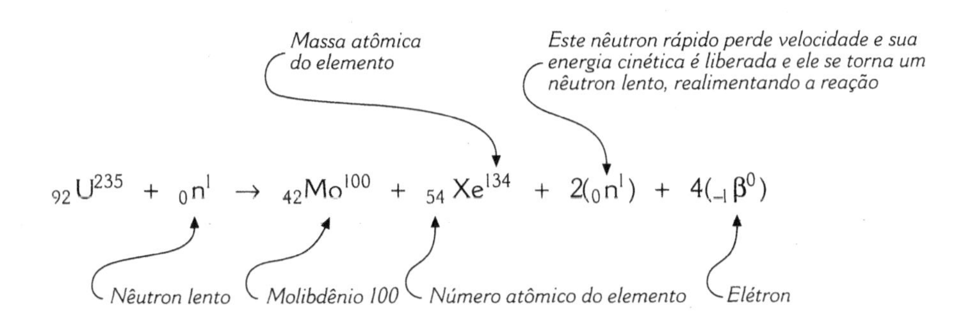

Observe essa reação nuclear. Em termos de liberação de energia, quantas toneladas de carvão (admita carbono puro) equivalem à fissão de 1 kg de urânio 235?

Dados: Massas atômicas

$_{92}U^{235} = 235{,}112\,40$ g

$_{0}n^{1} = 1{,}008\,98$ g

$_{42}Mo^{100} = 99{,}946\,86$ g

$_{54}Xe^{134} = 133{,}965\,17$ g

$_{-1}\beta^{0} = 0{,}000\,55$ g

Também chamado de peso atômico ou unidade de massa atômica

18. Planejamos lançar uma sonda espacial para a estrela α-Centauri, que está a 4 anos-luz de distância. Vamos usar um avançado "motor fotônico" para acelerar nossa sonda até três quintos da velocidade da luz, a velocidade da viagem.

a) Quanta energia é necessária para acelerar a sonda, com 100 kg de massa, até essa velocidade?

b) Quanto de matéria teria de ser convertido em energia para se conseguir essa velocidade?

CAPÍTULO 10

RESERVAS DE ENERGIA E SEU USO

Este capítulo apresenta uma série de tabelas e figuras no intuito de dar ao leitor uma visão geral da dimensão das energias em nossa vida

Produtores e usuários de energia	**Potência**
Manter um mosquito voando a 1 cm/s	1 erg = 10^{-7} W = 10^{-10} kW
Mosca batendo asas (1 batida/s)	1 erg = 10^{-7} W = 10^{-10} kW
O cricri do grilo	10^{-3} W = 10^{-6} kW
Coração humano batendo	1,5 W
Jogando queimada	10 W = 10^{-2} kW
Potência obtida de um coletor solar de 1 m^2 com 10% de eficiência	100 W = 0,1 kW
Lâmpada incandescente	100 W = 0,1 kW
Trabalho humano árduo (por 1 h)	0,1 kW
Trabalho humano de longa duração	0,02 kW
Cavalo de tração	1 kW
Aquecedor doméstico portátil	1,5 kW
Automóvel pequeno	100 kW
Boeing 747, em velocidade de cruzeiro	60.000 kW
O gigantesco transatlântico *Queen Elizabeth*	200.000 kW
Uma grande termoelétrica	1×10^6 kW = 1 GW
Hidroelétrica das Cataratas do Niágara	2×10^6 kW = 2 GW
Ônibus espacial decolando (3 motores mais 2 módulos de combustível sólido)	14 GW
Todas as usinas elétricas do mundo	10^9 kW = 1.000 GW
Todos os automóveis dos Estados Unidos funcionando ao mesmo tempo (100 milhões)	10×10^9 = 10.000 GW
Uso total da humanidade	4×10^9 kW = 4.000 GW
1 **Q**/s = 10^{18} Btu/s	10^{18} kW = 10^{12} GW

A. USO ACUMULADO DE ENERGIA

Precisamos de uma unidade útil para quantidades muito grandes de energia. A unidade **Q** foi definida exatamente para isso:

$$\mathbf{Q} = 10^{18}\ \text{Btu/s} \cong 10^{18}\ \text{kJ} \cong 10^{15}\ \text{MJ} \cong 10^{12}\ \text{GJ}$$

O uso acumulado de energia pela humanidade está representado na Fig. 10-1.

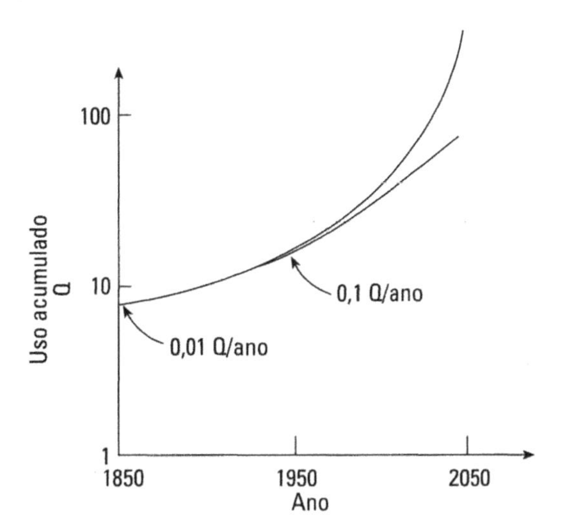

Figura 10-1

B. USO ATUAL DE ENERGIA

Fonte	**Porcentagem**	
Carvão	46%	84% fóssil... criado e armazenado no passado
Petróleo e gás natural	38%	
Resíduos agrícolas	10%	
Madeira	4%	
Outros (hídrico, vento, nuclear)	2%	

C. RESERVAS MUNDIAIS DE ENERGIA

	Reservas conhecidas	**Reservas potenciais**	**Reservas totais**
Carvão e turfa	25 **Q**	53 **Q**	78 **Q**
Hidrocarbonetos líquidos	2 **Q**	28 **Q**	30 **Q**
Gás natural	0,7 **Q**	7,6 **Q**	8,3 **Q**
Xisto betuminoso	—	13 **Q**	13 **Q**
	27 **Q**	102 **Q**	129 **Q**

Suficiente para 80 anos

Custo da energia	Centavos de dólar por kWh
Óleo combustível	0,6
Gás natural, madeira, carvão	0,8
Gasolina	1,2
Eletricidade	3
Açúcar, pão, manteira	15
Martíni, uísque	750
Flash fotográfico	1.500
Caviar	1.850

Se ao olhar essas tabelas, lembrarmos que um dia de trabalho pesado de um homem (10 h) produz cerca de $^1/_2$ kW · h de trabalho útil, veremos que a força bruta nele contida vale apenas alguns centavos. Talvez seja exatamente por isso que a escravidão está fora dos negócios nos dias de hoje.

D. ENERGIA DOS ALIMENTOS (CALOR DE COMBUSTÃO)

	Δh_r [kJ/g]	Calorias alimentares/g (ou 1.000 cal/g)
Hidrogênio	142	34
Metano	55	13
Gasolina, querosene, gorduras	40, ou 38 a 46	9 a 11
Carvão, álcoois	30	7
Proteínas	20 ou de 19 a 23	4,5 a 5,5
Carboidratos (açúcar, amido, etc.)	16, ou de 15 a 17	3,6 a 4,2

Uma pessoa normalmente ingere 8.000 kJ por dia, o que equivale a 200 g de gordura por dia.

E. NECESSIDADE HUMANA DE ENERGIA

	ΔH_r = necessidades energéticas
Metabolismo basal, apenas para sobreviver	4.000 kJ/d
Professor, estudante e piloto de escrivaninha	8.000 kJ/d
Corredor de bicicleta, lenhador, estivador	20.000 kJ/d

Lembre-se de que alguns alimentos têm muita água e outros não. Dessa forma, correspondem às necessidades energéticas diárias normais de uma pessoa: 200 g de chocolate, 400 g de carne ou 3,5 kg de brócolis.

F. ARMAZENAGEM HUMANA DE ENERGIA

Um indivíduo normal tem cerca de 300.000 kJ de reservas energéticas em seu corpo, para uso em caso de emergência.

A conversão de alimentos em gordura e músculos tem apenas 10% de eficiência. Os restantes 90% são usados para manter o corpo quente. Então:

$$100 \text{ kg de milho ou de capim} \rightarrow 10 \text{ kg de boi} \rightarrow 1 \text{ kg de gente}$$

Se você eliminar uma etapa de conversão:

$$100 \text{ kg de milho ou de capim} \rightarrow 10 \text{ kg de gente}$$

Portanto nossa espécie pode se multiplicar.

É por isso que existem muitas gazelas e poucos tigres. Quando a comida se tornar escassa, todos nós vamos nos tornar vegetarianos.

Observação: Os valores apresentados neste capítulo foram coletados de várias fontes. Grande parte veio do ótimo livro de divulgação termodinâmica *Order and Caos*, de S.W., Angrist e L. G. Hepler (New York: Basic Books, 1967). Tente emprestar ou comprar um exemplar. É um tesouro.

EXEMPLO 10-1 Clemência ao estilo russo

Catarina, A Grande, governou a Rússia com mão de ferro na época da independência norte-americana. Ela tinha uma forma peculiar de ver o mundo, que a levou a, cansada do marido, providenciar sua morte. Ordenou também que vários de seus cortesãos tivessem o pescoço quebrado por a haverem desagradado ou não terem satisfeito algum de seus desejos.

Durante seu reinado, apenas uma vez teve um gesto de compaixão. Curiosamente, sua clemência foi demonstrada por um revolucionário desconhecido e desbocado chamado Igor Dimitrievich Grebenschikoff.

Para diversão geral, ela comutou sua pena de morte para detenção enquanto ela reinasse, mas com uma dieta de pão e água, o pão limitado a 1 kg do pão preto (padrão da prisão) por semana, mais um cubo de açúcar (30 g) por ocasião do Natal. Após a morte da rainha, ele deveria ser solto para incomodar o próximo governante na Rússia.

Você acha que Igor voltou à sua atividade revolucionária 12 anos depois, no final do regime de Catarina?

Dados: O pão preto padrão das prisões russas consistia em 10% de proteína, 80% de carboidratos e 10% de palha ou serragem.

Solução

Vamos verificar essa dieta; um pão por semana parece muito pouco. A energia contida nesse pão é de:

$$(20 \text{ kJ/g})(100 \text{ g de proteína}) + (16 \text{ kJ/g})(800 \text{ g de carboidratos}) = 14.800 \text{ kJ/pão}$$

Portanto a ingestão de proteínas do Igor era:

$$(14.800 \text{ kJ/pão})\ (1 \text{ pão/7 dias}) = 2.114 \text{ kJ/dia}$$

Mas suas necessidades para apenas se manter vivo são:

$$4.000 \text{ kJ/dia.}$$

Portanto, passou a consumir suas reservas corporais com a velocidade de:

$$4.000 - 2.114 = 1.886 \text{ kJ/dia.}$$

A reserva média humana de energia na gordura, músculos, etc. é:

$$300.000 \text{ kJ.}$$

Portanto Igor consumiu suas reservas em:

$$\frac{300.000 \text{ kJ}}{1.886 \text{ kJ/dia}} = 159 \text{ dias, } \underline{\text{ou menos de seis meses}}$$

Esses números são aproximados, uma vez que não sabemos se Igor era magro ou gordo. Mas os cálculos mostram que não havia como sobreviver à imperatriz. Deve ter sido uma morte agonizante para ele, com certeza.

PROBLEMAS

1. Em média, comemos 8.000 kJ/dia. Mas eu estou meio gordinho e, assim que as aulas acabarem, vou fazer uma dieta de 4.000 kJ/dia. A gordura simplesmente vai derreter e, bem rápido, vou perder esses 5 kg. Você quer saber quanto esse "bem rápido" demora? Por favor, calcule para mim quanto tempo permanecerei nessa dieta para perder meus 5 kg de gordura.

2. O *Chemical Engineering News* (23 de setembro de 1985), publicou no seu Departamento de Informações Obscuras que "240 garrafas de vinho de mesa continham cerca de 1 milhão de Btu". Isso me pareceu uma bobagem. Você pode conferir para mim? Uma garrafa desse tipo contém 0,75 L.

3. Quantos litros de oxigênio puro a 25°C e 1 atm eu consumo por dia? Diariamente, consumo cerca de 8.000 kJ de alimentos, especialmente balas e doces, que eu adoro.

4. Uma lata de Coca-Cola *diet*, que custa cerca de 1 real, afirma em seu rótulo que contém apenas 1 Cal (ou 1.000 cal) de energia. Quanto custa 1 kW h desse refrigerante e qual seu custo em comparação com caviar?

5. Qual o calor dissipado pela população do Rio de Janeiro (admita 10 milhões de pessoas)? Compare com 1 GW das usinas nucleares.

6. Precisamos planejar o futuro. Tempo virá em que a gasolina custará 3 dólares o galão americano. Precisamos de um combustível alternativo. Álcool obtido por fermentação de materiais de origem vegetal pode ser uma possibilidade.

a) Quantos kJ de energia dessa gasolina se pode comprar com 1 dólar?

b) Quanto deve custar o galão de álcool para um conteúdo energético equivalente ao dessa gasolina?

Dados: Admita a mesma eficiência na utilização
Admita a gasolina como octano puro: $\rho = 700\ \text{kg/m}^3$.
Admita o álcool como etanol puro: $\rho = 790\ \text{kg/m}^3$.

7. O vendedor de balas da esquina de minha casa me contou que o chocolate ao leite de certa marca (e mais uma pílula de vitamina) é um alimento completo. Boa notícia para mim, que adoro o chocolate. Tanto assim que já comprei um caminhão dele, com um grande desconto. Acredito que é o suficiente para atravessar o século. Mas, para ter certeza, preciso saber quantas barras comer por dia. Por favor me ajude a calcular.

Dados: Está escrito na embalagem do chocolate que ele pesa 1,4 onça e contém 3 g de proteína, 23 g de carboidratos e 13 g de gorduras.

8. A baleia-cinzenta da Baixa Califórnia, um mamífero gigantesco capaz de atingir 40 t quando plenamente desenvolvido, passa seus verões no Mar de Bearing, perto do Alasca. Fica lá por 6 meses, comendo e engordando. Então segue para as águas mexicanas para procriar. Elas acasalam num inverno e dão à luz no seguinte. É a maior migração anual desses mamíferos no planeta. De qualquer forma, as baleias não comem durante 6 meses e, nesse período, vivem de suas reservas de gordura, emagrecendo cerca de 5 t. Compare seu consumo de energia com o humano.

9. Foi um semestre de estudos realmente duro e tudo o que eu quero agora é ir para o meu estúdio, pegar leve e petiscar minhas guloseimas. Claro, não posso exagerar, apenas 8.000 kJ/dia dessas delícias. Meu estúdio cálido (25°C), confortável, à prova de som, hermético, tem $3\ \text{m} \times 4\ \text{m} \times 2{,}5\ \text{m}$ de altura. Vou relaxar e petiscar até que ... até que ... até que eu tenha usado a quarta parte do oxigênio de lá. Queria saber em quanto tempo isso acontecerá. Você pode calcular para mim? Talvez depois do descanso eu resolva fazer dieta.

10. Se meu carro quebrar em um lugar deserto e eu ficar morrendo de fome e sede, talvez, como último recurso, eu possa beber o líquido do radiador. Meu carro usa fluido anti-congelante, praticamente etilenoglicol puro. Quilo a quilo, quanta energia posso obter dele em comparação com o açúcar? Entretanto, acho melhor verificar se o etilenoglicol é tóxico antes de começar minha viagem.

11. O supermercado do meu bairro está promovendo a venda de um fogãozinho de camping realmente maravilhoso. Ele pode queimar gasolina ou açúcar. Qual dos dois combustíveis é mais econômico? Você pode me ajudar?

a) Determine quantos MJ compro por dólar de gasolina queimada.
b) Determine quantos MJ compro por dólar de açúcar queimado.

Dados: Açúcar é pura sacarose, $C_{12}H_{22}O_{11}$.
O pacotinho de 5 libras de açúcar está custando 1,99 dólar.
Admita que a gasolina é puro octano.
Densidade da gasolina, 703 kg/m^3.
A gasolina está custando hoje 1,399 dólar por galão americano.

12. Na página 90 do *Chemical and Engineering News* (de 18 de outubro de 1993) afirma-se que um adulto inala 440 $pés^3$ de ar por dia. Confira se esse número é razoável.

Dados: Schmidt-Nielsen afirma (*Scaling: Why Is Animal Size So Important?* Cambridge University Press, 1984, página 104), que o oxigêncio absorvido corresponde a 3,1% do ar inspirado.

13. Alguns cientistas acham que a atmosfera primordial da Terra era composta de CO_2, N_2, vapor de água e quantidades desprezíveis de oxigênio. Eles também acham que o oxigênio só foi liberado para a atmosfera quando as plantas invadiram a superfície da Terra. Elas nascem, crescem, florescem e morrem. Simplificadamente:

$$CO_2 \xrightarrow{\text{luz do Sol}} \text{plantas crescem} \xrightarrow{\text{apodrecem, são soterradas}} C + O_2 \uparrow$$

Carvão, petróleo, gás natural (seta apontando para C)

Uma pequena fração do carbono fixo está na vegetação atual da Terra; sua quase totalidade está enterrada na forma de carvão, xisto e depósitos de hidrocarbonetos. Com base nessa teoria, e admitindo que todo o material soterrado seja carbono puro, avalie quanto do carbono fóssil foi descoberto até hoje.

Dados: Circunferência da Terra = 40.000 km.
Fração molar de oxigênio da atmosfera = 0,21.

14. Na qualidade de alpinista experimentado, no próximo feriadão vou fazer uma escalada, partindo de uma altura de 1.829 m até um pico 3.427 m acima do nível do mar. O meu combustível para essa escalada será álcool misturado com um pouquinho de água ou neve que encontrar pelo caminho. Se a transformação do álcool em capacidade de subida tiver 20% de eficiência (estimativa grosseira), quantas garrafinhas de meio litro de álcool preciso levar comigo?

Dados: Com a mochila, máquina fotográfica, combustível, etc., peso 90 kg.

15. Estamos escrevendo um livro de culinária intitulado *Emagreça e fique elegante* e queremos registrar o conteúdo energético do açúcar, praticamente sacarose pura, $C_{12}H_{22}O_{11}$. As tabelas termodinâmicas informam os seguintes calores de formação:

$\Delta H_f = -2.218$ kJ/mol para a sacarose;
$\Delta H_f = -393{,}5$ kJ/mol para o CO_2;
$\Delta H_f = -285{,}4$ kJ/mol para a água líquida.

a) Use apenas os valores de calor de formação fornecidos para calcular o conteúdo energético de uma colher de chá de açúcar

b) Verifique sua resposta com o valor apontado em algum livro de culinária.

Observação. Nos livros norte-americanos, existe a correspondência:

1 colher de sopa = 1/16 xícara = 1/32 caneca = 3 colheres de chá =
= 12 g de açúcar branco.

Em outros lugares podem haver diferenças; por exemplo, na Inglaterra:

1 colher de sopa = 4 colheres de chá.

Uma observação à parte: Você pode se interessar em saber que os livros de culinária tipo coma-e-seja-um-gordo-feliz indicam que uma colher de chá de açúcar contém 15 Cal de energia.

16. Na obra intitulada *Bird Flight Performance*, Pennycuick (Oxford University Press, 1989) conta que um pássaro de 0,31 kg com 0,6 m de envergadura consome 34 W quando voa em sua velocidade de cruzeiro de 15,1 m/s. Diz ainda que essa energia corresponde ao consumo de 0,058 g de gordura por quilômetro, ou seja, 34.000 milhas por galão de gasolina. Por favor, confira os dois últimos números. Considere a densidade da gasolina 700 kg/m^3.

17. No Cap. 6, vimos que a energia cinética de um objeto de 1 g, viajando a $\mathbf{v} = 0{,}99\mathbf{C}$, equivale à energia química contida em 17.000 m^3 de gasolina. Por favor, verifique isso. Admita que a gasolina é puro octano e tem densidade $\rho = 703$ kg/m^3.

CAPÍTULO 11

O GÁS IDEAL E A PRIMEIRA LEI

Vamos ver quantas coisas interessantes, quantos tesouros descobrimos quando aplicamos a primeira lei aos gases ideais. Apenas para lembrá-lo, todos os gases sob pressão não muito alta podem ter seu comportamento razoavelmente bem representado pelas relações dos gases ideais:

$$\underset{\text{Pa}}{p}\,\underset{\text{m}^3}{V} = \underset{\text{mol}}{n}\,\underset{8{,}314\ \text{J/mol·K}}{R}\,\underset{\text{K}}{T} \qquad \text{ou} \qquad p\,\underset{\textit{Por}\ \text{mol}}{v} = RT \tag{11-1}$$

Vamos descrever um experimento muito simples e muito famoso, que liga o gás ideal à primeira lei e nos mostra algo sobre a energia desses gases.

A. O EXPERIMENTO DE JOULE

Dois frascos interconectados estão imersos em água, como representado na Fig. 11-1. Vamos definir nosso sistema como o conjunto desses frascos e seu conteúdo; a água ao redor é sua vizinhança. Um dos frascos contém gás sob alta pressão e o outro é esvaziado. Tudo isso de forma isotérmica a T_1. A válvula é então aberta e a pressão se iguala nos frascos. Joule verificou que, para um gás ideal a temperatura não muda, portanto $T_1 = T_2$.

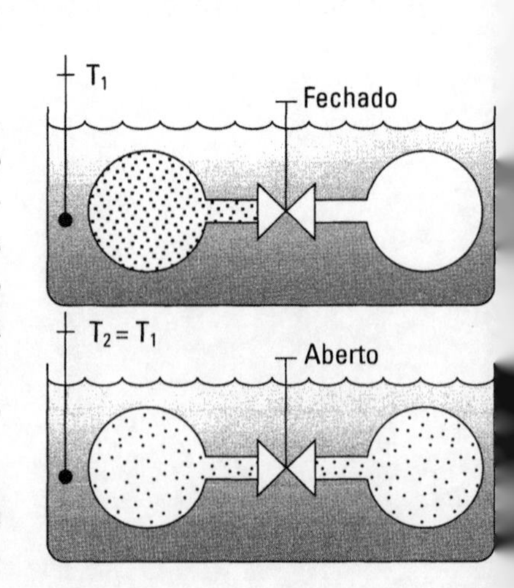

Figura 11-1 O experimento de Joule e sua importante descoberta de que $T_2 = T_1$.

Bem, o experimento é esse. Você gostaria de procurar significados para o resultado? Tente! Desistiu? Vamos continuar. Vamos considerar esse sistema de dois frascos e ver o que a primeira lei nos diz. Para sistemas fechados, pelas Eqs. 3-2 ou 7-5 podemos escrever

$$\Delta U + \underbrace{\cancelto{=0}{\Delta E_p} + \cancelto{=0}{\Delta E_k}} = \cancelto{=0}{Q} - \cancelto{=0}{W}$$

Não estamos elevando ou movendo os frascos · *Não troca calor com a água* · *Não há trabalho de eixo e os frascos não mudam de volume*

Então a primeira lei nos diz que a energia interna permanece constante, $\Delta U = 0$.

Mas Joule também verificou que $\Delta T = 0$, mesmo mudando p e V. Isto quer dizer que $U \neq f(p, V)$, mas $U = f(T)$ apenas. Simbolicamente:

$$\boxed{\text{Para 1 mol de gás ideal} \qquad \Delta u = c_v \Delta T \qquad \ldots \text{ independente de p, v}} \tag{11-2}$$

Mais geralmente, $\Delta u = \int_{T_1}^{T_2} c_v \, dT$

Vamos agora considerar uma mudança de entalpia em um gás ideal. Por definição, para 1 mol de gás,

$$h = u + pv \tag{7-1}$$

e, para a mudança do estado 1 para o estado 2,

$$\begin{aligned} \Delta h &= \Delta u + \Delta(pv) \\ &= \Delta u + \Delta(RT) \end{aligned}$$

Considerando c_v constante

$$\Delta h = c_v \Delta T + R\,\Delta T \tag{11-3}$$

Função apenas de T *independente de* p *e* V, *como na Eq. 11-2*

Também por definição

$$\Delta h = c_p \, \Delta T \tag{11-4}$$

Ou seja, já temos as seguintes conclusões

$$\boxed{\text{Para 1 mol de gás ideal} \qquad \left.\begin{aligned} \Delta u &= c_v \Delta T \\ \Delta h &= c_p \Delta T \\ c_p &= c_v + R \end{aligned}\right\} \text{ independente de p, v}} \tag{11-5}$$

Das Eqs. 11-3 e 11-4

Como c_v e c_p podem variar com a temperatura, de forma mais geral podemos escrever que

$$\Delta u = \int_{T_1}^{T_2} c_v dT \quad \text{e} \quad \Delta h = \int_{T_1}^{T_2} c_p dT \tag{11-6}$$

Veremos mais adiante quanto essas relações nos são úteis.

Uma observação final sobre os gases ideais: quando usamos a escala kelvin de temperatura, como indicado na Eq. 11-1, vemos que, quando $T \to 0$, o mesmo ocorre com pV. Então, pela Eq. 7-1, podemos ver que $h = u$ a zero kelvin. Em qualquer temperatura,

$$u = \int_0^T c_v dT \quad \text{e} \quad h = \int_0^T c_p dT$$

e, para c_v e c_p constantes,

$$\left.\begin{aligned} u &= c_v T \\ h &= c_p T \end{aligned}\right\} T \text{ em kelvins} \quad [\text{J/mol} \cdot \text{K}] \tag{11-7}$$

B. EQUAÇÕES PARA MUDANÇAS EM UMA BATELADA DE GÁS IDEAL

Esta parte desenvolve várias equações para trabalho e calor envolvidos em várias mudanças de um gás ideal. Mas antes, algumas palavras sobre o conceito de trabalho.

Imagine um gás a alta pressão expandindo-se dentro de um cilindro e, com isso, empurrando um pistão. Isso ocorre na realização de trabalho mecânico e trabalho de pV (como visto no Cap. 7). Se isso ocorrer sem atrito, sem perda de calor, de forma adiabática e reversível, temos

$$W_{\text{realizado pela expansão do gás}} = W_{\text{recebido pelos arredores}} \tag{11-8}$$

Mas, se o pistão estiver enferrujado e não muito bem lubrificado, raspando as paredes do cilindro, seu movimento será feito com atrito e resultando calor. Portanto os arredores vão receber menos trabalho do que aquele realizado pelo gás; portanto:

$$W_{\text{realizado pela expansão do gás}} > W_{\text{recebido pelos arredores}} \tag{11-9}$$

Nesta parte, todos os nossos cálculos vão admitir transformações sem atrito, ou seja, operações reversíveis. Vamos indicar essa condição pelo índice "rev" nos termos de trabalho e calor, como w_{rev} e q_{rev}, nas expressões a seguir. Vamos também considerar o trabalho total realizado e não apenas de eixo ou só de pV.

Para deduzir essas equações, vamos aplicar a primeira lei e as relações de energia desenvolvidas anteriormente neste capítulo. Para 1 mol de gás ideal em batelada, temos

$$pv = RT \quad \begin{aligned} \Delta u &= c_v \Delta T \\ \Delta h &= c_p \Delta T \\ c_p &= c_v + R \end{aligned} \quad \begin{aligned} &\text{e, com } \Delta e_p = 0 \text{ e } \Delta e_k = 0 \text{, temos} \\ &\Delta u = q_{rev} - w_{rev} \ldots \text{ para um sistema fechado} \end{aligned} \tag{11-10}$$

Vamos lembrar sempre que w_{rev} representa tanto o trabalho de eixo quanto o trabalho de pV.

1. Processos a Volume Constante

$$v_1 = v_2 \quad \text{e} \quad \frac{p_1}{T_1} = \frac{p_2}{T_2}$$
$$w_{rev} = \int p\,dv = 0$$
$$q_{rev} = \Delta u + w_{rev} = c_v \Delta T + 0 = c_v \Delta T \qquad \left[\frac{J}{mol}\right] \tag{11-11}$$

2. Processos a Pressão Constante

$$p_1 = p_2 \quad \text{e} \quad \frac{v_1}{T_1} = \frac{v_2}{T_2}$$
$$w_{rev} = \int p\,dv = p(v_2 - v_1) = p_1 v_1\left(\frac{T_2}{T_1} - 1\right) = \frac{p_1 v_1}{T_1}(T_2 - T_1) = R\Delta T$$

(p: *Constante*; v_2: $\frac{v_1 T_2}{T_1}$)

$$q_{rev} = \Delta u + w_{rev} = c_v \Delta T + R\Delta T = c_p \Delta T \qquad \left[\frac{J}{mol}\right] \tag{11-12}$$

3. Processos a Temperatura Constante

$$T_1 = T_2 \quad \text{e} \quad p_1 v_1 = p_2 v_2$$
$$\Delta u = 0 \quad \text{porque T é constante}$$
$$\Delta h = \underbrace{\Delta u}_{=0} + \underbrace{\Delta(pv)}_{=0} = 0$$
$$q_{rev} = w_{rev} = \int p\,dv = \int \frac{RT}{v} dv$$
$$= RT\,\ell n\frac{v_2}{v_1} = RT\,\ell n\frac{p_1}{p_2} \qquad \left[\frac{J}{mol}\right] \tag{11-13}$$

4. Processos Adiabáticos (q = 0) Reversíveis, com c_v Constante

Em uma expansão ou compressão adiabática reversível, p, v e T mudam; portanto temos que iniciar escrevendo nossas equações em sua forma diferencial. Pela primeira lei:

$$du = dq_{rev} - dw_{rev} = -p\,dv \qquad \left[\frac{J}{mol}\right] \tag{11-14}$$

onde $du = c_v dT$, $dq_{rev} = 0$, $p\,dv = \frac{RT}{v}dv$

Separando os termos e integrando, temos:

$$\int_{T_1}^{T_2} \frac{dT}{T} = -\frac{R}{c_v}\int_{v_1}^{v_2} \frac{dv}{v}$$

Admitindo c_v e c_p constantes, vamos definir uma nova constante k como

$$k = \frac{c_p}{c_v} = 1 + \frac{R}{c_v} = \text{constante}\begin{cases} k \cong 1{,}67 & \text{para gases monoatômicos} \\ k \cong 1{,}40 & \text{para gases diatômicos} \\ k \cong 1{,}32 & \text{para moléculas maiores} \end{cases} \tag{11-15}$$

Usando k, a integração resulta em

$$\ell n\frac{T_2}{T_1} = -(k-1)\,\ell n\frac{v_2}{v_1}$$

Em resumo:

$$\begin{aligned} \frac{T_2}{T_1} &= \left(\frac{v_1}{v_2}\right)^{k-1} \\ \frac{T_2}{T_1} &= \left(\frac{p_2}{p_1}\right)^{(k-1)/k} \\ \frac{p_2}{p_1} &= \left(\frac{v_1}{v_2}\right)^{k}, \text{ ou } pv^k = \text{constante} \end{aligned} \tag{11-16}$$

Para uma transformação adiabática, em batelada, de um gás ideal, com $\Delta e_p = 0$ e $\Delta e_k = 0$,

$$q_{rev} = 0$$

$$w_{rev} = \int p\,dv = \int_{v_1}^{v_2} \frac{\text{constante}}{v^k}\,dv$$

$$= \frac{p_1 v_1}{k-1}\left[1-\left(\frac{p_2}{p_1}\right)^{(k-1)/k}\right] = \frac{RT_1}{k-1}\left[1-\left(\frac{p_2}{p_1}\right)^{(k-1)/k}\right] \quad (11\text{-}17a)$$

e, da Eq. 11-14,

$$w_{rev} = -\Delta u = -c_v(T_2 - T_1) = -\frac{R}{k-1}(T_2 - T_1) = -\frac{p_2 v_2 - p_1 v_1}{k-1} \quad \left[\frac{J}{mol}\right] \quad (11\text{-}17b)$$

Finalmente, é preciso lembrar que, quando um gás ideal vai do estado 1 para o estado 2, de forma reversível ou não, as expressões que só envolvem variáveis de estado, T, v, p, cp, u e h, são sempre válidas. Assim, se você me der T_1, p_1, v_1, t_2, p_2 e c_p, eu posso calcular v_2, Δu e Δh.

Entretanto, as expressões deste capítulo que contêm q e/ou w só podem ser aplicadas rigorosamente para processos reversíveis. Para processos reais, o trabalho calculado deve ser corrigido por algum tipo de eficiência, como, por exemplo, o fator η, onde $0 < \eta < 1$.

Para um gás ideal indo do estado 1 para o estado 2 em batelada:

Trabalho realizado pelo gás sobre os arredores

$$\left|W_{\substack{\text{recebido}\\ \text{pelos arredores}}}\right| = \eta \left|W_{\substack{\text{realizado}\\ \text{pelo gás}}}\right|$$

Valor absoluto

Trabalho recebido pelo gás, realizado pelo arredores

$$\left|W_{\substack{\text{realizado pelos}\\ \text{arredores}}}\right| = \frac{\left|W_{\substack{\text{recebido}\\ \text{pelo gás}}}\right|}{\eta} \quad (11\text{-}18)$$

Para gases não-ideais, as equações são bem mais complexas.

C. PROCESSOS DE EXPANSÃO E COMPRESSÃO NA PRÁTICA

De uma forma geral, as equações para esses sistemas podem se tornar muito complicadas. Por isso, sempre que possível, tendemos a usar as equações simples já deduzidas. Podemos ainda equacionar os chamados *processos politrópicos*, representados por

$$p\,v^{\gamma} = \text{constante} \quad (11\text{-}19)$$

onde γ é uma constante que substitui o nosso já conhecido $k = c_p/c_v$ (Fig.11-2).

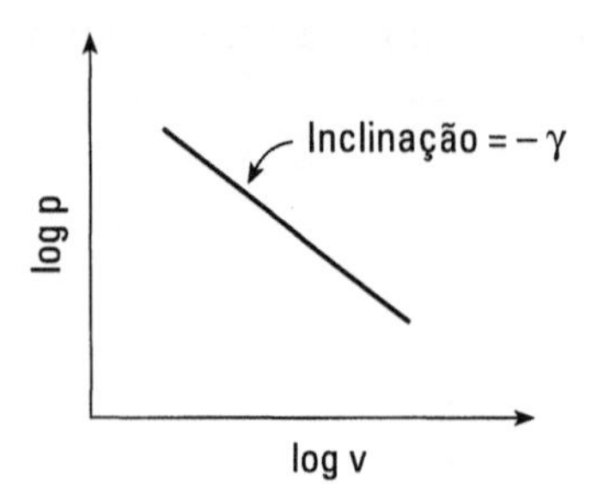

Figura 11.2

Para um processo isobárico (pressão constante), $\gamma = 0$ e $q \neq 0$
Para um processo isotérmico, $\gamma = 1$ e $q \neq 0$
Para um processo adiabático reversível, $\gamma = k$ e $q = 0$
Para um processo politrópico geralmente, $1 < \gamma < k$

Para um processo politrópico, a integração da Eq. 11-19 resulta nas Eqs. 11-16 e 11-17a, porém substituindo o k por γ, ou seja,

$$w_{\text{batelada, poli}} = \int p\, dv = \int \frac{\text{constante}}{v^{\gamma}} dv$$

$$= \frac{p_1 v_1}{\gamma - 1}\left[1 - \left(\frac{p_2}{p_1}\right)^{(\gamma-1)/\gamma}\right] = \frac{RT_1}{\gamma - 1}\left[1 - \left(\frac{p_2}{p_1}\right)^{(\gamma-1)/\gamma}\right] \quad (11\text{-}20a)$$

e a Eq. 11-17b se torna (11-20b)

$$w_{\text{batelada, poli}} = -\frac{p_2 v_2 - p_1 v_1}{\gamma - 1} = -\frac{R}{\gamma - 1}(T_2 - T_1) = -\frac{k - 1}{\gamma - 1}(\Delta u) \quad \left[\frac{J}{mol}\right]$$

D. PROCESSOS COM ESCOAMENTO PARA GASES IDEAIS

As equações necessárias para compressores, bombas, turbinas e outras máquinas que processam de forma contínua gases a pressões não muito altas serão vistas no Cap. 13.

E. EXEMPLOS DE PROCESSOS EM BATELADA COM GASES IDEAIS

Vamos considerar várias transformações possíveis com um tanque ou cilindro de gás ideal. Seja a temperatura inicial T_1 e a final T_2.

EXEMPLO 11-1 Pequeno vazamento em tanque isolado

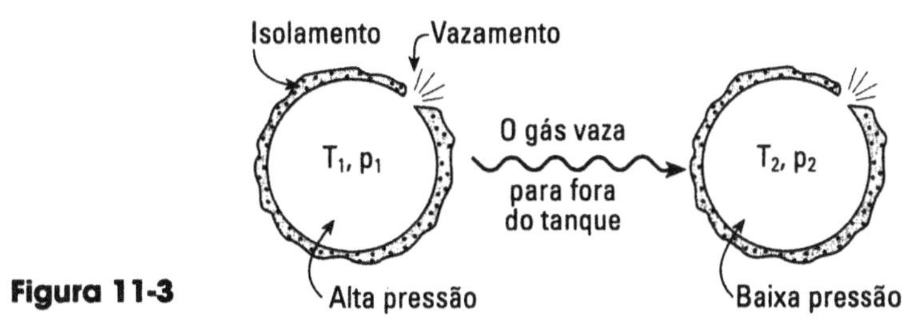

Figura 11-3

Nessas condições, o gás que fica dentro do tanque sofre uma expansão adiabática reversível. Portanto, da Eq. 11-16,

$$\frac{T_2}{T_1} = \left(\frac{p_2}{p_1}\right)^{(k-1)/k} \longleftarrow \qquad (11\text{-}21)$$

EXEMPLO 11-2 Ruptura de membrana dividindo tanque isolado

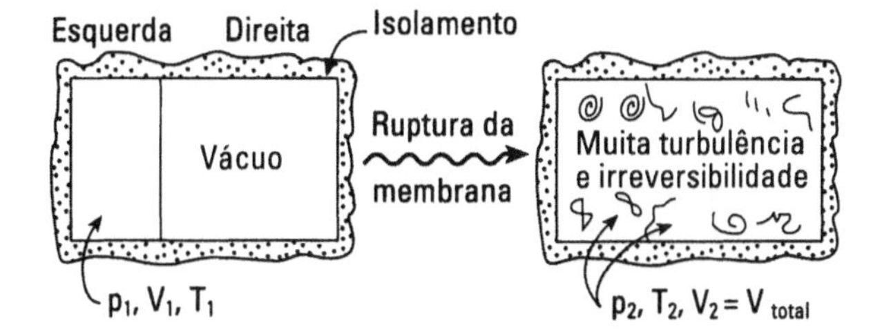

Figura 11-4

Ao olhar para o lado esquerdo do tanque, veremos que nenhuma das equações anteriormente deduzidas se aplica. Para o lado direito também nenhuma se aplica. Então vamos olhar para o tanque como um todo e verificar o que podemos dizer. Definir o sistema dessa forma permite conclusão particularmente útil. Da primeira lei (Eq. 11-10), com $\Delta E_p = 0$ e $\Delta E_k = 0$, temos

$$\Delta U = \underset{\text{Isolado}}{\overset{=0}{Q}} - \underset{\text{Volume constante}}{\overset{=0}{W}}$$

da Eq. 11-10,

$$T_2 = T_1 \quad \text{e} \quad \frac{p_2}{p_1} = \frac{V_1}{V_2} \longleftarrow \qquad (11\text{-}22)$$

EXEMPLO 11-3 Vazamento lento entre secções de um tanque isolado

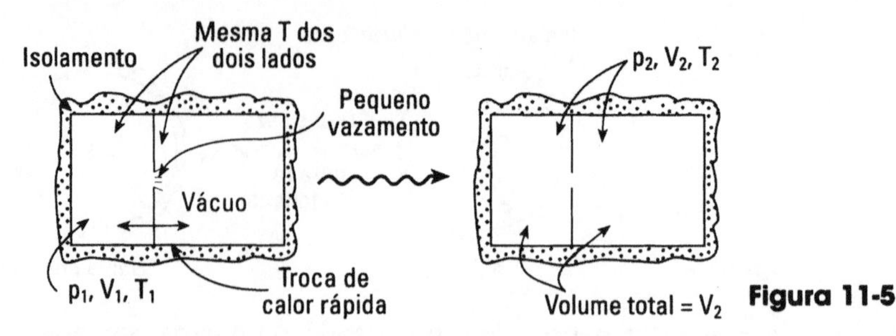

Figura 11-5

Para o tanque como um todo, a primeira lei, Eq. 11-10, com $\Delta E_p = 0$ e $\Delta E_k = 0$, dá

$$\Delta U = \underbrace{Q}_{\substack{=0\\ \text{Isolado}}} - \underbrace{W}_{\substack{=0\\ \text{Volume constante}}}$$

e, para um gás ideal com $\Delta U = 0$, a Eq. 11-2 ou a 11-11 dá

$$T_2 = T_1 \quad \text{e} \quad \frac{p_2}{p_1} = \frac{V_1}{V_2} \qquad (11\text{-}23)$$

EXEMPLO 11-4 Calor envolvido em expansão lenta isotérmica reversível de gás em cilindro

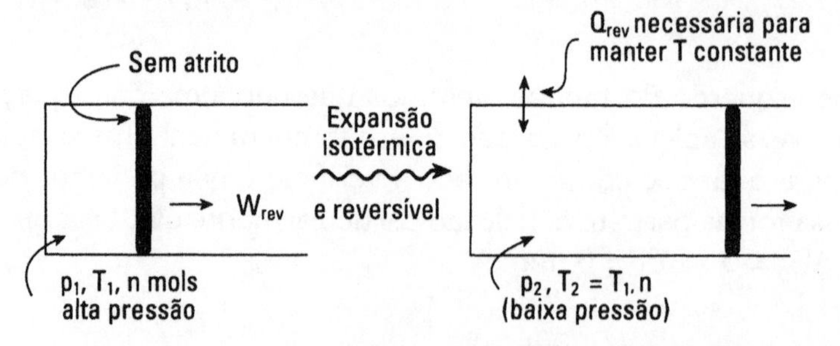

Figura 11-6

Para o gás no cilindro, aplicando a primeira lei (Eq. 11-10), com $\Delta E_p = 0$ e $\Delta E_k = 0$, temos

$$\underbrace{\Delta U}_{\substack{=0\\ \text{Isotérmica}}} + \underbrace{\Delta E_p}_{=0} + \underbrace{\Delta E_k}_{=0} = Q_{rev} - \underbrace{W_{rev}}_{\substack{(W_{sh} + W_{pV})_{rev}\\ = nRT \ln \frac{p_1}{p_2}, \text{ da Eq. 11-13}}}$$

portanto

$$Q_{rev} = W_{rev} = nRT \, \ell n \frac{p_1}{p_2} \tag{11-24}$$

EXEMPLO 11-5 Vazamento entre dois tanques isolados e interligados

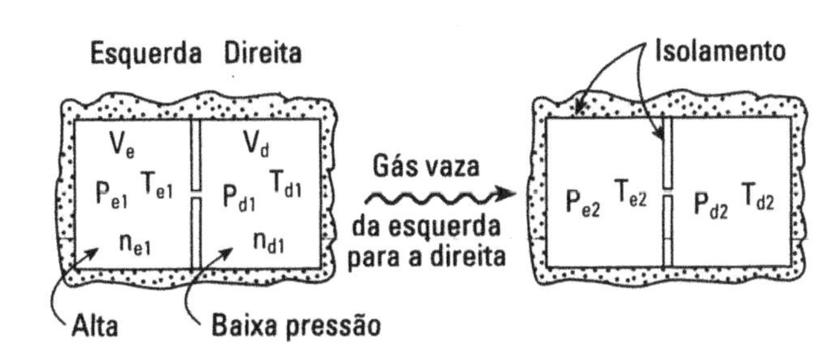

Figura 11-7

Calcule como mudam T_e, T_d, p_e e p_d.

Solução

Pela lei dos gases ideais e por balanço material,

$$\left.\begin{aligned} n_{e1} &= \left(\frac{pV}{RT}\right)_{e1} \\ n_{d1} &= \left(\frac{pV}{RT}\right)_{d1} \end{aligned}\right\} n_{e1} + n_{d1} = n_{total} \tag{11-25}$$

$$\left.\begin{aligned} n_{e2} &= \left(\frac{pV}{RT}\right)_{e2} \\ n_{d2} &= \left(\frac{pV}{RT}\right)_{d2} \end{aligned}\right\} n_{e2} + n_{d2} = n_{total} \tag{11-26}$$

O gás que permanece no lado esquerdo expande adiabática e reversivelmente; portanto

$$\frac{T_{e2}}{T_{e1}} = \left(\frac{p_{e2}}{p_{e1}}\right)^{(k-1)/k} \tag{11-27}$$

Aplicando a primeira lei para o sistema como um todo, como ele é isolado,

$$\sum \mathbf{E}_2 = \sum \mathbf{E}_1$$

ou

$$(n_e u_e)_2 + (n_d u_d)_2 = (n_e u_e)_1 + (n_d u_d)_1$$

(setas indicando $c_v T$ para cada u)

e para um gás ideal a Eq. 11-7 dá

$$(n_e T_e)_2 + (n_d T_d)_2 = (n_e T_e)_1 + (n_d T_d)_1 \qquad (11\text{-}28)$$

Conhecidas as condições iniciais e mais a pressão final em um dos dois lados, por exemplo, p_{e2}, as equações anteriores nos permitem calcular todas as outras condições, T_{e2}, p_{d2} e T_{d2}.

Há uma série de variações mais complicadas do Exemplo 11-5, especialmente útil para professores sádicos que torturam seus alunos. Esses problemas têm pouco interesse prático mas servem para testar como os alunos conseguem usar as equações deste capítulo.

Em todos os problemas envolvendo calor, trabalho ou mudança de temperatura de um gás ideal durante o processo sugiro que você:

- escolha o sistema;
- escreva o balanço material, se necessário;
- escreva a equação pVT para os gases ideais;
- escreva a primeira lei para os gases ideais;
- o processo envolve compressão ou expansão? E isso ocorre de forma adiabática, isotérmica ou reversível? Escolha as condições e escreva as equações correspondentes.

E então resolva o problema. O exemplo citado apresenta um procedimento geral de resolução.

EXEMPLO 11-6 Trabalho total realizado por expansão de gás

Uma garrafa plástica de 2 litros contém ar a 300 K e 11,5 bar de pressão manométrica. Quanto trabalho esse gás pode realizar se você puder expandí-lo até 1 bar?

a) isotérmica e reversivelmente
b) adiabática e reversivelmente

Solução

Primeiramente, vamos calcular o número de moles de ar contidos na garrafa

$$n = \frac{pV}{RT} = \frac{(12{,}5 \times 10^5)(0{,}002)}{(8{,}314)(300)} = 1{,}00 \text{ mol}$$

Agora estamos prontos para calcular o trabalho realizado pela expansão do ar.

a) *Expansão isotérmica*. Da Eq. 11-13 vem

$$W_{rev} = n\,RT\,\ell n \frac{p_1}{p_2}$$
$$= (1)\,(8{,}314)\,(300)\,\ell n \frac{12{,}5}{1} = \underline{\underline{6.300 \text{ J}}} \quad \longleftarrow$$

b) *Expansão adiabática*. Da Eq. 11-17 vem

$$W_{rev} = \frac{nRT}{k-1}\left[1-\left(\frac{p_2}{p_1}\right)^{(k-1)/k}\right]$$

$$= \frac{(1)\,(8{,}314)\,(300)}{1{,}4-1}\left[1-\left(\frac{1}{12{,}5}\right)^{0{,}4/1{,}4}\right] = \underline{\underline{3.205\ \text{J}}} \longleftarrow$$

Veja que nessa expansão o gás esfriou. Repare também que a expansão isotérmica produz mais trabalho que a adiabática.

EXEMPLO 11-7 Trabalho útil realizado por expansão de gás

No exemplo anterior, calculamos o trabalho feito por um gás em expansão. Porém, ao fazer isso, o gás teve que empurrar a atmosfera adjacente com pressão de 1 bar. Vamos agora calcular esse trabalho e descontá-lo do total para avaliar o trabalho útil (trabalho de eixo) que pode ser obtido nessas transformações; novamente

a) expansão isotérmica;
b) expansão adiabática.

Solução

a) *Expansão isotérmica*. O trabalho necessário para empurrar a atmosfera é:

$$W_{pV} = p_0(V_2 - V_1)$$

$$= (1\times 10^5)\,(12{,}5\times 0{,}002 - 0{,}002) = 2.300\ \text{J}$$

Portanto o trabalho reversível que pode ser obtido no eixo é

$$W_{sh} = 6.300 - 2.300 = \underline{\underline{4.000\ \text{J}}} \longleftarrow$$

Do exemplo 11-6 (refere-se ao valor 6.300)

b) *Expansão adiabática*. Antes de mais nada, lembre-se de que, nessa expansão, a temperatura final do gás não é 300 K. A Eq. 11-16 mostra que

$$T_2 = T_1\left(\frac{p_2}{p_1}\right)^{(k-1)/k} = 300\left(\frac{1}{12{,}5}\right)^{0{,}4/1{,}4} = 146\ \text{K}$$

O trabalho necessário para "afastar" a atmosfera é

$$W_{pV} = p_0(V_2 - V_1)$$

$$= (1\times 10^5)\left[12{,}5\left(\frac{146}{300}\right)0{,}002 - 0{,}002\right] = 1.015\ \text{J}$$

Portanto o trabalho disponível no eixo para essa expansão é

$$W_{sh} = 3.205 - 1.015 = \underline{\underline{2.190\ J}} \quad \longleftarrow$$

Do exemplo 11-6 (referente a 3.205)

EXEMPLO 11-8 Explosões: a garrafa de refrigerante

Calcule a energia liberada quando uma garrafa plástica de 2 L que contém ar a 300 K e 11,5 bar de pressão manométrica explode.

Solução

Retomando o Exemplo 11-6, vemos que a garrafa contém 1 mol de ar. Para calcular a energia liberada, primeiro temos que decidir o que vamos admitir para essa transformação. Ela é reversível ou não? É isotérmica? Adiabática?

Somos tentados a admitir que a transformação seja reversível, como nos Exemplos 11-6 e 11-7, porque assim podemos usar as equações desenvolvidas neste capítulo. Mas isso seria muito ingênuo, porque não há nada mais irreversível que uma explosão. Entre adiabática e isotérmica, como o processo é extremamente rápido, o tempo disponível para troca de calor é muito pequeno e podemos admití-lo como adiabático. Assim, vamos admitir que a explosão possa ser vista como um processo adiabático altamente irreversível.

Então, pela primeira lei,

$$\Delta U = \cancelto{=0}{Q} - \underbrace{W_1}_{\text{Trabalho total}} \tag{11-29}$$

Todo o trabalho foi usado para empurrar a atmosfera. Não há trabalho útil transmitido a nenhum eixo, nesse processo altamente irreversível, portanto:

$$W_2 = \int p\, dV = p_{ambiente}(\Delta V) \tag{11-30}$$

A temperatura final é incógnita nessas duas equações. Vamos substituir os valores numéricos para obter

$$\begin{aligned} W_1 &= -\Delta U = n\, c_v (T_{inicial} - T_{final}) \\ &= (1)\ (29{,}099 - 8{,}314)\ (300 - T_{final}) \end{aligned} \tag{11-31}$$

e

$$W_2 = p_{ambiente}(V_{final} - V_{inicial}) = 10^5\left[12{,}5 \times 0{,}002\left(\frac{T_{final}}{300}\right) - 0{,}002\right] \quad (11\text{-}32)$$

Resolvendo as Eqs. 11-31 e 11-32 simultaneamente, uma vez que $W_1 = W_2$ temos a temperatura final

$$T = 221\ \text{K},$$

e o trabalho realizado, pela Eq. 11-31, é

$$\underline{\underline{W = 1.642\ \text{J}}} \longleftarrow$$

Nessa nossa análise, admitimos e simplificamos algumas coisas:

- o gás é ideal nessa pressão — razoável;
- o calor necessário para rasgar, aquecer e talvez até fundir o plástico é pequeno — provavelmente razoável;
- as perdas por atrito e a energia da onda de choque (e o som) são desprezíveis — questionável.

Esses fatores desconsiderados não vão afetar seriamente nosso resultado.

Claro que se você estivesse segurando a garrafa de plástico quando ela explodiu é possível que ela realizasse algum "trabalho útil" em sua mão. Nesse caso, o trabalho realizado estaria entre os valores calculados para o irreversível (1.642 J, Exemplo 11-8) e o reversível (3.205 J, Exemplo 11-6).

PROBLEMAS

1. O que demanda mais calor para aquecer um gás em um cilindro com pistão: o processo a volume constante ou a pressão constante?

2. Apareceu um novo produto, que foi chamado de "gugliodifaker" ($\overline{mw} = 124$ g/mol); trata-se de um gás ideal com $c_p = 309$ J/kg · K. Estou precisando do $k = c_p/c_v$. Você pode calculá-lo para mim?

3. A 200°C, o propeno (C_3H_4) tem calor específico

$$c_p = 1.940\ \text{J/kg} \cdot \text{K}$$

Calcule k, a relação entre os calores específicos para o propeno nessas condições.

4. Um sistema de cilindro e pistão, sem atrito, contém 1 m^3 de um gás biatômico (c_p = 28,314 J/mol · K) a p = 99.768 Pa e 27°C. O aquecimento do gás faz sua pressão subir. Então permite-se a expansão do gás fornecendo ou retirando calor, como representado a seguir. Quanto calor foi fornecido, no total, durante essa operação?

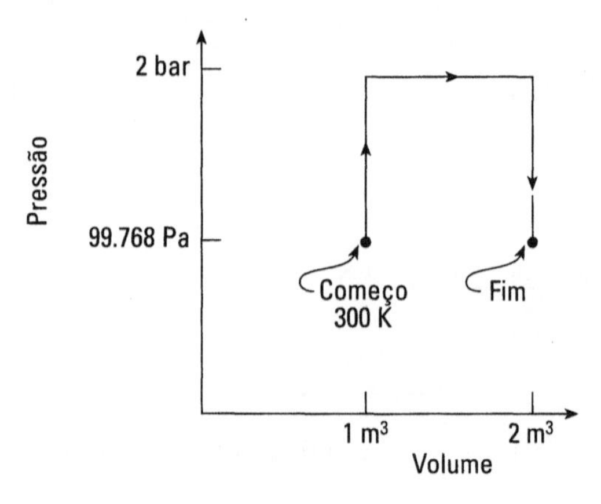

5. Um sistema cilindro e pistão contém 2 L de nitrogênio gasoso (c_p = 1.039 J/kg · K) a 3 atm. O gás é aquecido, a pressão constante, de 20°C a 199°C. Quanto calor é necessário para aquecer o gás?

6. Um grande tanque, isolado, é dividido em duas partes por uma membrana. O lado A, de 60 L, contém gás metano, CH_4, a 400 kPa e 800 K. A parte B, de 180 L está completamente vazia. Se a membrana se romper e o metano ocupar todo o tanque, quais serão sua temperatura e pressão finais?

7. Um tanque de 2 m^3, isolado, está dividido ao meio por uma membrana. O lado esquerdo contém um gás ideal (c_p = 30 J/mol · K), a 10 bar e 300 K. O lado direito nada contém, foi feito vácuo. Um pequeno vazamento na membrana permite que, lentamente, o gás ocupe todo o tanque e, depois de algum tempo, a temperatura estará igual em todo o tanque. Qual é essa temperatura final?

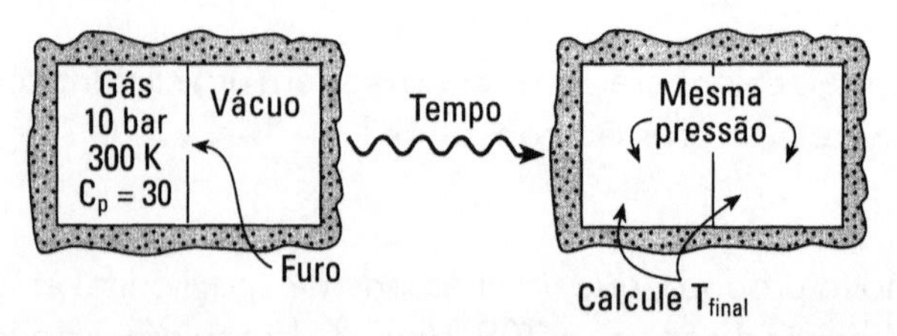

8. Um tanque isolado (166,28 litros) está dividido em duas partes iguais por um septo. Um lado contém H_2 a 900 kPa e 300 K, o outro H_2 a 400 kPa e 400 K. O septo se rompe e os gases se misturam. Qual a pressão final do sistema?

9. Um tanque bem isolado, contendo um gás (c_p = 31,622 J/mol · K) a 10 atm e 300 K é atingido por um tiro e fura. Quando o vazamento finalmente é fechado, a pressão do tanque já caiu para 5 atm. Qual é a temperatura do gás remanescente no tanque?

10. Um gás ideal ($c_p = 30$ J/mol · K, 24,6 K, 0,9986 bar) em um cilindro munido de pistão é comprimido lentamente, sem atrito e isotermicamente de 3,33 m^3 até 1 m^3. Calcule o trabalho necessário para essa compressão.

11. Um cilindro contendo 6 L de um gás biatômico ideal a 1 bar ($c_p = 29{,}1$ J/mol · K) é comprimido até que seu volume se reduza a 2 L. Um sistema de regulagem de pressão no cilindro garante que, durante a compressão,

$$pV^2 = \text{constante}$$

Calcule o trabalho realizado nessa compressão.

12. Um gás ideal quente em um cilindro é resfriado e comprimido por intermédio de pistão. Nessa operação, foram anotados os seguintes dados:

T(°C)	V(L)	p(atm)
303	24	12
189	21	11
123	18	11
63	14	12
63	12	14

Quanto calor foi trocado pelo gás desse cilindro com suas vizinhanças?
Dados: Para o gás, $c_p = 26{,}06$ J/mol · K, $\overline{mw} = 0{,}029$ kg/mol.

13. Um sistema cilindro/pistão contém 1 mol de nitrogênio, que está sendo comprimido de 100 kPa e 300 K a 1 MPa, nem isotermicamente, nem adiabaticamente, algo entre esses dois; digamos que de acordo com a relação

$$pV^{1,2} = \text{constante}$$

Há troca térmica nesse processo? Quanto? O calor é fornecido ao sistema ou retirado dele?

14. Imagine um tubo rígido com 0,76 m de altura, cheio de mercúrio ($\rho = 13.600$ kg/m^3, e considerado incompressível) com uma pequena bolha de gás ideal grudada no fundo por tensão superficial. A pressão no fundo do tubo é 3 atm e, no topo, 2 atm. Eu dou uma batidinha no tubo e a bolha se solta do fundo e sobe até o topo. Qual a pressão do fundo do tubo quando isso acontece? Admita que a temperatura não se altera.

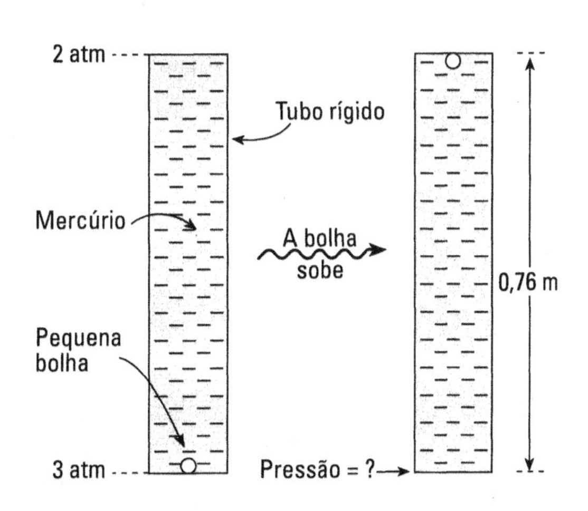

15. Vamos explorar o problema anterior em mais uma situação interessante. Vamos imaginar que o tubo rígido tenha 1,52 m e que esteja completamente cheio de mercúrio incompressível, exceto por uma pequena bolha a 1 atm no topo do tubo.

Então, giramos o tubo cuidadosamente para que a bolha não se destaque e fique aderida, agora ao fundo do tubo. Como estão agora os dois extremos do tubo, a pressão e a bolha?

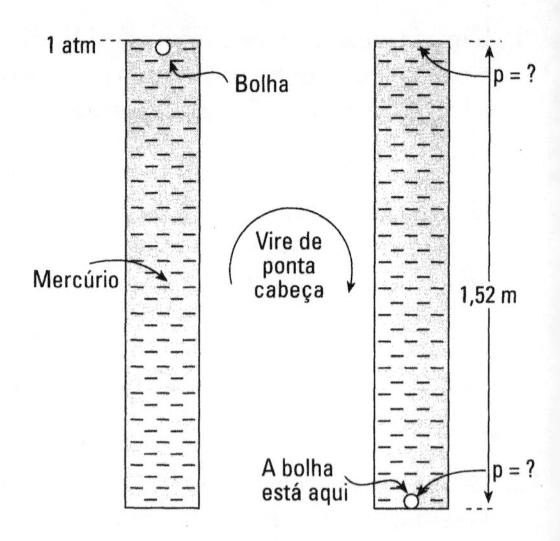

16. Pense em automóveis com *airbags*. Em uma colisão frontal, a frente de um carro se deforma e isso libera um iniciador que provoca a decomposição rápida (20 a 30 ms) de um produto químico exótico, a azida de sódio, que libera gás para encher o airbag:

$$2NaN_3(s) \xrightarrow{\text{iniciador}} 3N_2 + \text{etc.}$$

Esse processo, largamente utilizado hoje, é complicado e delicado.

Como alternativa, vamos imaginar a possibilidade de usar gás comprimido para inflar o *airbag*. Talvez por um cilindro contendo um gás ideal altamente comprimido, ar a 50 MPa e 20°C. Em uma colisão, o cilindro quebra e libera o gás. Se o volume inicial do ar no *airbag* era zero e ele se enche até 60 L, a cerca de 1 bar, qual deve ser o volume de gás no cilindro de alta pressão e qual será a temperatura do *airbag* quando inflado?

Observação: Os *airbags* têm furos laterais para deixar o gás escapar, de outra forma a pessoa poderia ser jogada para trás violentamente, o que poderia ser perigoso e até letal. Mas, durante o rápido inflamento inicial não há apreciável escape de ar. Esse processo não parece mais simples e confiável do que o atual, baseado em reação química?

17. Os esquemas a seguir representam dois experimentos ideais, em sistemas perfeitamente isolados. Você acha que $T_2' > T_2$, $T_2' < T_2$ ou $T_2' = T_2$? Conte como você chegou à sua conclusão.

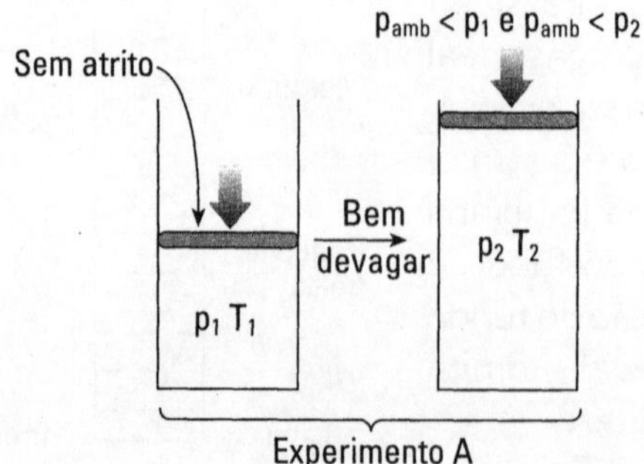

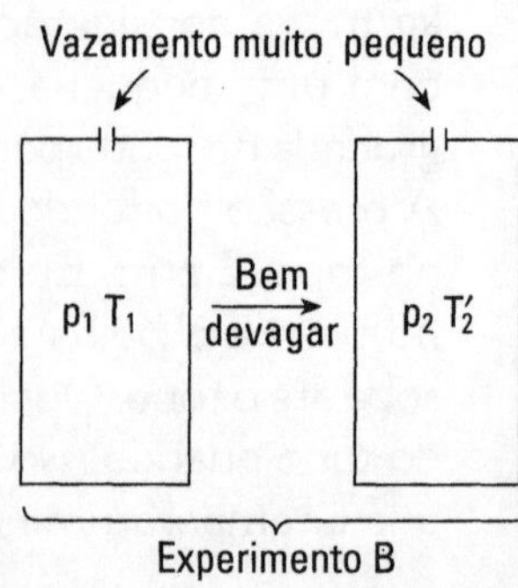

CAPÍTULO 12

FLUIDOS DE ENGENHARIA

Neste capítulo, estudaremos vários tópicos, sempre relacionados com as propriedades dos gases e líquidos que são úteis para as realizações da engenharia. Veremos:

- mistura de gases ideais;
- combinação de sólidos, líquidos e seus vapores;
- dois importante fluidos de engenharia;
- gases não-ideais.

Vamos começar com gás ideal puro que representa bem todos os gases a pressão não muito alta. Como visto nos Caps. 2 e 11, a equação que os representa é simplesmente

$$pV = nRT \qquad \text{ou} \qquad p\,\overline{mw} = \rho RT \qquad (12\text{-}1)$$

Agora vamos começar a ver a mistura de gases ideais.

A. MISTURA DE GASES IDEAIS

Quando trabalhamos com gases, é mais conveniente usar mol do que massa; portanto, lidaremos com fração molar, fração de volume e pressão parcial. Vamos considerar uma mistura de gases ideais contendo n_A mols de A, n_B mols de B e assim por diante, em um recipiente à temperatura T (medida em kelvins) e pressão π (medida em bar).

A *pressão parcial* de A, p_A, é definida como a pressão que seria exercida pelo gás A se ele estivesse sozinho nesse recipiente.

O *volume do componente puro*, V_A, é definido como o volume do recipiente que contém apenas A, à temperatura T e à pressão π.

Então, para misturas de gases ideais temos:

- lei de Dalton - a pressão total, $\pi = p_A + p_B + \ldots$ $[Pa = N/m^2]$ (12-2)
- lei de Amagat - o volume total, $V = V_A + V_B + \ldots$ $[m^3]$ (12-3)

Como ilustração, vamos considerar uma mistura de 80%, em mol, de A, com 20% de B, em um recipiente de 10 L a 5 bar. A Fig. 12-1 ilustra essas duas leis.

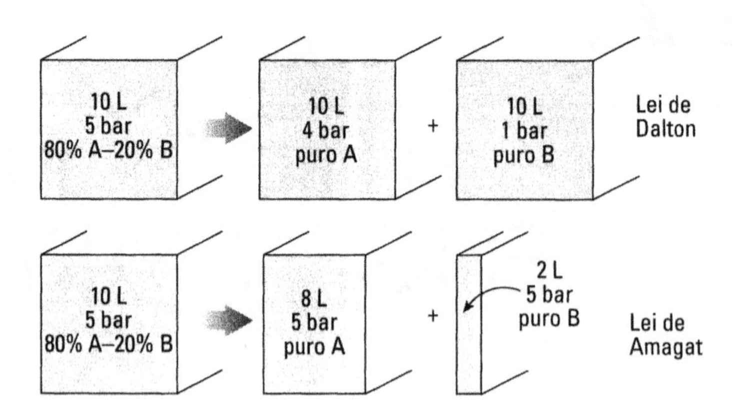

Figura 12-1

E a fração molar de A é

$$(\text{fração molar de A}) = \frac{p_A}{\pi} = \frac{V_A}{V} \quad (12\text{-}4)$$

Para a mistura de gases ideais:

- as pressões parciais são aditivas;
- os volumes de componente puro são aditivos;
- fração molar = fração da pressão = fração em volume de componente puro.

Isso significa que cada componente de uma mistura gasosa se comporta independentemente, como se estivesse sozinho no recipiente. Portanto, a expressão dos gases ideais para uma mistura pode ser escrita como:

$$(p_A + p_B + \ldots)\, V = (n_A + n_B + \ldots)\, RT \quad (12\text{-}5)$$

EXEMPLO 12-1 Densidade de uma mistura, composição em fração mássica

Calcule a massa molecular média e a densidade ρ a 200 kPa e 88°C de uma mistura a 4% em peso de hidrogênio e 96% em peso de oxigênio.

Solução

Como foram dadas as massas, vamos adotar 100 kg como base de cálculo. Então

$$\text{mols de } H_2 = 4\text{ kg}\left(\frac{1\text{ mol}}{0{,}002\text{ kg}}\right) = 2.000\text{ mols}$$

$$\text{mols de } O_2 = 96\text{ kg}\left(\frac{1\text{ mol}}{0{,}032\text{ kg}}\right) = 3.000\text{ mols}$$

$$\text{total} = 5.000\text{ mols}$$

Dessa forma, a massa molecular média da mistura é

$$\overline{mw} = \frac{100 \text{ kg}}{5.000 \text{ mols}} = \underline{\underline{0{,}020 \frac{\text{kg}}{\text{mol}}}} \longleftarrow$$

Para calcular a densidade, precisamos saber a massa e o volume. À massa de 100 kg corresponde o volume de gás ideal de

$$V = \frac{n_{total}RT}{p} = \frac{(5.000)\ (8{,}314)\ (361)}{200.000} = 75 \text{ m}^3$$

Portanto

$$\rho = \frac{m}{V} = \frac{100 \text{ kg}}{75 \text{ m}^3} = \underline{\underline{1{,}33 \frac{\text{kg}}{\text{m}^3}}} \longleftarrow$$

EXEMPLO 12-2 Densidade de uma mistura, composição em fração molar

Calcule a massa molecular média e a densidade a 131°C e 1,2 bar de uma mistura 60% molar em hidrogênio e 40% molar em oxigênio.

Solução

Como a composição foi dada em frações molares, vamos escolher nossa base de cálculo como 100 mols da mistura. Então

$$\text{massa de } H_2 = (60 \text{ mols}) \left(\frac{0{,}002 \text{ kg}}{\text{mol}}\right) = 0{,}12 \text{ kg}$$

$$\text{massa de } O_2 = (40 \text{ mols}) \left(\frac{0{,}032 \text{ kg}}{\text{mol}}\right) = 1{,}28 \text{ kg}$$

$$\overline{\text{massa total} = 1{,}40 \text{ kg}}$$

Portanto

$$\overline{mw} = \frac{\text{massa total}}{\text{mol total}} = \frac{1{,}4}{100} = \underline{\underline{0{,}014 \frac{\text{kg}}{\text{mol}}}} \longleftarrow$$

Para calcular a densidade, precisamos saber o volume da mistura. Pela lei dos gases ideais:

$$V = \frac{nRT}{p} = \frac{100\ (8{,}314)\ (404)}{120.000} = 2{,}8 \text{ m}^3$$

Portanto a densidade é

$$\rho = \frac{m}{V} = \frac{1{,}40}{2{,}8} = \underline{\underline{0{,}5 \frac{\text{kg}}{\text{m}^3}}} \longleftarrow$$

B. SUBSTÂNCIA PURA, DE SÓLIDO PARA LÍQUIDO E PARA VAPOR

1. O Diagrama p-T

Para substâncias puras que não reagem nem se decompõem, a Fig. 12-2 mostra que mudanças de fase ocorrem quando mudam p ou T. A maior parte das substâncias segue o padrão apresentado na Fig. 12-2a, mas algumas muito importantes, como água e PVC, seguem o padrão da Fig. 12-2b.

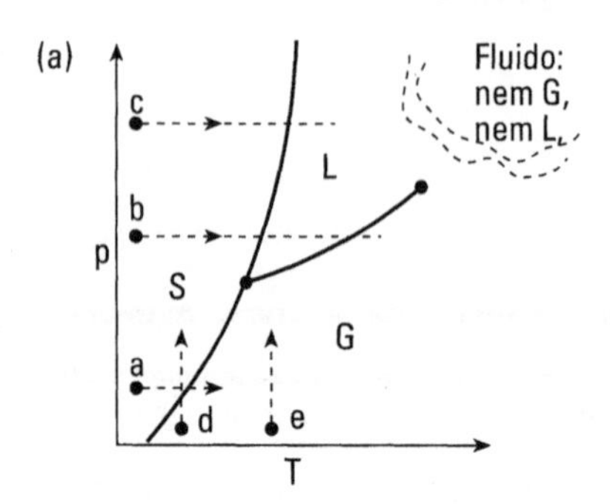

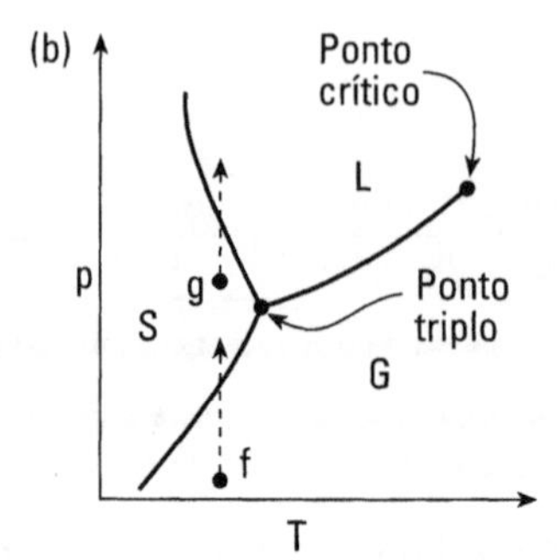

Figura 12-2 Diagrama p-T para: (a) substância normal que se contrai ao congelar; (b) substâncias que inusitadamente expandem ao congelar.

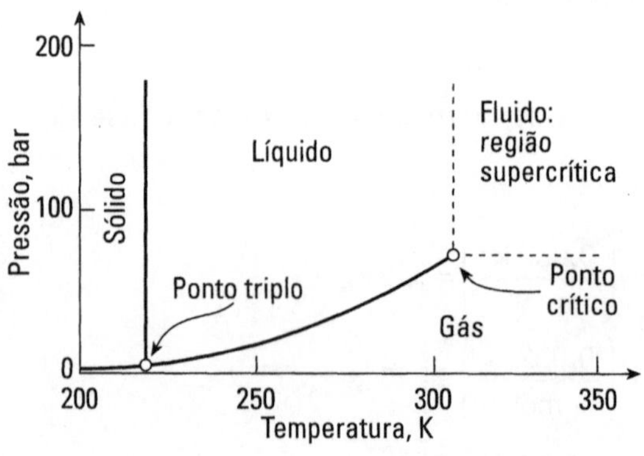

Figura 12-3 Diagrama p-T para o CO_2, em escala.

A Fig. 12-3 mostra duas situações únicas para uma dada substância, o ponto triplo e o ponto crítico. O ponto triplo é aquela situação particular em que coexistem em equilíbrio o sólido, o líquido e o vapor de uma mesma substância. O ponto crítico é a situação particular em que, acima dela, o líquido e o gás se misturam em uma só fase, que chamados de *fluido*, ou *fluido supercrítico*.

Os gráficos da Fig. 12-2 estão distorcidos, não foram feitos em escala, pretendem apenas ilustrar um comportamento especial, como o tipo de inclinação das curvas. Na realidade, as curvas são mais parecidas com aquelas apresentadas nas Figs, 12-3 e 12-4.

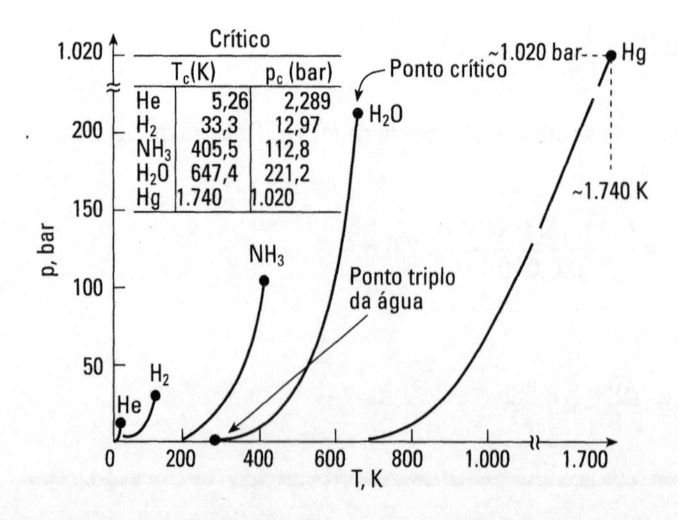

	Crítico	
	T_c(K)	p_c (bar)
He	5,26	2,289
H_2	33,3	12,97
NH_3	405,5	112,8
H_2O	647,4	221,2
Hg	1.740	1.020

Figura 12-4 Diagrama p-T, em escala, para várias substâncias. Observe que a região G-L domina e a região com o ponto triplo nem sempre aparece.

Como estamos mais familiarizados com a água, vamos usá-la para ilustrar os conceitos que estão sendo desenvolvidos aqui. Para os pontos triplo e crítico da água os valores medidos são:

$$\text{Ponto triplo}\begin{cases} p = 0{,}610 \text{ Pa} \\ T = 0{,}01°C \\ \rho_\ell = 1.000{,}0 \text{ kg/m}^3 \\ \rho_s = 916{,}8 \text{ kg/m}^3 \\ \rho_g = 0{,}004\ 85 \text{ kg/m}^3 \end{cases} \qquad \text{Ponto crítico}\begin{cases} p = 221{,}3 \text{ bar} \\ T = 647{,}3 \text{ K} \\ \rho = 323 \text{ kg/m}^3 \end{cases}$$

Aquecimento de uma substância pura a pressão constante

Se iniciarmos o aquecimento de um material sólido muito frio a uma pressão muito baixa (ponto a na Fig. 12-2a), ao se aquecer, o material vai passar diretamente de sólido para gás. A pressões maiores, entre o ponto triplo e o crítico (ponto b na Fig. 12-2a), a substância irá fundir-se com o aumento da temperatura e, posteriormente, o líquido irá se transformar em gás. Finalmente, a pressões muito altas, maiores que a do ponto crítico (ponto c na Fig. 12-2a), o sólido se transforma diretamente em fluido supercrítico.

Aumento da pressão de uma substância pura a temperatura constante

Para quase todas as substâncias a baixas temperaturas, um aumento da pressão transforma o gás diretamente em sólido (ponto d da Fig. 12-2a). Sob temperaturas mais altas, o aumento da pressão transforma o gás em líquido e então em sólido (ponto e na Fig. 12-2a). Entretanto, água e PVC são duas exceções interessantes a esse comportamento (Fig. 12-2b). A temperaturas intermediárias, o aumento da temperatura irá transformar o gás em sólido e depois em líquido (pontos f e g da Fig. 12-2b). E ainda mais: a água é mais densa que o gelo![1]

2. O Diagrama p-V

Uma forma alternativa de representar as propriedades das substâncias puras é através do diagrama p-V. A Fig. 12-5 (não está em escala) mostra as mudanças de volume de dois tipos de material, um que se contrai ao congelar (Fig. 12-5a) e outro que se expande (Fig. 12-5b).

---

[1]Não fosse por essa interessante propriedade, os *icebergs* não poderiam flutuar, todo o gelo formado no inverno afundaria nos oceanos e se acumularia do fundo à superfície; e teríamos apenas uma fina camada de água líquida na superfície dos oceanos. Isso só permitiria que organismos muito elementares pudessem se desenvolver na Terra. Você só pode estar vivo e lendo esta página devido ao fato de a água se comportar assim. Que sorte, hem?

E ainda mais: se assim não fosse, seria impossível patinar no gelo. Pense nisso. Um patim exerce grande pressão sobre o gelo, em uma superfície muito estreita; então, ali, o gelo se funde, mesmo abaixo de 0°C (ponto g na Fig. 12-2b). Depois que o patim passa, o pressão volta ao normal e o gelo que fundiu volta a congelar.

Outro exemplo desse fenômeno é quando tocamos velhos discos de 78 rpm; as agulhas raspam as trilhas de gravação e o atrito desgasta tanto a agulha quanto os discos. Já as gravações em vinil fundem sob a pressão exercida pela agulha de diamante, que, mesmo pesando apenas 2 g exerce sua força em uma área tão pequena que resulta em pressão da ordem de 600 bar sobre o vinil. O vinil sólido funde sob essa pressão e imediatamente se solidifica quando a pressão deixa de existir, e assim não temos mais o antigo desgaste das gravações.

O gráfico p-v, particularmente na região das transformações líquido-vapor, é especialmente útil em termodinâmica para a avaliação do desempenho de motores. Voltaremos a eles mais adiante.

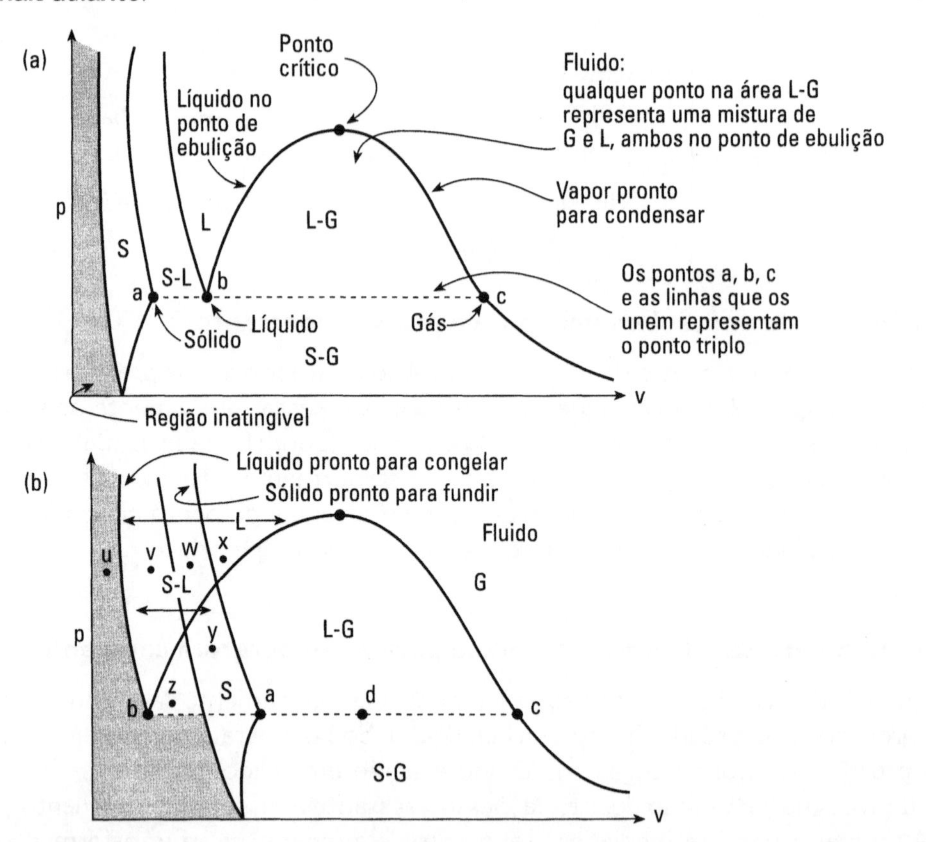

Figura 12-5 Diagrama p-V para: (a) substância pura normal, que se contrai ao congelar e (b) substância que se expande ao congelar. Os desenhos não estão em escala.

C. DOIS IMPORTANTES FLUIDOS DE ENGENHARIA: ÁGUA E HFC-134a

Ao comprimir e vaporizar um líquido, expandí-lo e então condensar seu vapor, os engenheiros descobriram como transformar calor em trabalho (pense na máquina a vapor). Fazendo o caminho contrário, outros engenheiros descobriram como bombear calor do mais frio para o mais quente (pense em um ar-condicionado ou uma geladeira).

Para obter trabalho a partir de calor (da queima de madeira, carvão ou petróleo), precisamos de um fluido que vaporize e se condense desde temperaturas próximas à ambiente até cerca de 300°C. Água é ideal para isso.

Para refrigeração, precisamos de um fluido que vaporize e se condense a temperaturas algo abaixo da ambiente, digamos −40°C. A amônia tem essa propriedade e foi usada quase com exclusividade por muito tempo. Porém é tóxica e corrosiva. Os pesquisadores da Dupont desenvolveram uma família de fluidos que eles chamaram de "Freons" (com maiúscula, nome escolhido para a família). São hidrocarbonetos com átomos de flúor e cloro ligados a ele, daí o nome químico dessa família, clorofluorocarbonos, ou CFC. O mais útil deles é o Freon-12, com a fórmula química

$$\begin{array}{ccccc} & & \mathrm{Cl} & & \\ & & | & & \\ \mathrm{Cl} & — & \mathrm{C} & — & \mathrm{F} \\ & & | & & \\ & & \mathrm{F} & & \end{array} \quad \text{... diclorodifluorometano}$$

Foram desenvolvidos conjuntamente com outros Freons, como o Freon-113 e o Freon-23.

Os Freons foram considerados os fluidos de refrigeração ideais porque não são tóxicos, não são corrosivos e são quimicamente inertes. Eles substituíram a amônia em muitas aplicações e foram usados por décadas sem problemas. Entretanto, recentemente se descobriu que, quando as velhas geladeiras e aparelhos de ar condicionado de automóveis eram sucateados, os Freons contidos vaporizavam, subiam pela atmosfera e o cloro de suas moléculas atacava a camada de ozônio que protege a Terra das radiações solares mais mortíferas. Então o Freon passou a ser considerado perigoso, teve que ser banido e substituido, mas pelo quê?

Os engenheiros da Dupont desempenharam suas magias químicas novamente e desenvolveram uma nova família de fluidos de refrigeração, os hidrofluorocarbonos, ou HFC, que a Dupont chamou de "Suvas". O mais útil deles é o HFC-134a, ou Suva-134a, que tem a fórmula química

$$\begin{array}{ccccccc} & & \mathrm{F} & & \mathrm{F} & & \\ & & | & & | & & \\ \mathrm{F} & — & \mathrm{C} & — & \mathrm{C} & — & \mathrm{H} \\ & & | & & | & & \\ & & \mathrm{F} & & \mathrm{H} & & \end{array} \quad \text{...1,1,1,2 tetrafluoroetano, } \overline{mw} = 0{,}102 \text{ kg/mol}$$

Ligado ao primeiro carbono (1,1,1)

Ligado ao segundo carbono (2)

As indústrias construídas para produzir Freon estão todas fechando enquanto novas unidades para produzir Suvas estão sendo construídas na Europa, Estados Unidos e por toda parte.

Para determinar o que pode ser obtido desses fluidos de engenharia — trabalho útil, quantidade de resfriamento, e assim por diante —, os engenheiros têm que conhecer as suas propriedades, como densidade e entalpia em dada pressão e temperatura. Essas propriedades estão tabeladas no final da maior parte dos livros de termodinâmica:

- antes de 1930, as tabelas tratavam de amônia e água;
- entre 1930 e 1990, continham amônia, Freon-12 e água;
- neste livro, apresentamos as tabelas para HFC-134a e água, uma vez que os Freons já fazem parte de um passado histórico.

Os exemplos e problemas que se seguem pretendem exercitá-lo no uso dessas tabelas. O Cap. 17 estende essa prática ao uso da entropia, que será definida no Cap. 15.

D. MISTURA DE FASES E AS TABELAS TERMODINÂMICAS

Antes de mais nada, vamos esclarecer que as tabelas termodinâmicas apresentam as propriedades por quilograma de substância pura. São as chamadas *propriedades específicas*. Para um gás, que alguns preferem chamar de vapor, e para um líquido puro temos

$$v_g = \frac{m^3 \text{ gás}}{\text{kg gás}} \qquad \text{e} \qquad v_\ell = \frac{m^3 \text{ líquido}}{\text{kg líquido}}$$

A seguir, vamos observar que duas fases de uma substância pura só podem coexistir numa situação de limite de separação de fases, como mostrado na Fig. 12-5. Essas condições são chamadas de *condições de saturação*.

E ainda, para uma mistura de gás e líquido em que a fração mássica na forma de gás é x_g, essa fração é chamada de *qualidade* ou título da mistura:

$$\text{qualidade} = x_g = \left(\begin{array}{c} \text{fração mássica} \\ \text{do gás na mistura} \end{array} \right) \qquad \left[\frac{\text{kg gás}}{\text{kg total}} \right]$$

Similarmente,

$$x_\ell = \left(\begin{array}{c} \text{fração mássica do} \\ \text{líquido na mistura} \end{array} \right) = 1 - x_g \qquad \left[\frac{\text{kg líquido}}{\text{kg total}} \right]$$

Agora estamos prontos para calcular as propriedades das misturas a partir das tabelas termodinâmicas do final do livro. Então, para uma massa m_{total} de uma mistura com m_g kg de vapor e m_ℓ kg de líquido, com um volume V_{total} constituído por V_g de vapor e V_ℓ de líquido, podemos escrever as seguintes relações:

$$m_{total} = m_g + m_\ell \qquad [\text{kg de mistura}] \tag{12-6}$$

$$V_{total} = V_g + V_\ell = v\, m_{total} \qquad [m^3 \text{ total}] \tag{12-7}$$

$$v = x_g v_g + x_\ell v_\ell = \frac{V_{total}}{m_{total}} \qquad \left[\frac{m^3 \text{ total}}{\text{kg de mistura}} \right] \tag{12-8}$$

ou, em forma ligeiramente diferente,

$$x_g = \frac{v - v_\ell}{v_g - v_\ell} \qquad \text{e} \qquad x_\ell = \frac{v_g - v}{v_g - v_\ell} \qquad [-] \tag{12-9}$$

O volume de gás e de líquido na mistura é

$$V_g = x_g\, v_g\, m_{total} \qquad \text{e} \qquad V_\ell = x_\ell\, v_\ell\, m_{total} \qquad [m^3 \text{ de g ou } \ell] \tag{12-10}$$

Outras propriedades de misturas de fases, além de volumes, podem ser obtidas a partir das propriedades das substâncias puras, com equações similares àquelas mostradas acima.

EXEMPLO 12-3 Mistura gás — líquido em um recipiente

Um frasco de 20 L não contém ar, apenas 2 kg de água pura, e está a 245°C. Quanta água líquida contém?

Solução

Para um dado $V_{total} = 0{,}02\ m^3$ e $v = 0{,}02/2 = 0{,}01\ m^3/kg$, então, a 245°C, das tabelas nos anexos temos:

$$v_g = 0{,}050\,13\ m^3/kg \text{ gás}$$
$$v_\ell = 0{,}001\,25\ m^3/kg \text{ líquido}$$
$$p = 39{,}73 \text{ bar}$$

E, pela Eq. 12-9,

$$x_\ell = \frac{v_g - v}{v_g - v_\ell} = \frac{0{,}050\,13 - 0{,}010}{0{,}050\,13 - 0{,}001\,25} = 0{,}821\,0 \text{ kg líquido/kg total}$$

E a massa e volume do líquido são

$$m_\ell = x_\ell m_{total} = (0{,}821\,0)\,(2) = \underline{\underline{1{,}642\,0 \text{ kg líquido}}} \longleftarrow$$
$$V_\ell = m_\ell v_\ell = (1{,}642)\,(0{,}001\,25) = \underline{\underline{0{,}002\,1\ m^3 \text{ líquido}}} \longleftarrow$$
$$\underline{\underline{\text{ou } 10{,}5 \text{ vol\% líquido}}} \longleftarrow$$

Observação: Representamos essa resposta como um ponto (a) na Fig. 12-5 ou 12-6, ponto esse que representa uma mistura de líquido (ponto b) e vapor (ponto c).

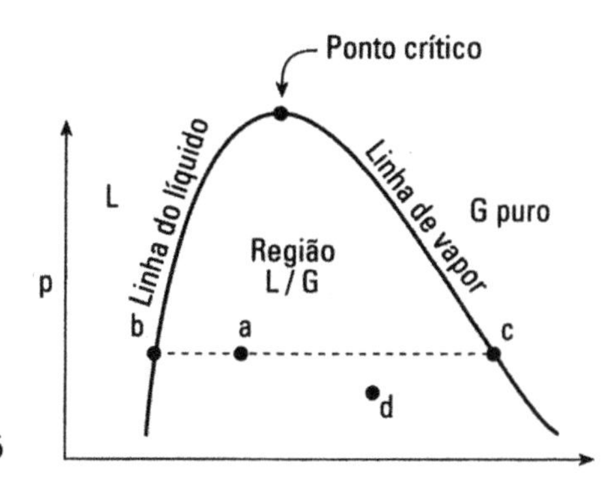

Figura 12-6 Representação de mistura líquido-vapor na Figura 12-5

Em geral, quando temos uma mistura, como a do ponto a, dentro da região de duas fases L-G, G-S ou L-S, esse ponto representa a mistura de uma fase representada por um ponto no limite esquerdo dessa região (fase mais "densa"), com outra fase, representada por um ponto no limite à direita dessa região (fase mais "volumosa").

EXEMPLO 12-4 Trabalho realizado por expansão de um fluido

Um cilindro pintado de vermelho, com um pistão, contém 3 kg de água a 20°C e 10 bar (Fig. 12-7). Fornecendo calor, a água aquece, ferve, transforma-se em vapor, e o pistão se move até a temperatura atingir 300°C; todo esse processo é conduzido a 10 bar. Para esses 3 kg de fluido (despreze o calor necessário para aquecer o metal do cilindro e do pistão), calcule:

a) ΔU;
b) quanto trabalho foi realizado pelo fluido;
c) quanto calor o fluido recebeu.

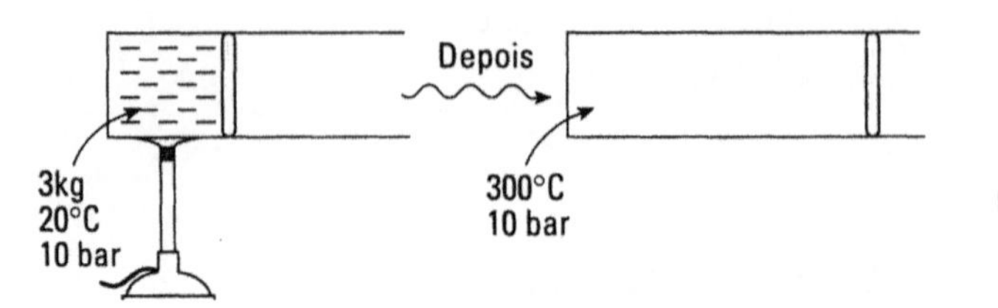

Figura 12-7

Solução

Das tabelas de vapor a 10 bar, temos

Não consta na tabela — *Razoável admitir para líquidos*

$$v_{20°C,\,10\,bar} \cong v_{20°C,\,2,3\,kPa} = 0{,}001\,002\ m^3/kg$$
$$v_{300°C} = 0{,}257\,9\ m^3/kg$$
$$h_{20°C} \cong 83{,}96\ kJ/kg$$
$$h_{300°C} = 3.051{,}2\ kJ/kg$$

E o trabalho de expansão realizado pelo fluido é

$$W = \int p dV = p(V_2 - V_1) = mp(v_2 - v_1)$$
$$= 3\ kg\,(10^6\ Pa)\,(0{,}257\,9 - 0{,}0010)\ m^3/kg = 770\ 700 J \quad \longleftarrow \quad (b)$$

A variação de energia interna do fluido é

$$\Delta U = m(\Delta h - \Delta pv)$$
$$= 3\ kg\,[(3.051{,}2 - 83{,}96)\,10^3\ J/kg - 10^6\ Pa(0{,}2579 - 0{,}0010)m^3/kg]$$
$$= \underline{\underline{8.131.020\ J}} = \underline{\underline{8.131\ kJ}} \quad \longleftarrow \quad (a)$$

Pela primeira lei para sistemas em batelada, temos, de forma geral,

$$\Delta U + \cancel{\Delta E_p} + \cancel{\Delta E_k} = Q - W \qquad (7\text{-}5)$$

e, a pressão constante,

$$Q = \Delta U + W = \Delta H = m(h_2 - h_1) \qquad (7\text{-}7)$$

Substituindo os valores,

$$\begin{aligned} Q = m\Delta h &= 3\,\text{kg}\,(3.051{,}2 - 83{,}96)\,\text{kJ/kg} \\ &= 8.901{,}72\,\text{kJ} = 8{,}9\,\text{MJ} \quad \longleftarrow \quad \text{(c)} \end{aligned}$$

EXEMPLO 12-5 Tentativa malsucedida de se calcular o trabalho de expansão

O HFC-134a, inicialmente a −10°C e 2,01 bar, após pressurização e aquecimento, encontra-se a 140°C e 10 bar. Para cada quilograma deste fluido nessa transformação calcule:

a) o aumento da energia interna, Δu;
b) o calor recebido pelo fluido;
c) o trabalho realizado.

Solução

Das tabelas:

$$\text{a } -10°\text{C e } 2{,}01\text{ bar} \begin{cases} v_1 = 0{,}000\,75\ \text{m}^3\text{kg} \\ h_1 = 186{,}711\ \text{kJ/kg} \end{cases}$$

$$\text{a } 140°\text{C e } 10\text{ bar} \begin{cases} v_2 = 0{,}031\,55\ \text{m}^3/\text{kg} \\ h_2 = 525{,}6\ \text{kJ/kg} \end{cases}$$

Portanto, a variação de energia interna é

$$\begin{aligned} \Delta u &= \Delta h - \Delta pv = h_2 - h_1 - (p_2 v_2 - p_1 v_1) \\ &= \underset{\uparrow\ \text{kJ/kg}}{(525{,}6 - 186{,}711)} - [\underset{\uparrow\ \text{kPa}}{(1.000)}\underset{\uparrow\ \text{m}^3/\text{kg}}{(0{,}031\,55)} - 200(0{,}000\,75) \\ &= \underline{\underline{307{,}49\ \text{kJ/kg}}} \quad \longleftarrow \end{aligned}$$

Para calcular q e/ou w, vamos escrever a primeira lei:

$$\Delta u + \cancel{\Delta e_p} + \cancel{\Delta e_k} = q - w$$

ou

$$\Delta u = q - w$$

E o trabalho é dado por

$$w = \int_{0{,}000\,75}^{0{,}031\,55} \underset{\uparrow\ \textit{Vai de 2 a 10 bar}}{p}\, dv$$

Entretanto, p não é constante e pode seguir qualquer um dos infinitos caminhos entre o estado inicial e o final. Isso significa que não podemos calcular o trabalho realizado. Como Δu pode ser calculado, w-q também pode, mas não w ou q separadamente. A Fig. 12-8 ilustra esse problema.

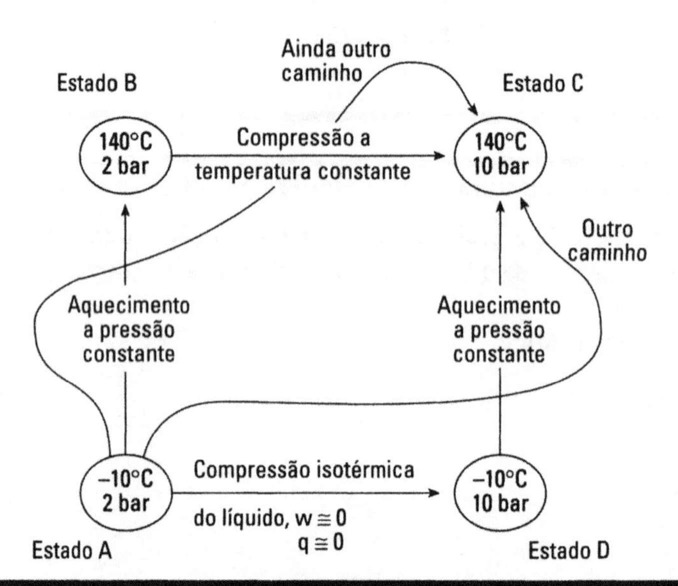

Figura 12-8 Variedade de caminhos possíveis entre o estado A e o estado C.

Observe a diferença entre os dois exemplos que acabamos de ver. No primeiro, a pressão permaneceu constante (portanto o trabalho pode ser calculado), o que não aconteceu no segundo.

E. EXTENSÕES PARA OUTROS FLUIDOS DE ENGENHARIA

Com as tabelas termodinâmicas, podemos calcular o trabalho realizado, o calor trocado, verificar as mudanças de fase, variação de entalpia e assim por diante, para qualquer variação de pressão e temperatura. Fizemos isso apenas para dois fluidos, a água e o HFC-134a. Para outros fluidos úteis para engenharia, como amônia e outros Suvas (HP62, HCFC-123, HFC-125), oxigênio, nitrogênio e outros, basta encontrar a tabela termodinâmica específica e usar os mesmos métodos apresentados neste capítulo.

É preciso notar que as tabelas termodinâmicas usualmente não incluem as pressões e temperaturas muito altas, nas vizinhanças do ponto crítico. Nesses casos extremos, precisamos usar métodos apresentados na seção seguinte

F. ALTA PRESSÃO E COMPORTAMENTO NÃO-IDEAL DE UM GÁS

O estudo do gás ideal, como foi feito nos Caps. 2 e 11, é muito útil porque representa todos os gases a pressões não muito altas. Você só precisa conhecer a massa molecular do gás, todo o resto decorre daí. Essa lei representa uma poderosa generalização.

Para levar em conta os desvios da idealidade de um gás sob alta pressão, introduzimos um fator de correção na lei dos gases ideais. Ele se chama *fator de compressibilidade* e é assim definido:

$$pV = z\,nRT \qquad \text{ou} \qquad pV(\overline{mw}) = z\,mRT \tag{12-11}$$

(z: *Fator de compressibilidade*)

A altas pressões, verificou-se que os gases têm valores de z similares para as relações similares entre as pressões e temperatura no ponto em que estão e aquelas no ponto crítico. Mais claramente, valores de z similares para valores de p/p_c e T/T_c similares. Esses quocientes são chamados de:

$$\left.\begin{array}{ll} \text{pressão reduzida} & p_r = p / p_c \\ \text{temperatura reduzida} & T_r = T / T_c \end{array}\right\} \tag{12-12}$$

A Fig. 12-9 apresenta valores experimentais de z para uma larga faixa de valores de T_r e p_r. Há um desvio máximo com fator de 4 ou 5 em relação à idealidade, que ocorre próximo ao ponto crítico.

Para calcular as propriedades de um gás real, você precisa conhecer sua massa molecular e suas propriedades críticas. A Tab. 12-1 apresenta alguns desses valores.

TABELA 12-1 Propriedades críticas de alguns gases comuns

	Fórmula química	**Massa molecular, $\overline{mw}$ (kg/mol)**	**Pressão crítica, p_c (bar)**	**Temperatura crítica, T_c (K)**
Ar	—	0,0289	37,7	132
Amônia	NH_3	0,0170	113,0	406
Benzeno	C_6H_6	0,0781	48,3	562
n-Butano	C_4H_{10}	0,0581	37,0	426
Dióxido de carbono	CO_2	0,0440	74,0	304
Monóxido de carbono	CO	0,0280	35,0	134
Cloro	Cl_2	0,0709	77,1	417
Etano	C_2H_6	0,0301	49,0	305
Etanol	C_2H_5OH	0,0461	63,9	516
Hélio	He	0,004	2,29	5,26
HFC-134a	CH_2FCF_3	0,102	40,6	374
Hidrogênio	H_2	0,0020	13,0	33,3
Metano	CH_4	0,016	46,4	191
Metanol	CH_3OH	0,0321	79,7	513
Nitrogênio	N_2	0,0280	33,9	126
n-Octano	C_8H_{18}	0,1142	24,9	569
Oxigênio	O_2	0,0320	50,4	154
n-Pentano	C_5H_{12}	0,0722	33,4	470
Propano	C_3H_8	0,0441	42,6	370
Água	H_2O	0,0180	221,3	647

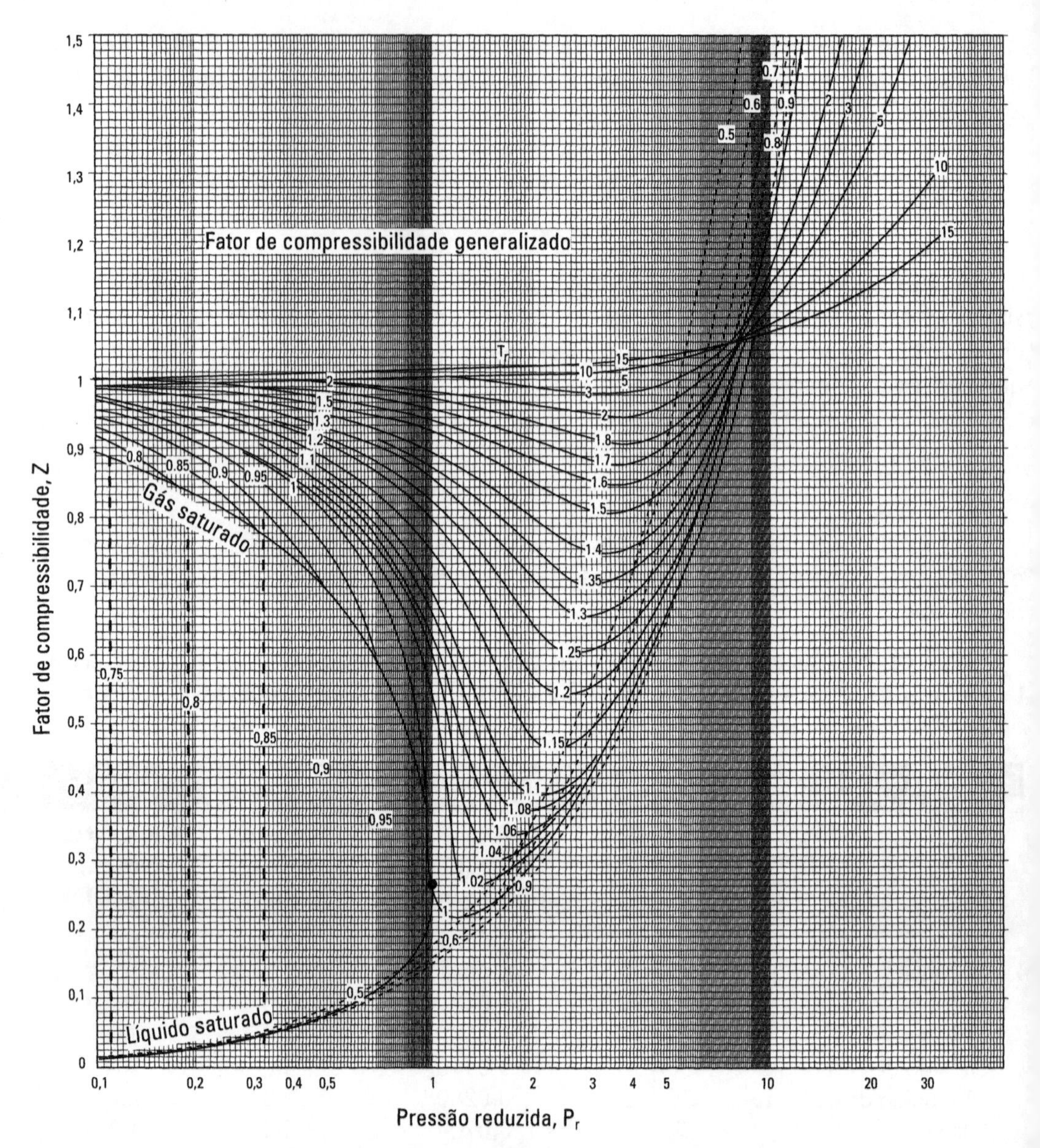

Figura 12-9 Fator de compressibilidade para gases em alta pressão. Adaptado de G. J. Van Wylen e R. E. Sontag, *Fundamentals of Classical Thermodynamics*, 2/e, S.I. Version, John Wiley, 1976.

Um tratamento bem mais aprofundado e mais detalhado sobre o comportamento de gases não-ideais foi apresentado por Hougen e Watson.[2]

Os exemplos a seguir mostram como usar o fator de compressibilidade.

[2] O. A. Hougen and K. M. Watson, *Chemical Process Principles*, Parte II (New York, John Wiley, 1947).

EXEMPLO 12-6 Volume desconhecido, gás não-ideal

Calcule o volume de 1 kg de monóxido de carbono a 71 bar e 147,4 K.

Solução

Pela Tab. 12-1, temos

$$p = 71 \text{ bar} \quad p_c = 35{,}4 \text{ bar} \quad p_r = \frac{71}{35{,}4} = 2{,}0$$

$$T = 147 \text{ K} \quad T_c = 134 \text{ K} \quad T_r = \frac{147}{134} = 1{,}10$$

Pela Fig. 12-9 temos o fator de compressibilidade

$$z = 0{,}4$$

E, pela Eq. 12-11,

$$V = \frac{m\, z\, RT}{\overline{mw}\, p}$$

$$= \frac{(1)\,(0{,}4)\,(8{,}314)\,(147)}{(0{,}028)\,(71 \times 10^5)} = \underline{\underline{0{,}002\ 46 \text{ m}^3}} \longleftarrow$$

EXEMPLO 12-7 Pressão desconhecida, gás não-ideal

300 L de ar a 7°C e 1 bar devem ser comprimidos até que ocupem apenas 1 L, a uma temperatura de −115°C.

Solução

O ar no estado inicial (estado 1) está a uma pressão suficientemente baixa para ser considerado como ideal; portanto seu fator de compressibilidade é $z_1 = 1$. Porém, sob alta pressão (estado 2), não temos certeza disso, portanto usamos na Tab.12-1:

$$p_{r,2} = \frac{p_2}{37{,}7} \longleftarrow \textit{com } p_2 \textit{ desconhecido}$$

$$T_{r,2} = \frac{158}{132} = 1{,}20$$

Pela Eq. 12-11,

$$\frac{p_2 V_2}{p_1 V_1} = \frac{z_2 n\, RT_2}{z_1 n\, RT_1}$$

ou

$$\frac{p_2(0{,}001)}{10^5(0{,}3)} = \frac{z_2 158}{1(280)} \Rightarrow p_2 = 16.928.571\, z_2$$

ou, na forma reduzida,

$$p_{r,2} = 4{,}49\, z_2 \qquad (12\text{-}13)$$

Resolvemos a Eq. 12-13 por tentativa e erro, como apresentado na tabela a seguir:

$T_{r,2}$ dado	$P_{r,2}$ escolhido	z_2 (da Fig. 12-9)	$\frac{p_{r,2}}{z_2}$	
1,2	2,0	0,57	$\frac{2,0}{0,57} = 3,5$	
1,2	1,0	0,80	1,25	
1,2	2,5	0,55	4,55 ←	Valor muito próximo

Dessa forma, $p_2 = p_{r,2}\, p_c = 2,5\,(37,7) = \underline{\underline{94,25 \text{ bar}}}$ ←

Usando a lei dos gases ideais, encontraríamos erroneamente 169 bar.

EXEMPLO 12-8 Temperatura desconhecida, gás não-ideal

560 g de gelo seco (gás carbônico sólido) são colocados em um recipiente de 2 L, vazio. A temperatura aumenta e o gás carbônico vaporiza. Qual deve ser a máxima temperatura admissível para que a pressão no recipiente não ultrapasse 111 bar?

Solução

Com essa pressão alta assim, com certeza podemos esperar comportamento não-ideal para o gás. Vamos então à Tab. 12-1:

$$p = 111 \text{ bar} \quad p_c = 74 \text{ bar} \quad p_r = \frac{111}{74} = 1,5$$

$$T = ? \quad T_c = 304 \text{ K} \quad T_r = \frac{T}{304}$$

Não podemos, neste ponto, avaliar z. Então vamos tentar contornar o problema, usando a Eq. 12-11:

$$p\,V\,\overline{(mw)} = z\,m\,RT$$

Substituindo pelos valores numéricos,

$$(111 \times 10^5)(0,002)\,(0,044) = z(0,560)\,(8,314)T$$

ou

$$z\,T = 209,8$$

Dividindo por T_c, temos

$$z\,T_r = \frac{zT}{T_c} = \frac{209,8}{304} = 0,69 \qquad (12.14)$$

E a resolvemos por tentativa e erro, como apresentado na tabela a seguir

P_r dado	T_r escolhido	z (da Fig. 12-9)	zT_r calculado e comparado com a Eq 12-14	
1,5	1,1	0,49	0,54	
1,5	1,2	0,68	0,82	
1,5	1,15	0,60	0,69 ←	Valor correto

Portanto $T_r = 1{,}15$ e

$$T = T_r T_c = 1{,}15\ (304) = \underline{\underline{349{,}6\ K}} = \underline{\underline{76{,}6°C}} \longleftarrow$$

Comentário. Se você conferir, verá que nossas tabelas termodinâmicas (e a maior parte das outras também) só tratam de fluidos em condições abaixo do ponto crítico, na região em que existem líquidos e gases. Há uma boa razão para o interesse especial nessa região, pois é nela que realizamos os processos-chaves de vaporizar e aquecer um fluido e, a seguir, esfriá-lo e condensá-lo, o que pode provocar uma série de efeitos mágicos, como obter trabalho útil, refrigerar geladeiras ou ar-condicionado. Como sugestão do que pode ser feito, veja os caminhos ABC e ADC do problema 30.

Acima do ponto crítico temos que confiar em métodos baseados em leis válidas para gases para avaliar as propriedades dos fluidos supercríticos. Não vamos estudar essa questão aqui (é estudada em vários dos livros de termodinâmica existentes). Finalmente, vamos frisar que as tabelas termodinâmicas, como a Tab. 12-10, cobrem uma vasta faixa de condições relacionando as propriedades

$$p,\ v,\ T \text{ e } h$$

para vapor, líquido e fluido supercrítico. Entretanto, a menos que se use uma carta enorme, tipo 2 m × 2 m, elas não são suficientemente precisas para serem usadas nos problemas de engenharia.

EXEMPLO 12-9 Uma garrafa explosiva

Uma garrafa plástica de 2 L está completamente cheia com água, a 10 bar, à temperatura de ebulição. As vizinhanças estão a 1 bar e a garrafa explode. Quanto trabalho é realizado?

Solução

A quantidade de água contida é:

$$m = \frac{\text{volume da garrafa}}{v_\ell,\ m^3/kg} = \frac{0{,}002}{0{,}001\,127} = 1{,}774\ 6\ kg$$

Seguindo o raciocínio do Exemplo 11-6, concluímos que é mais razoável admitir que a explosão é um processo adiabático e altamente irreversível. Então podemos escrever

$$W = -\Delta U = m(\underbrace{u_1}_{\text{Inicial}} - \underbrace{u_2}_{\text{Estado final}}) \tag{12-15}$$

e

$$W = m\, p_{amb}\,(v_2 - v_1) \tag{12-16}$$

Mas, a 10 bar, a temperatura de ebulição da água é 179,91°C e, a 1 bar, é 99,63°C. Assim, quando a pressão cai a 1 bar, o líquido tem que se resfriar de 179,91°C a 99,63°C ou menos, enquanto uma parte do líquido evapora. Vamos admitir que a evaporação seja parcial e a mistura final tenha qualidade x. Então, as Eq. 12-15 e 12-16 se tornam

$$W = m[u_1 - (1 - x)\, u_{2\ell} - x\, u_{2g}]$$

$$W = m\, p_{amb}[(1 - x)\, v_{2\ell} + x\, v_{2g} - v_1]$$

Tomando nos anexos os valores para substituir na Eq. 12-15

$$\begin{aligned} W &= 1{,}774\,6[761.680 - \overbrace{(1-x)417.360 - x(2.506.100)}^{u_2}] \\ &= 611.030{,}3 - 3.706.678\, x \text{ J} \end{aligned} \tag{12-17}$$

e, para a Eq. 12-16,

$$\begin{aligned} W &= 1{,}774\,6 \times \underbrace{10^5}_{p_{amb}}[\overbrace{(1-x)(0{,}001\,043) + x(1{,}694)}^{v_2} - 0{,}001\,127] \\ &= -14{,}906\,6 + 300.432\, x \text{ J} \end{aligned} \tag{12-18}$$

Resolvendo simultaneamente essas equações, temos

Fração vapor: $x = 0{,}152\,5$

Fração líquida: $1 - x = 0{,}847\,5$

e o trabalho realizado pela explosão é

$$W = \underline{\underline{45.798\text{ J}}} = \underline{\underline{46\text{ kJ}}} \longleftarrow$$

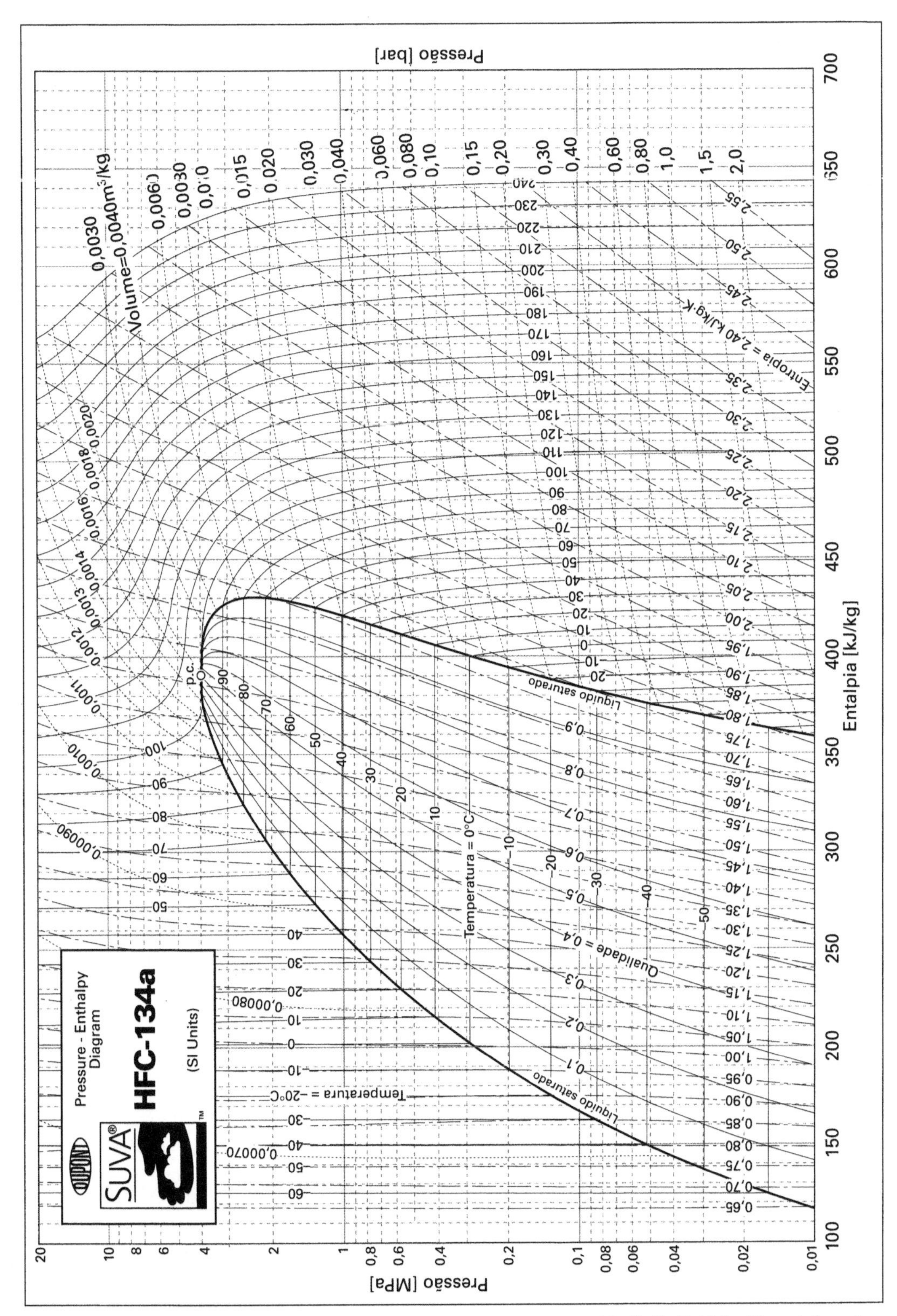

Figura 12-10 Diagrama p-h para HFC-134a. *Dupont Technical Bulletin* P-134a-SI, publicado com a devida permissão.

PROBLEMAS

1. Refresco de limão, uma bebida balinesa muito popular, contém 25% de açúcar em peso ($C_{12}H_{22}O_{11}$) e o restante é predominantemente água. Calcule a fração molar de açúcar nessa bebida.

2. Qual é a densidade da mistura gasosa contendo 70% em volume de propano e 30% de metano a 3 atm e 200°C?

3. Um fluxo gasoso (10^6 m^3/h a 1,3 atm e 400°C) tem a seguinte composição:

$$CH_4 - 15\% \qquad C_6H_6 - 40\% \qquad H_2 - 45\%$$

Esse gás, após resfriado, passa por um absorvedor no qual o benzeno é completamente removido. O gás sai do absorvedor a 30°C e 1 atm. Calcule:

a) a composição volumétrica do gás que sai do absorvedor;

b) a vazão do gás em m^3/h na saída do absorvedor;

c) a massa molecular média na saída do absorvedor;

d) a vazão mássica na saída do absorvedor.

4. Metanol é completamente queimado numa quantidade estequiometricamente necessária de "quase ar"[3], ou seja, mistura de 20% de oxigênio e 80% de nitrogênio.

a) Quantos litros de "quase ar" a 60°C e 103,82 kPa são necessários para queimar 1 mol de metanol?

b) Qual é a composição percentual dos gases resultantes da combustão, a 156°C e 720 mm Hg?

5. Três quilos de antracito, ou carvão duro (80% de carbono e 20% de hidrogênio, porcentagem em massa, é claro), são queimados até o fim com a quantidade estequiométrica de "quase ar" (80% de nitrogênio e 20% de oxigênio, porcentagem em volume, é claro).

a) Quantos mols de "quase ar" são necessários?

b) Quantos metros cúbicos de gases de combustão a 200°C e 700 mm Hg são produzidos?

Sugestão: Tome 3 kg de carvão como base de cálculo.

6. Qual é a fração de líquido representada pelo ponto d na Fig. 12-6?

7. Que fases estão representadas pelos pontos u, v, w, x, y e z na Fig. 12-5?

8. Que fases estão representadas pelos pontos a, b, c e d na Fig. 12-5?

9. Um recipiente de 2,5 L contém apenas 0,5 kg de água a 370°C. Quanto líquido esse recipiente contém?

[3] Usaremos a expressão "quase ar" em alguns problemas porque dá números redondos.

10. A que temperatura e pressão uma água, no ponto de fervura, tem a mesma densidade do gelo a –4°C?

11. Minha geladeira usa HFC-134a como fluido de trabalho. Em uma parte do circuito o refrigerante ferve a –10°C. Qual o calor latente molar do fluido nessas condições?

12. Um vaso rígido, selado, de 160 L, contém apenas 2 kg de água (sem ar). Essa água é aquecida até que a pressão do vaso seja de 40 bar. Qual é a temperatura da água nessas condições? Estará no estado líquido, como vapor ou uma mistura de ambos? Se for mistura, qual sua qualidade?

13. Eu fiz a recarga do tanque de HFC-134a de um equipamento de nosso laboratório e custou tão barato que nem sei mais se encheram o tanque inteiramente com líquido. Poderia ser parte com líquido, parte com vapor ou mesmo somente com vapor em alta pressão. Infelizmente, não pesei o tanque antes da recarga, mas o manômetro indica 10 atm e o tanque está no laboratório desde segunda-feira. Qual sua opinião: está cheio de líquido ou fomos tapeados?

Nos problemas 14, 15 e 16, o que o recipiente contém: gás, líquido, sólido ou uma mistura de fases? Se for mistura de fases, qual sua qualidade? Em todos os casos, qual a temperatura do recipiente?

14. ...Recipiente de 20 L contendo 50 g de água a 10 bar.

15. ...Recipiente de 20 L contendo 17,8 g de água a 50 bar.

16. ...Recipiente de 20 L contendo 200 g de água a 10 bar.

17. Um recipiente de 10 cm^3, sob vácuo, recebe 1 g de HFC-134a e o conjunto é aquecido a 30°C.

a) Qual é a fração mássica de vapor e de líquido nesse recipiente?

b) Qual é a fração de volume ocupado pelo vapor e pelo líquido?

c) Qual é a pressão do recipiente?

18. Nosso laboratório sempre usa o HFC-134a e estamos planejando contratar a entrega semanal de um recipiente de 10 L. Recebemos a proposta de dois fornecedores:

- a Química Berzelius me devolve o tanque a 90°C e 10 bar por 20 reais;
- a Química Barateira também me ofereceu recarga por 20 reais, mas eu protestei, pois essa recarga deve custar só 12 reais, uma vez que recebo o recipiente a apenas 6 bar e 0°C. Depois dessa argumentação talvez eles me forneçam por 16 reais.

Para sermos politicamente corretos, vamos calcular o custo em R$/kg para a recarga de cada um desses fornecedores.

19. A partir das tabelas, calcule o calor específico, c_p, do HFC-134a a 10 bar, entre 100 e 140°C.

20. Calcule a temperatura e a entalpia de vapor d'água a 5 MPa com qualidade de 50%.

21. Tenho aqui um recipiente de HFC-134a a 20°C e 0,1 MPa. Qual será a energia interna:

a) por quilo de conteúdo do recipiente?

b) de todo o material no recipiente?

22. Um cilindro com pistão contém 2 kg de água a 20°C e 3 bar e nada mais. Com a pressão constante em 3 bar, aquecemos até 300°C. Calcule o trabalho realizado pela expansão do conteúdo desse cilindro.

23. O vapor d'água em um cilindro com pistão está a 900°C e 1,4 MPa. Ele vai ser resfriado a pressão constante até 300°C. Quanto calor deve ser retirado?

24. HFC-134a mantido sob pressão constante de 201 kPa é aquecido de −10°C até 20°C.

a) Quanto calor vai receber?

b) Quanto trabalho vai realizar

25. O vapor d'água em um cilindro com pistão expande adiabaticamente de 900°C e 2,0 MPa a 600°C e 0,4 MPa. Quanto trabalho foi realizado?

Precisamos calcular a densidade dos fluidos nos problemas 26, 27, 28 e 29. Você pode usar as tabelas termodinâmicas, a lei dos gases ideais ou o fator de compressibilidade? A que resultado chega?

26. ...Propano a 63,9 bar e 425 K

27. ...Monóxido de carbono a 39 bar e 1.100°C

28. ... HFC-134a a 41,4 bar e 100°C

29. ...Água a 3 bar e 133,55°C

30. Na ilustração do Exemplo 12-5, vimos vários caminhos diferentes para ir do estado A para o estado C. Para 1 kg de HFC-134a:

a) calcule o trabalho total associado ao caminho ABC;

b) calcule o trabalho total associado ao caminho ADC;

c) Se você estivesse projetando um sistema para produzir trabalho, que caminho você escolheria para o fluido: ABCDABCD... ou ADCBADCBA...?

31. Repita o Exemplo 12-9, com uma alteração: a garrafa está cheia de vapor de água saturado a 10 bar em lugar de água líquida saturada. O que você acha que produzirá maior estouro: explodir líquido ou seu vapor?

32. Repita o Exemplo 12-9 com uma alteração: o líquido explode a 99,63°C e 50 bar.

CAPÍTULO 13

ESCOAMENTO EM REGIME PERMANENTE

Vamos considerar os sistemas com fluxos permanentes da Figura 13-1

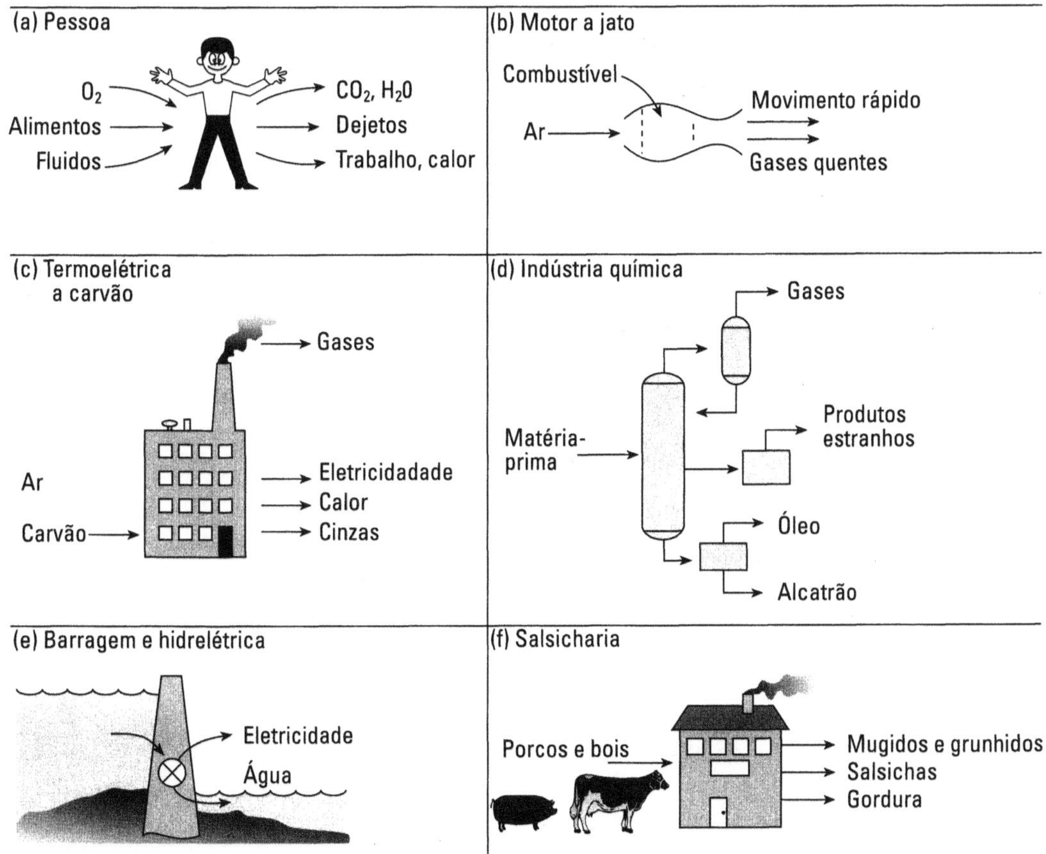

Figura 13-1 Exemplos de sistemas com fluxos. Cada um deles, em uma escala de tempo apropriada, pode ser considerado como em regime permanente.

Esses exemplos podem ser considerados como em regime permanente ou em regime transiente, dependendo da escala de tempo escolhida. Por exemplo, para a pessoa, se escolhemos a escala de anos, a pessoa enruga ou engorda, a criança cresce e o estudante aprende termodinâmica. No outro extremo, para períodos de tempo muito curtos, por exemplo, entre as 7 e as 8 h da noite, após o jantar, o peso da pessoa vai aumentar devido ao alimento ingerido. Rigorosamente, a massa de uma pessoa muda a cada respiração (veja a Fig. 13-2)

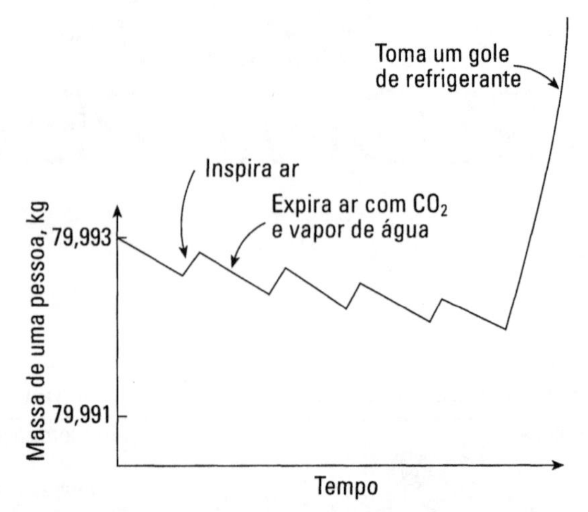

Figura 13-2 A massa de uma pessoa, medida de forma muito precisa.

Há vários tipos de flutuação na massa de uma pessoa; entretanto, em uma escala intermediária de tempo, digamos dias ou semanas, é razoável admitir que essa pessoa não muda e pode ser adequadamente considerada como um sistema em regime permanente.

Os demais exemplos da Fig. 13-1 podem ser razoavelmente aproximados pelo regime permanente, desde que se escolha a escala de tempo conveniente. Então, vamos desenvolver as equações de energia para esses sistemas. Para um sistema que não muda com o tempo (veja a Fig. 13-3):

todas as entradas de energia = todas as saídas de energia

Em um intervalo de tempo Δt, escrevemos

$$\underbrace{E_1}_{\text{Corrente de entrada}} + Q = \underbrace{E_2}_{\text{Corrente de saída}} + W \qquad [\text{J}]$$

ou

$$\underbrace{(\Delta U + \Delta E_p + \Delta E_k)}_{\Delta E}{}_{\text{correntes}} = Q - W \qquad [\text{J}]$$

Com base na unidade de massa que entra no sistema (ou sai), podemos escrever

$$(u_2 + e_{p2} + e_{k2}) - (u_1 + e_{p1} + e_{k1}) = q - \underbrace{w}_{\text{Trabalho total realizado pelo sistema}}$$

ou

$$\Delta u + \Delta e_p + \Delta e_k = q - w \qquad [\text{J/kg}] \qquad (13\text{-}1)$$

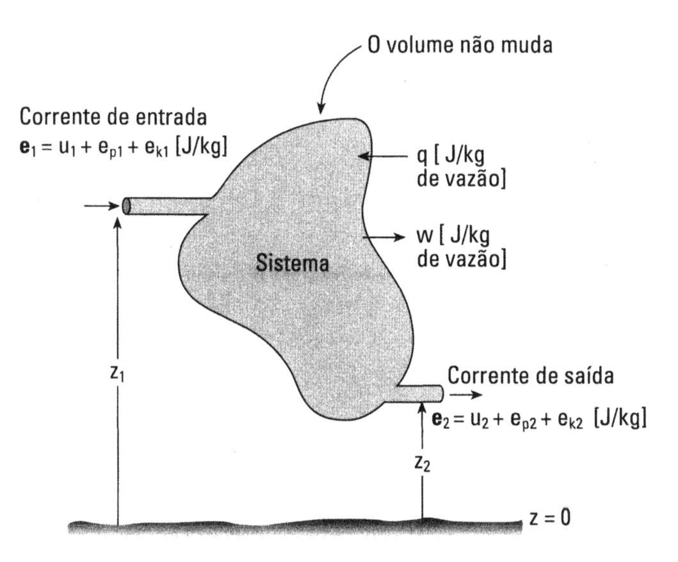

Figura 13-3 Sistema em regime permanente.

Para cada unidade de massa que sai do sistema, seu volume v_2 sai a p_2 e "empurra" a atmosfera, realizando trabalho sobre os arredores, segundo

$$w_{pv,\,sai} = \int_0^{v_2} p\;dv = p_2 v_2$$

De forma semelhante, o trabalho de pv recebido pelo sistema pelo fluido que entra é $w_{pv,entra} = p_1 v_1$. Isso quer dizer que a simples entrada e saída de material de nosso sistema envolve trabalho, trabalho pv. Então

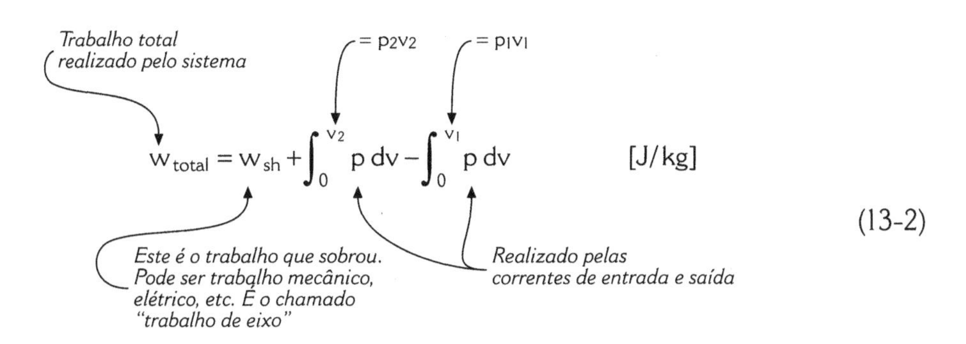

$$w_{total} = w_{sh} + \int_0^{v_2} p\;dv - \int_0^{v_1} p\;dv \qquad [J/kg] \tag{13-2}$$

Substituindo a Eq. 13-2 na 13-1, vem

$$\underbrace{(u_2 + p_2 v_2) - (u_1 + p_1 v_1) + \frac{g}{g_c}\Delta z + \frac{\Delta v^2}{2\,g_c}}_{\text{Para as correntes, não para o sistema}} = q - w_{sh}$$

Aparece de novo a entalpia associada às correntes; portanto vamos rearranjar as equações para o regime permanente nas suas formas mais úteis:

por unidade de massa de fluxo
$$\Delta h + \frac{g}{g_c}\Delta z + \frac{\Delta \mathbf{v}^2}{2\,g_c} = q - w_{sh} \qquad [J/kg]$$

por mol de fluxo
$$\Delta h + \frac{\overline{(mw)}g\,\Delta z}{g_c} + \frac{\overline{(mw)}\Delta \mathbf{v}^2}{2\,g_c} = q - w_{sh} \qquad [J/mol] \qquad (13\text{-}3)$$

por unidade de tempo
$$\dot{m}\,\Delta h + \frac{\dot{m}\,g\,\Delta z}{g_c} + \frac{\dot{m}\,\Delta \mathbf{v}^2}{2\,g_c} = \dot{Q} - \dot{W}_{sh} \qquad [J/s = W]$$

Vamos ver agora algumas situações que geralmente são representadas pelo regime permanente.

EXEMPLO 13-1 Turbina a vapor ou água e motor a vapor

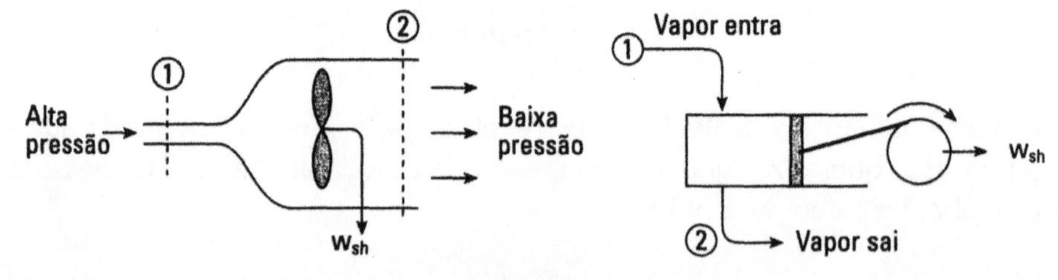

Figura 13-4

Essas máquinas foram concebidas para produzir trabalho. Como o tempo de residência do fluido no sistema é pequeno, geralmente desprezamos a troca térmica, ou seja q = 0. Desprezando também mudanças na energia potencial ou cinética, a Eq. 13-3 se simplifica para:

$$\dot{m}\,\Delta h = \dot{m}(h_2 - h_1) = -\dot{w}_{sh} \qquad [W]$$
$$\Delta h = -w_{sh} \qquad [J/kg \text{ ou } J/mol] \qquad (13\text{-}4)$$

EXEMPLO 13-2 Bocal adiabático de fluxo

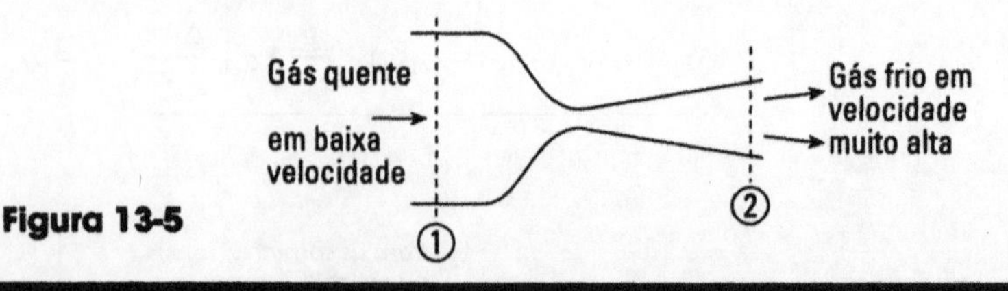

Figura 13-5

Esse dispositivo representa a extremidade de um foguete ou de um motor a jato. Admitindo $\Delta e_p = q = w_{sh} = 0$ e entrada com energia cinética desprezível, a Eq. 13-3 pode ser simplificada como

$$\dot{m}\,\Delta h = -\frac{\dot{m}\mathbf{v}_2^2}{2\,g_c} \quad [\mathrm{W}]$$
$$\Delta h = -\frac{\mathbf{v}_2^2}{2\,g_c} \quad \left[\frac{\mathrm{J}}{\mathrm{kg}}\right] \tag{13-5}$$

EXEMPLO 13-3 Expansão: o efeito Joule-Thomson

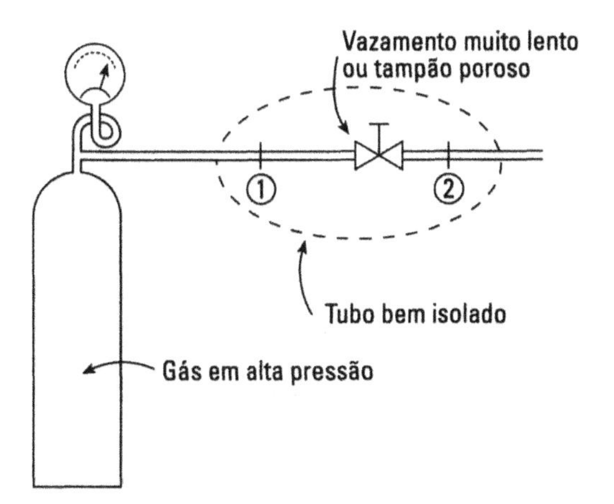

Figura 13-6

Através do pequeno vazamento ou camada porosa, $\Delta e_p = \Delta e_k = q = w_{sh} = 0$, e a Eq. 13-3 se reduz a

$$\Delta h = h_2 - h_1 = 0 \tag{13-6}$$

EXEMPLO 13-4 O aquecedor de água

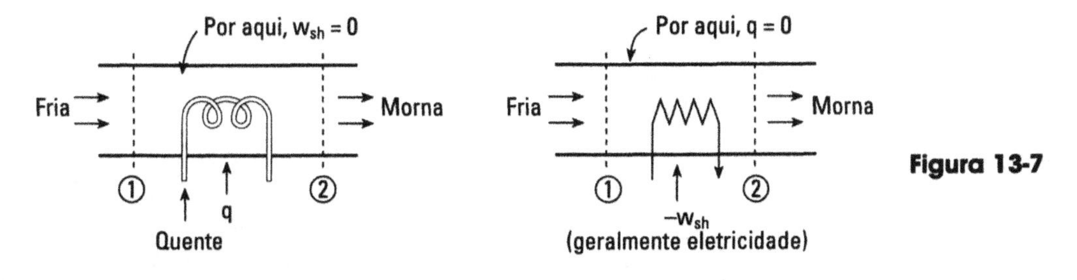

Figura 13-7

Esse dispositivo simples representa o aquecedor de água de sua casa. Em pesquisa usamos algo similar para determinar valores de Δh. Como $\Delta e_p = \Delta e_k = 0$ e, ainda, $w_{sh} = 0$ ou $q = 0$, a Eq. 13-3 se simplifica para

$$\dot{m}\,\Delta h = \dot{q}$$

ou

$$\dot{m}\,\Delta h = -\dot{w}_{sh} \qquad (13\text{-}07)$$

Calor ou trabalho recebido pelo fluido no aquecedor

O fluido se aquece

EXEMPLO 13-5 Motor ou bomba ideal cilindro e pistão

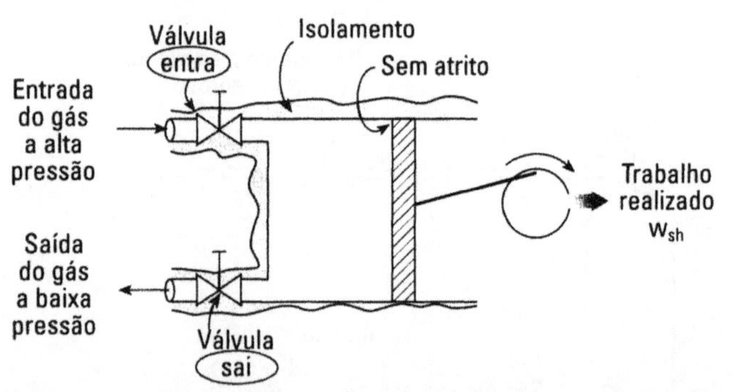

Figura 13-8 Motor a pistão e cilindro ideal ou reversível (sem atrito e adiabático).

Por "ideal" entendemos que esses dispositivos funcionam sem atrito e bem isolados. Eles podem funcionar como uma bomba, comprimindo um gás, ou como motor que produz trabalho usando gás de alta pressão. A Fig. 13-8 mostra o motor; para a bomba basta inverter o sentido das três flechas.

Analisemos o motor. Vamos determinar quanto trabalho pode ser obtido introduzindo 1 kg de gás em alta pressão por um ciclo do motor. Com certeza, essa não é uma operação em regime permanente, mas, se você olhar de uma perspectiva de tempo mais longa, você terá tantos ciclos que será equivalente a uma operação em regime permanente desse motor (o sistema). Vamos começar com o cilindro vazio, ambas as válvulas fechadas e vamos seguir o ciclo indicado no diagrama pv da Fig. 13-9.

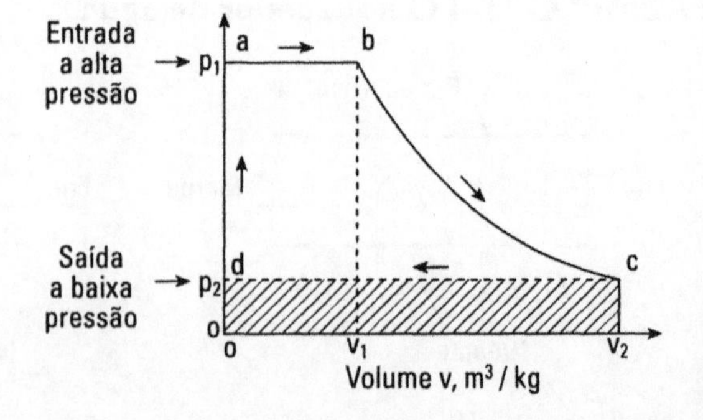

Figura 13-9 Análise de um motor tipo cilindro e pistão produzindo trabalho. A área sombreada representa o trabalho realizado pelo motor, e a hachurada representa o trabalho recebido dos arredores. A área a b c d é o saldo do trabalho realizado pelo motor em um ciclo.

Passo 1 Abra a válvula "entra" e deixe passar 1 kg de gás sob alta pressão, p_1 no volume v_1. Feche a válvula "entra". Na Fig. 13-9, estamos indo do ponto a para o ponto b. O trabalho realizado pelo gás e pelo motor é:

$$w_1 = \int_0^{v_1} p_1 dv = p_1 v_1 \qquad 13\text{-}8)$$

Passo 2 Deixe o gás expandir até a pressão p_2 (lembre-se de que ambas as válvulas estão fechadas). Na Fig. 13-9, estamos indo do ponto b para o ponto c. O trabalho realizado pelo motor é:

$$w_2 = \int_{v_1}^{v_2} p\, dv \qquad (13\text{-}9)$$

Passo 3 Abra a válvula "sai" e expulse todo o gás do cilindro (do ponto c para o ponto d na Fig. 13-9). A pressão agora é p_2 e o trabalho realizado pelo motor (negativo) é:

$$w_3 = \int_{v_2}^{0} p_2\, dv = -p_2 v_2 \qquad (13\text{-}10)$$

Este sinal negativo indica que o trabalho não foi realizado pelo motor, foi recebido

Passo 4 Feche a válvula "sai". O ciclo está completo.

A soma algébrica desses três trabalhos representa o trabalho útil que pode ser obtido no eixo. Para um ciclo é:

$$\begin{aligned} w_{sh} &= w_1 + w_2 + w_3 \\ &= p_1 v_1 + \int_{v_1}^{v_2} p\, dv - p_2 v_2 \end{aligned} \qquad (13\text{-}11)$$

Área abaixo da curva abc da Fig. 13-9 — *Área hachurada da Fig. 13-9*

Subtraindo a área hachurada da área total, podemos conferir que o trabalho disponível no eixo por quilograma de fluido passando pelo motor é:

$$w_{sh} = -\int_{p_1}^{p_2} v\, dp \qquad \left[\frac{J}{kg}\right] \qquad (13\text{-}12)$$

Podemos chegar à mesma conclusão usando a matemática. A integração de

$$d(pv) = pdv + vdp$$

dá

$$\int_1^2 d\,(pv) = p_2 v_2 - p_1 v_1 = \int pdv + \int vdp \qquad (13\text{-}13)$$

Substituindo a Eq. 13-13 na 13-11, resulta a Eq. 13-12.

Como $\Delta e_p = \Delta e_k = q = 0$ nas operações reversíveis, então, das Eq 13-12 e 13-3, vem

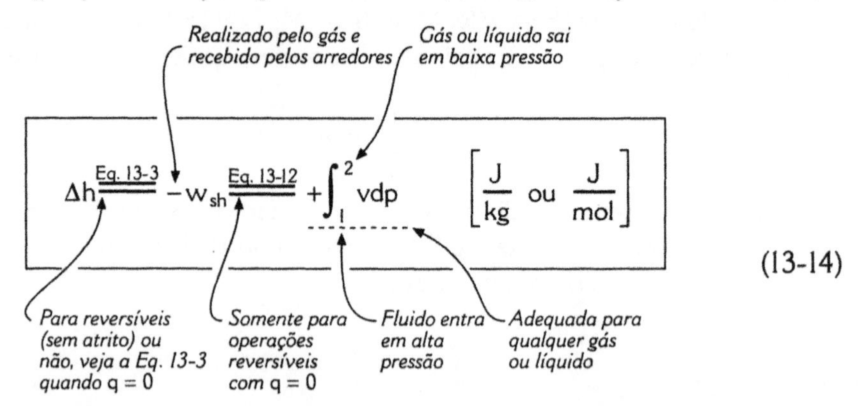

$$\Delta h = -w_{sh} = +\int_1^2 v\,dp \quad \left[\frac{J}{kg} \text{ ou } \frac{J}{mol}\right] \tag{13-14}$$

Essa equação foi deduzida para uma operação de cilindro e pistão, como bombas ou motores para produção de trabalho, porém ela é adequada também para a operação de turbinas e compressores, para qualquer fluido, até mesmo para creme de abacate. De grande importância, essa equação é o ponto de partida para a análise de motores de combustão interna. Pense nisso enquanto você vai para casa em seu carro super-econômico, capaz de fazer 80 km com 1 L de gasolina no congestionamento das 6 h da tarde.

EXEMPLO 13-6 Turbina ou compressor ideal

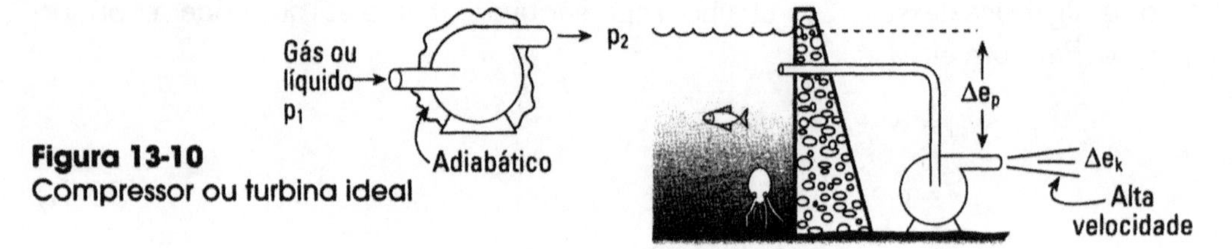

Figura 13-10
Compressor ou turbina ideal

A partir da Eq. 13-1 para um dispositivo ideal, sem atrito (com q = 0),

$$\Delta u + \Delta e_p + \Delta e_k = q - w = -\int p\,dv$$

Combinando com a Eq. 13-13, vem $\Delta u + \Delta e_p + \Delta e_k = -p_2 v_2 + p_1 v_1 + \int v\,dp$,

ou

$$\Delta h + \Delta e_p + \Delta e_k = +\int v\,dp \tag{13-15}$$

Observe que a Eq. 13-15 é essencialmente equivalente à Eq. 13-14. Para o caso particular de líquido incompressível, v = constante, a Eq. 13-15 se reduz a:

$$\Delta h + \Delta e_p + \Delta e_k = v\Delta p = \frac{\Delta p}{\rho} \tag{13-16}$$

EXEMPLO 13-7 Turbina ou compressor ideal isotérmico processando gás ideal

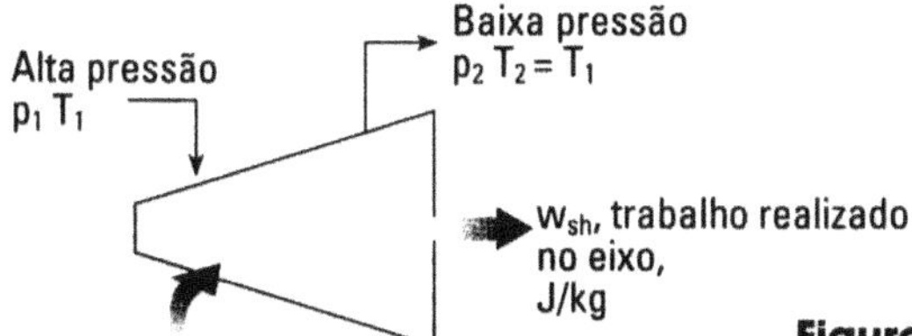

Figura 13-11 Máquina ideal isotérmica produzindo trabalho.

Vamos admitir que $\Delta e_p = \Delta e_k = 0$. Como $T_1 = T_2$, $\Rightarrow \Delta h = 0$ e $p_1 v_1 = p_2 v_2$, as Eqs. 13-3 e 13-12, para 1 mol de gás entrando ou saindo:

$$w_{sh} = q = -\int v dp = RT \ \ell n \frac{p_1}{p_2} \quad \left[\frac{J}{mol}\right]$$

ou

$$\dot{W}_{sh} = \dot{Q} = \dot{n} RT \ \ell n \frac{p_1}{p_2} \quad [W] \tag{13-17}$$

Para operações isotérmicas, chegamos a equações iguais para processos em batelada e em regime estabelecido (veja a Eq. 11-13). O mesmo não acontece para operações adiabáticas.

EXEMPLO 13-8 Turbina ou compressor ideal adiabático processando gás ideal

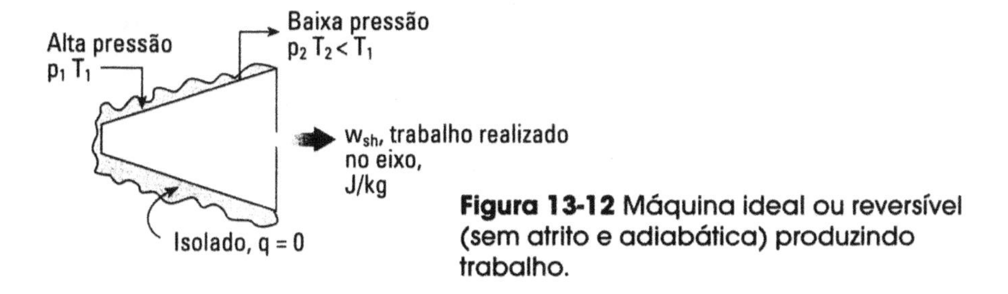

Figura 13-12 Máquina ideal ou reversível (sem atrito e adiabática) produzindo trabalho.

O trabalho realizado por um sistema com fluxo contínuo difere daquele realizado por um sistema em batelada pela diferença entre Δu e Δh, ou seja, Δpv. Para 1 mol, podemos escrever:

$$w_{fluxo} = w_{batelada} - \Delta pv \tag{13-18}$$

Para transformações adiabáticas reversíveis, pelas Eqs. 11-17 e 13-18, resulta:

$$\begin{aligned} w_{fluxo} &= -\frac{(p_2v_2 - p_1v_1)}{k-1} - (p_2v_2 - p_1v_1) \\ &= -\frac{k}{k-1}(p_2v_2 - p_1v_1) = kw_{batelada} \end{aligned} \tag{13-19}$$

Então, pela Eq. 11-17, calculamos a potência produzida como

$$\begin{aligned} \dot{W}_{sh} &= \frac{kp_1\dot{V}_1}{k-1}\left[1-\left(\frac{p_2}{p_1}\right)^{(k-1)/k}\right] = \dot{n}c_pT_1\left[1-\left(\frac{p_2}{p_1}\right)^{(k-1)/k}\right] \\ &= -\dot{n}c_p(T_2 - T_1) = -\frac{k}{k-1}(p_2\dot{V}_2 - p_1\dot{V}_1) \quad [W] \end{aligned} \tag{13-20}$$

EXEMPLO 13-9 Turbinas e compressores reais

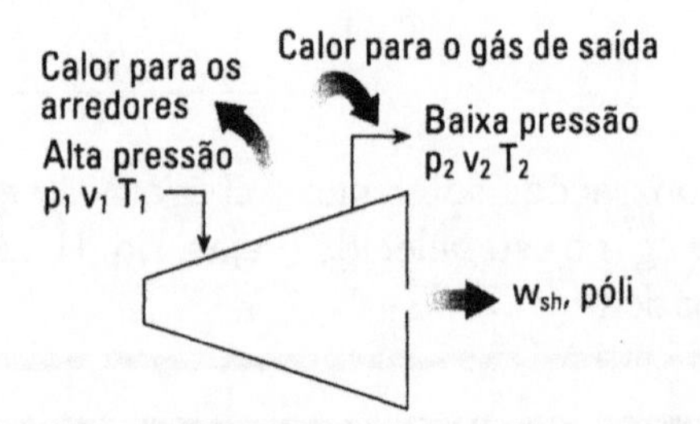

Figura 13-13 Uma turbina (ou compressor) real sofre os efeitos do atrito e do transporte de calor.

As turbinas e compressores reais não são perfeitamente isolados e, além disso, geram calor por atrito. O resultado é perda de calor para os arredores e algum aquecimento dos gases de saída. O equacionamento para esse caso é tão complexo que nem vamos considerá-lo. Porém, para uma transformação politrópica, razoavelmente similar às situações reais, as Eq 13-18 e 13-19 dão:

$$w_{sh,\ fluxo} = \gamma w_{batelada} \tag{13-21}$$

E, associando as Eqs. 11-17 e 13-19, temos

$$\begin{aligned} \dot{W}_{sh} &= \frac{\gamma p_1\dot{V}_1}{\gamma-1}\left[1-\left(\frac{p_2}{p_1}\right)^{(\gamma-1)/\gamma}\right] = \frac{\gamma\dot{n}RT}{\gamma-1}\left[1-\left(\frac{p_2}{p_1}\right)^{(\gamma-1)/\gamma}\right] \\ &= -\frac{\gamma\dot{n}R}{\gamma-1}(T_2 - T_1) = -\frac{\gamma(p_2\dot{V}_2 - p_1\dot{V}_1)}{\gamma-1} \quad [W] \end{aligned} \tag{13-22}$$

EXEMPLO 13-10 Comprimindo um gás ideal em um tanque

Um tanque de 10 m^3 está aberto em um ambiente a 20°C e 1 bar. Então conectamos sua entrada a um compressor, o ligamos, e ar começa a ser bombeado para o tanque. Esse compressor opera isotermicamente. Calcule:

a) o mínimo trabalho necessário para comprimir o tanque a 10 bar;

b) o calor trocado no compressor.

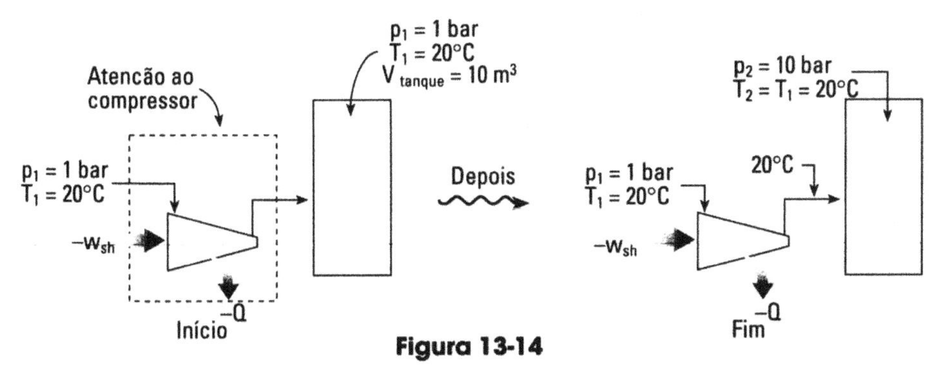

Figura 13-14

Solução

a) Olhando para o sistema como um todo, compressor e tanque, não temos regime permanente. Porém, se focalizarmos nossa atenção no compressor, poderemos contornar a situação e assim evitar o tratamento como regime transiente, que será visto no próximo capítulo.

A partir do Exemplo 13-7, podemos ver que o trabalho necessário para comprimir dn mols de um gás ideal desde a pressão p_1 até p, à temperatura T_1, é

$$dW_{sh} = \left(RT_1 \ell n \frac{p_1}{p} \right) dn \qquad [J]$$

Mas a pressão no tanque passa de p_1 a p_2 à medida que n aumenta. Mas podemos relacionar p e n, pela lei dos gases ideais, como

$$n = \frac{V_{tanque}\, p}{RT_1} \qquad \text{ou} \qquad dn = \frac{V_{tanque}}{RT_1} \cdot dp$$

Combinando essas duas equações, temos

$$dW_{sh} = \frac{\cancel{RT_1} V_{tanque}}{\cancel{RT_1}} \ell n \frac{p_1}{p} dp = V_{tanque} \, \ell n \frac{p_1}{p} dp$$

ou

$$\boxed{W_{sh} = V_{tanque} \int_{p_1}^{p_2} \ell n \frac{p_1}{p} dp \ldots \qquad [J]}$$

Com valores numéricos:

$$W = 10\ m^3 \int_{10^5}^{10^6} \ell n \frac{10^5}{p} dp$$

A Fig. 13-15 mostra a solução gráfica como

$$W = (10\ m^3)\ (-1{,}35 \times 10^6\ Pa) = -13{,}5 \times 10^6\ J$$

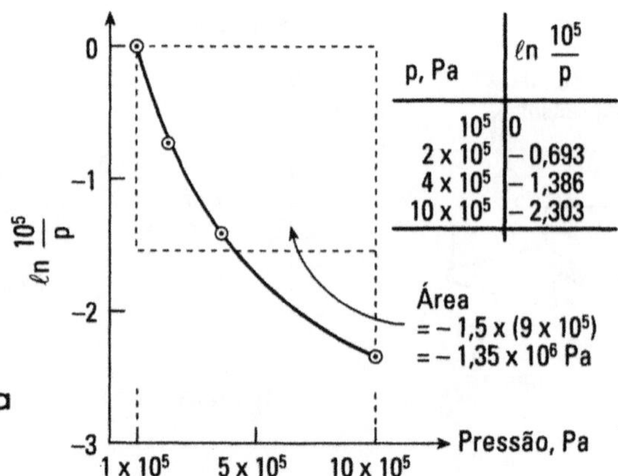

Figura 13-15 Solução gráfica do Exemplo 13-10.

Portanto, o trabalho necessário é

A solução analítica indica 14,0, enquanto a integração gráfica deu resultado 3,7% menor

$$-W_{sh} = 13{,}5\ MJ \quad \longleftarrow$$

b) O calor retirado durante a compressão pode ser calculado pela Eq. 13-3:

$$m(\Delta h + \Delta e_p + \Delta e_k) = Q - W_{sh}$$

Portanto, o calor a ser retirado é

$$-Q = 13{,}5\ MJ \quad \longleftarrow$$

EXEMPLO 13-11 Reator contínuo

1 mol/s de um gás A e 1 mol/s de um gás B, ambos a 25°C, são alimentados continuamente a um reator adiabático. A reação é completa segundo a seguinte estequiometria:

$$A + B \rightarrow R$$

O produto da reação, também gasoso, sai do reator a 225°C. Calcule o ΔH_r para essa reação a 525°C.

Dados: $c_{pA} = 30, \quad c_{pB} = 40, \quad c_{pR} = 50\ J/mol \cdot K$

Solução

Vejamos o esquema representado na Fig. 13-16:

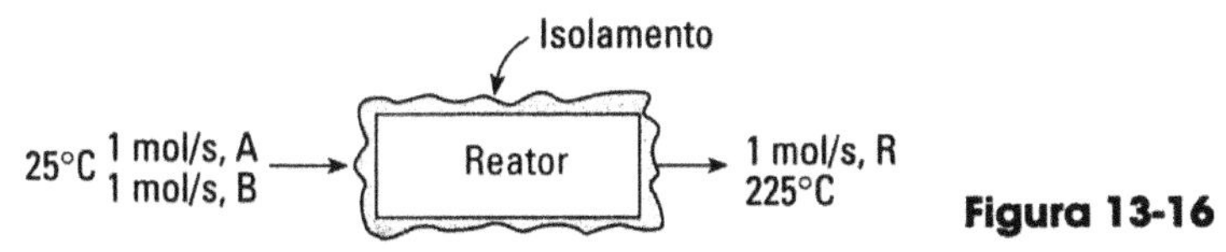

Figura 13-16

Pela primeira lei da termodinâmica, representada pela Eq. 13-3, aplicada às correntes de entrada e saída, temos:

$$\Delta H + \underbrace{\frac{\overline{(mw)}\, g\, \Delta z}{g_c}}_{=0} + \underbrace{\frac{\overline{(mw)}\, \Delta \mathbf{v}^2}{2\, g_c}}_{=0} = \underbrace{Q}_{=0} - \underbrace{W_{sh}}_{=0}$$

ou

$$\Delta H = 0 \quad \text{ou} \quad \sum \Delta H = 0$$

Para o caminho de três passos $0 \rightarrow 1 \rightarrow 2 \rightarrow 3$, representado na Fig. 13-17, vemos que precisamos contabilizar o ΔH para o aquecimento, a reação e, finalmente, o resfriamento.

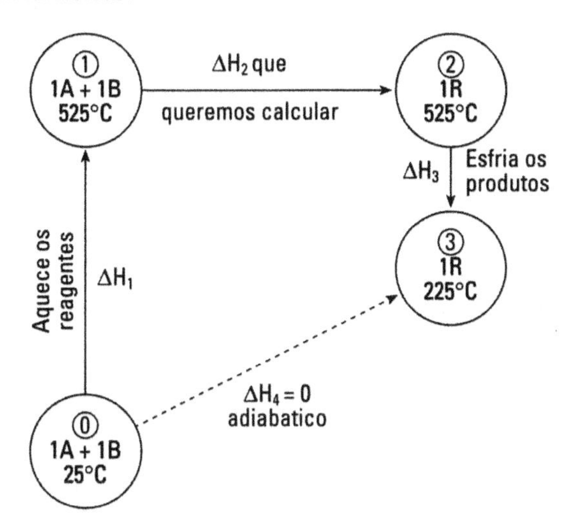

Figura 13-17

Na Fig. 13-17, vemos que $\Delta H_1 + \Delta H_2 + \Delta H_3 = \Delta H_4 = 0$

$$\begin{aligned}\Delta H_2 &= -\Delta H_1 - \Delta H_3 \\ &= -[1 \cdot c_{pA}(T_1 - T_0) + 1 \cdot c_{pB}(T_1 - T_0)] - 1 \cdot c_{pR}(T_3 - T_2) \\ &= -[30(525-25) + 40(525-25)] - 50(225-525) \\ &= -[15.000 + 20.000] + 15.000\end{aligned}$$

Finalmente,

$$\Delta H_2 = \Delta H_{r,\,525°C} = \underline{\underline{-20.000\ \text{J/mol A}}} \quad \longleftarrow$$

Observação. Esse tipo de análise, traçando um mapa, é análogo ao que fizemos para as transformações em sistemas batelada, pressão constante. Para mais exemplos, reveja o Cap. 9.

Neste capítulo, desenvolvemos as equações gerais para sistemas com escoamento em regime permanente. Vimos também como as equações podem ser simplificadas para vários casos típicos. Está na hora de tentar resolver alguns problemas.

PROBLEMAS

1. Uma corrente de n-hexano líquido (C_6H_{14}, $c_p = 201{,}5$ J/mol · K), à pressão atmosférica, deve ser aquecido de 25°C a 68°C antes de entrar no reator. O fluxo de alimentação do reator é de 1 t/h. Quantos aquecedores de 1.000 W são necessários para realizar esse serviço?

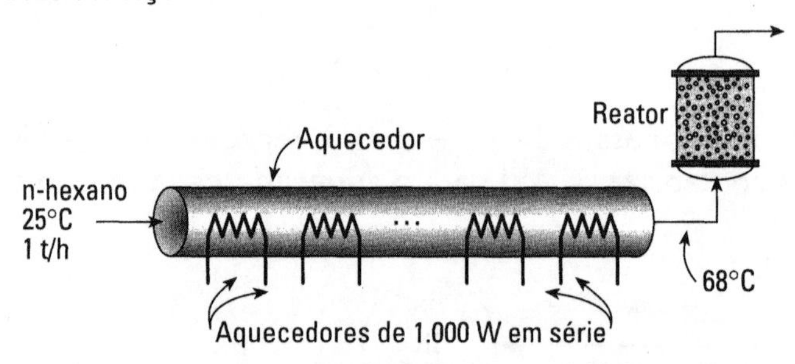

2. Uma corrente de hélio (10 pe^3/min, 49°C, 2,8 atm) passa por um aquecedor e sai a 97°C. Que potência (watts ou quilowatts) é necessária para essa operação?

3. Metano (CH_4, $c_v = 2.600$ J/kg · K) sai do tanque de armazenagem a 125 kPa e 300 K na vazão de 40 L/s. É então aquecido em um trocador de calor até 400 K para alimentar um reator. Qual o fluxo térmico no trocador?

4. Queremos construir um vestiário com chuveiros quentes para os trabalhadores de nossa indústria química. Dispomos de água fria, muito fria mesmo, a 5°C. Temos também um vapor superaquecido, a 150°C e 1 bar disponível. Que tal misturar os dois para ter uma água bem quentinha, a 50°C? Quanta água gelada devemos misturar com 1 kg desse vapor?

5. Precisamos de 1.000 kg/h de vapor superaquecido a 300°C, e a 1 bar, para alimentar um trocador de calor. Esse vapor é produzido pela mistura de vapor saturado a 1 bar com um vapor realmente superaquecido, a 400°C e 1 bar. A unidade de mistura é adiabática. Calcule as duas vazões de entrada.

6. Uma corrente de 1 m^3/s de H_2O a 600°C e 6 bar deve ser transformada em água líquida a 85°C e 1 bar. Quanta energia devemos retirar? Sugere-se o uso das tabelas de vapor para resolver este problema.

7. Uma corrente de 1.000 m^3/min de dióxido de carbono (c_p = 55 J/mol · K) a 1.500°C e 1 atm é resfriada em um trocador de tubo longo a 700°C usando uma corrente de água geladinha, a 8°C, que se aquece a 68°C.

a) Quanto precisamos resfriar, em watts?

b) Qual a vazão de água necessária?

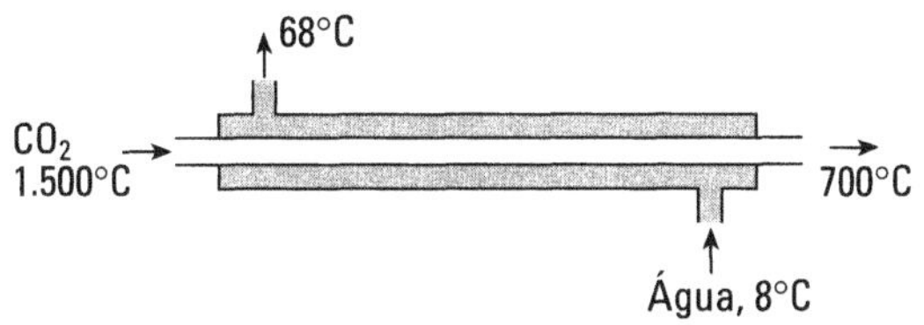

8. Uma corrente de 1.000 kg/s de água sob pressão entra em uma turbina hidráulica a 10 bar. A água realiza trabalho e sai da turbina a 1 bar. A entrada e a saída da turbina estão à mesma altura, as velocidades de entrada e saída da água são pequenas e o sistema é bem isolado. Para operação em regime permanente, calcule a potência da turbina. A água entra e sai a 8°C.

9. Em nosso Departamento de Engenharia Química, realizamos alguns testes em um leito de partículas finas suspensas em um fluxo ascendente de gás. Chamamos isso de "leito fluidizado". Desejamos aspirá-lo do ambiente, comprimí-lo a 1,5 atm e 60°C e daí aquecê-lo a 400°C. Esse gás alimentará o leito fluidizado a uma velocidade superficial de 4 m/s. A área de escoamento é de 1 m^2.

a) De quantos mols por segundo de ar precisamos?

b) Quanto calor deverá ser fornecido pelo aquecedor?

c) No caso de usarmos aquecedores elétricos para o serviço, com a eletricidade custando R$ 0,15/kWh, qual será o gasto para um teste de 4 h?

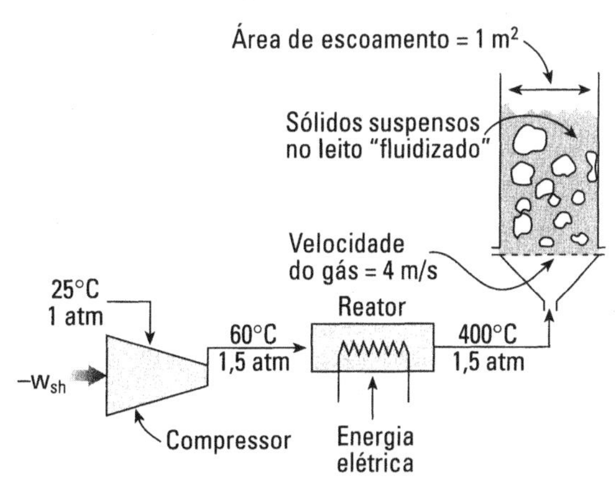

10. HFC-134a passa por uma tubulação a 80°C e 20 bar. Ocorre um pequeno vazamento. Qual a temperatura do gás que escapa se todo o sistema for bem isolado?

11. Os laboratórios do Instituto Tibetano de Tecnologia são como os outros — máquinas, instrumentos, tubulações, etc. —, mas eu tenho uma dúvida. Devido à grande altitude, será que o vapor em suas tubulações realmente é puro (qualidade 100%), quando flui exatamente a 1 MPa? Para me certificar, abri uma válvula e medi a temperatura do vapor que escapa do tubo em exatamente 100°C.

Qual a qualidade da H_2O na tubulação? Se for vapor puro, está superaquecido em quantos graus °C? Diga-se de passagem que a pressão atmosférica nesse laboratório é de 50 kPa e não de 100 kPa.

12. Coração artificial. O coração humano é uma bomba maravilhosa, mas apenas uma bomba. Não tem sentimentos nem emoções e seu maior problema é a duração de apenas uma vida. Dada sua importância para a vida, que tal substituí-lo por uma bomba mecânica, compacta, superconfiável, que dure o tempo de duas vidas? Não seria ótimo? O esquema a seguir mostra alguns detalhes do coração humano. A partir das informações, calcule a potência necessária para a bomba substituta ideal do coração, apta a, verdadeiramente, cumprir seu papel.

Comentário. Na realidade, essa unidade mecânica teria que ser mais potente que a original, digamos, por um fator de 5, para compensar ineficiências de bombeamento e ainda dar conta de situações estressantes, como correr de leões famintos. Admita para o sangue as mesmas propriedades da água.

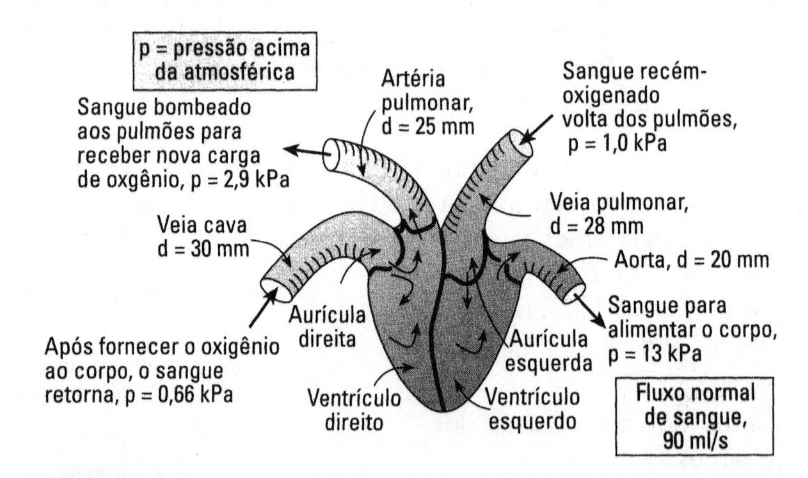

13. Um cilindro de armazenagem contém um gás ideal comprimido a 100 bar e a 300 K. A válvula no topo do cilindro está vazando um pouquinho. Qual será a temperatura T_3 do gás ao sair da válvula quando a pressão no cilindro for de 10 bar? O sistema todo pode ser considerado isolado. Admita comportamento ideal.

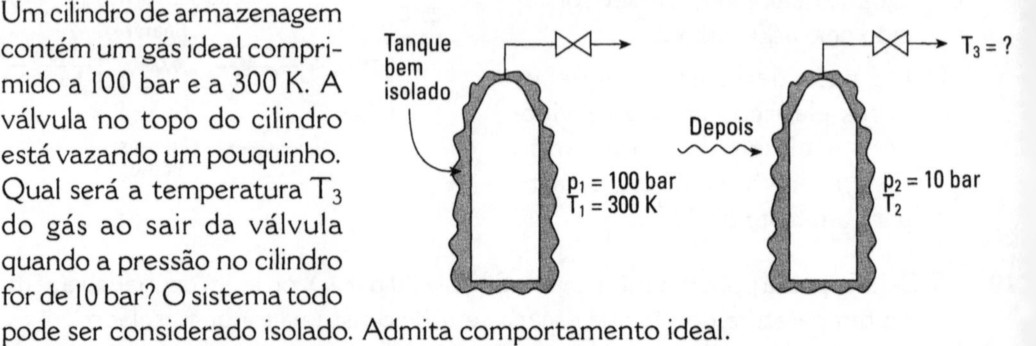

14. Nosso laboratório (a 21,3°C e 1 bar) precisa de uma corrente constante de ar comprimido (100 mols/s a 5 bar) e estou pensando em comprar um compressor para fazer o serviço. Mas os novos estão muito caros, de modo que pretendo comprar um de segunda mão, recondicionado. O vendedor me disse que tem eficiência de 50% comparado a uma unidade adiabática reversível.

a) Vou precisar de um motor de que tamanho?

b) Qual a temperatura do ar de saída, supondo-se a unidade bem isolada?

15. O único lugar do mundo onde se encontra hélio em concentrações razoáveis é no gás natural do Texas. Ele é separado, purificado, comprimido e armazenado em grandes reservatórios. Para comprimir continuamente 100 mols/s de hélio, de 100 kPa a 1 MPa, com um compressor adiabático com eficiência de 94,3%, qual será a potência necessária? Calcule também a temperatura do gás de saída do compressor quando o hélio entra a 300 K.

16. Uma corrente de 1 kg/s de um fluido atravessa um certo sistema. A entalpia, a velocidade e a altura na entrada do sistema são, respectivamente, 400 kJ/kg, 100 m/s, e 300 m. Para a corrente de saída, temos 396 kJ/kg, 1 m/s, –10 m. Retiram-se também 2.037,5 W de calor desse sistema. Que potência o sistema gera ou consome?

17. No Exemplo 10, admitimos que o gás era comprimido isotermicamente. Mas isso não é usual e nem razoável de se supor. Repita o Exemplo 10 admitindo que o compressor é adiabático, que funciona de forma reversível e que o tanque é bem isolado.

18. É dada a reação

$$A + B \rightarrow C, \qquad \Delta H_{r,25°C} = -32.478 \text{ J}$$

Todos os participantes da reação, A, B e C, são gasosos, estão entre 25°C e 1.000°C, e seus calores específicos médios são

$$c_{pA} = 24 \text{ J/mol} \cdot \text{K} \qquad c_{pB} = 30 \text{ J/mol} \cdot \text{K} \qquad c_{pC} = 54 \text{ J/mol} \cdot \text{K}$$

a) Calcule o calor de reação a 1.000°C.

b) Calcule ΔU_r, a variação de energia interna, para a reação a 25°C.

Uma corrente de 1 mol/s de A e 2 mols/s de B, ambos gasosos a 25°C, é bombeada continuamente para um reator adiabático. A reação é completa segundo a estequiometria $A + B \rightarrow R$.

O produto da reação, também gasoso, sai do reator a 225°C.

Calcule o calor para a reação $A + B \rightarrow R$:

19. ... a 25°C

20. ...a 225°C

21. ... a 0°C

Dados: $c_{pA} = 30 \text{ J/mol} \cdot \text{K}$; $c_{pB} = 35 \text{ J/mol} \cdot \text{K}$; $c_{pR} = 40 \text{ J/mol} \cdot \text{K}$

22. Uma mistura equimolar de A e B alimentam um reator em regime de fluxo contínuo. A reação $A + 2B \rightarrow 2R$ é completa. Para cada mol de A entrando no reator a 25°C, quanto calor deve ser fornecido ou retirado do reator para que o produto saia a 325°C?

Dados: $c_{pA}(g) = 40$ J/mol · K $\quad c_{pB}(g) = 45 \quad c_{pR}(g) = 30$

$c_{pB}(\ell) = 35 \quad c_{pR}(\ell) = 50$

$A(g) + 2B(\ell) = 2R(\ell) \ldots \Delta H_{r,298K} = 120.000$ J

$\Delta H_{\ell g}(B) = 60.000$ J/mol a $T_b = 225°C$

$\Delta H_{\ell g}(R) = 30.000$ J/mol a $T_b = 125°C$

23. Enxofre em pó (fino) e oxigênio, ambos a 25°C, alimentam um reator onde ocorre a queima. Todo o enxofre forma SO_2 e os gases saem a 1.000°C. Quantos mols de oxigênio estamos alimentando ao reator com cada átomo-grama de enxofre (32 g)?

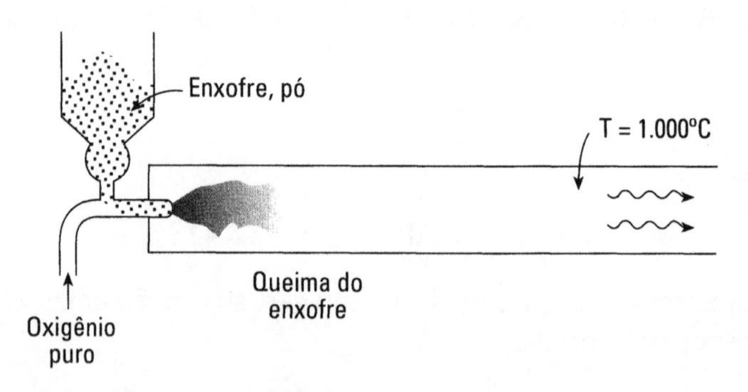

Dados:

Entre 25°C e 1.000°C
$$\begin{cases} c_{p(SO_2)} = 50 \text{ J/mol} \cdot \text{K} \\ c_{p(O_2)} = 32 \text{ J/mol} \cdot \text{K} \\ c_{p(S_{\text{sólido}})} = 35 \text{ J/mol} \cdot \text{K} \end{cases}$$

24. Um reator adiabático em regime é alimentado por uma mistura gasosa, a 25°C, de A, B e um inerte, à vazão de 1 mol/s cada um dos três. A reação é completa e forma R, que, a 25°C, é líquido; porém, como a reação é exotérmica, a corrente de saída do reator se encontra a 325°C. Calcule o $\Delta H_{r,298K}$ para a reação

$$A(g) + B(g) \rightarrow R(\ell)$$

Dados:

Para A: $c_p(g) = 30$ J/mol · K $\qquad$ R funde a –25°C
Para B: $c_p(g) = 40$ J/mol · K $\qquad$ R ferve a 125°C
Para R: $c_p(g) = 60$ J/mol · K, $\qquad$ $\Delta H_{\ell g}(R) = 10.000$ J/mol
$c_p(\ell) = 50$ J/mol · K,
Para I: $c_p(g) = 30$ J/mol · K

25. Repita o problema anterior com uma modificação: a corrente de alimentação é composta por 1 mol/s de A, 2 mols/s de B e 1 mol/s de inerte.

CAPÍTULO 14

SISTEMAS COM FLUXOS EM REGIME TRANSIENTE

Este capítulo trata da aplicação da primeira lei ao caso mais geral — sistemas com fluxos de entrada e saída, sistemas esses que também mudam ao longo do tempo. São sistemas que podem crescer, diminuir ou mudar de composição. Eles não permanecem os mesmos ao longo do tempo. Vemos alguns exemplos nas Figs. 14-1, 14-2 e 14-3,

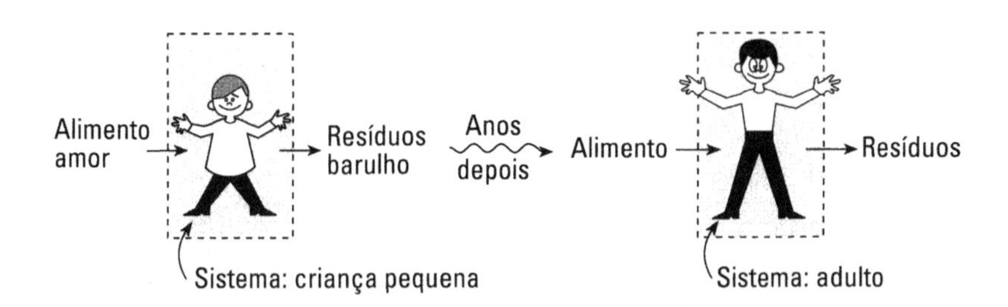

Figura 14-1 O crescimento humano.

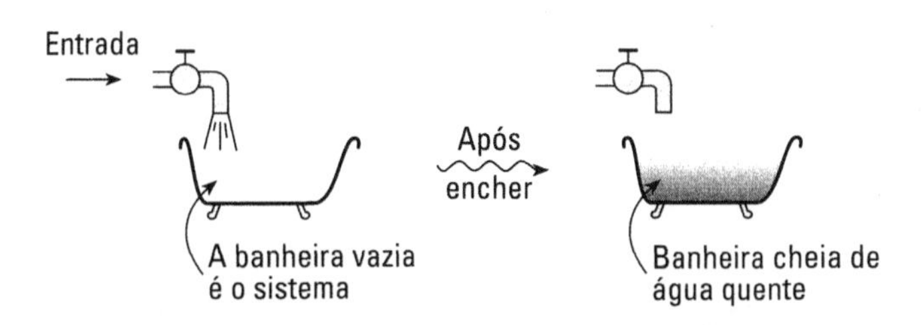

Figura 14-2 Enchendo a banheira.

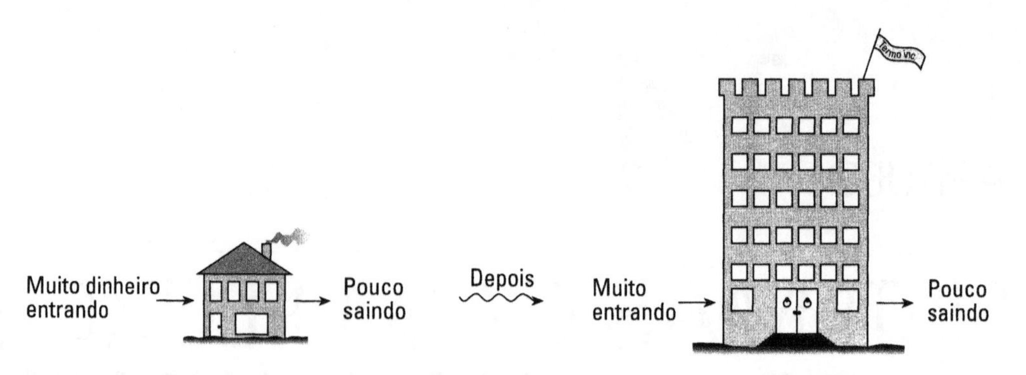

Figura 14-3 Para o dinheiro, por analogia, vemos um negócio lucrativo crescer.

Em termos de energia, vejamos o esquema apresentado na Fig. 14-4.

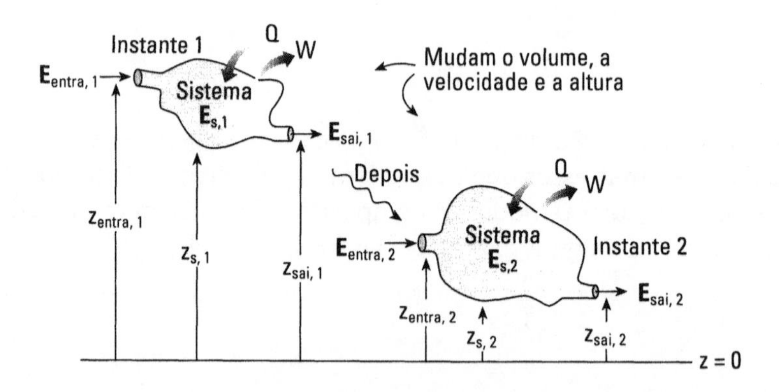

Figura 14-4

Para desenvolver o equacionamento adequado, vamos considerar as modificações ocorridas entre os instantes t_1 e t_2, ou seja, Δt:

$$\Delta \mathbf{E}_{\text{sistema}} = \text{(todas as entradas de energia)} - \text{(todas as saídas de energia)}$$

$$= -\Delta \mathbf{E}_{\text{correntes}} + Q - W$$

ou

$$\Delta \mathbf{E}_{\text{sistema}} + \Delta \mathbf{E}_{\text{correntes}} = Q - W \tag{14-1}$$

No intervalo de tempo no qual a massa do sistema muda de m_1 para m_2, enquanto m_{entra} entrou no sistema e m_{sai} saiu, quando as vazões não mudam nesse intervalo de tempo, a Eq. 14-1 pode ser escrita como

$$\underbrace{m_2(u+e_p+e_k)_2 - m_1(u+e_p+e_k)_1}_{\text{Sistemas}} + \underbrace{m_{\text{sai}}(u+e_p+e_k)_{\text{sai}} - m_{\text{entra}}(u+e_p+e_k)_{\text{entra}}}_{\text{Correntes}} = Q - W \tag{14-2}$$

onde

$$W = W_{sh} + W_{pV,\ \text{sistema}} + W_{pV,\ \text{correntes}} \tag{14-3}$$

Trabalho de eixo (W_{sh}); *Se o sistema expande, ele "empurra" a atmosfera* ($W_{pV,\ \text{sistema}}$); $W_{pV,\ \text{correntes}} = (mpv)_{\text{sai}} - (mpv)_{\text{entra}}$

Combinando u e pv nas correntes que entram e saem do sistemas para obter as respectivas entalpias (como fizemos no capítulo anterior, veja a Eq. 13-3), para o intervalo de tempo Δt, temos:

$$\begin{aligned} m_2(u+e_p+e_k)_2 - m_1(u+e_p+e_k)_1 + m_{sai}(h+e_p+e_k)_{sai} - m_{entra}(h+e_p+e_k)_{entra} \\ = Q - W'_{sh} \\ = Q - (W_{sh} + W_{pV,\,sistema}) \\ = Q - \left(W_{sh} + \int_{V_1}^{V_2} p_{sistema}\, dV \right) \quad [J] \end{aligned} \tag{14-4}$$

O sistema muda de volume

Essas equações se aplicam a situações nas quais as correntes de entrada e de saída não se alteram com o tempo.

Para várias correntes entrando e saindo nesse período de tempo, em que massa do sistema foi de m_1 a m_2, temos:

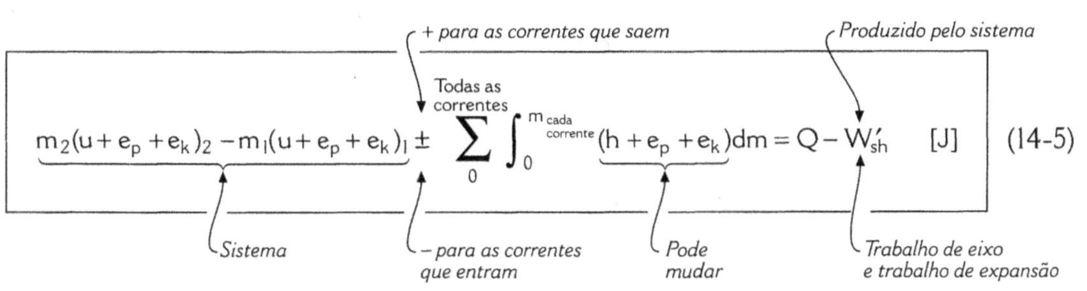

Os exemplos a seguir ilustram o uso dessas equações.

EXEMPLO 14-1 Enchendo um copo com água

Água quente (80°C) de uma chaleira é usada para encher uma xícara perfeitamente isolada com isopor. Aplique a equação geral à xícara para calcular a temperatura final da água dentro dela.

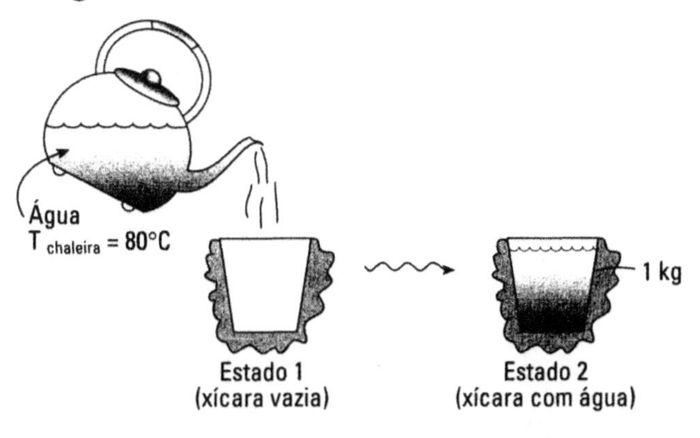

Figura 14-5

Solução

Como base de cálculo, vamos colocar 1 kg de água quente na xícara. Então, a Eq. 14-4 se torna:

$$\underbrace{\overbrace{(m_{\text{xícara}}u_{\text{xícara}})_2 + (m_{\text{água}}u_{\text{água}})_2}^{\text{Estado final}} - \overbrace{(m_{\text{xícara}}u_{\text{xícara}})_1}^{\text{Inicial}}}_{\text{Sistema}} - \underbrace{m_{\text{chaleira}}h_{\text{chaleira}}}_{\text{Água entrando}} = \cancel{Q}^{=0} - p_2v_2$$

($u_{\text{xícara 2}} = u_{\text{xícara 1}}$; p_2 = 1 bar; v_2: 1 kg de água quente entrando)

onde p_2v_2 representa o trabalho realizado pelo sistema para "empurrar" a atmosfera. Simplificando, temos

$$u_{\text{água, 2}} - h_{\text{chaleira}} = -p_2v_{\text{água,2}}$$

ou

$$h_{\text{água, 2}} = h_{\text{chaleira}}$$

Portanto

$$T_{\text{água, 2}} = T_{\text{chaleira}} = \underline{\underline{80°C}} \longleftarrow$$

EXEMPLO 14-2 Enchendo um tanque vazio com gás ideal

Abrimos para a atmosfera a válvula de um tanque isolado, até então sob vácuo. O ar entra e as pressões se igualam. A válvula é então rapidamente fechada. Qual a temperatura do gás no tanque se a atmosfera adjacente está a 27°C e a 1 bar?

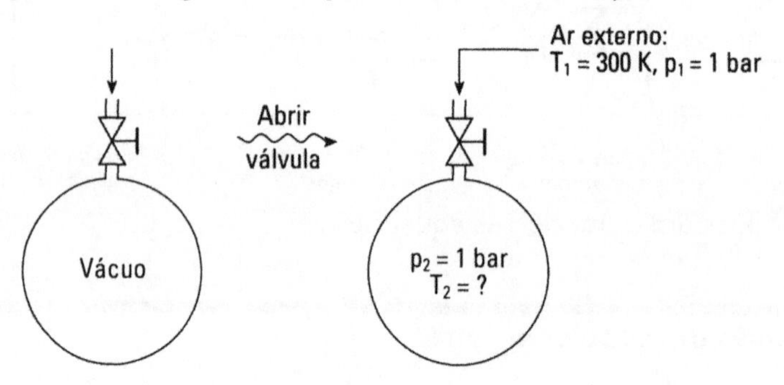

Figura 14-6

Admita $c_p = 29{,}1$ J/mol · K em todas as temperaturas aqui consideradas.

Solução

Vamos escolher o tanque como o sistema e, como a operação pode ser feita muito rapidamente, é razoável admití-la adiabática. Portanto, para 1 mol de ar entrando, a Eq. 14-4 se torna:

$$m_2(u + \cancel{e_p}^{=0} + \cancel{e_k}^{=0})_2 - \cancel{m_1}^{=0,\ \text{vácuo}}(u + e_p + e_k)_1 + \cancel{0}^{m_{\text{sai}}=0} - \underbrace{m_{\text{entra}}}_{=m_2}(h + \cancel{e_p} + \cancel{e_k})_{\text{entra}} = \cancel{Q} - \cancel{W'_{sh}} \qquad (14\text{-}6)$$

$$\therefore\ u_2 = h_{\text{entra}}$$

Mas, para um gás ideal, com c_p independente da temperatura, a Eq. 11-7, combinada com a Eq. 14-6, dá:

$$c_v T_2 = c_p T_{entra}$$

ou

$$T_2 = kT_{entra} = \left(\frac{29{,}1}{29{,}1 - 8{,}314}\right)(300) = 420\text{ K} = \underline{\underline{147°C}} \longleftarrow$$

Isso nos mostra que o gás frio se tornou muito quente ao entrar no tanque.

EXEMPLO 14-3 Enchendo um tanque

Como uma extensão do problema anterior, vamos considerar que já existia algum gás no tanque no início do processo, como representado na Fig. 14-7.

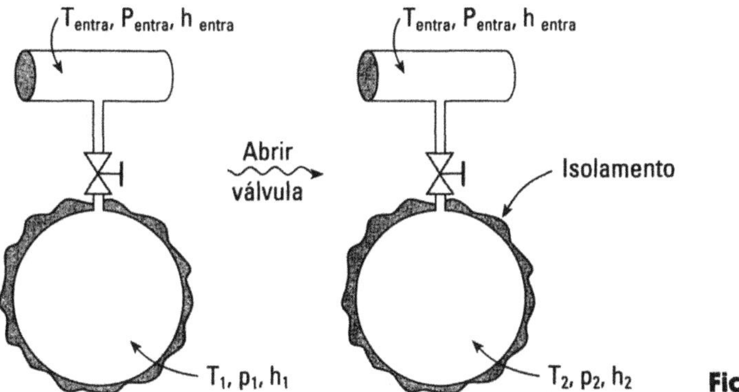

Figura 14-7

Substituindo as devidas quantidades na Eq 14-4 e simplificando, temos

• para gases ideais: $$T_2 = kT_{entra} \Big/ \left[1 - \frac{p_1}{p_{entra}} + k\frac{p_1}{p_{entra}}\frac{T_{entra}}{T_1}\right] \longleftarrow \qquad (14\text{-}7)$$

• em geral: $$m_2u_2 - m_1u_1 - (m_2 - m_1)h_{entra} = 0 \longleftarrow \qquad (14\text{-}8)$$

Na Eq. 14-8, m_2 e u_2 são incógnitas. Para resolver, chute T_2 e resolva por tentativa e erro usando as tabelas.

EXEMPLO 14-4 Um experimento com a atmosfera primitiva

Segundo uma teoria, a atmosfera terrestre no Período Carbonífero (300 milhões de anos atrás) tinha uma pressão muito maior que a atual e que consistia, predominantemente, de CO_2. As plantas adoravam aquele ambiente; refestelavam-se no CO_2, cresciam profusamente por todo o mundo, morriam e então produziam os vastos depósitos de carvão que encontramos atualmente.

Estamos realizando um experimento para verificar o crescimento de plantas em um tanque de pressão perfeitamente isolado, contendo 1 m^3 de CO_2 a 96% e 4% de O_2 a 5 bar e 27°C. Entretanto, para limpar essa aparelhagem, precisamos baixar a pressão para 1 bar, abrindo uma válvula. Mas isso esfriaria o gás (veja "expansão adiabática", no Exemplo 11-1), o que poderia danificar as plantas. Para compensar esse efeito, vamos acender um lâmpada de 150 W enquanto deixamos o gás escapar. Um controlador ajusta a vazão para compensar exatamente o aquecimento, de modo que e a temperatura permanece sempre inalterada.

a) Para manter a temperatura em 27°C, qual deve ser a vazão do gás?
b) Quanto tempo vai levar para a pressão descer de 5 para 1 bar?

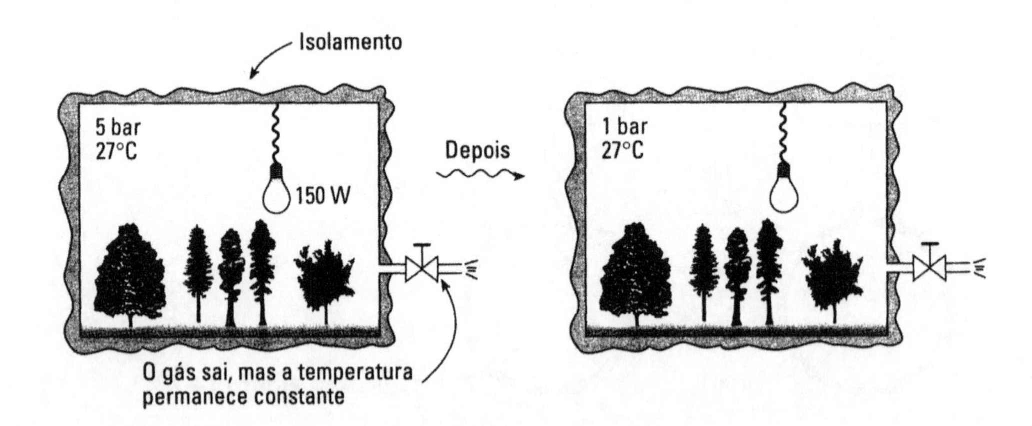

Figura 14-8

Solução

Vamos escolher nosso vaso como o sistema (índice s), desprezando as energias potencial e cinética. A Eq. 14-5, em termos molares, se reduz a

$$\underbrace{n_2 u_2 - n_1 u_1}_{\text{Igual}} + h_{sai}\int_0^{n_1-n_2} dn = \cancel{Q} - W_{sh} - \cancel{W_{pV}} \quad (V = \textit{constante})$$

$$\underbrace{(n_2 - n_1)}_{\textit{Negativo}} u_s + h_{sai}\underbrace{(n_1 - n_2)}_{\textit{Positivo}} = -W_{sh}$$

$$(h_{sai} - u_s)\underbrace{\Delta n}_{\textit{Saindo}} = -W_{sh}$$

Em forma diferencial, temos

$$(h_{sai} - u_s)\frac{d\,n_{sai}}{dt} = -\frac{d\,W_{sh}}{dt}$$

$$(c_p - c_v)T\,\dot{n}_{sai} = -\dot{W}_{sh}$$

$$\therefore \dot{n}_{sai} = \frac{-\dot{W}_{sh}}{RT}$$

$$= \frac{150\ \text{W}}{(8{,}314)(300)} = \underline{\underline{0{,}060\ \text{mol/s}}} \quad \longleftarrow \quad \text{(a)}$$

Para calcular o tempo necessário para reduzir a pressão, primeiro vamos determinar o número inicial de mols de gás no vaso.

$$n_1 = \frac{p_1\,V}{R\,T} = \frac{(5\times10^5)\,(1)}{(8{,}314)\,(300)} = 200\ \text{mols}$$

E, quando a pressão é de 1 bar,

$$n_2 = 40\ \text{mols}$$

Portanto, o tempo necessário para aliviar a pressão do tanque é

$$t = \frac{\Delta n}{\dot{n}_{sai}} = \frac{200-40}{0{,}060} = \underline{\underline{2.667\ \text{s}}} = \underline{\underline{44\ \text{min}\ 27\ \text{s}}} \quad \longleftarrow \quad \text{(b)}$$

EXEMPLO 14-5 Para aquecer a sala de exposições

Está para começar o Festival de Inverno de Gramado e precisamos aquecer uma sala (50 m × 40 m × 10 m) de 0°C a 25°C. Quantos aquecedores portáteis de 1,5 kW serão necessários para aquecer essa sala em 24 h?

Observação: A pressão se mantém em 1 bar durante o aquecimento e o ar escapa da sala durante o processo de aquecimento; portanto, a quantidade de ar a ser aquecido muda com o tempo. Tome em conta apenas a energia necessária para aquecer o ar, desconsiderando as paredes, mobília, acessórios. É uma simplificação absurda, mas...

Solução

Vamos apresentar três soluções: uma rigorosa, uma aproximada e uma muito simples.

Método 1: *Solução rigorosa*

Aplicando a Eq. 14-5 em unidades molares para o ar na sala, temos:

$$n_2u_2 - n_1u_1 + \int_0^{n_1-n_2} h_{sai}dn = Q$$

ou

$$n_2 c_v T_2 - n_1 c_v T_1 + \int_0^{n_1 - n_2} c_p \underset{\text{Variável}}{T}\, dn = 0 \qquad \text{(i)}$$

Mas o termo T na integral varia à medida que n varia. A equação do gás ideal pode ajudar a relacionar essas variáveis. Vamos ver isto:

$$pV = n\,RT \qquad \text{ou} \qquad nT = \frac{pV}{R} = \text{constante}$$

portanto

$$n_1 T_1 = n_2 T_2 \qquad \text{(ii)}$$

e

$$n = \frac{n_1 T_1}{T} \qquad \text{e} \qquad dn_{\text{na sala}} = \frac{n_1 T_1}{-T^2} dT = -dn_{\text{fora da sala}} \qquad \text{(iii)}$$

Esses resultados são interessantes. Vamos substituí-los na Eq. (i):

$$n_2 T_2 \left(\frac{n_1 T_1}{n_2 T_2} \right) c_v - n_1 T_1 c_v + c_p \int_{T_2}^{T_1} T \left(\frac{n_1 T_1}{-T^2} \right) dT = Q$$

ou

$$Q = \frac{c_p pV}{R} \ell n \frac{T_2}{T_1} \qquad \text{(iv)}$$

Substituindo os valores numéricos, temos:

$$Q = \frac{29{,}10(100.000)(20.000)}{8{,}314} \ell n \frac{298}{273} = 613.372.920 \text{ J/dia}$$

e o número de aquecedores necessários é

$$\frac{613 \times 10^6 \text{ J/dia}}{24 \times 3.600 \text{ s/dia}} \left(\frac{\text{aquecedor}}{1.500 \text{ W}} \right) = 4{,}73$$

$$\underline{\underline{\text{ou 5 aquecedores}}} \longleftarrow$$

Método 2: *Solução aproximada*

Se não quisermos usar o caminho das Eq. (ii) e (iii), poderemos trabalhar com um valor médio de T e resolver a Eq. (i) diretamente. É o que vamos fazer: a Eq. (i) se reduz a

$$n_2 c_v T_2 - n_1 c_v T_1 + c_p \overline{T}(n_1 - n_2) = Q \qquad \text{(v)}$$

Substituindo por valores numéricos para o ar, obtemos:

$$n_1 = \frac{p_1 V_1}{R\,T_1} = \frac{(100.000)\,(20.000)}{(8{,}314)\,(273)} = 881.165 \text{ mols}$$

De forma semelhante,

$$n_2 = 807.242 \text{ mols}$$
$$n_1 - n_2 = 73.923 \text{ mols}$$
$$c_p = 29{,}10 \quad \text{e} \quad c_v = 29{,}10 - 8{,}314 = 20{,}79 \text{ J/mol}\cdot\text{K}$$
$$T = \left(\frac{273+298}{2}\right) = 285{,}5 \text{ K}$$

que, substituindo na Eq. (v), dá

(807.242) (20,79) (298) – (881.165) (20,79) (273) + (29,10) (285,5) (73.923) = Q

ou

$$\cancel{5.001\times10^6} - \cancel{5.001\times10^6} + 616.307.140 = Q$$

Portanto, o número de aquecedores necessários é

$$\frac{616\times10^6}{24\times3.600}\,\frac{1}{1.500} = 4{,}76$$

ou 5 aquecedores ⟵

Método 3: *Solução rapidinha*

Vamos esquecer toda essa história de regime transiente e seu equacionamento vistos neste capítulo. Neste caso específico, basta lembrar que W = 0 e usar a Eq. 8-2 para obter:

$$Q = \int_{273}^{298} n\, c_p dT \qquad \text{(vi)}$$

Gás na sala; n não é constante

Mas, para um gás ideal,

$$n = \frac{pV}{RT} \qquad \text{(vii)}$$

E, combinando as Eqs. (vi) e (vii), temos:

$$Q = \int_{T_1}^{T_2} \frac{pV}{RT} c_p dT = \frac{pV c_p}{R} \ell n \frac{T_2}{T_1}$$

Essa expressão é idêntica à Eq. (iv), portanto, o restante da solução segue exatamente como já apresentado no método 1.

PROBLEMAS

1. Um foguete decola da plataforma de lançamento (estado 1) até uma órbita estacionária 37.000 km acima da Terra (estado 2). Escreva simbolicamente o balanço de energia para esse processo, cancelando todos os termos desnecessários.

2. Estou soprando um balão murcho (estado 1) até transformá-lo em uma grande esfera (estado 2). Escreva o balanço de energia para esse processo, cancelando todos os termos desnecessários.

3. Um foguete antitanque é lançado do ombro de um soldado. Escreva o balanço de energia para esse processo, antes do lançamento (estado 1) até o momento em que ele está voando em direção ao seu alvo (estado 2).

4. O "Escocês Voador", o mais famoso trem britânico, é puxado por uma locomotiva a vapor e detém o recorde britânico de trem mais rápido e com maior percurso sem paradas. Ele sai de Londres (estado 1) e vai sem parar até Edinburgo (estado 2). Escreva o balanço de energia para a locomotiva e seus depósitos de carvão e água.

5. Água líquida, à temperatura de ebulição (60°C) e à pressão em que se encontra (19.940 Pa), preenche totalmente um tanque perfeitamente isolado até então sob vácuo. Calcule a temperatura da água dentro do tanque.

6. Um tanque isolado, sob vácuo, de 0,1 m^3 de volume, está conectado a uma linha de vapor de 10 bar e 200°C por intermédio de tubo munido de válvula. A válvula é rapidamente aberta e, quando as pressões se igualam, fechada. Qual a temperatura no tanque?

7. Os fornecedores de gases industriais colocam os cilindros padronizados sob vácuo para eliminar impurezas e, então, os preenchem com o gás em questão a 136 bar. Qual deve ser a pressão no grande reservatório desse gás para garantir que o consumidor receberá o gás na pressão que foi anunciada? Tome o nitrogênio como exemplo.

8. Uma linha de vapor (0,6 MPa e 200°C) está conectada a um tanque rígido, imerso em banho de óleo, à temperatura constante de 200°C. Quando a válvula é aberta, o vapor flui para o tanque até igualar as pressões. Calcule o total de calor transferido do tanque para o banho de óleo ou recebido por ele (se houver), por quilograma de vapor que entra no tanque.

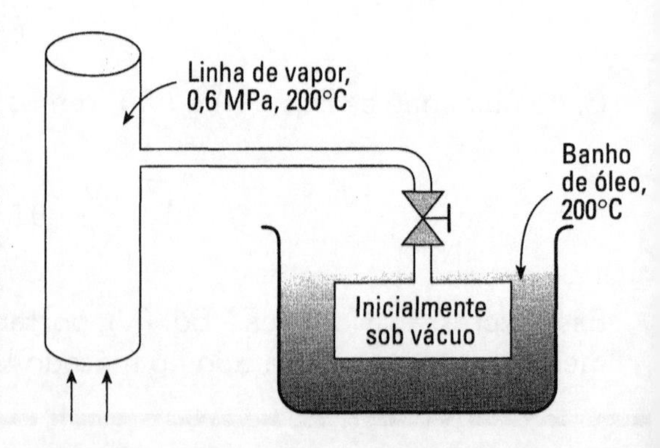

9. A Companhia de Gases Industriais anunciou que seu hélio contém como impureza menos de 0,1% de ar e está cobrando a recarga de meu cilindro de acordo com isso. Mas estou desconfiado de que eles estão ficando muito espertinhos e quero conferir o que andam dizendo. Para tanto, instalei um termômetro de precisão no cilindro de hélio e o levei para a costumeira recarga. A linha de alimentação de hélio estava a 27°C e o conteúdo do meu cilindro atingiu 207°C. O fornecedor está sendo honesto? Se não estiver, você pode calcular a porcentagem de ar no hélio?

10. No Exemplo 14-2, abrimos a válvula e deixamos a pressão do tanque chegar a 1 bar. Mas dessa vez fechamos a válvula quando a pressão do tanque chegou a 0,5 bar e fomos almoçar calmamente. Quando voltamos, qual era a pressão no tanque?

11. Um grande tanque de alta pressão contém n_I mols de um gás não-ideal, à temperatura T_I e pressão p_I. Ocorre um pequeno vazamento, mas a temperatura do tanque não se altera. Após um certo tempo, vazaram n_{sai} mols do gás. Desenvolva uma equação que nos informe quanto calor o tanque ganhou ou perdeu durante o processo.

12. O problema 11 trata de gás não-ideal. Em se tratando de gás ideal, as equações do problema 11 podem ser simplificadas?

13. Tenho um tanque de 1 L conectado a uma linha de vapor saturado (200 kPa e 120°C). Quero encher esse tanque de água líquida a essa temperatura e pressão. Para isso, ponho o tanque dentro de um reservatório com água e gelo. O vapor condensa, entra mais vapor, e assim por diante até encher o tanquinho. Quanto gelo vai fundir?

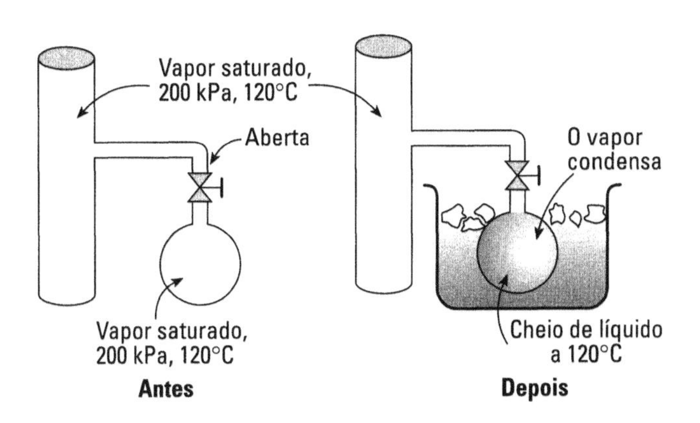

14. Tenho um tanque de 10 L conectado a linha de vapor d'água por um tubo isolado, munido de válvula. Quando abro a válvula, entra o vapor a 400°C e 5 bar. Quero esse tanque cheio de água a 0°C. Para conseguir isso, introduzo mais vapor, condenso e resfrio, tudo a 5 bar. Faço isso mergulhando o tanquinho em um reservatório com água e gelo. Quanto gelo terei de fundir para conseguir o que quero?

15. Borbulho vapor de uma linha em tambor de água bem isolado, usando um mangote curto. O vapor condensa na água, a 1 bar, dando o seguinte resultado:

$$\text{Água no tambor} \begin{cases} \text{no início} = 180 \text{ kg}, \\ \text{no fim} = 200 \text{ kg}; \end{cases}$$

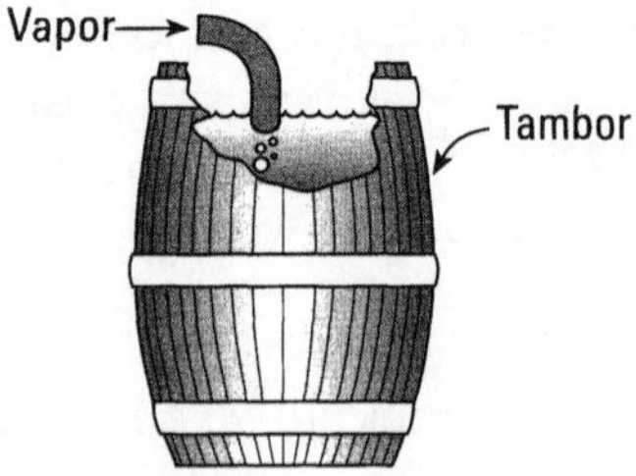

$$\text{Temperatura da água} \begin{cases} \text{no início} = 20°\text{C}, \\ \text{no fim} = 80°\text{C}; \end{cases}$$

Pressão na linha de vapor = 300 kPa;

Perda de calor durante o processo, inclusive o calor necessário para aquecer as paredes do tambor = 11.500 kJ.

Calcule a condição do vapor (entalpia, qualidade e temperatura).

16. Quando a pressão do nosso tanque de hélio cai a 3 bar, não conseguimos mais utilizá-lo no nosso processo. Para recarregá-lo, o conectamos a uma linha a 30 bar e o enchemos rapidamente... e pagamos pela recarga! O encarregado recomenda que eu abra a válvula e deixe sair o hélio remanescente até atingir a pressão de 1 bar antes de efetuar a recarga. Alega que assim carrego mais hélio. Calcule quanto hélio a mais eu recebo (se é que recebo) ao seguir essa recomendação.

CAPÍTULO 15

A SEGUNDA LEI

A experiência mostra que muitos eventos só podem acontecer em um sentido. Por exemplo:

- Quando misturo café com chantili, não desmisturo mais.
- Um livro cai da mesa ao chão, mas nunca pula do chão para a mesa.
- Um copo de água quente em uma panela de água fria produz água morna. Você não consegue mais tirar um copo de água quente de dentro da água morna.
- Um prato cai e se quebra. Você já viu seus pedaços se reagruparem e reconstituí-lo?
- Ponce de Leon procurou a fonte da juventude. Alguns velhos vivem sonhando em recuperar sua juventude, especialmente quando vêem jovens senhoritas, mas...
- Sabemos que o ar atmosférico tem 21% de O_2 e 79% de todo o resto. Alguém já ouviu falar nesses gases se separando numa sala de aula? Por exemplo, os estudantes respirando ar enriquecido e o professor tossindo e engasgando até morrer por asfixia? Às vezes, os estudantes desejam isso, mas nunca acontece. Gases se misturam espontaneamente, mas não se separam por si mesmos.

Há observações similares em outras áreas. Por exemplo

- Você já viu um caminhão com dois reboques dando marcha a ré na estrada?
- Você já viu, alguma vez, a segunda edição de um livro de termodinâmica ser menos prolixa que a primeira?

A ciência tenta nos explicar[1] o que acontece à nossa volta e a termodinâmica tenta desenvolver afirmativas de âmbito geral, leis da natureza, leis científicas que, de alguma forma, considerem esses fenômenos de mão única. Na termodinâmica, quem trata disso é a chamada *segunda lei*, enunciada de várias formas diferentes. Vamos ver algumas delas.

[1] Atualmente, a palavra *explicar* significa colocar uma observação em um padrão mais geral, de forma que podemos dizer: "Veja, tal observação é um caso particular desta teoria ou daquela lei". Na Idade Média, a palavra *explicar* significava

1. ***Geral***: O tempo segue em um só sentido, alguns eventos têm uma ordem em seus acontecimentos. De forma mais colorida, podemos dizer "a segunda lei é a seta do tempo". Exemplo: quando você assiste a um filme, só pode dizer se ele está sendo rodado para frente ou para trás quando vê alguma instância da segunda lei (veja a Fig. 15-1).

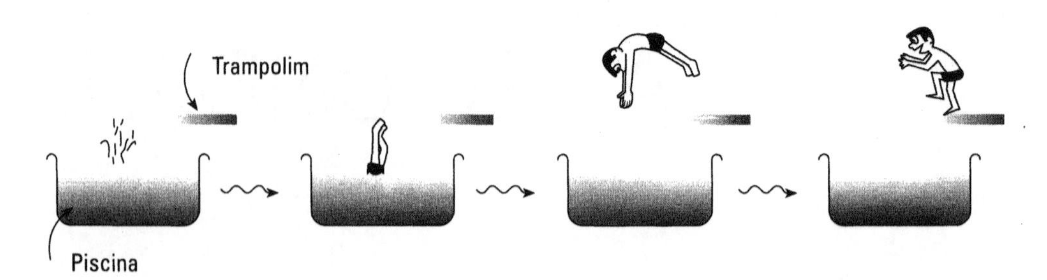

Figura 15-1

2. ***Geral***: Todo sistema deixado por si só (isolado) muda rápida ou lentamente e, eventualmente, atinge um estado de repouso (equilíbrio); em outras palavras, em um sistema isolado, as coisas acontecem em um único sentido (Fig. 15-2).

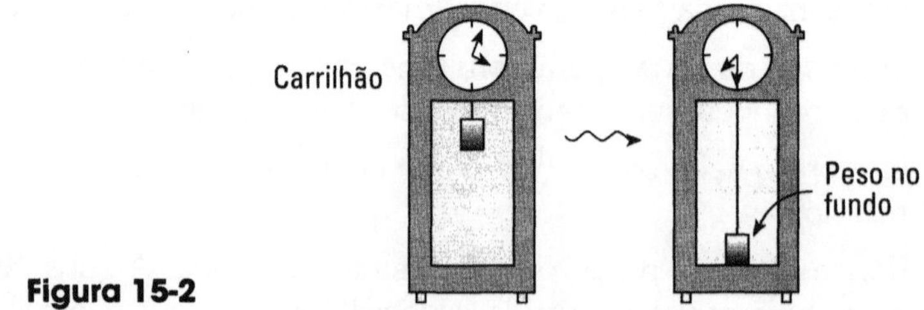

Figura 15-2

3. ***Para fluxo de calor***: Não é possível estabelecer um processo no qual o único resultado é transferir calor de um objeto mais frio para um mais quente (Fig. 15-3). Em outras palavras, o calor segue o caminho das temperaturas decrescentes.

Figura 15-3

associar uma observação a um dogma teológico ou filosófico ou a um ensinamento. Naquela época, o que Aristóteles havia dito era considerado como verdade absoluta e não podia ser questionado. Por exemplo, ele disse:

- Homens têm mais dentes que as mulheres. Não se preocupe em verificar ou você poderá ter seu dedo arrancado a mordidas.
- Há apenas sete corpos celestes que se movem; cada um se desloca em torno da Terra em órbitas perfeitamente circulares (tinha que ser circular porque o círculo é a figura perfeita e Deus não poderia fazer nada que não fosse perfeito). Quando Galileu apontou seu primeiro telescópio para Júpiter e viu quatro luas girando em torno do planeta, o clero se recusou até mesmo a olhar. Não podia ser, devia ser uma ilusão; não podia haver onze corpos celestes móveis – com quatro se atrevendo a não orbitar a Terra. Sete é o número mágico – sete dias na semana (em muitos idiomas, cada dia da semana é associado a um planeta: Sol, Lua, Marte, Mercúrio, Júpiter, Vênus, Saturno), sete aberturas na cabeça e na alma. E ainda mais, o cavalo tem 4 x 7 dentes. De novo, não se preocupe em contar.

4. ***Para calor e trabalho***: Não existe máquina capaz de ter como único efeito a transformação de calor integralmente em trabalho, sem causar mudanças em outro corpo (veja a Fig. 15-4).

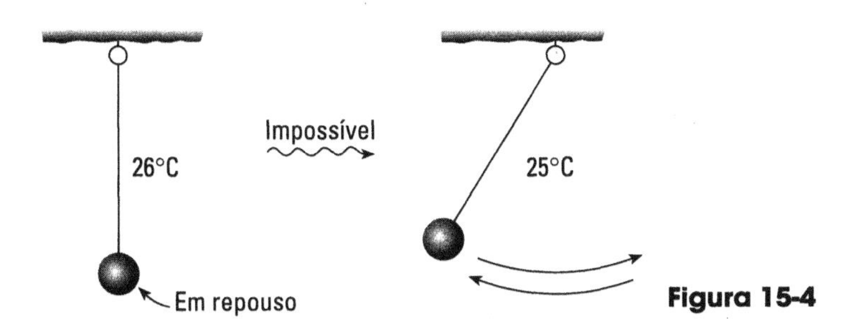

Figura 15-4

5. ***Para medidas quantitativas***: Um sistema muda a si mesmo de
   - um estado mais ordenado para um mais desordenado;
   - um estado menos provável para um mais provável;
   - um estado mais facilmente reconhecível para um menos facilmente reconhecível;
   - um estado com muita informação para um com menos informação;
   - um estado com energia mais nobre (ou útil) para energia menos nobre.

Essa classificação nos dá uma medida quantitativa do sentido do tempo — é só calcular a quantidade de ordem, a probabilidade, a quantidade de informação (veja a Fig. 15-5). Essas definições são úteis em várias áreas — teoria da informação, mecânica estatística, termodinâmica quântica estatística e em qualquer outro campo.

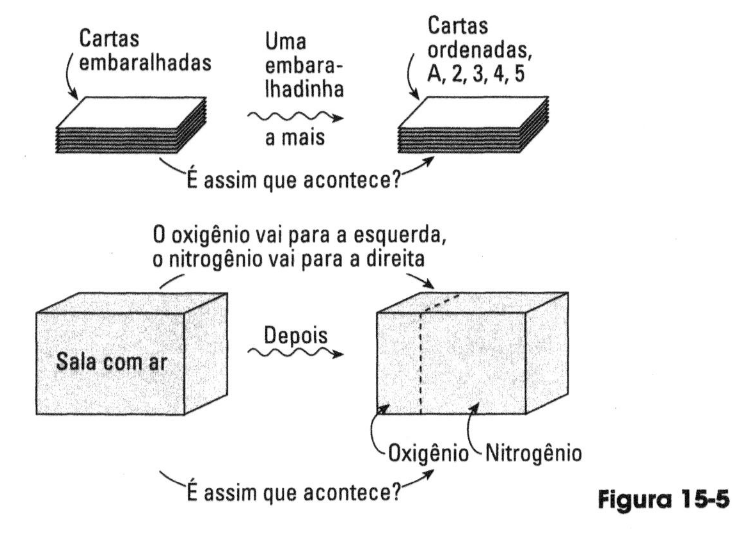

Figura 15-5

6. ***Declarações termodinâmicas úteis***: Vamos acrescentar ao nosso repertório uma grandeza chamada *entropia*[2] S, que pode nos informar sobre o que pode acontecer e o que é impossível no mundo real. Indica o sentido do tempo, que estado representa o "antes", que estado representa o "depois". Uma mudança pode ocorrer, ou pelo menos não é proibido que ocorra quando:

em um sistema isolado qualquer, se...

$$\Delta S_{sistema} \geq 0$$

para qualquer sistema interagindo com suas vizinhanças, se...

$$\Delta S_{sistema} + \Delta S_{vizinhança} \geq 0 \qquad (15\text{-}1)$$

Cada um pode aumentar ou diminuir, mas a soma deles não pode diminuir

Isso quer dizer que a entropia total de um sistema isolado não pode diminuir, ou seja, $\Delta S_{total} \geq 0$.

A entropia é uma propriedade do sistema, tal como a energia interna U; da mesma forma que medimos ΔU para uma transformação, medimos também a variação da entropia, ΔS. Geralmente medimos a entropia a partir de um estado padrão arbitrário, como, digamos, 0°C e 1 bar.

A. MEDINDO ΔS

Quando um sistema vai do estado 1 para o estado 2, encontramos ΔU medindo Q e W trocados pelo sistema e a seguir usando a equação da primeira lei, $\Delta U = Q - W - \Delta E_p - \Delta E_k$. De forma semelhante, a mudança de entropia do estado 1 para o estado 2 pode ser encontrada como exposto a seguir:

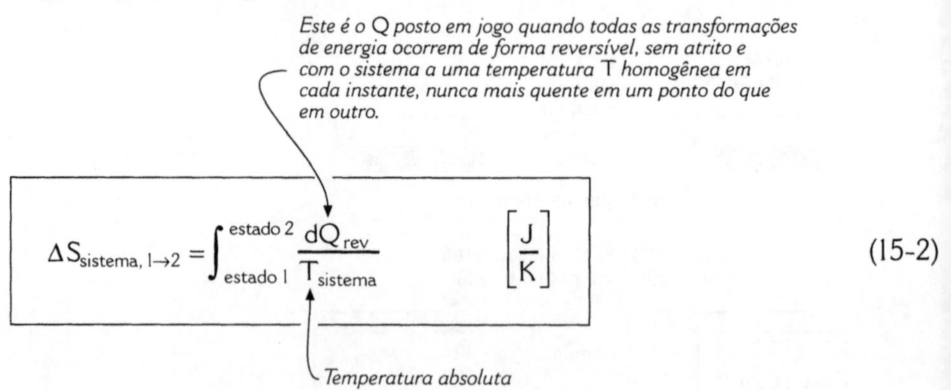

$$\Delta S_{sistema, 1\to 2} = \int_{estado\ 1}^{estado\ 2} \frac{dQ_{rev}}{T_{sistema}} \quad \left[\frac{J}{K}\right] \qquad (15\text{-}2)$$

Para uma transformação reversível, a Eq. 15-2 se torna

$$Q_{rev} = T_{sistema}\,\Delta S \qquad (15\text{-}3)$$

[2] A palavra *entropia* foi criada por Rudolph Clausius em Berlim, em 1854.

Sempre há vários caminhos para se ir do estado 1 para o estado 2 (Fig. 15-6). Para determinar ΔU não faz nenhuma diferença usar este ou aquele caminho, porque, entre os dois, a diferença de W é compensada pela diferença de Q.

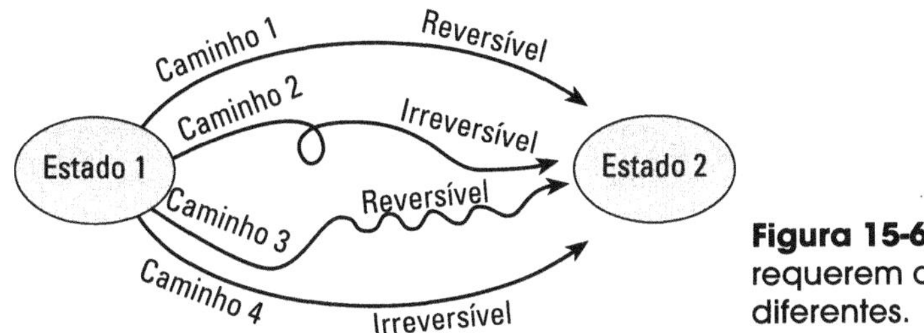

Figura 15-6 Caminhos diferentes requerem calor e trabalho diferentes.

Por exemplo, para aquecer água de 20°C a 30 °C podemos:

- colocar simplesmente 50 J de calor;
- colocar 50 J de trabalho mecânico, revolvendo a água com um agitador ou fornecendo trabalho elétrico a uma resistência imersa;
- fornecer 70 J de trabalho ao sistema e retirar 20 J de calor.

Em todos esses casos, ΔU é o mesmo, ou

$$\begin{aligned} \Delta U = Q - W &= 50 - 0 = 50 \\ &= 0 - (-50) = 50 \\ &= -20 - (-70) = 50 \end{aligned}$$

Porém o caminho *faz* diferença quando medimos ΔS. O procedimento é descrito a seguir:

- Defina claramente o estado final e o inicial e calcule a quantidade de calor recebida ou cedida pelo sistema, Q_{real}.
- Se não houver interferência de efeitos mecânicos, como ΔE_p, ΔE_k, expansão ou contração, atrito ou outro efeito qualquer, $Q_{real} = Q_{rev}$; portanto use Q_{real} diretamente na Eq. 15-2.
- Se as mudanças de energia mecânica envolvem atrito, você deve considerar um caminho como reversível para as mudanças de energia mecânica que estão acontecendo. Calcule Q_{rev} e, daí, ΔS para esse caminho a partir do estado inicial para o estado final.

Exatamente o mesmo procedimento é usado para calcular $\Delta S_{vizinhança}$. Pode ser que o caminho para calcular para a vizinhança seja diferente do caminho usado para o sistema.

Discussão sobre Q_{rev} e Q_{irrev}

A diferença entre esses calores pode ser difícil de compreender. Vamos tentar esclarecer nas duas ilustrações da Fig. 15-9. Vamos considerar um saco de 20 kg de areia caindo de uma altura de 50 m. Se o saco estiver bem isolado, o Exemplo 15-5 mostra como ele se aquece, pois ganha 9.800 J de energia interna, obtida da perda de energia potencial. Como o saco está bem isolado, esses 9.800 J permanecem no saco, pelo seu aquecimento e:

$$Q_{irrev} = Q_{real} = 0$$

Mas, nesse processo, a queda do saco de areia é irreversível.

Para um processo reversível (por exemplo, subindo outro saco de 50 kg), precisaríamos acrescentar 9.800 J de calor para que, no final do processo, tivéssemos o mesmo valor de U, nesse caso

$$Q_{rev} = 9.800 \text{ J}$$

Podemos chamá-lo de Q_{rev} porque se refere à situação em que a mudança de energia potencial foi feita de forma reversível.

Vamos analisar outro exemplo, um tanque bem isolado contendo 1 kg de água a 20°C, ao qual adicionamos 4.184 J de trabalho elétrico, representado por W_{sh} na Fig. 15-7.

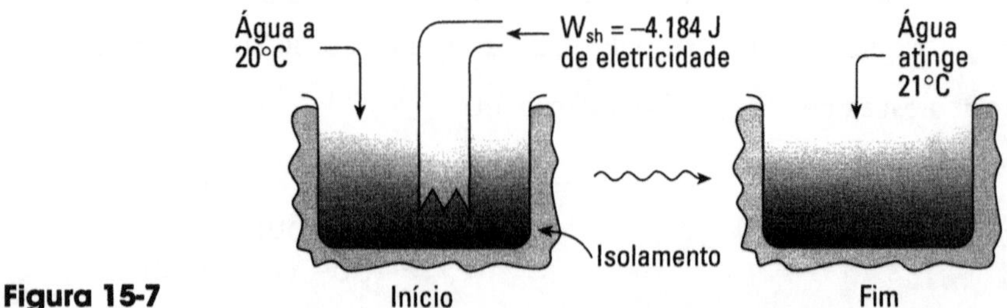

Figura 15-7

Vemos que $Q_{real} = 0$. Mas, atingir estado final (21°C), sem irreversibilidades, precisamos adicionar calor para aquecer a água de 20 para 21°C. Então,

$$Q_{rev} = 4.184 \text{ J}$$

Discussão sobre Valores de Q_{rev} Diferentes

Finalmente, temos aqui um conceito que pode ser difícil para você digerir. Há vários caminhos reversíveis entre o estado 1 e o estado 2, cada um com seu Q_{rev}. Apesar desse Q_{rev} diferir de um caminho reversível para outro, o ΔS é o mesmo qualquer que seja o caminho.

Você pode observar que S depende apenas do estado do sistema. É uma variável de estado (como U, T ou H). Não depende do caminho, como Q ou W. A única maneira de calcular ΔS para a mudança do estado 1 para o estado 2 é através de um caminho reversível. Na Seção E do Cap. 16, veremos dois diferentes caminhos reversíveis, com diferentes Q_{rev}, mas com o mesmo ΔS. Os exemplos a seguir ilustram esse ponto, que por sinal é um ponto central da termodinâmica.

EXEMPLO 15-1 Congelando Água

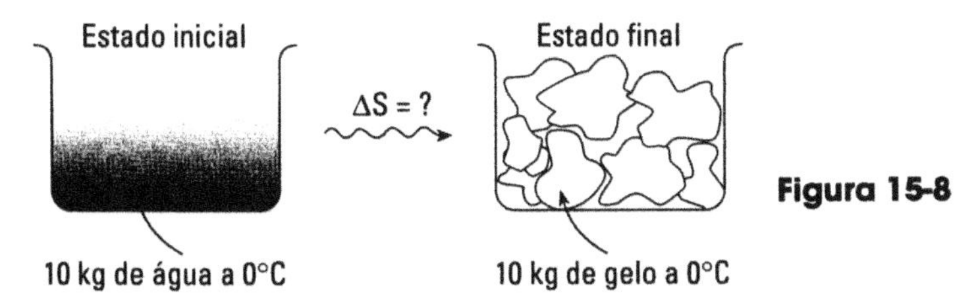

Figura 15-8

Calcule ΔS quando 10 kg de água a 0°C formam gelo a 0°C.

Dados

Para o gelo fundindo: $\Delta h_{s\ell} = 333$ kJ/kg (da Tab. 8-1)

Solução

Vamos considerar os 10 kg de água a ser congelada como o nosso sistema. Como não há mudanças de energia mecânica,[3] a Eq. 15-2 pode ser aplicada diretamente. Então, para o sistema,

Calor está sendo retirado, portanto Q é negativo

$$\Delta S = \int_{\text{água}}^{\text{gelo}} \frac{dQ_{rev}}{T} = \frac{1}{T}\int dQ_{rev} = \frac{m(-\Delta h_{s\ell})}{T}$$

Constante

$$= \frac{(10\text{ kg})(-333\text{ kJ/kg})}{273\text{ K}} = \underline{\underline{-12.200\ \frac{J}{K}}} \longleftarrow$$

EXEMPLO 15-2 Aquecendo Água

Calcule ΔS quando 10 mols de água líquida são aquecidos de 0°C a 100°C a 1 atm.

Dados

$c_{p,\text{água}} = 4.184$ J/kg · K (da Tab. 8-1)

Solução

Vamos tomar os 10 mols de água como sendo o nosso sistema. Aqui também há uma quantidade desprezível de energia mecânica devida à dilatação térmica, mas vamos também usar diretamente a Eq. 15-2:

$$\Delta S = \int \frac{dQ_{rev}}{T} = \int \frac{m\,c_p\,dT}{T} = m\,c_p \int_{\text{inicial}}^{\text{final}} \frac{dT}{T} = m\,c_p\,\ell n\frac{T_{\text{final}}}{T_{\text{inicial}}}$$

$$= (10\text{ mols})\left(\frac{0{,}018\text{ kg}}{\text{mol}}\right)\left(4.184\frac{J}{kg\cdot K}\right)\ell n\frac{373}{273} = \underline{\underline{+235\frac{J}{K}}} \longleftarrow$$

[3] Na realidade, ao congelar, a água sofre uma pequena expansão e "empurra" a atmosfera. Portanto realiza trabalho mecânico, mas é tão pequeno que vamos desprezá-lo.

EXEMPLO 15-3 Os riscos de ser um professor adorado

Quando o professor de termodinâmica se dirigia para a sala de aula, um saco de 20 kg de areia (c_p = 1.000 J/kg.K) caiu no chão, bem ao seu lado. Ele olhou para cima e verificou que só poderia ter vindo do teto do prédio, 50 m acima. Três coisas passaram imediatamente pela cabeça do professor:

a) Qual o ΔS do saco de areia nesse episódio?
b) Qual o ΔS dos arredores?
c) Qual o ΔS_{total} para esse processo?

A quarta coisa em que ele pensou foi que essa era uma boa pergunta para a próxima prova. Por favor, responda às questões (a), (b) e (c).

Informação adicional

Vamos escolher o saco de areia como o sistema e o resto do mundo como arredores ou vizinhança. Apesar de algum calor ter sido gerado por atrito quando o saco de areia atingiu o solo, esse calor deve ter se dissipado nos arredores e a areia retornado à sua temperatura inicial, a do ambiente, digamos 7°C. Vamos então escolher como estado 1 o saco de areia a 7°C, no teto, a 50 m de altura, e, como estado 2, o mesmo saco de areia, à mesma temperatura, no solo.

Figura 15-9

Solução

Para esse sistema (saco de areia), o calor realmente perdido para os arredores pode ser calculado pela primeira lei, a Eq. 3-2:

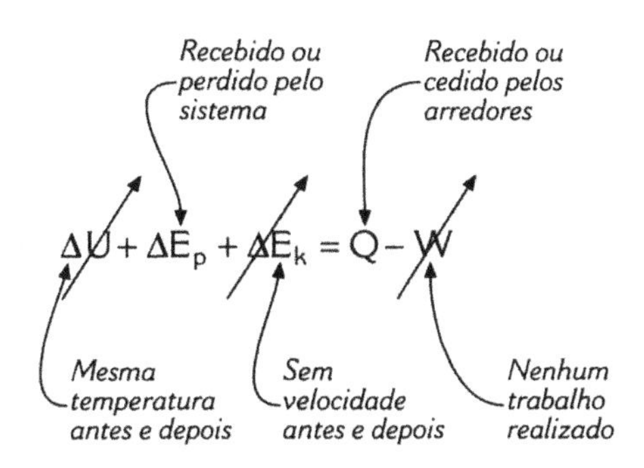

$$\Delta U + \Delta E_p + \Delta E_k = Q - W$$

ou

$$Q_{real} = \frac{m\ g(z_2 - z_1)}{g_c}$$

$$= \frac{(20\ \text{kg})\ (9{,}8\ \text{m/s}^2)\ (0 - 50\ \text{m})}{(1\ \text{kg} \cdot \text{m/s}^2 \cdot \text{N})} = -9.800\ \text{J}$$

Perdido pela areia, recebido pelos arredores

Vamos verificar se algum efeito mecânico foi envolvido nesse processo. A resposta é "sim" para o saco de areia, uma vez que ele perdeu energia potencial, e "não" para os arredores, uma vez que os arredores apenas ganharam calor.

a) *Para o sistema* (saco de areia), a queda é tipicamente um processo mecânico irreversível; então, vamos imaginar um processo reversível para levá-lo do teto ao chão. Vamos imaginar um sistema de roldana, como o representado na Fig. 15-10.

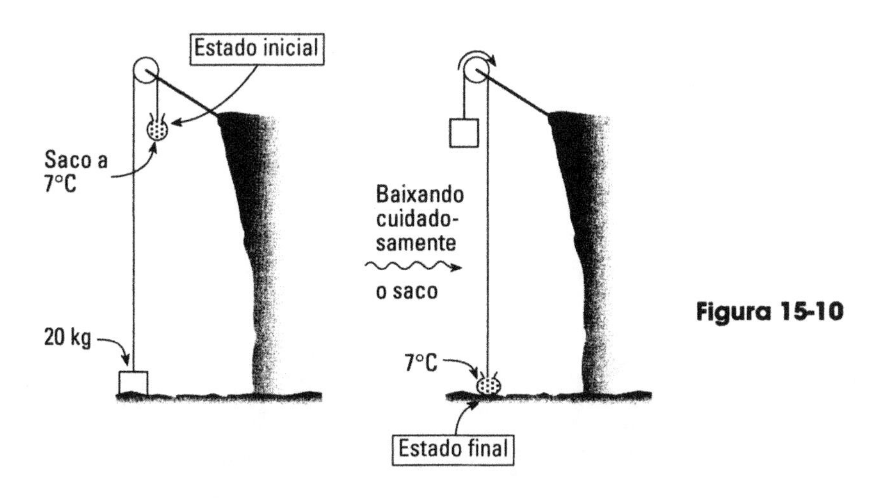

Figura 15-10

O calor necessário para levar o saco de areia ao solo reversivelmente é zero. Então, pela Eq. 15-2,

$$\Delta S_{\text{saco de areia}} = \int \frac{d\,Q_{rev}}{T} = \underline{\underline{0}} \qquad \longleftarrow \qquad (a)$$

b) *Para os arredores*. Lembremos que não há alteração de energia mecânica nos arredores; ocorrem apenas efeitos térmicos. Depois que o saco atinge o chão, as vizinhanças recebem 9.800 J e permanecem a 7°C; portanto

Positivo, pois o calor foi recebido

$$\Delta S_{\text{vizinhança}} = \int \frac{d\,Q_{rev}}{T} = \frac{Q_{rev}}{T} = \frac{9.800}{280}$$

Constante

$$= \frac{9.800\ \text{J}}{280} = 35\ \text{J/K} \qquad \longleftarrow \qquad (b)$$

c) *Global*. Pela segunda lei, o ΔS_{total} deve ser positivo. Podemos verificar isso segundo:

$$\Delta S_{total} = 0 + 35 = \underline{\underline{+35\ \text{J/K}}} \qquad \longleftarrow \qquad (c)$$

PROBLEMAS

1. Um bloco de metal está totalmente imerso em uma banheira. Ao se abrir o ralo, toda a água sai da banheira. O que acontece com:

   a) a energia;
   b) a entalpia;
   c) a entropia do bloco de metal?

   A temperatura permanece constante e o bloco de metal pode ser considerado incompressível.

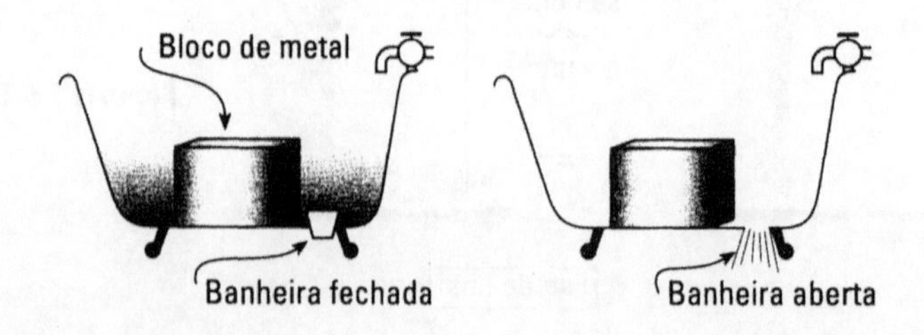

2. Uma bola de 2 kg rola para oeste a 3 m/s e colide com uma segunda bola, de 1 kg, até então em repouso. A primeira bola, após a colisão, continua rolando para oeste a 1 m/s e a segunda bola também segue para oeste, porém a 4 m/s. A temperatura é de 27°C. Qual foi a mudança de entropia:

a) da primeira bola?
b) da segunda bola?
c) total?

3. Um peso pende por um fio de náilon muito fino (despreze a massa), de uma caixa preta isolada. O fio está sendo puxado pela caixa preta. O que acontece:

a) com as energias?
b) com a entropia da caixa?

Está aumentando ou diminuindo?

Permanece constante ou é desconhecida?

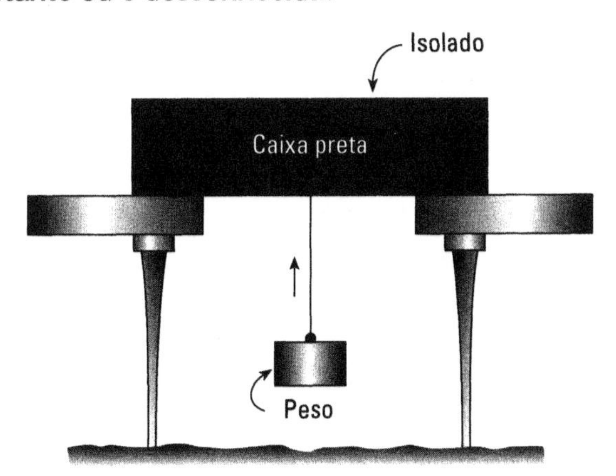

4. Um bloco de madeira de 1 L ($\rho = 500\ kg/m^3$) está preso ao fundo de uma piscina. Ao ser solto, sobe à superfície, 2 m acima. Como estão em contato com o ambiente, a temperatura do bloco e da água permanecem constantes em 21°C. Calcule a mudança de entropia do bloco, da piscina, dos arredores e a total.

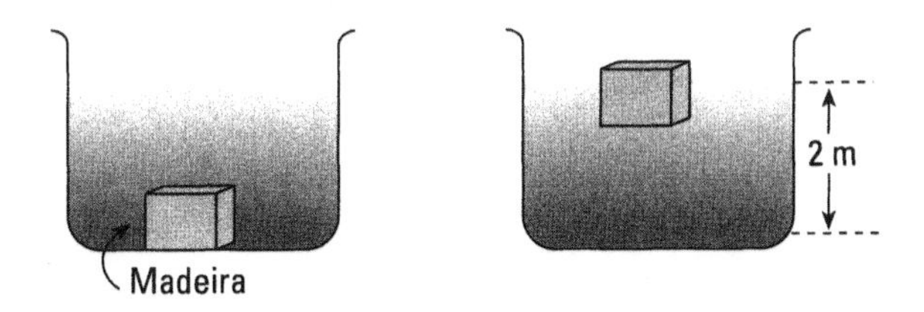

5. Uma bola de 2 kg rola na direção norte a 3 m/s e colide com outra bola, de 1 kg, em repouso. Após o choque, as duas bolas seguem juntas para o norte a 2 m/s. A temperatura é de 27°C. Qual a mudança de entropia envolvida nessa colisão?

6. Uma bola de ferro de 10 kg está na borda de uma piscina. Lenta e cuidadosamente faço-a descer até o fundo da piscina. Tudo permanece isotermicamente a 25°C.

a) Calcule as mudanças na energia interna, a energia total e a entropia, na bola.

b) Calcule as mudanças na energia interna, a energia total e a entropia, na piscina e em sua água.

c) Calcule as mudanças na energia interna, a energia total e a entropia, na máquina bem isolada que desceu a bola até o fundo da piscina.

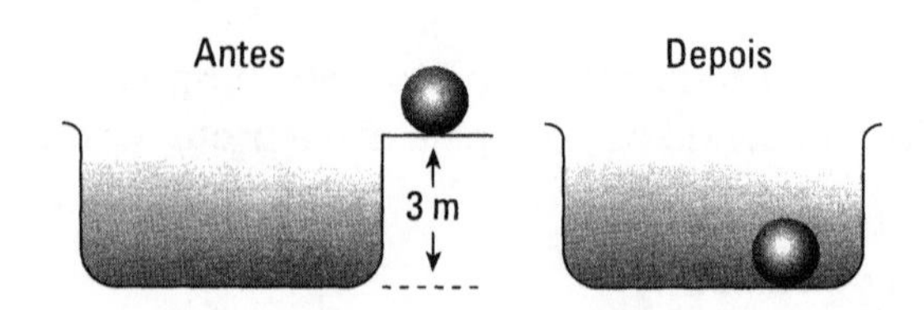

7. Um pêndulo com 2,04 m de comprimento consiste numa massa de 5 kg pendurada por um fio. O pêndulo, em um dia agradável (300 K), é levado até a posição horizontal e liberado. Ele balança e acaba parando, ainda a 300 K. Calcule:

a) $\Delta U_{pêndulo}$

b) $\Delta U_{vizinhança}$

c) ΔU_{total}

d) $\Delta S_{pêndulo}$

e) $\Delta S_{vizinhança}$

f) ΔS_{total}

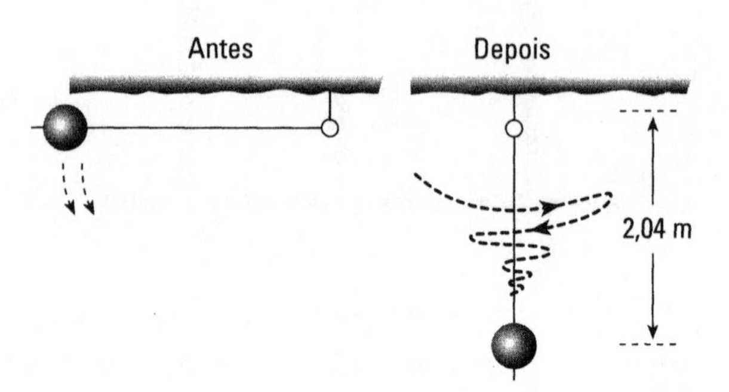

8. Um bloco de metal (8 kg, c_p = 1 kJ/kg · K, T = 400 K) é colocado em uma grande piscina cheia de água (T = 300 K) e atinge o equilíbrio. Para esse processo calcule:

a) ΔS_{metal}

b) $\Delta S_{piscina}$

c) ΔS_{total}

d) ΔH_{metal}

e) $\Delta H_{piscina}$

f) ΔH_{total}

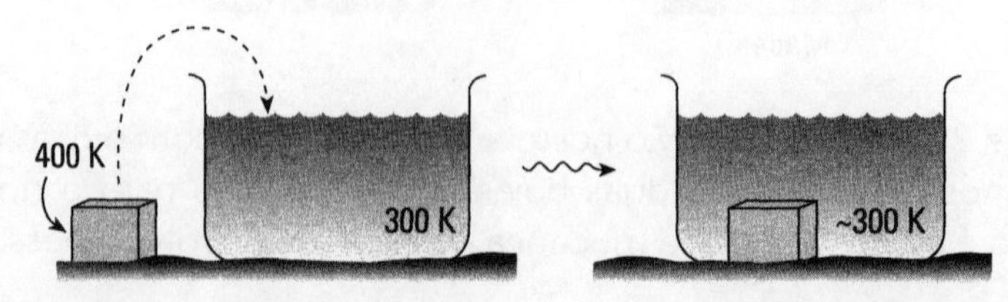

9. A ilustração apresenta dois esquemas de sistemas isolados. Responda:

a) A transformação A é possível?

b) E a B?

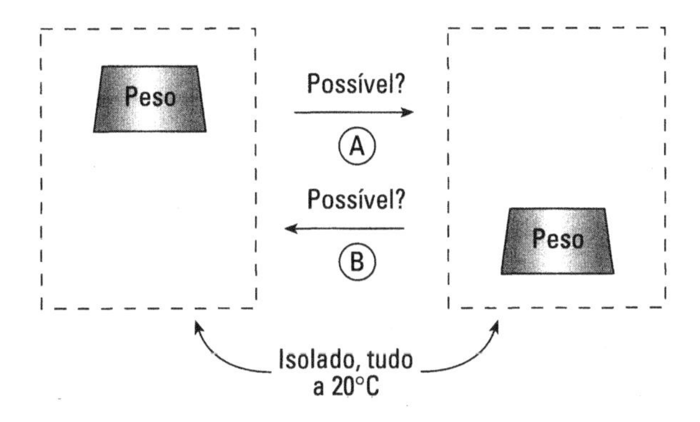

10. A seguir, você encontra dois esquemas de sistemas isolados. Responda:

a) A transformação A ou a B violam a primeira lei?

b) Alguma delas viola a segunda lei?

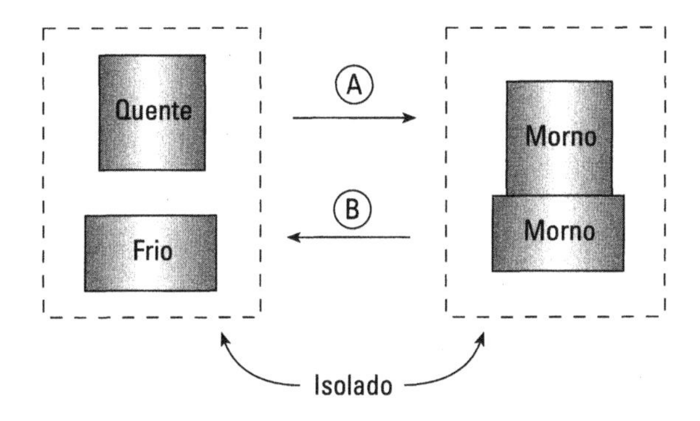

11. Uma pedra é lançada por um estilingue. A entropia da pedra aumenta, diminui ou permanece a mesma quando ela vai do estado 1 para o estado 2?

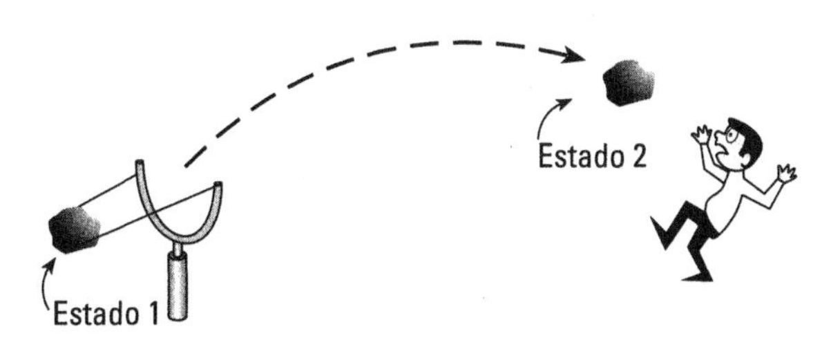

12. Um bloco quente (1 kg, $c_p = 1.000$ J/kg · K, T = 1.000 K) é colocado sobre um bloco frio (2 kg, $c_p = 1.000$ J/kg · K, T = 100 K). Eles atingem 500 K em um ambiente a 300 K. A entropia aumenta, diminui ou permanece a mesma para:

a) o bloco quente?
b) o bloco frio?
c) os arredores?
d) o global?
e) o que tudo isto significa?

13. Calcule ΔS para o espetacular desempenho do Capitão Shultz descrito no problema 9 do Cap. 8.

14. Calcule ΔS para o retorno à Terra da espaçonave *Anapurna*, do Nepal, nossa velha conhecida do problema 12 do Cap. 8.

15. Uma antiga canção de ninar inglesa oferece um exemplo da segunda lei. As rimas ensinam às crianças que quebrar um ovo é um processo irreversível. Na música, o ovo cai de cima do muro, quebra e não pode mais ser consertado.

Mas será mesmo irreversível? Considere que você pode alimentar uma galinha com o ovo quebrado (com casca e tudo) e a galinha, então, pode botar outro ovo, inteirinho. Isso representaria um processo reversível? Sua opinião, por favor.

CAPÍTULO 16

GASES IDEAIS E A SEGUNDA LEI

Em várias situações, precisamos calcular a mudança de entropia de gases ideais. Então vamos desenvolver diversas equações para esse fim. Essencialmente, vamos estender as deduções do Cap. 11 para um patamar um pouco mais alto, incluindo o ΔS em nossos cálculos.

Vamos lembrar, do Cap. 11, para n mols, desprezando ΔE_p e ΔE_k, que:

$$\begin{matrix} pV = nRT \\ c_p = c_v + R \end{matrix} \xrightarrow[\text{constante}]{\text{admite-se } c_p} \begin{matrix} \Delta U = nc_v\Delta T \\ \Delta H = nc_p\Delta T \end{matrix} \tag{16-1}$$

e, da Eq. 15-2, que:

$$\Delta S = \int \frac{dQ_{rev}}{T}$$

onde Q_{rev} se refere à troca de calor quando as mudanças de energia mecânica do sistemas foram realizadas de forma reversível. Se as mudanças de energia mecânica foram realizadas com atrito e aumentam a energia interna do gás, podemos substituí-las por um processo em que as mudanças de energia mecânica são reversíveis e, então, trocar com as vizinhanças o calor conveniente para levar ao estado final que desejamos. Sempre tratamos de Q_{rev} e W_{rev}.

Como exemplo, vejamos as duas situações da Fig. 16.1, com o mesmo estado final.

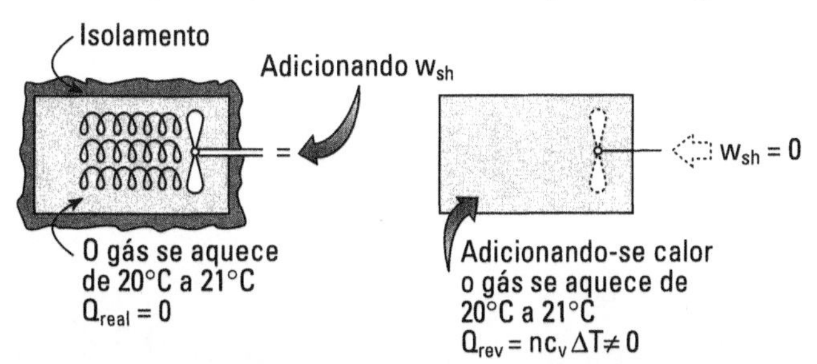

Figura 16-1

A primeira situação envolve mudanças irreversíveis na energia mecânica e portanto podemos substituí-la pela segunda para calcular o ΔS. Para calcular o ΔS de qualquer mudança, reversível ou irreversível, calcule o de Q_{rev} e o W_{rev} e então calcule ΔS. Nas equações a seguir consideramos c_p e c_v constantes.

A. PROCESSOS A VOLUME CONSTANTE

Pela primeira lei, a volume constante,

$$W_{rev} = 0 \qquad \text{então} \qquad Q = \Delta U = nc_v \Delta T$$

Assim,

$$\Delta S = \int \frac{dQ_{rev}}{dT} = \int \frac{nc_v dT}{T} = nc_v \ell n \frac{T_2}{T_1} = nc_v \ell n \frac{p_2}{p_1}$$

e

$$W_{rev} = 0 \tag{16-2}$$

B. PROCESSOS A PRESSÃO CONSTANTE

No Cap. 11, para um processo reversível sob pressão constante, vimos

$$W_{rev} = \int p dV = p\Delta V = nR\Delta T$$

e

$$\Delta U = nc_v \Delta T$$

E, pela primeira lei (Eq. 3-2):

$$Q_{rev} = \Delta U + W_{rev} = nc_v \Delta T + nR\Delta T = nc_p \Delta T$$

então

$$\Delta S = \int \frac{dQ_{rev}}{T} = \int \frac{nc_p dT}{T} = nc_p \ell n \frac{T_2}{T_1} = nc_p \ell n \frac{V_2}{V_1}$$

e

$$W_{rev} = nR \; (T_2 - T_1) \tag{16-3}$$

C. PROCESSOS A TEMPERATURA CONSTANTE

Como a temperatura é constante, $\Delta U = 0$, e, pela primeira lei,

$$Q_{rev} = W_{rev} = \int p dV$$

ou

$$dQ_{rev} = p dV = \frac{nRT}{V} dV$$

Portanto, a mudança de entropia é

$$\Delta S = \int \frac{dQ_{rev}}{T} = \int \frac{nRT}{VT} dV = nR \,\ell n\, \frac{V_2}{V_1} = -nR \,\ell n \frac{p_2}{p_1}$$

e

$$W_{rev} = -nRT \,\ell n\, \frac{p_2}{p_1} \qquad (16\text{-}4)$$

D. PROCESSOS GENÉRICOS DE P_1, V_1, T_1 A P_2, V_2, T_2

Para mudar de $p_1 T_1$ para $p_2 T_2$, vamos considerar um processo em duas etapas (Fig. 16-2).

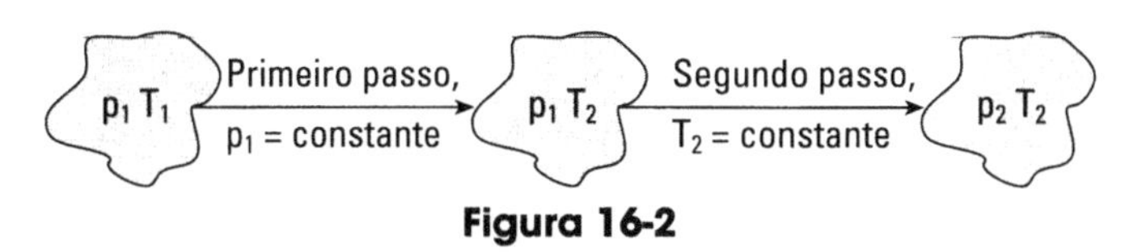

Figura 16-2

Esse processo pode ser equacionado segundo

$$\Delta S = nc_p \,\ell n \frac{T_2}{T_1} - nR \,\ell n \frac{p_2}{p_1} \qquad (16\text{-}5)$$

(↑ Primeiro passo: $nc_p \,\ell n \frac{T_2}{T_1}$; ↑ Segundo passo: $nR \,\ell n \frac{p_2}{p_1}$)

De forma semelhante, para irmos de $V_1 T_1$ para $V_2 T_2$, para um processos em dois passos,

$$\Delta S = nc_v \,\ell n \frac{T_2}{T_1} + nR \,\ell n \frac{V_2}{V_1} \qquad (16\text{-}6)$$

Finalmente, para ir de $p_1 V_1$ a $p_2 V_2$, vem

$$\Delta S = nc_v \,\ell n \frac{p_2}{p_1} + nc_p \,\ell n \frac{V_2}{V_1} \qquad (16\text{-}7)$$

Essas equações mostram que, se você conhece o estado inicial, o final e o c_p, você pode calcular:

$$\Delta U, \Delta H \text{ e } \Delta S$$

para *qualquer* mudança (qualquer que seja o caminho) ocorrida em um gás ideal. Lembre-se de que ΔU, ΔH e ΔS são funções de estado (dependem apenas do estado inicial e do estado final, não importando o caminho seguido entre eles), uma vez que não incluem Q ou W em suas fórmulas.

E. TRABALHO REVERSÍVEL

Vamos considerar o trabalho reversível realizado em uma transformação de p_1, T_1 para p_2, T_2. Podemos ir por vários caminhos. Dois deles estão representados na Fig. 16-3.

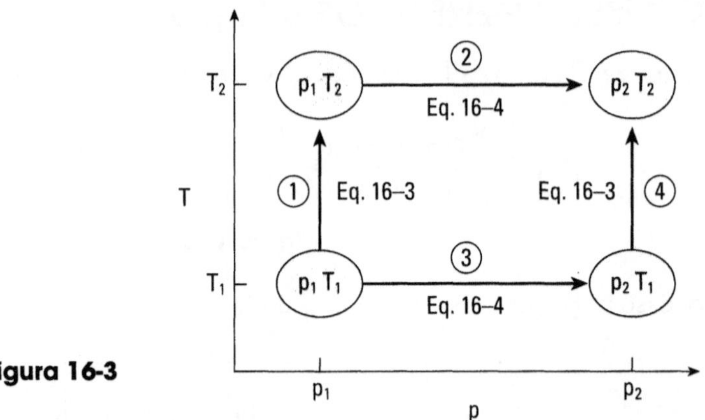

Figura 16-3

Pela equações que acabamos de deduzir, para os passos 1 + 2, temos

$$W_{1+2} = nR(T_2 - T_1) - nRT_2 \, \ell n \frac{p_2}{p_1}$$

e, para os passos 3 + 4,

$$W_{3+4} = -nRT_1 \, \ell n \frac{p_2}{p_1} + nR(T_2 - T_1)$$

Essas duas equações mostram que o trabalho envolvido é diferente para os diferentes caminhos. Esse é um exemplo da transformação genérica de $p_1 \, T_1$ para $p_2 \, T_2$, em que:

- o trabalho, reversível ou não, depende do caminho escolhido;
- dessa forma, o calor envolvido também depende do caminho escolhido;
- entretanto $\frac{Q_{rev}}{T}$ ou $\int \frac{dQ_{rev}}{T}$ (em outras palavras, ΔS) não depende do caminho escolhido (confira examinando as Eqs. 16-5, 16-6 e 16-7).

F. PROCESSO REVERSÍVEL ADIABÁTICO (Q = 0, ΔS = 0)

Essa é a representação da máquina ideal. Por exemplo, vamos considerar um compressor ou uma turbina (Fig. 16-4).

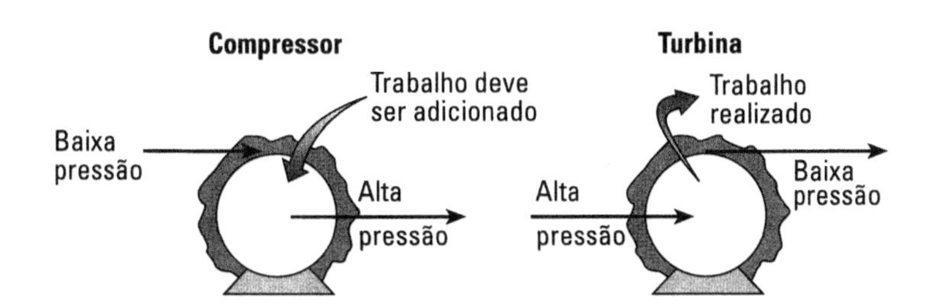

Figura 16-4

Sem atrito e sem trocar calor com as vizinhanças, o compressor e a turbina podem ter seu desempenho revertido, um para o outro. Vamos ver agora o que acontece com o fluido que atravessa essa máquina reversível. Para cada mol escoando:

- pela primeira lei (adiabática) $q_{real} = 0$
- para sistemas com escoamento $-w_{sh} = \Delta h + \Delta e_p + \Delta e_k$
- pela segunda lei (adiabática reversível) $\Delta s_{fluido} = \int \frac{dq_{rev}}{T} = 0$ (16-8)
- e, com a Eq. 11-15 (adiabática reversível), $\frac{T_2}{T_1} = \left(\frac{p_2}{p_1} \right)^{\frac{(k-1)}{k}}$

Essas máquinas são consideradas ideais porque demandam menos trabalho para comprimir ou produzem mais trabalho, quando funcionam como turbina, do que as máquinas reais que sofrem atrito. O Exemplo 16-2 ilustra o comportamento dessas máquinas.

Para um processo adiabático porém irreversível (com calor gerado por atrito e incorporado ao fluido), temos

$$\Delta S_{fluido} > 0 \qquad (16\text{-}9)$$

Para um processo irreversível não-adiabático (calor cedido para ou recebido do fluido que atravessa a máquina):

$$\Delta S_{fluido} \text{ pode ser } >, < \text{ ou } = 0 \qquad (16\text{-}10)$$

EXEMPLO 16-1 Expansão de um gás

A metade esquerda de um tanque isolado, de volume constante, contém ar e está separada da metade direita, sob vácuo, por um diafragma. O diafragma se rompe e o ar se espalha. Calcule o ΔS desse processo. O esquema a seguir mostra as quantidades envolvidas.

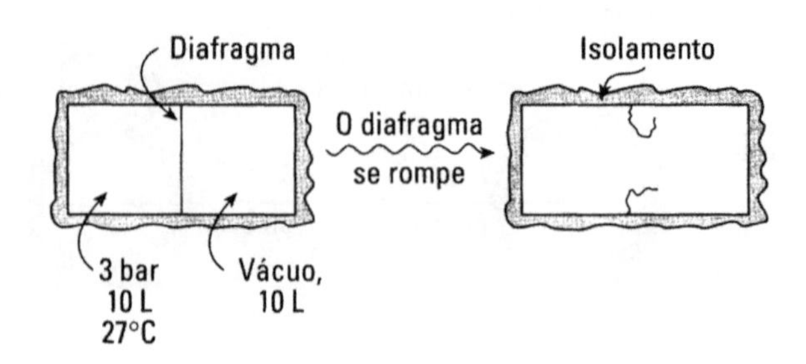

Figura 16-5

Solução

Primeiramente, calcule o estado final, calor e trabalho realmente postos em jogo, pela primeira lei. Só depois disso se preocupe com a mudança de entropia. Pela primeira lei, para todo o sistema isolado, a volume constante,

$$Q = 0 \quad \text{e} \quad W = 0$$

Portanto $\Delta U = 0$. Para gás ideal temos:

$$T_{final} = 300 \text{ K}, \quad V_{final} = 20 \text{ L}, \quad p_{final} = 1{,}5 \text{ bar}$$

e

$$n = \frac{pV}{RT} = \frac{(150.000)\,(0{,}020)}{(8{,}314)\,(300)} = 1{,}2 \text{ mol}$$

Como o processo envolve explosão, turbulência e atrito (e suas conseqüências mecânicas) e como é irreversível, para determinar ΔS temos que imaginar um processo reversível que nos conduza do estado inicial ao estado final. Muitos processos podem fazer isso, porém o mais simples é uma expansão isotérmica reversível do estado inicial ao final. Para tal, a Eq. 16-4 dá:

$$Q_{rev} = W_{rev} = nRT\,\ell n\frac{V_{final}}{V_{inicial}}$$

$$\Delta S = \int \frac{dQ_{rev}}{T} = nR\,\ell n\frac{V_{final}}{V_{inicial}}$$

$$= (1{,}2\,\text{mol})\left(8{,}314\,\frac{\text{J}}{\text{mol}\cdot\text{K}}\right)\ell n\frac{20}{10} = \underline{\underline{6{,}92\,\frac{\text{J}}{\text{K}}}} \longleftarrow$$

O sinal + para um sistema isolado significa que este caminha para o equilíbrio. O contrário, em que todo o gás se dirige para a metade esquerda do tanque, não pode acontecer por si só.

Observação $Q_{real} = 0$ porque o processo é adiabático. Contudo, como se trata de um processo irreversível, temos que imaginar caminho reversível e usar Q_{rev} para calcular ΔS. Acabamos de constatar que $Q_{rev} \neq 0$.

EXEMPLO 16-2 Ganhando dinheiro com ar residual

Atualmente estamos lançando na atmosfera uma corrente de ar sob pressão ($\dot{V} = 20$ L/s, $T = 300$ K, $p = 10$ atm) sem realizar nada de útil com isso. Estamos pensando em instalar uma turbina com um gerador elétrico para recuperar uma parte de toda essa energia disponível atualmente desperdiçada. Calcule a potência gerada por uma turbina adiabática ideal e quanto dinheiro iremos recuperar em 30 dias para uma energia elétrica a R$ 0,15/kWh.

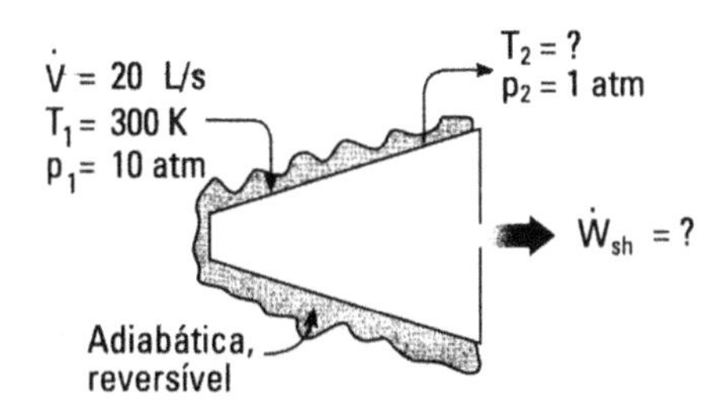

Figura 16-6

Solução

Primeiramente, vamos calcular a vazão molar:

$$\dot{n} = \frac{p\dot{V}}{RT} = \frac{(1.013.250)\ (0,020)}{(8.314)\ (300)} = 8,125 \text{ mols/s}$$

Para calcular o trabalho, vamos usar a Eq. 16-8. Então, para operações adiabáticas reversíveis:

$$T_2 = T_1\left(\frac{p_2}{p_1}\right)^{\frac{k-1}{k}} = 300\left(\frac{1}{10}\right)^{\frac{0,4}{1,4}} = 155 \text{ K}$$

$$\dot{W}_{rev} = -\Delta\dot{H} = -\dot{n}c_p(T_2 - T_1)$$
$$= -(8,125)\ (29,10)\ (155 - 300) = 34.283 \text{ W}$$

Dinheiro recuperado:

$$= \left(34.283\frac{J}{s}\right)\left(\frac{3.600 \times 24 \times 30 \text{ s}}{\text{mês}}\right)\left(\frac{0,277\,8 \text{ kW}\cdot\text{h}}{10^6 \text{ J}}\right)\left(\frac{\text{R\$ } 0,15}{\text{kW}\cdot\text{h}}\right)$$

$= \underline{\underline{\text{R\$ 3.703/mês}}}$ ←

Observação. Isso representa uma bela economia. Observe ainda que o ar de saída está muito frio, a 155 K, o que nos faz desconfiar que ainda poderíamos tirar alguma coisa dele. Para isso, vamos considerar uma expansão isotérmica reversível do gás original como representado na Figura 16-7

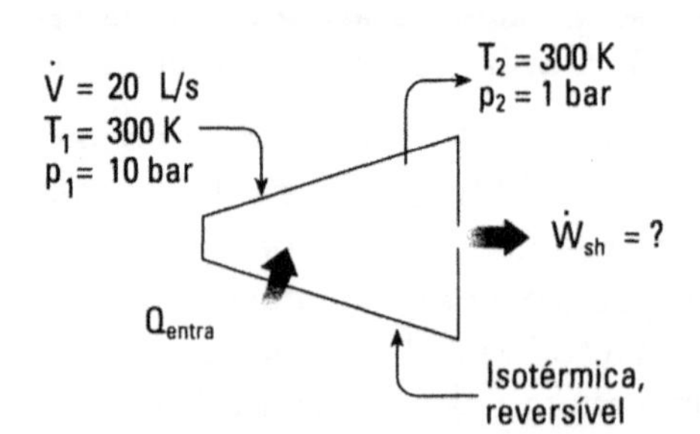

Figura 16-7

Pela Eq. 16-4,

$$\dot{W}_{sh} = -\dot{n}RT \,\ell n\frac{p_2}{p_1} = -(8{,}125)\ (8{,}314)\ (300)\ \ell n\frac{1}{10} = 46.662 \text{ W}$$

Comparando os dois resultados, vemos que uma expansão reversível isotérmica dá 46,6/34,3 = 1,36, ou seja, 36% mais potência que a adiabática.

EXEMPLO 16-3 Cirurgia sem dor

O vendedor da Black Blade Ltd. apresentou à nossa equipe cirúrgica um novo tipo de bisturi, que corta absolutamente sem dor. Ele trabalha soprando uma corrente de ar muito, mas muito frio mesmo, sobre o tecido a ser cortado. O tecido congela, fica insensível e não há necessidade de anestésicos. Fabuloso!

Ele disse que a "alma" do aparelho é um tubo de Hilsch, que divide uma corrente de ar sob alta pressão (p_1 = 1,5 bar, T_1 = 27°C) em duas correntes eqüimolares, uma quente e uma fria, ambas a uma menor pressão ($p_2 = p_3$ = 1 bar). A corrente fria é então dirigida à lâmina do bisturi.

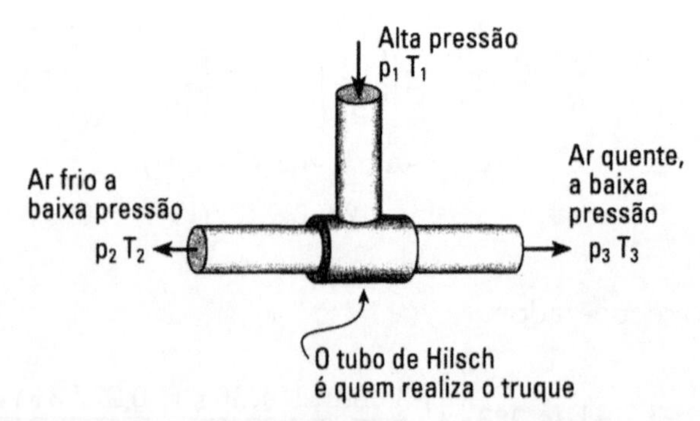

Figura 16-8

O vendedor afirma que o ar frio está a –123°C. Mas eu não acredito que o ar possa ser resfriado tanto assim por um dispositivo tão simples. Será que alguma lei da termodinâmica está sendo violada? Mostre onde.

Solução

Para qualquer processo real que ocorra com uma corrente fluindo, mas isolada termicamente, a segunda lei afirma que $\Delta S_{total} \geq 0$. Vamos verificar se o ar passando pelo tubo de Hilsch satisfaz essa condição. Vamos admitir que a operação é adiabática e reversível, pois essas condições conduzem às menores temperaturas.

Base de cálculo. Dois mols de ar entrando. Então, aplicando a primeira lei a um sistema com escoamento isolado, temos

$$n_1h_1 = n_2h_2 + n_3h_3 \ldots \text{ onde } \begin{cases} n_1 = 2 \\ n_2 = 1 \\ n_3 = 1 \end{cases}$$

ou

$$n_1c_pT_1 = n_2c_pT_2 + n_3c_pT_3$$

Se a afirmativa do vendedor é correta, então

$$2(300) = 1(150) + 1(T_3)$$

ou

$$T_3 = 450\text{K}$$

Pela segunda lei, para 2 mols de gás ideal entrando no sistema, a Eq. 16-5 dá:

$$\Delta S_{total} = \Delta S_{lado\ frio} + \Delta S_{lado\ quente}$$

$$= \left[n_2c_p\ \ell n\frac{T_2}{T_1} - n_2R\ \ell n\frac{p_2}{p_1}\right] + \left[n_3c_p\ \ell n\frac{T_3}{T_1} - n_3R\ \ell n\frac{p_2}{p_1}\right]$$

Substituindo, vem

$$\Delta S_{total} = \left[29{,}10\ \ell n\frac{150}{300} - 8{,}314\ \ell n\frac{1}{1{,}5}\right] + \left[29{,}10\ \ell n\frac{450}{300} - 8{,}314\ \ell n\frac{1}{1{,}5}\right]$$

$$= [-16{,}80] + [15{,}17] = -1{,}63\frac{\text{J}}{2\ \text{mol}\cdot\text{K}}$$

Como $\Delta S < 0$, esse dispositivo não pode resfriar o ar tanto quanto o vendedor alardeia.

PROBLEMAS

1. Um tanque isolado (V = 8,314 l) está dividido em duas partes iguais por uma fina membrana. No lado esquerdo, temos um gás ideal a 1 MPa e 500 K; o lado direito está sob vácuo. A membrana se rompe.
   a) Quantos mols de ar há no tanque?
   b) Qual a temperatura final no tanque?
   c) Qual o ΔS_{total} nesse processo?

2. Um gás ideal (c_p = 30 J/mol · K) está vazando para uma atmosfera a 100 kPa, de um grande tanque, por uma válvula isolada defeituosa. Quando o gás no tanque estiver a 300 K e 1 MPa, calcule:

a) a temperatura do gás depois da válvula;

b) Δh através de válvula;

c) Δu através da válvula;

d) Δs através da válvula.

3. Ar a 100 kPa e 300 K passa por um compressor velho e malconservado (acho até que está faltando óleo). Entretanto, ele está bem isolado. O ar sai a 500 kPa e 600 K. Como está muito quente, o ar passa por um trocador de calor e esfria até 300 K e sua pressão cai para 450 kPa.

a) Qual foi a mudança de entropia de 1 mol de ar do ponto 1 para o ponto 2, do ponto 2 para o ponto 3 e a global, ou seja, do ponto 1 para o ponto 3?

b) Qual foi o trabalho necessário para a compressão?

c) Qual seria o trabalho necessário para um compressor novinho, adiabático e reversível, comprimindo o ar a 500 kPa?

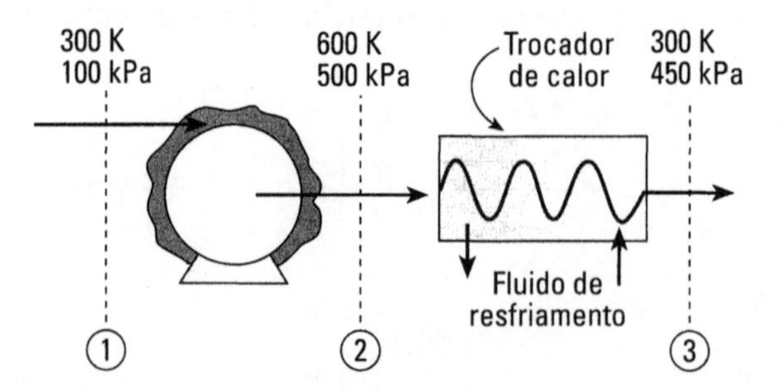

4. Numa morna tarde a 300 K, soprei um balão gigantesco, de 1 m^3, a 500 kPa de pressão. Demorei tanto para soprar tudo isso que o balão ficou à mesma temperatura do ambiente. Tive uma idéia brilhante: vou estourar o balão. Vai ser espetacular e, pelo jeito, vai me deixar completamente surdo. Mas não se preocupe com isso, apenas calcule:

a) ΔH para o gás do balão imediatamente antes e depois do estouro.

b) ΔS para o gás do balão imediatamente antes e depois do estouro.

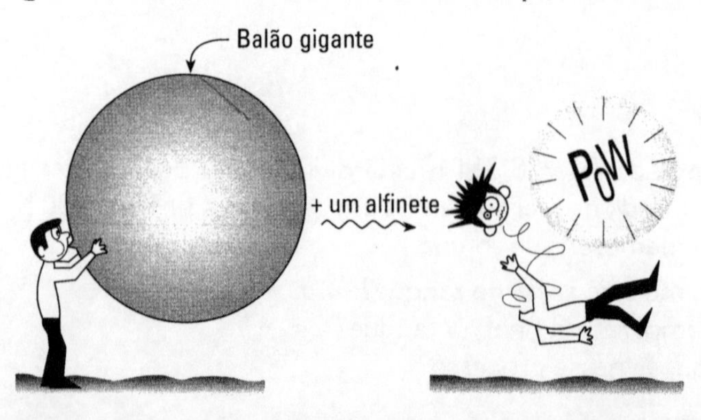

5. Com relação ao problema anterior, em que estourei o balão, calcule a mudança de entropia do gás antes do estouro até bem depois, tempo suficiente para que o gás voltasse aos 300 K.

6. Com relação ao Exemplo 3, qual a pressão do ar de entrada necessária para que o tubo de Hilsch possa dividi-lo em duas correntes eqüimolares, uma a 150 K e a outra a 450 K, ambas a 1 bar?

7. Ar ($c_p = 29{,}10$ J/mol · K) entra em um tubo de Hilsch bem isolado a 4 bar e 27°C. A corrente gasosa é divida em duas, eqüimolares, uma quente e uma fria, ambas a 1 bar. Quanto a corrente fria poderá esfriar se o tubo de Hilsch for tão eficiente quanto possível?

8. Uma corrente de ar a 300 K e 1 bar (estado 1) é comprimida adiabática e reversivelmente a 6 bar (estado 2), e volta adiabaticamente a 5 bar (estado 3), é resfriada em um trocador de calor a 300 K, mas ainda a 5 bar (estado 4), de onde segue para um reator. Para 1 mol escoando pelo sistema, calcule

$$T_2,\ T_3,\ \Delta S_{12},\ \Delta S_{23},\ \Delta S_{34}\ \text{e}\ \Delta S_{14}$$

Você encontrou que $\Delta S_{14} = \Delta S_{12} + \Delta S_{23} + \Delta S_{34}$? Pois deveria!

CAPÍTULO 17

ENTROPIA E OS FLUIDOS DE ENGENHARIA

Geladeiras, congeladores, máquinas a vapor, aparelhos domésticos de ar condicionado, bombas de calor, motores a jato, condicionadores de ar automotivos, desumidificadores..., todos são máquinas que transformam calor em trabalho, ou usam trabalho para bombear calor da temperatura menor para a maior. Tudo isso é feito escolhendo-se o fluido correto, que, daí, é aquecido, resfriado, condensado, vaporizado, comprimido e expandido da forma adequada para obter-se o resultado desejado. O objetivo deste capítulo é mostrar que, para projetar e analisar o comportamento e a eficiência dessas máquinas, é necessário conhecer as mudanças entrópicas envolvidas nesses processos.

Para os gases ideais, temos as equações simples para nos dizer tudo o que precisamos saber; por exemplo, quanto uma máquina pode trabalhar bem (Exemplo 16-2). Infelizmente, para outros materiais e também quando está ocorrendo ebulição ou condensação, não temos nada absolutamente genérico a que nos apegar. Cada material tem que ser tratado separadamente.

Este capítulo trata das mudanças de entropia de fluidos de grande utilidade na engenharia, mostra suas propriedades em tabelas e, finalmente, apresenta alguns exemplos em que essas informações são usadas.

A. ENTROPIA DE SUBSTÂNCIAS PURAS

Conhecendo as relações pVT e o calor específico de um fluido, podemos calcular as mudanças de entropia em diferentes condições. Isso é feito a partir da definição básica da entropia (Eq. 17-1).

A partir de um estado padrão arbitrário para a medida de entalpia (ou energia interna) e para entropia, foram preparadas tabelas para todas as substâncias úteis para a engenharia, em particular para água sob alta pressão (máquinas a vapor, termoelétricas) e o HFC-134a , que parece ser o material para o futuro uso nas máquinas de refrigeração.

$$\Delta S = \int \frac{dQ_{rev}}{T}, \left[\frac{J}{K}\right]$$

$$= \int_{T_1}^{T_2} \frac{mc_p dT}{T} \quad \text{...para mudança de temperatura, sem mudança de fase e a pressão constante} \qquad (17\text{-}1)$$

$$= \frac{m\Delta h_{\ell g}}{T} \quad \text{... para mudança de fase em } T$$

Entretanto, tome cuidado ao usar essas tabelas, pois em algumas foi escolhido um estado padrão diferente do usual. Quando isso acontece, os números de uma tabela não "batem" com os da outra, o que quer dizer que você poderá estar errando muito se usar duas tabelas diferentes para resolver o mesmo problema.

Por exemplo, todos os valores de entalpia do HFC-134a dados nas tabelas da ICI são 100 kJ menores que os valores indicados pela Dupont porque foram usados diferentes estados padrão para essas tabelas.

Também foram preparadas cartas para mostrar a alteração da entropia quando outras variáveis mudam. Essas cartas são úteis para se analisar o comportamento de todo tipo de máquinas, com particular interesse para projetistas de motores. Nós apenas vamos mostrar que aspecto essas cartas têm.

Primeiramente, temos o diagrama de Mollier, que mostra h em função de s, como esquematizado na Fig. 17-1. Neste livro não incluímos um diagrama de Mollier preciso. Observe que, quando você ferve um líquido ou vai de líquido a vapor, você se move diretamente do ponto A para o ponto B na figura.

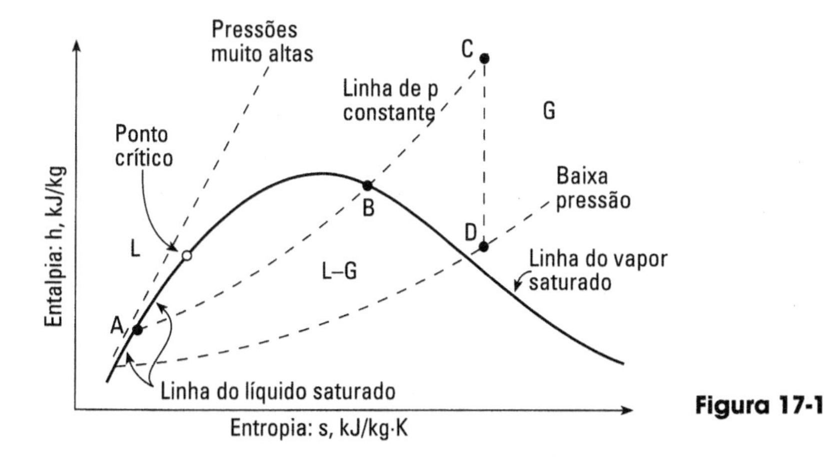

Figura 17-1

Diagramas do tipo mostrado na Fig. 17-1 são especialmente úteis para calcularmos o trabalho envolvido nas etapas do processo de um motor em que há transformações adiabáticas reversíveis, porque:

pela primeira lei $\Delta h = w$ ... condição adiabática
pela segunda lei $\Delta s = 0$ ... condição reversível.

Dessa forma, uma simples linha vertical C D nesse tipo de carta já mostra o trabalho realizado para uma máquina.

As cartas T-s são as mais usadas depois do diagrama de Mollier. (veja a Fig. 17-2). Observe que os pontos A e B representam a transição do líquido em ebulição para o vapor saturado. Caso exista mistura de líquido e vapor, um ponto interpolado entre A e B pode representar isso corretamente. Em geral, para 1 kg dessa mistura

$$s_{mistura} = s_g x_g + s_\ell(1 - x_g) \tag{17-2}$$

Fração mássica de vapor, qualidade (indicando x_g)

O deslocamento do ponto C para o D representa uma queda na temperatura quando uma máquina reversível adiabática opera entre essas duas pressões.

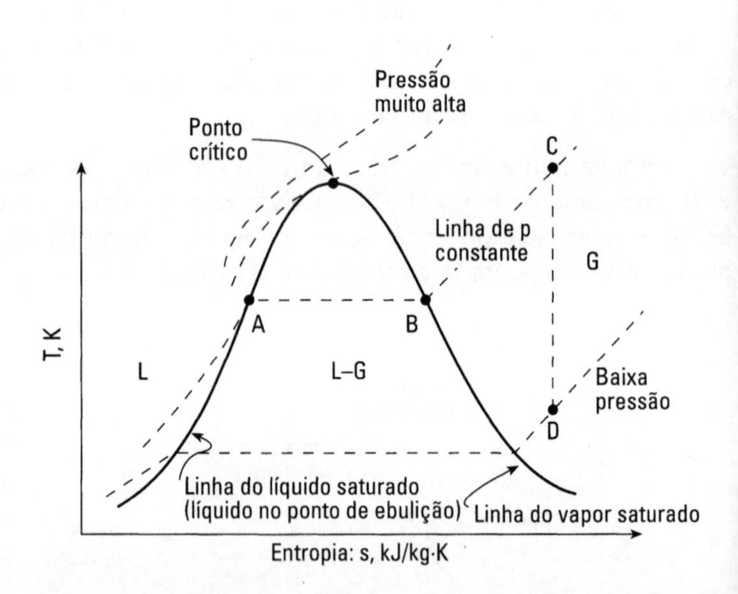

Figura 17-2

Os dois tipos de carta geralmente não incluem as regiões de baixa temperatura em que os líquidos congelam. Realmente, não é uma condição muito útil porque não é fácil bombear sólidos através de uma máquina. As cartas se prestam à análise aproximada e rápida dessas máquinas que transformam calor em trabalho e trabalho em calor. Não apresentaremos cartas precisas para a água e o HFC-134a neste livro. É de interesse, especialmente para projetos de engenharia mecânica, o uso dessas cartas em tamanhos gigantescos.

B. REGRA DAS FASES DE GIBBS

Uma das mais curiosas e famosas relações termodinâmicas é a regra das fases, desenvolvida por Gibbs. Para qualquer sistema, de um componente ou vários, com uma só fase ou muitas, esta regra das fases nos conta quantas variáveis intensivas têm que ser fixadas para que o sistema esteja definido. Esse número chamado-se *graus de liberdade*, $\overline{gl}$. Para um sistema sem reação química, a regra das fases diz que:

$$\overline{gl} = C + 2 - P \tag{17-3}$$

onde

C = número de componentes
P = número de fases

Eis alguns exemplos para um único material puro (C = 1):

- Para um gás sozinho ou líquido sozinho (P = 1), a Eq. 17-3 dá

  $$\boxed{\overline{gl} = 2}$$

  Isso quer dizer que se você conhece p e T, ou p e h, ou ainda s e h, ou qualquer par de propriedades, todas as demais estão definidas, e podem ser encontradas nas tabelas.

- Para um sistema com duas fases (gás-líquido) em equilíbrio (P = 2), a Eq. 17-3 dá

  $$\boxed{\overline{gl} = 1}$$

  Ou seja, se você conhecer T, p, h, u ou s, qualquer propriedade, todas as demais estarão definidas. Lembre-se: você não pode escolher livremente mais que uma propriedade.

- Para o ponto triplo, onde coexistem em equilíbrio sólido, líquido e vapor (P = 3), a Eq. 17-3 dá

  $$\boxed{\overline{gl} = 0}$$

  Isso quer dizer que você não tem liberdade para escolher qualquer temperatura ou pressão. O ponto triplo só existe em uma condição específica.

C. APLICAÇÕES SIMPLES DA ENTROPIA

Vamos ver aqui alguns exemplos do uso da entropia e da regra das fases. Como você já deve ter observado, esses conceitos são usados fundamentalmente para se lidar com máquinas que tentam operar de forma adiabática e reversível, máquinas ideais portanto. Lembre-se de que $\Delta S = 0$ para todos os processos adiabáticos e reversíveis.

Nos exemplos que seguem, não lidaremos com gases ideais, apenas com os fluidos que têm sua entropia tabelada. Os gases ideais não precisam ter suas propriedades tabeladas, já que foram equacionados, como vimos no capítulo anterior.

EXEMPLO 17-1 Compressão de uma corrente gasosa

Calcule o trabalho necessário para comprimir adiabática e reversivelmente, a 500 kPa, uma corrente saturada de HFC-134a gasoso, a −40°C (Fig. 17-3).

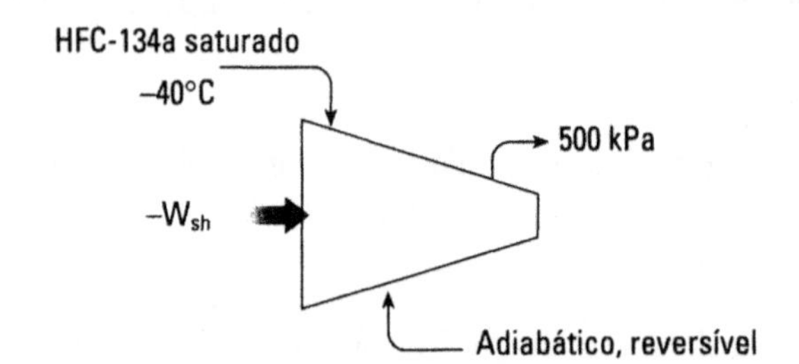

Figura 17-3

Solução

Pela primeira lei, com Δe_k e Δe_p desprezíveis, o trabalho necessário para a compressão é:

$$-w_{sh} = (h_2 - h_1) - \underbrace{q}_{=0,\ adiabático}$$

Como o fluido que chega ao compressor está saturado, a regra das fases nos diz que $\overline{gl} = 1$ e, como sabemos que $T_1 = -40°C$, podemos obter todas as outras propriedades termodinâmicas do fluido na entrada do compressor pelas tabelas do estado saturado. Elas são:

$$p_1 = 51{,}14 \text{ kPa} \qquad v_1 = 0{,}361\,4 \text{ m}^3/\text{kg}$$

$$h_1 = 374{,}3 \text{ kJ/kg} \qquad s_1 = 1{,}765\,5 \text{ kJ/kg} \cdot \text{K}$$

Para o fluido que sai do compressor, temos apenas uma propriedade, a pressão. Essa informação não é suficiente para obtermos todas as outras propriedades. A regra das fases afirma que precisamos de duas propriedades — portanto de mais uma. Vamos buscá-la com o auxilio da segunda lei. Para uma compressão adiabática ($q = 0$) e reversível, podemos escrever:

$$\Delta s = \int \frac{dq_{rev}}{T} = 0 \quad \ldots \quad \text{ou} \quad s_2 = s_1$$

Isso é exatamente o que precisamos. Procurando nas tabelas as condições nas quais

$$p_2 = 500 \text{ kPa} \qquad e \qquad s_2 = s_1 = 1{,}7655 \text{ kJ/kg} \cdot K$$

encontramos

$$T_2 = 30°C, \qquad v_2 = 0{,}0443\,4 \text{ m}^3/\text{kg} \qquad e \qquad h_2 = 421{,}3 \text{ kJ/kg}$$

Portanto o trabalho de compressão é:

$$\begin{aligned} -w_{sh} &= h_2 - h_1 = 421{,}3 - 374{,}3 \\ &= 421{,}3 - 374{,}3 = \underline{\underline{47 \text{ kJ/kg}}} \quad \longleftarrow \end{aligned}$$

EXEMPLO 17-2. Turbina adiabática reversível

Vapor a 1 MPa e 600°C entra em uma turbina adiabática, reversível, em baixa velocidade, e sai a 100 kPa e 200 m/s. Calcule o trabalho realizado.

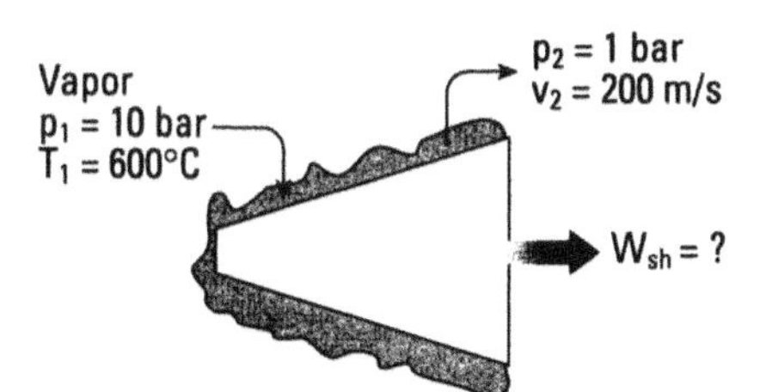

Figura 17-4

Solução

Pela primeira lei, com Δe_p desprezível, podemos escrever para o escoamento do fluido:

$$h_2 + \frac{\mathbf{v}_2^2}{2g_c} - h_1 = \cancel{q} - w_{sh} \qquad (17\text{-}4)$$

(q = 0, *adiabático*)

Vamos considerar a entalpia de entrada; como T_1 e p_1 são conhecidas, pelas tabelas:

$$h_1 = 3.697{,}9 \text{ kJ/kg}, \qquad s_1 = 8{,}029\,0 \text{ kJ/kg} \cdot K$$

Vamos agora considerar a entalpia de saída; como o processo é adiabático reversível, $s_2 = s_1$. Como duas informações, $s_2 = 8{,}0290$ kJ/kg · K e $p_2 = 100$ kPa , são conhecidas, podemos procurar nas tabelas as demais:

$$T_2 = 250°C \qquad v_2 = 2{,}406 \text{ m}^3/\text{kg}, \qquad h_2 = 2.974{,}3 \text{ kJ/kg}$$

Substituindo esses valores na Eq. 17-4, calculamos o trabalho como:

$$w_{sh} = h_1 - h_2 - \frac{v_2^2}{2g_c}$$

$$= 3.697.900 - 2.974.300 - \frac{(200)^2}{2(1)}$$

$$= 703.600 \text{ J/kg} = \underline{\underline{703{,}6 \text{ kJ/kg}}} \longleftarrow$$

PROBLEMAS

1. Examine as tabelas do final do livro e tente encontrar o estado de referência escolhido para entalpia e entropia:

a) para a água;
b) para o HFC-134a.

2. Encontre as propriedades da água:

a) a 1 bar e 20°C;
b) a 250°C e h = 2.950 kJ/kg;
c) mistura líquido-vapor a 2 bar e 200°C.

3. Repita o Exemplo 17-1 com uma modificação: o HFC-134a está sendo comprimido em um cilindro com pistão, e não está fluindo para dentro e para fora do sistema.

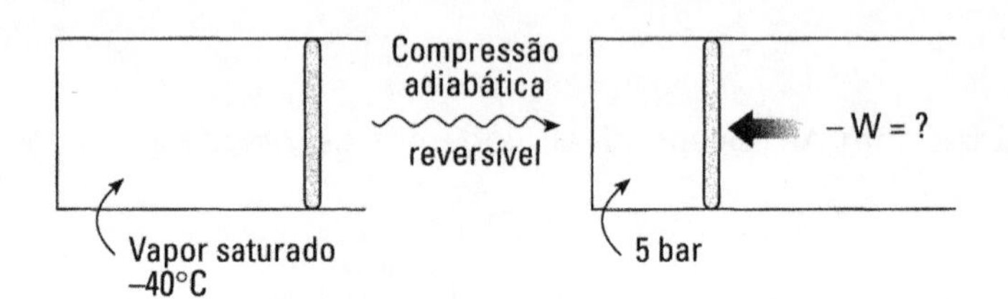

4. Repita o Exemplo 17-2 com uma modificação: o vapor de entrada agora está a 250°C em lugar de 600°C

5. Um velho bocal de escoamento (já não sabemos se é adiabático ou reversível) está sendo alimentado com vapor de água a 300°C e 3 bar a 10 m/s e o vapor está saindo a 250°C e 2 bar. Qual a velocidade do vapor de saída?

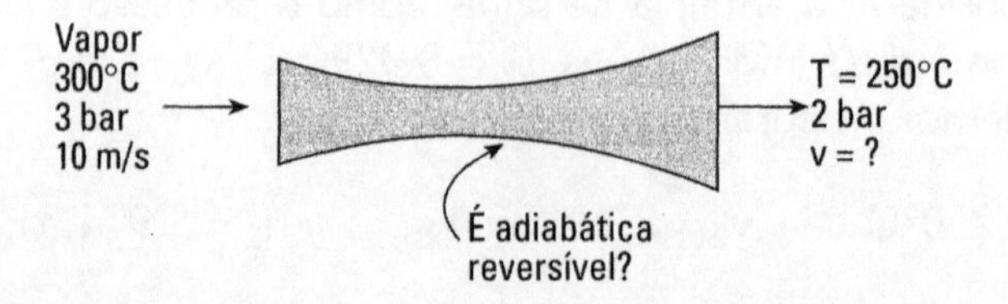

6. Uma grande turbina recebe 5 kg/s de vapor de água a 600°C e 12 bar e o libera a 0,5 bar. Espera-se que produza $\dot{W} = 4$ MW. Está parecendo muito ... Isso é possível? Qual é sua eficiência comparada a uma turbina adiabática reversível?

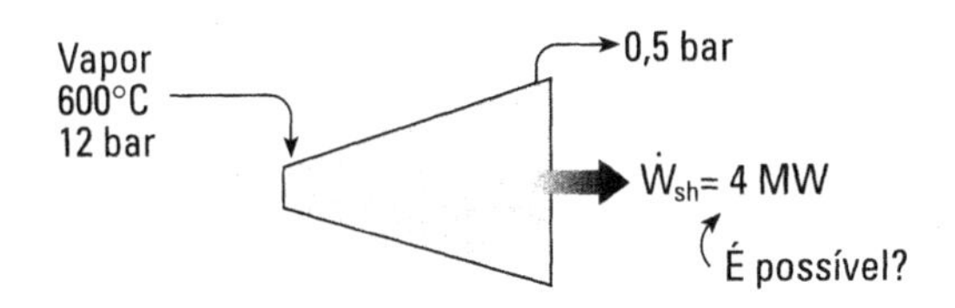

7. Estive olhando um projeto envolvendo HFC-134a e algo me incomodou. É o tamanho do compressor (mostrado a seguir). Ele me parece grande demais. Será que você não errou em um zero ou dois na hora de calculá-lo? Confira sua eficiência comparada com um compressor adiabático reversível.

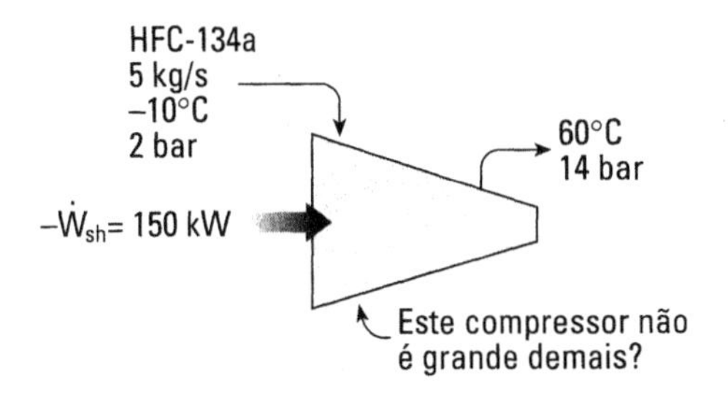

CAPÍTULO 18

TRABALHO E CALOR

No século XVIII, o homem descobriu como obter trabalho a partir de um fluxo de calor. A máquina a vapor foi inventada; queimava-se carvão e madeira, e o calor liberado pela queima transformava água em vapor, que então produzia trabalho. A máquina a vapor bombeava água das minas, motorizava os trens, tocava as fábricas, movimentava navios, transportava cargas..., enfim, o necessário para o mundo industrial moderno. Hoje, estamos nos primeiros estágios da Revolução da Informação e lutamos com nossos computadores pessoais, fax e por aí vai... Naquela época, lutava-se, da mesma forma, para domar o calor e transformá-lo em trabalho e, desse modo, estabeleceram-se os fundamentos necessários para a Revolução Industrial do século XIX.

Uma enorme questão daquela época era como avaliar a quantidade máxima de trabalho que poderia ser obtida a partir de uma dada quantidade de combustível. Se uma locomotiva, abastecida de carvão, pode me levar daqui até lá, com uma máquina a vapor mais eficiente eu poderia fazer uma viagem maior? Ou talvez até dez dessas viagens com uma máquina muito bem-bolada?

O genial Carnot

Sadi Carnot, um jovem engenheiro militar francês, resolveu o problema de se calcular o máximo rendimento de uma máquina térmica — e não foi por experimentação, foi por um brilhante raciocínio. Se Alfred Nobel tivesse vivido antes de Carnot, certamente eu votaria nele para o prêmio.

Carnot fez sua análise e representou matematicamente a segunda lei em 1811, muito tempo antes de a primeira lei ter sido devidamente esclarecida e representada adequadamente (entre 1840 e 1850). Portanto, a segunda lei deveria ser chamada de primeira e vice-versa? Provavelmente deveria, mas não é. Eu não sei por quê.

No tempo em que Carnot tratou dessa matéria, o calor era considerado um fluido, chamado calórico. Um objeto quente tinha muito fluido calórico; retirando-se o fluido calórico do objeto, ele esfriaria. Substituímos esse conceito pela teoria cinética do calor, aquela que diz que as moléculas de um gás quente se movem mais depressa do que quando ele está frio. Mas ainda continuamos a dizer que o calor "flui" dos objetos quentes para os frios. Como se vê, ainda hoje nossa linguagem retém termos da teoria calórica.

Devemos ainda mencionar que a análise de Carnot levou ao conceito de entropia e que seu raciocínio até hoje é a forma mais simples de desenvolver sua relação com a segunda lei, apesar de a aplicação não ser assim tão ampla e genérica. Vamos conceituar "máquina térmica"[1] como qualquer aparelho ou dispositivo para transformar calor em trabalho e vamos considerar três aspectos de seu funcionamento:

- absorção de calor, de um reservatório quente, à temperatura constante T_1;
- remoção de calor para algo frio, a uma temperatura T_2;
- realização ou recebimento de trabalho.

Uma representação gráfica pode ser vista na Fig. 18-1.

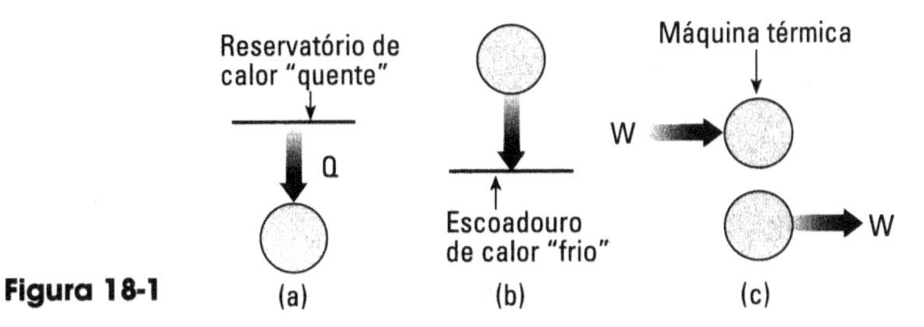

Figura 18-1

Em todos os capítulos deste livro, o sinal de Q e W indica quando o calor ou o trabalho estão sendo cedidos ou recebidos pelo sistema. Apenas neste capítulo nos desviaremos usando os módulos $|Q|$ e $|W|$ para representar valores absolutos para calor e trabalho, enquanto as setas, nas figuras, indicam se estão sendo cedidos ou recebidos pelos reservatórios e máquinas.

Para *operação contínua* (em regime permanente) com apenas um reservatório à temperatura T, existem apenas quatro configurações possíveis, como se pode ver na Fig. 18-2.

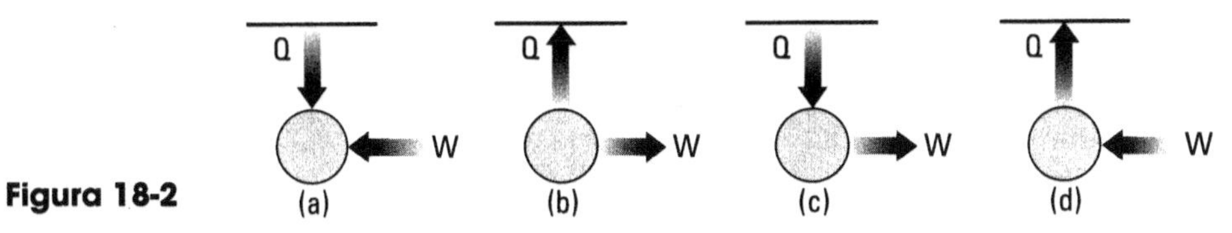

Figura 18-2

Em regime permanente (operação contínua), os esquemas (a) e (b) não podem operar (violam a primeira lei), nem o esquema (c) (viola a segunda lei), porém não há objeção ao esquema (d). Os aquecedores domésticos e os chuveiros elétricos seguem o esquema (d), consomem trabalho elétrico e produzem calor.

Esse esquema não é assim tão interessante. Mas, quando consideramos operação contínua com *dois* reservatórios, um quente a T_1 e outro frio a T_2, as coisas ficam ótimas.

[1] A palavra *engenheiro* designava quem lidava com esses "engenhos térmicos". Em inglês, *engine* significa "máquina" ou "motor".

Como se pode ver na Fig. 18-3, temos oito possibilidades, que foram emparelhadas em operações inversas.

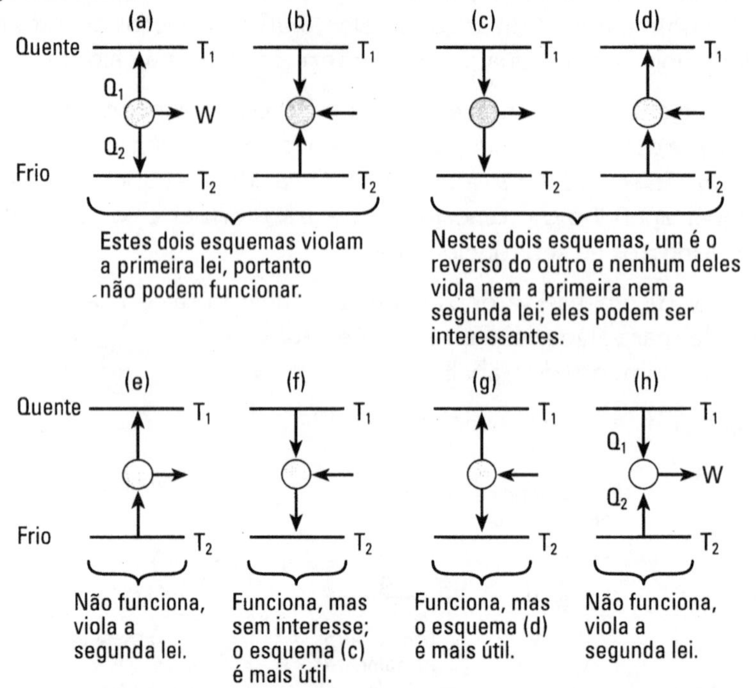

Figura 18-3

Podemos observar que os esquemas (c) e (d) são o reverso um do outro e ambos podem funcionar. Só esse par atende a tal condição, daí a expressão *máquina térmica reversível*.

- O esquema (c) é chamado de *motor a calor de Carnot* (produz trabalho a partir de um fluxo de calor)
- O esquema (d) é chamado de *bomba de calor de Carnot* (bombeia calor para uma temperatura mais alta, recebendo trabalho externo).

A. MÁQUINA TÉRMICA DE CARNOT

Essa análise nos mostra que não podemos apenas tomar calor de uma fonte quente em uma operação contínua. Sempre precisamos de um suprimento de calor a alta temperatura, também chamado de *fonte quente*, e de um "escoadouro" de calor em temperatura mais baixa para absorver o calor rejeitado, a *fonte fria*. A Fig. 18-4 ilustra esse conceito.

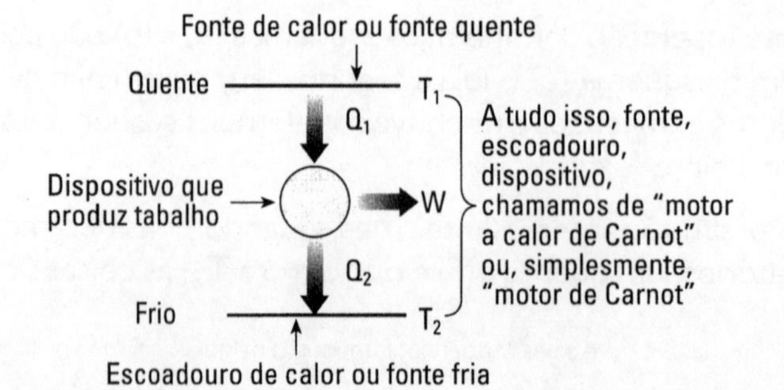

Figura 18-4

Então

$$|W| = |Q_1| - |Q_2|$$

A eficiência aqui é a medida de quanto do calor tomado da fonte quente foi transformado em trabalho:

$$\eta = \frac{|W|}{|Q_1|} = \frac{|Q_1| - |Q_2|}{|Q_1|} = 1 - \frac{|Q_2|}{|Q_1|} \tag{18-1}$$

Neste ponto, você já deve estar se perguntando "o que tem de tão especial nesses dois esquemas por serem reversíveis sem violar nem a primeira nem a segunda lei?". Vejamos que tesouro de puro raciocínio lógico pode ser desenvolvido a partir disso.

Teorema 1. Antes de mais nada, Carnot provou que todos os motores reversíveis operando entre as mesmas duas temperaturas, T_1 e T_2, têm o mesmo rendimento.

Demonstração. Vamos admitir, por absurdo, que os dois motores têm rendimentos diferentes, por exemplo, como na Fig. 18-5.

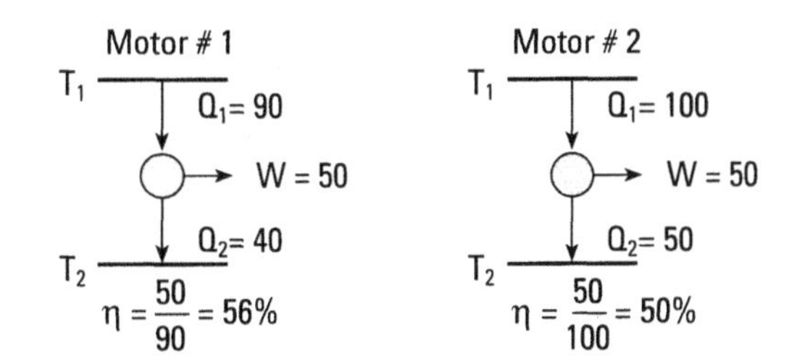

Figura 18-5

Como os dois motores são reversíveis, vamos reverter o segundo e interligar ambos os motores, como na Fig. 18-6.

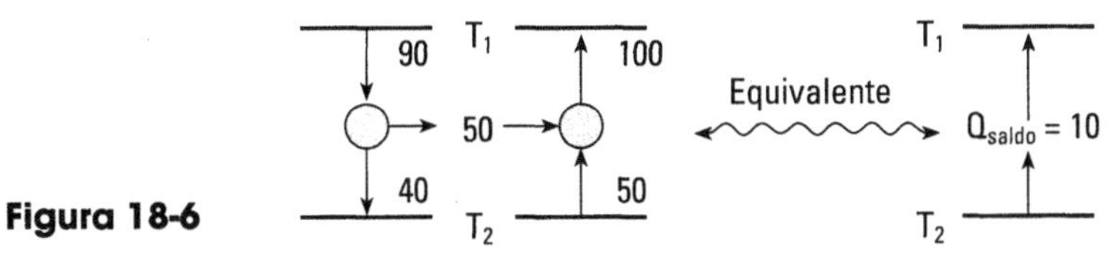

Figura 18-6

O saldo resultante é de calor fluindo do reservatório mais frio para o mais quente, sem necessidade de nenhum trabalho ou máquina suplementar. Como isso viola a segunda lei, temos que rejeitar a premissa absurda de que poderiam ter rendimentos diferentes, e o Teorema 1 está demonstrado (ou pelo menos mostrado).

Observação: Esse tipo de comprovação matemática chama-se *reductio ad absurdum*. Consiste em admitir como verdade exatamente o oposto do que se quer demonstrar e, por dedução lógica, chegar a um absurdo. Para superar o absurdo, é preciso negar o que foi admitido, ou seja, admitir como verdadeiro o seu oposto... e o oposto do oposto é exatamente o que eu queria provar. Alguns teoremas muito simples e básicos da matemática só podem ser demonstrados dessa forma; por exemplo, "não se pode representar $\sqrt{2}$ como uma fração de dois números".

Teorema 2. Dos motores que operam entre as mesmas duas temperaturas, os reversíveis têm o maior rendimento.

Demonstração. Vamos seguir a mesma estratégia do Teorema 1 e admitir, por absurdo, que o motor irreversível tem o maior rendimento, como ilustrado na Fig. 18-7.

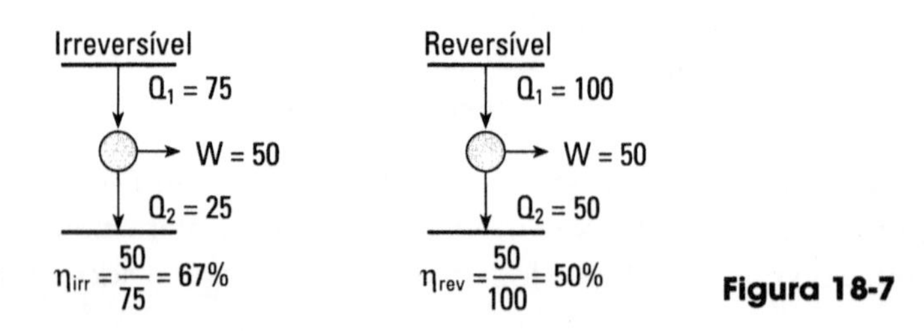

Figura 18-7

Novamente, vamos reverter o reversível e conectá-lo ao outro como mostrado na Fig. 18-8.

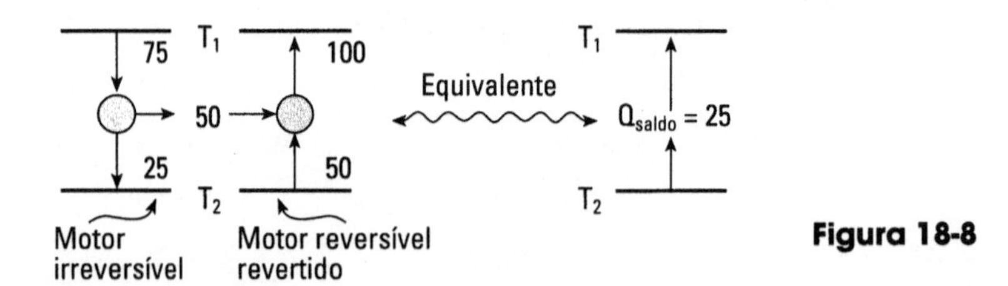

Figura 18-8

De novo, o calor irá fluir do frio para o quente, e a hipótese original terá que ser rejeitada. Portanto, comparando os rendimentos, concluímos que:

$$\eta_{reversível} \geq \eta_{irreversível} \tag{18-2}$$

Teorema 3. Para a mesma temperatura T_1 da fonte quente, o motor reversível que opera com maior ΔT tem maior rendimento e pode produzir mais trabalho.

Demonstração. Você pode demonstrar usando a Fig. 18-9? Tente.

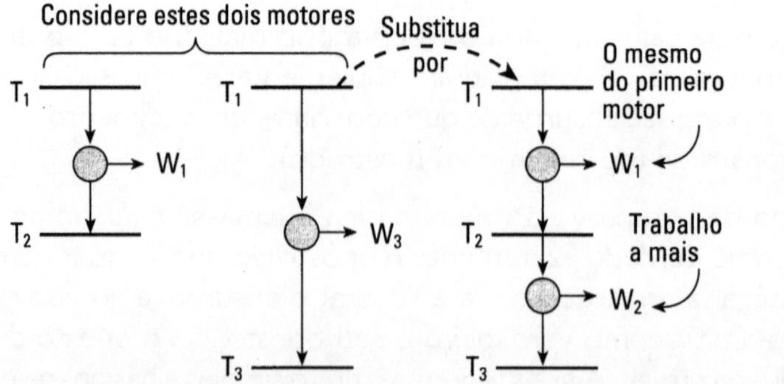

Figura 18-9

Esses teoremas imortalizaram Sadi Carnot na ciência.

Como medir a temperatura. Até agora neste capítulo não discutimos como medir numericamente a temperatura. Apenas usamos temperatura maior, a mesma ou mais baixa. Mas acabamos de ver na Fig. 18-9 que, à medida que T_3 diminui, $|W|$ aumenta e $|Q_2|$ diminui. Essa foi a chave do desenvolvimento que levou Kelvin a acompanhar Carnot em sua imortalidade.

B. A ESCALA KELVIN DE TEMPERATURA

Uma geração após Carnot, Kelvin, que não tinha televisão para distraí-lo, imaginou uma escala de temperatura (vamos chamá-la de T′) não baseada na expansão de gases ou líquidos, mas nas máquinas de Carnot, cada uma delas produzindo a mesma quantidade de calor, digamos 10 unidades, e operando às temperaturas indicadas na Fig. 18-10.

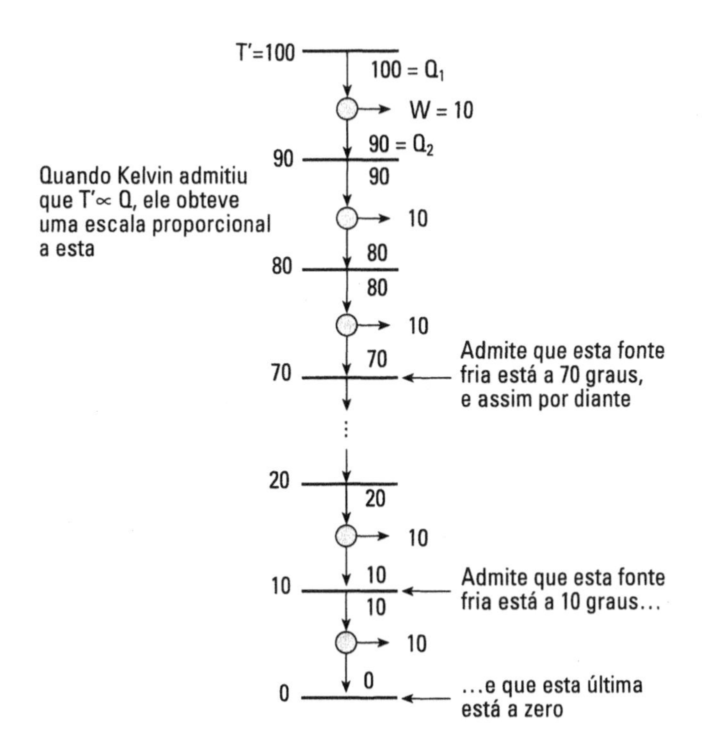

Figura 18-10

Kelvin decidiu então fazer a escala T′ de tal forma que T′ fosse proporcional a Q. Por exemplo, quando Q = 90 ele decidiu "vamos chamar a temperatura dessa fonte fria em particular de T = 90 graus". Portanto, para cada máquina térmica,

$$T_1' \, \alpha \, Q_1 \qquad \text{e} \qquad \frac{T_2'}{T_1'} = \frac{|Q_2|}{|Q_1|}$$

Combinando com a Eq. 18-1, obtemos

ou

$$\frac{|W|}{|Q_1|} = \frac{|Q_1| - |Q_2|}{|Q_1|} = 1 - \frac{|Q_2|}{|Q_1|} = 1 - \frac{T_2'}{T_1'} = \frac{T_1' - T_2'}{T_1'}$$

$$\frac{|W|}{|Q_2|} = \frac{T_1' - T_2'}{T_2'} \quad \text{ou} \quad \frac{|Q_2|}{|Q_1|} = \frac{T_2'}{T_1'} \qquad (18\text{-}3)$$

Essa escala de temperatura é medida em termos de trabalho e calor na máquina de Carnot e é chamada de *escala kelvin de trabalho*, T′. Aquela que vimos na Fig. 18-10. Lembre-se de que essa escala de temperatura foi desenvolvida diretamente da termodinâmica, diferentemente das escalas arbitrárias: Fahrenheit, Celsius, Baumé, e outras, inclusive a nossa escala baseada em gases ideais.

Mas vamos seguir e ver que surpresas nos aguardam.

Vamos pegar 1 mol de nosso gás ideal, colocá-lo em um cilindro com pistão e operar um ciclo de quatro etapas numa máquina de Carnot. Essas etapas são:

Etapa AB: Adicionar calor ao gás, sempre em T_1 e deixá-lo realizar trabalho de expansão.

Etapa BC: Continuar expandindo o gás, de forma reversível, porém agora adiabática, até que o gás atinja a temperatura T_2.

Etapa CD: Retirar calor a T_2 e deixar que o volume diminua.

Etapa DA: Comprimir adiabaticamente até atingir a temperatura T_1.

A Fig. 18-11 mostra esse ciclo de quatro etapas em um diagrama p-v e também em um diagrama T-s.

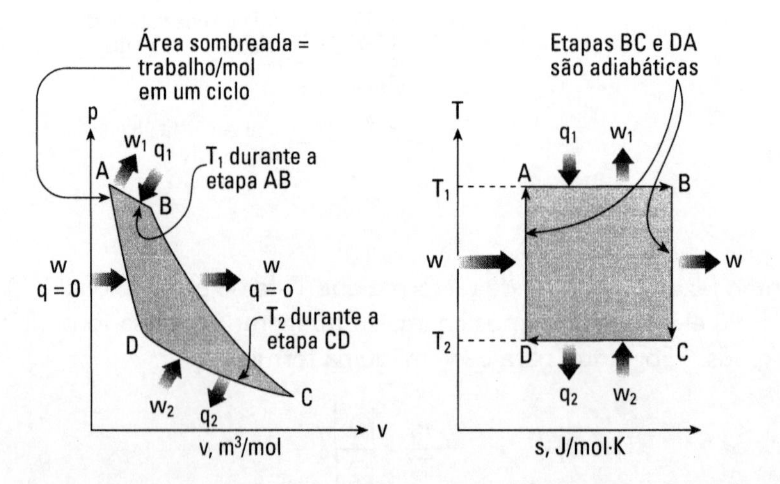

Figura 18-11

E agora, usando as equações para os gases ideais deduzidas no Cap. 11, temos:

Etapa AB (isotérmica): $$|w_1| = |q_1| = RT_1 \, \ell n \frac{p_A}{p_B} \tag{18-4}$$

Etapa BC (adiabática reversível) $$|w| = c_v(T_2 - T_1) \tag{18-5}$$

Etapa CD (isotérmica): $$|w_2| = |q_2| = RT_2 \, \ell n \frac{p_C}{p_D} \tag{18-6}$$

Etapa DA (adiabática reversível) $$|w| = c_v(T_1 - T_2) \tag{18-7}$$

Porém, para as etapas adiabáticas reversíveis, DA e BC:

$$\left.\begin{array}{l} \dfrac{p_A}{p_D} = \left(\dfrac{T_1}{T_2}\right)^{\frac{k}{k-1}} \\[2ex] \dfrac{p_B}{p_C} = \left(\dfrac{T_1}{T_2}\right)^{\frac{k}{k-1}} \end{array}\right\} \quad \text{ou} \quad \frac{p_A}{p_B} = \frac{p_D}{p_C} \tag{18-8}$$

Somando as quantidades de calor das quatro etapas do ciclo, temos

Iguais, de sinal contrário, pela Eq. 18-8

$$\frac{|w_{ciclo}|}{q_1} = \frac{|w_{AB}| + |w_{BC}| - |w_{CD}| - |w_{DA}|}{q_1}$$

$$= \frac{R(T_1 - T_2)\, \ell n \dfrac{p_A}{p_B}}{RT_1 \, \ell n \dfrac{p_A}{p_B}} = \frac{T_1 - T_2}{T_1} \tag{18-9}$$

Milagre! Aleluia! É exatamente a mesma equação deduzida por Kelvin em sua escala de temperatura, a Eq. 18-3.

Isso mostra que escala de temperatura baseada no gás ideal equivale à escala kelvin, e que $T = T'$. Como Kelvin fez essa descoberta, o nome da *escala absoluta* foi dado em sua homenagem. Agora podemos continuar acreditando que nossa escala de temperatura usual, baseada nos gases perfeitos, é coerente com a escala de temperaturas termodinâmica.

Finalmente, voltando à nossa notação usual de $-Q$ para o calor cedido pela nossa máquina de Carnot, podemos escrever:

$$\frac{-Q_2}{Q_1} = \frac{T_2}{T_1} \qquad \text{ou} \qquad \frac{Q_2}{T_2} + \frac{Q_1}{T_1} = 0$$

De forma mais geral, para qualquer máquina reversível de Carnot, para qualquer número de fontes quentes e frias, podemos escrever:

$$\left.\begin{array}{l} \dfrac{Q_1}{T_1} + \dfrac{Q_2}{T_2} + \dfrac{Q_3}{T_3} + \ \dots \qquad 0 \\[2ex] \sum \dfrac{Q_i}{T_i} = 0 \quad \text{ou} \quad \int \dfrac{dQ_{rev}}{T} = 0 \end{array}\right| \tag{18-10}$$

O termo $\int dQ_{rev}/T$ sempre aparece nos processos cíclicos reversíveis e representa uma mudança de propriedade no sistema, assim como a mudança da entalpia ou da energia interna. É a mudança de entropia, ΔS.

Dessa forma, para qualquer mudança reversível,

Para tudo: sistema e arredores, fonte quente e fria

$$\sum_{total} \Delta S = 0 \qquad (18\text{-}11)$$

E, para mudanças irreversíveis,

Para tudo, sistemas e arredores

$$\sum_{total} \Delta S > 0 \qquad (18\text{-}12)$$

C. BOMBA DE CALOR IDEAL OU REVERSÍVEL

Por definição, o motor de Carnot é um motor reversível, portanto seu funcionamento reverso é capaz de "bombear" calor de uma fonte fria para uma fonte quente. Mas, para fazer isso, demanda que lhe seja fornecido trabalho, como ilustrado na Fig. 18-12.

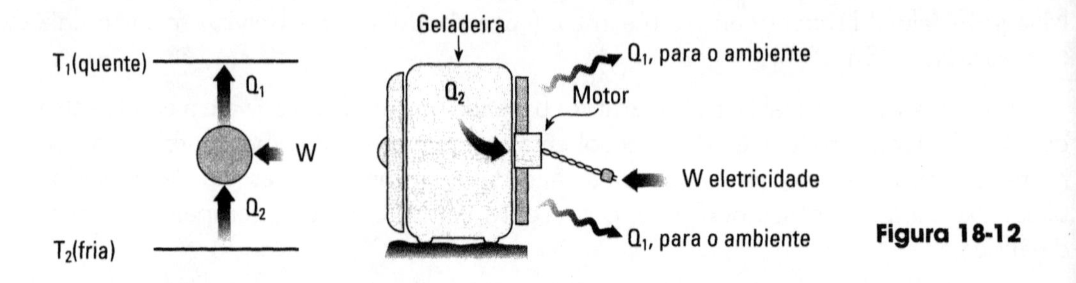

Figura 18-12

Para uma geladeira $|Q_1|$ é o calor "bombeado" para o ambiente;
$|Q_2|$ é o calor retirado do interior da geladeira;
$|W|$ é o trabalho elétrico necessário para "bombear" o calor.

Em um aparelho de ar-condicionado, com possibilidade de esfriar ou aquecer o ambiente, o calor é bombeado em um sentido no verão e em outro no inverno, como representado na Fig. 18-13.

A eficiência desses aparelhos é medida de duas maneiras. Para refrigeradores ou bombas de calor, no verão, nos interessa quanto calor pode ser removido da fonte fria por unidade de trabalho consumida. Essa relação é chamada de *coeficiente de desempenho*, ou

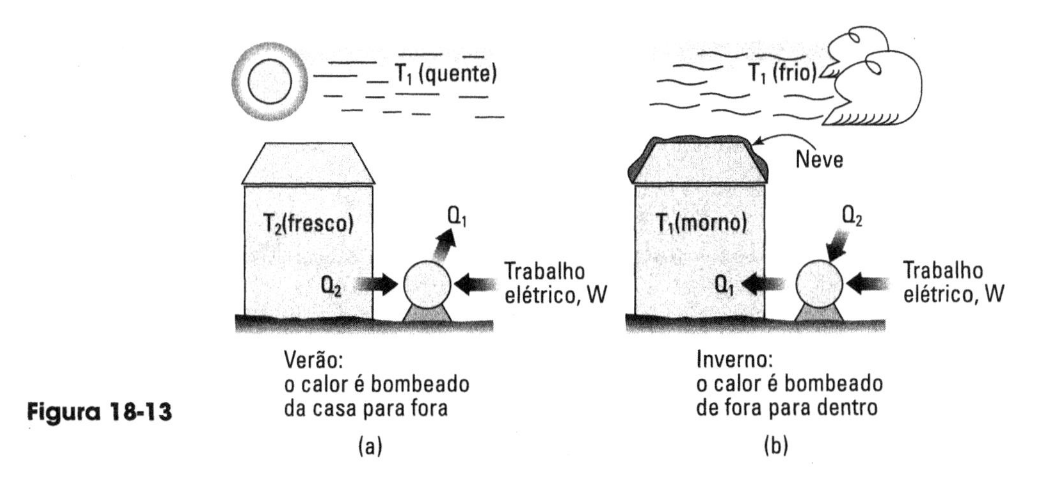

Figura 18-13

COP (abreviação da expressão inglesa *coefficient of performance*). Observando a Fig. 18-13a e aplicando a ela a Eq. 18-3, idealmente (operação reversível) temos

$$\mathrm{COP} = \frac{|Q_2|}{|W|} = \frac{T_2}{T_1 - T_2} \qquad (18\text{-}13)$$

Para geladeira ou bomba de calor no verão

Para uma bomba de calor usada como aquecedor, estamos interessados em quanto aquecemos a casa por unidade de trabalho despendido. Então, pela Eq. 18-3, na situação da Figura 18-13b, temos

$$\mathrm{COP}' = \frac{|Q_1|}{|W|} = \frac{T_1}{T_1 - T_2} \qquad (18\text{-}14)$$

Para aquecedor ou bomba de calor no inverno

Bombas de calor e geladeiras reais são menos eficientes e demandam mais trabalho que o "ideal", portanto:

$$(\mathrm{COP})_{\mathrm{real}} < (\mathrm{COP})_{\mathrm{ideal}} \quad \text{e} \quad (\mathrm{COP}')_{\mathrm{real}} < (\mathrm{COP}')_{\mathrm{ideal}} \qquad (18\text{-}15)$$

D. O DIAGRAMA T-s PARA O CICLO DE CARNOT

O diagrama T-s mostra o ciclo de Carnot claramente. Para uma quantidade unitária de gás circulando, a Fig. 18-14 representa o funcionamento do motor de Carnot.

Para a bomba de calor de Carnot (trabalho fornecido ao gás circulante), podemos acompanhar o ciclo pela Fig. 18-15.

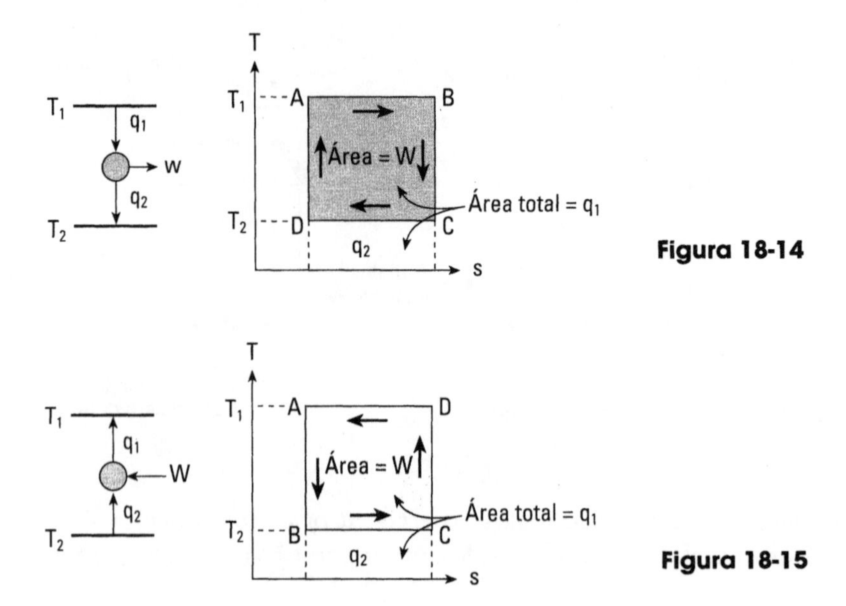

Figura 18-14

Figura 18-15

Estes diagramas T-s representam a Eq. 18-3.

E. MOTORES TÉRMICOS NÃO-IDEAIS

O que acontece no motor de Carnot? O que o faz trabalhar? Primeiramente, vamos lembrar que é uma idealização, um motor conceitual que de fato não existe. Entretanto, o ciclo do gás ideal discutido após a Eq. 18-3 ocorre em quatro etapas. O sistema:

- recebe calor isotermicamente a T_1;
- sofre expansão adiabática reversível;
- rejeita calor isotermicamente a T_2;
- sofre compressão adiabática reversível.

Essas etapas representam o motor ou a bomba de calor de Carnot.

No mundo real, as duas etapas adiabáticas não são perfeitamente reversíveis; a adição e retirada de calor isotérmicas não são realmente isotérmicas, portanto um motor real tem um diagrama T-s um tanto distorcido. A Fig. 18-16 apresenta essas distorções, até com um certo exagero, para facilitar a visualização.

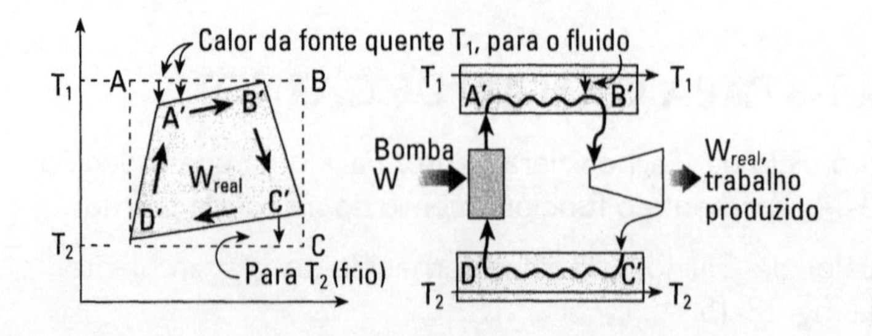

Figura 18-16

A Fig. 18-16 e sua oposta, para a bomba de calor, ilustram de forma geral o trabalho produzido (no motor) ou consumido (na bomba de calor).

Para o trabalho produzido (pelo motor) $|W_{irrev}| < |W_{rev}|$ (18-16)

Para o trabalho requerido (pela bomba de calor) $|W_{irrev}| > |W_{rev}|$ (18-17)

ou, de forma generalizada,

$W_{rev} > W_{irrev}$ e $q_{rev} = T\Delta s > q_{real}$

(setas de W_{rev} e W_{irrev} →) *Realizado*

A termodinâmica aplicada considera que esse ciclo pode representar aproximadamente não apenas um gás, mas também um fluido que evapora absorvendo calor $|q_1|$ (para ir do ponto A para o ponto B na Fig. 18-16) e que condensa cedendo calor, $|q_2|$ (do ponto C ao D) e que flui por todo o ciclo. Este fluido pode ser água, HFC-134a, amônia, mercúrio ou outro fluido, dependendo da faixa de temperaturas de interesse.[2]

EXEMPLO 18-1 O motor de Carnot

Um grande reservatório de calor a 100°C fornece calor para uma fonte fria a 0°C. Um motor de Carnot está operando entre a fonte quente e a fria. Calcule o rendimento desse motor, admitindo que as temperaturas da fonte quente e fria não se alteram.

Solução

Vamos esquematizar o que está acontecendo (vide Fig. 18-17).

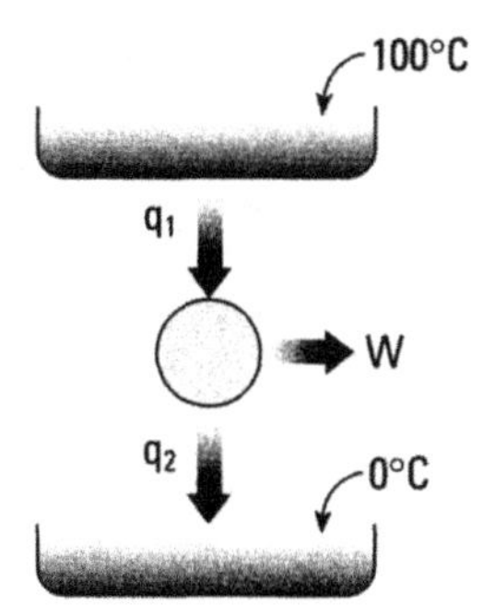

Figura 18-17

[2] Você está lendo este parágrafo iluminado por luz elétrica? Se estiver, é provável que pelo menos parte da eletricidade esteja sendo fornecida por uma termoelétrica que opera com água em um ciclo muito parecido com o ciclo aqui descrito.

Pela Eq. 18-3, o rendimento do motor é:

$$\eta = \frac{|W|}{|Q_1|} = \frac{T_1 - T_2}{T_1} = \frac{373 - 273}{373} = \underline{\underline{26,8\%}} \quad \longleftarrow$$

EXEMPLO 18-2 Outro motor de Carnot

100 kg de água a 100°C fornecem calor a um motor de Carnot, que rejeita calor para uma fonte fria constituída por 100 kg de água fria a 0°C. A fonte quente esfria, a fonte fria esquenta e podem terminar por atingir a mesma temperatura. Calcule

a) a temperatura final dos 200 kg de água;

b) o trabalho que pode ser obtido.

Solução

Primeiro vamos desenhar o sistema (Fig.18-18)

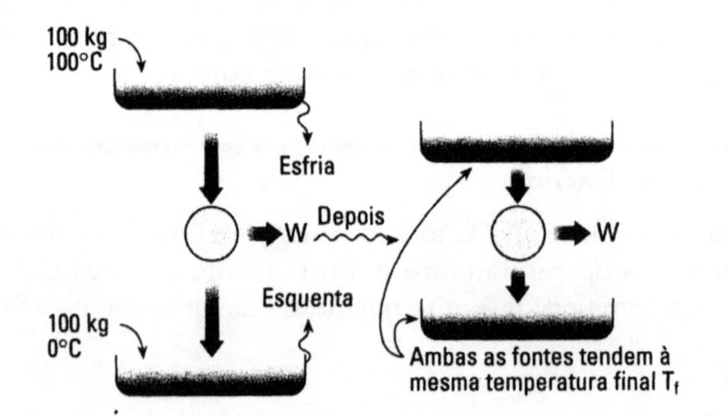

Figura 18-18

a) Se apenas esquentássemos a água fria com o calor da água quente, sem realizar trabalho, teríamos:

$$\Delta H_{quente} + \Delta H_{fria} = 0$$

ou

$$m_{quente}\, c_p(T_f - T_1) + m_{fria}\, c_p(T_f - T_2) = 0$$

$$100(100 - T_f) + 100(0 - T_f) = 0$$

ou

$$T_f = \frac{10.000}{200} = 50°C$$

Mas não é essa a situação do problema. Estamos realizando trabalho, portanto, parte do calor retirado da fonte quente é cedida para a fonte fria, mas parte é transformada em trabalho; portanto, a temperatura final deve ser menor que 50°C. Mas como calcular qual é essa temperatura? A chave é a entropia.

Como estamos trabalhando com uma máquina de Carnot, estamos fazendo tudo de forma reversível. Uma vez que não há troca térmica com a vizinhança, apenas entre a água quente e a fria, temos que

$$\Delta S_{total} = \Delta S_{quente} + \Delta S_{fria} = 0$$

mas

$$\Delta S_{quente} = \int_{T_I}^{T_f} \frac{mc_p dT}{T} = m_{quente} c_p \; \ell n \frac{T_f}{373}$$

$$\Delta S_{frio} = \int_{T_I}^{T_f} \frac{mc_p dT}{T} = m_{frio} c_p \; \ell n \frac{T_f}{273}$$

Combinando as equações, temos

$$m_{quente} c_p \; \ell n \frac{T_f}{373} + m_{frio} c_p \; \ell n \frac{T_f}{273} = 0$$

ou

$$T_f = \sqrt{273 \cdot 373} = 319 \text{ K} = \underline{\underline{46°C}} \quad \longleftarrow \quad \text{(a)}$$

b) O trabalho realizado é igual à energia perdida pela massa total de água de 50°C a 46°C. Portanto:

$$W = mc_p \,(50 - 46) = 200 \;(4.184)\;(4) = 3{,}347 \times 10^6 \text{ J}$$

$$= \underline{\underline{3{,}347 \text{ MJ}}} \quad \longleftarrow \quad \text{(b)}$$

EXEMPLO 18-3 Mais um motor de Carnot

100 kg de água a 100°C fornecem calor a um motor de Carnot, que rejeita calor para uma grande fonte fria a 0°C. O processo prossegue até que a água a 100°C tenha se resfriado até 0°C. Calcule o máximo trabalho que se pode obter.

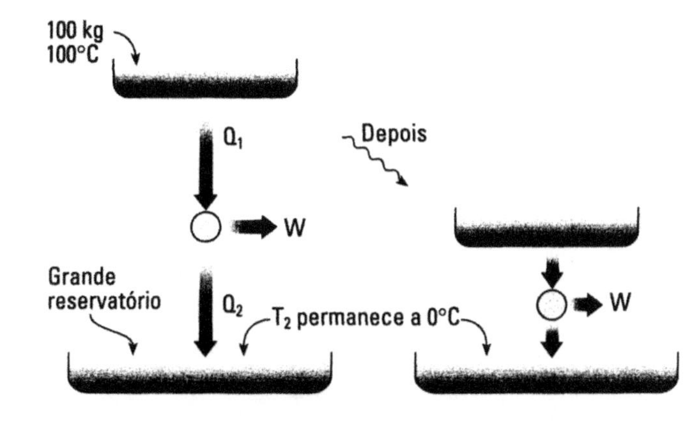

Figura 18-19

Solução

Como a operação é reversível (com uma máquina de Carnot), podemos escrever:

$$\Delta S_{total} = \Delta S_{quente} + \Delta S_{fria} = 0 \qquad (18\text{-}18)$$

Para a fonte quente, que está cedendo calor:

$$\Delta s_{quente} = \int \frac{dQ_1}{T_1} = \int_{T_1}^{T_2} \frac{mc_p dT_1}{T_1} = mc_p \, \ell n \frac{T_2}{T_1}$$

$$= 100\,(4.184)\, \ell n \frac{273}{373} = -130.585 \text{ J} \qquad (18\text{-}19)$$

Para a fonte fria, que está recebendo calor, mas permanece a 0°C:

$$\Delta S_{frio} = \int_{a\,T_2} \frac{dQ_2}{T_2} = \frac{Q_2}{T_2} = \frac{Q_1 - W}{T_2} = \frac{mc_p(T_1 - T_2) - W}{T_2}$$

$$= \frac{100\,(4.184)\,(100-0) - W}{273} = 153.260 - \frac{W}{273} \qquad (18\text{-}20)$$

Substituindo as Eqs. 18-19 e 18-20 na 18-18, vem

$$-130.585 + 153.260 - \frac{W}{273} = 0$$

ou

$$W = 6.190.295 = \underline{\underline{6{,}19 \text{ MJ}}} \longleftarrow$$

EXEMPLO 18-4 Aquecendo o chalé

Um chalé nas montanhas deve ser mantido a 27°C enquanto a temperatura no lago ao lado é de 7°C. Uma bomba de calor ideal retira calor do lago para cedê-lo ao chalé. Quanto calor será fornecido ao chalé por kW · h de eletricidade gasta? Qual o coeficiente de desempenho da bomba?

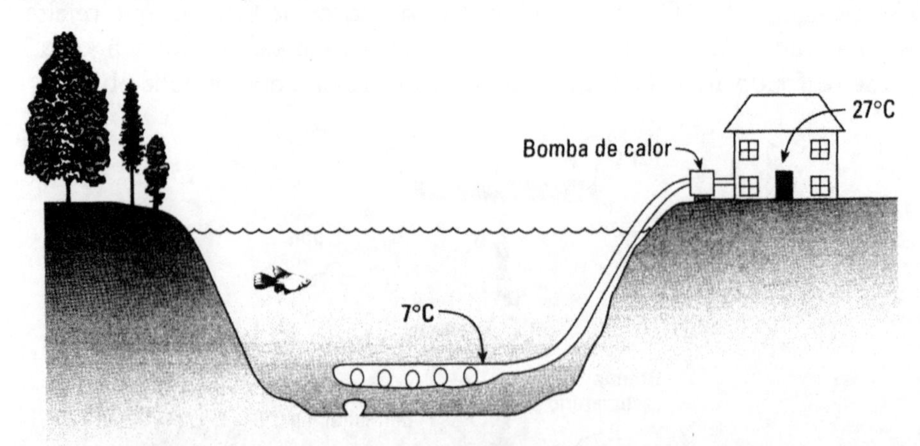

Figura 18-20

Solução

A Fig. 18-21 representa uma bomba de Carnot nessas condições

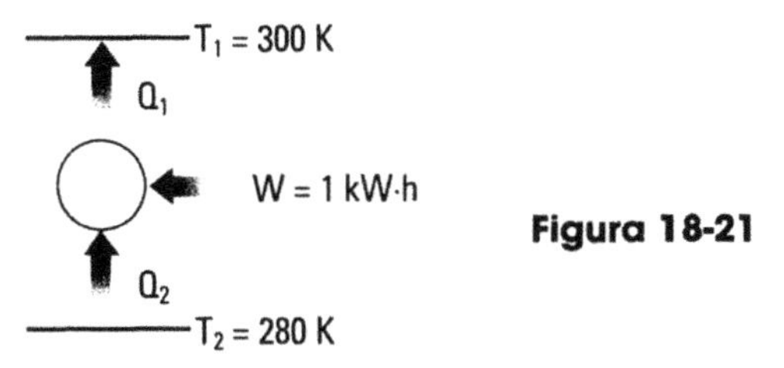

Figura 18-21

Queremos calcular $|Q_1|$ para $|W| = 1$. Pela Eq. 18-3,

$$\frac{|Q_1|}{|W|} = \frac{T_1}{T_1 - T_2}$$

Então

$$|Q_1| = \left(\frac{T_1}{T_1 - T_2}\right)|W| = \left(\frac{300}{300 - 280}\right) 1 = 15\ \text{kW} \cdot \text{h}$$

Pela Eq. 18-14, o coeficiente de desempenho dessa bomba ideal é

$$\text{COP}' = \frac{|Q_1|}{|W|} = \frac{15\ \text{kW} \cdot \text{h}}{1\ \text{kW} \cdot \text{h}} = \underline{\underline{15}} \qquad \longleftarrow$$

Observação. Com uma bomba de calor ideal, economizamos 14/15, ou cerca de 93% do combustível. Mas as bombas de calor disponíveis em escala comercial, com suas várias ineficiências, têm um desempenho da ordem de

$$(\text{COP}')_{\text{real}} \cong 3$$

PROBLEMAS

1. A seguir, vemos o esquema de dois motores operando entre as mesmas fontes fria e quente. Penso que um deles não é uma máquina de Carnot. Será que estou certo? Se estou, qual não é? O que você acha?

(a)

T_1 — $Q = 3{,}456 \times 10^6$ J/h — $Q = 710$ W — T_2

(b)

T_3 — $Q = 12 \times 10^6$ Btu/h — $W = 3{,}6 \times 10^6$ Btu/h — T_4

2. Um motor de Carnot absorve continuamente calor de uma fonte a 227°C, fornece 400 W de potência e rejeita calor continuamente para uma fonte fria a 27°C. Qual a mudança de entropia:

a) para a fonte quente?
b) para a fonte fria?
c) para o sistema total, inclusive o motor?

3. O refrigerador de Carnot do nosso laboratório, cuja temperatura ambiente é 300 K, tem um COP de 11. Qual é a temperatura de nosso refrigerador?

4. Um motor reversível recebe calor de uma fonte quente a 500 K e rejeita calor para uma fonte fria a 300 K. Para obtermos uma potência mecânica de 10 kW desse motor, qual deverá ser o fluxo de calor fornecido pela fonte quente?

5. Afirma-se que o inferno é isotérmico e absolutamente plano (sem montanhas). Como você pode defender esse argumento?

6. Uma máquina de refrigeração demanda 1 kW de potência por tonelada de refrigeração.

a) Qual é o seu COP (coeficiente de desempenho)?
b) Quanto calor ela rejeita para o condensador?
c) Se o condensador operar a 15°C, qual será a mínima temperatura que esse refrigerador conseguirá manter, admitindo-se que sua carga térmica seja de 1 t de refrigeração?

Observação. 1 t de refrigeração = 12.000 Btu/h de calor retirado da fonte fria.

7. O esquema a seguir dá algumas informações sobre dois motores de Carnot. A partir dessas indicações, veja se você consegue calcular T_1 e T_3. Se não for possível, diga por quê.

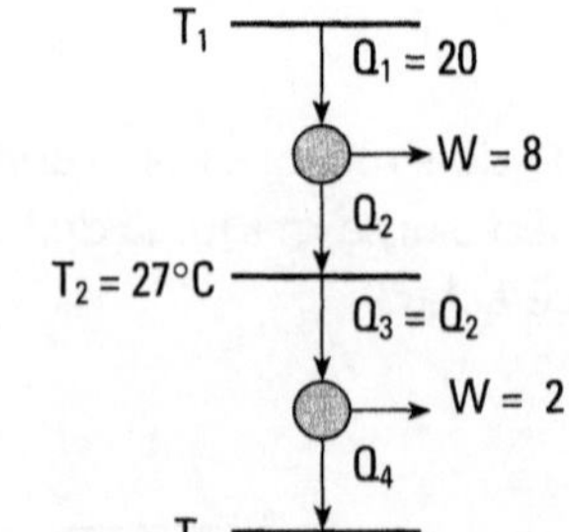

T_1
$Q_1 = 20$
$W = 8$
Q_2
$T_2 = 27°C$
$Q_3 = Q_2$
$W = 2$
Q_4
T_3

8. Um grande reservatório, a 100°C, fornece calor para um motor de Carnot, que o rejeita para uma fonte fria (100 kg de água a 0°C). O processo segue até que a água se aqueça, chegando aos mesmos 100°C. Calcule o trabalho que pode ser obtido.

9. Nas ilhas do Havaí pode-se encontrar água do mar a 27°C na superfície e a 6°C no fundo. Para aproveitar esse potencial, foi montada, sobre uma barcaça, uma unidade geradora de eletricidade, conforme relatado no *Chemical and Engineering News* de 5 de maio de 1980.

A unidade opera com um ciclo fechado de amônia e fornece uma potência de 50 kW no eixo do gerador elétrico. A fonte quente é a água da superfície, que transfere seu calor à amônia por intermédio de um trocador de calor. A água da superfície esfria apenas uma pequena fração de grau ao aquecer a amônia.

Para rejeitar calor à fonte fria, a água do fundo é bombeada a um segundo trocador de calor. Nesse trocador de calor, a água fria entra a 6°C, recebe o calor e sai a 7°C. Calcule a vazão de água do fundo que deve ser bombeada, admitindo que o rendimento dessa unidade seja apenas 10% do rendimento de uma máquina de Carnot operando entre as mesmas temperaturas (27°C para a fonte quente e 6 a 7°C para a fonte fria).

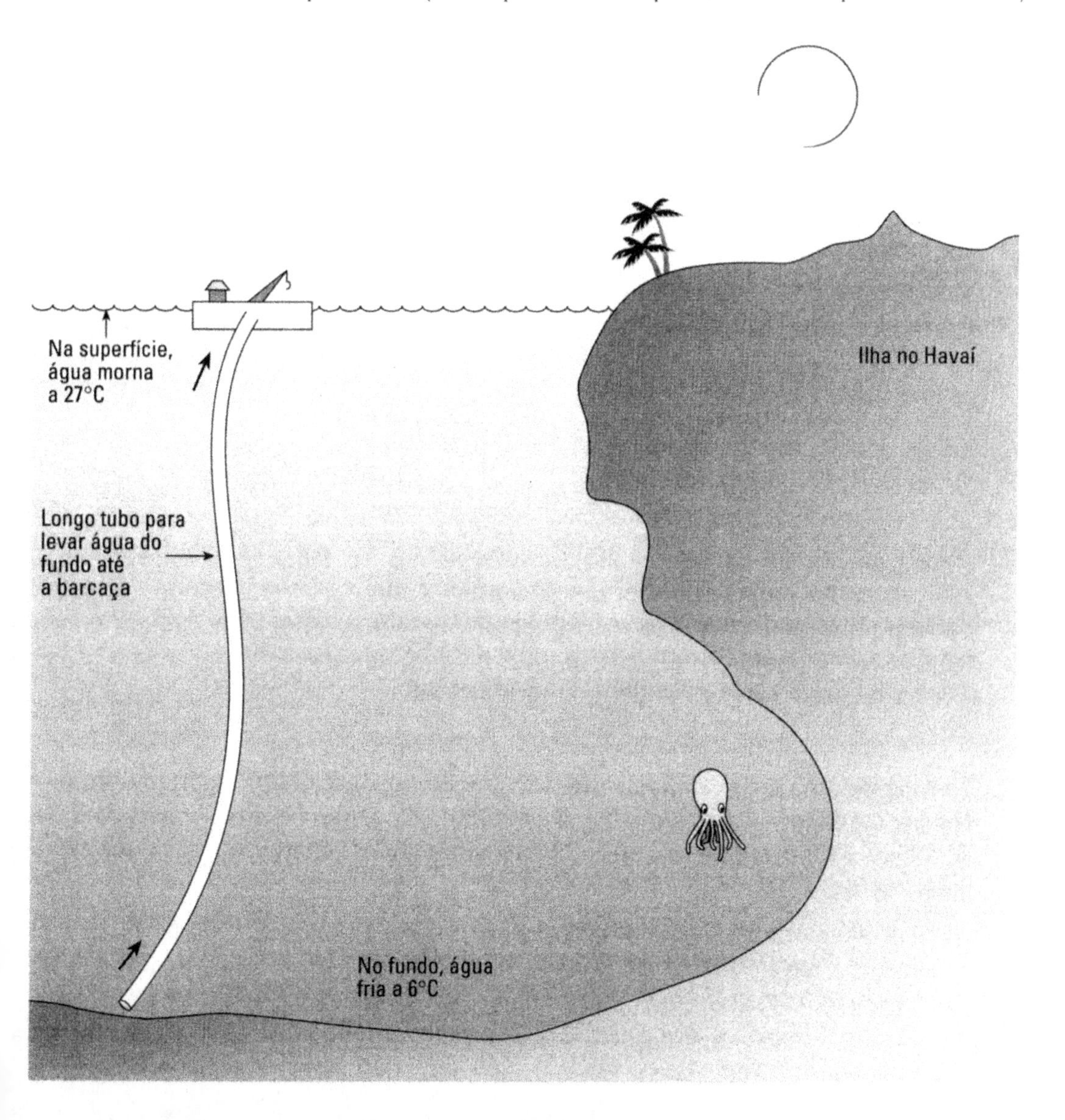

10. Uma máquina de Carnot está conectada a três reservatórios de calor como esquematizado a seguir. Qual a potência desta máquina?

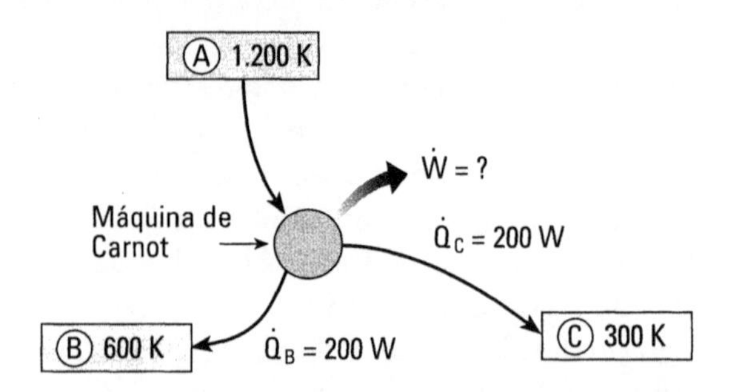

11. Para a máquina de Carnot esquematizada a seguir, com seus três reservatórios de calor, calcule Q_1 e Q_3.

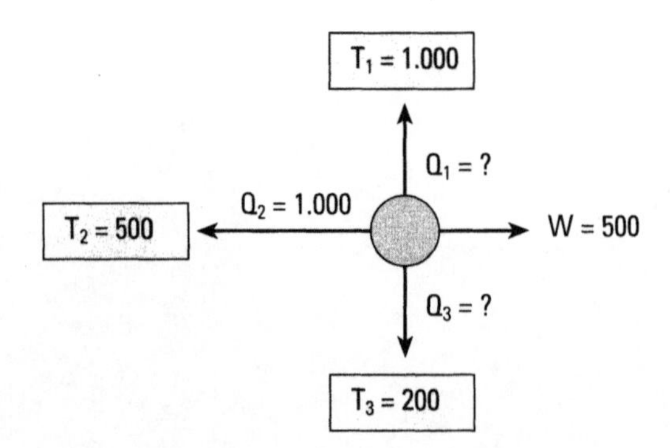

12. Imagine ar sob alta pressão, a 300 K, entrando em um tubo de Hilsch e saindo em duas correntes, uma a 200 K e 1 bar e a outra a 400 K e 1 bar. Faça um esquema e explique como poderia reverter esse processo (sem cálculos numéricos). Essa reversão significa tomar duas correntes de ar, uma a 200 K, a outra a 400 K, ambas a 1 bar, e obter uma única corrente a 300 K em alta pressão.

13. Ao lado de um vulcão inativo existe um grande depósito (1 km^3) subterrâneo de rocha fraturada (ρ = 2.650 kg/m^3, c_p = 800 J/kg · K). A temperatura média da rocha é de 500 K e dos arredores é 280 K. Quero saber quanta energia útil pode ser retirada dessa rocha.

a) Calcule inicialmente por quanto tempo eu posso produzir 1.000 MW de eletricidade, equivalente a uma grande termoelétrica, aproveitando o calor da rocha da forma mais eficiente.

b) Se eu conseguir vender a eletricidade produzida a RS$ 0,07/kW · h, quanto pode me valer essa fonte de energia?

14. A maior parte das geladeiras domésticas é elétrica, mas não todas. Há exceções, refrigeradores alimentados por gás natural (na realidade, pelo calor da chama desse gás). Em termos dos ciclos de Carnot, essa geladeira opera idealmente como esquematizado a seguir:

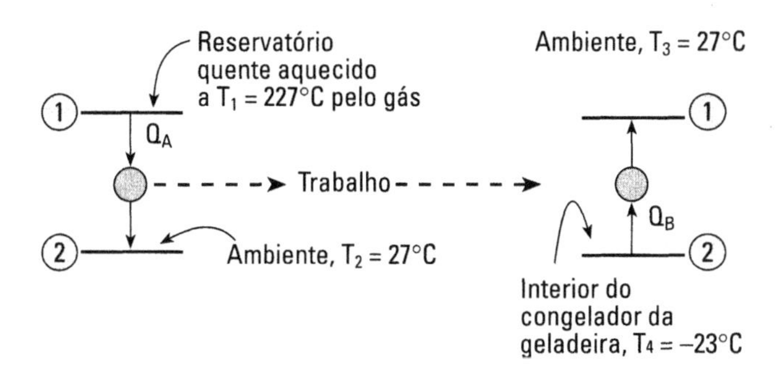

Quanto calor Q_A a fonte quente deve fornecer para essa máquina para que ela retire 1 unidade de calor, Q_B, do interior do congelador da geladeira?

CAPÍTULO 19

EXERGIA OU DISPONIBILIDADE

Neste ponto, você já percebeu que a termodinâmica estuda muito o trabalho; talvez seja o que mais a termodinâmica estuda — todos os tipos de trabalho: trabalho obtido ou trabalho a ser feito para conseguir uma dada transformação. Vamos fazer uma breve revisão.

- Primeiramente, da mecânica nós vimos que o trabalho foi definido como (força) × (deslocamento).
- Então, com a primeira lei, mostramos que o trabalho realizado por um sistema descontínuo ou fechado podia ser de dois tipos: útil ou o que chamamos de trabalho de eixo (W_{sh}) e trabalho pV, que deve ser feito quando o sistema se expande e empurra a atmosfera.
- Nos processos com escoamento, o sistema não se expande e nem se contrai, de modo que não há trabalho do tipo pV trocado pelo sistema; contudo as correntes que entram e saem do sistema podem ter densidades bem diferentes (pode entrar água líquida e sair vapor). Então, haverá trabalho pV associado às correntes que entram e saem do sistema empurrando a atmosfera. Combinamos esse trabalho com a energia interna (U), para dar a entalpia $H = U + pV$.
- Ao tratar de bombas e compressores, falamos de trabalho adiabático reversível (W_{rev}). Poderíamos dizer que essa é a operação mais eficiente desses equipamentos, mas não é bem assim. Para ilustrar, o Exemplo 16-2 mostrou que uma turbina isotérmica pode produzir mais trabalho do que uma adiabática reversível (114 kW contra 84 kW).
- Também vimos que o trabalho produzido numa operação reversível é usualmente (mas não sempre) maior do que numa operação irreversível.
- Finalmente, da segunda lei, vimos quanto trabalho poderia ser produzido, não por um fluido a alta pressão escoando para uma pressão mais baixa, mas pelo fluxo de calor de uma temperatura alta para uma mais baixa.

Se, a esta altura, você está pensando que já estudamos o bastante a respeito do trabalho em suas várias formas, engana-se... ainda falta. Neste capítulo, vamos ver mais uma situação: qual o máximo de trabalho que podemos obter de uma dada transformação.

Vamos deixar claro o que estamos pretendendo explicar. Vamos considerar que a máxima quantidade de trabalho é obtida quando um sistema vai do estado 1 para o estado 2, estando o ambiente no estado 0. Por exemplo, suponha que o sistema vai de 420°C para 380°C, perdendo calor e fornecendo trabalho, num ambiente a 25°C, como mostra a Fig. 19-1.

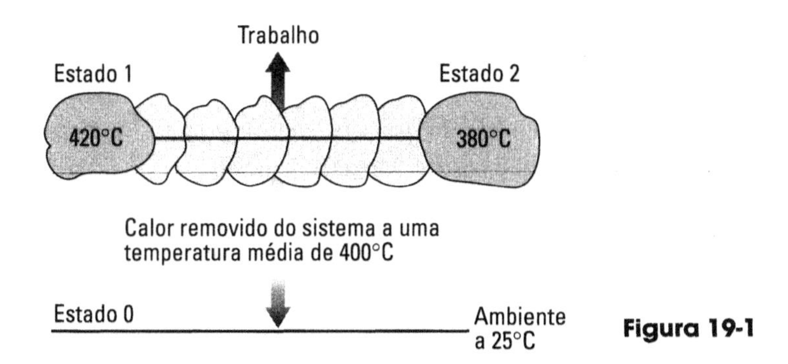

Figura 19-1

Mas essa não é a máxima quantidade de trabalho que podemos extrair, pois o calor é removido a uma alta temperatura. Poderíamos obter um trabalho extra com esse calor absorvido a 25°C, inserindo uma máquina de Carnot na corrente de calor (Fig. 19-2).

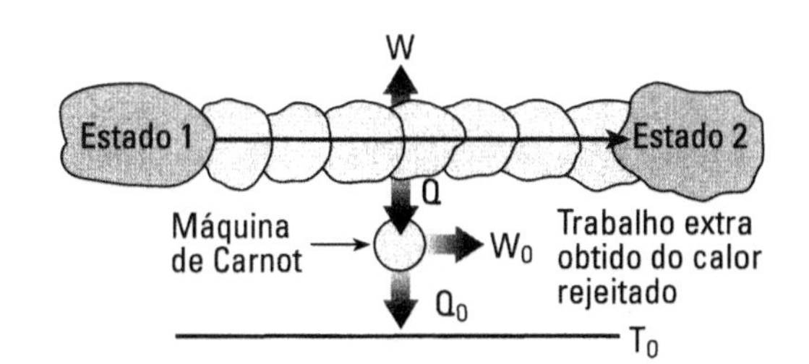

Figura 19-2

Esse exemplo mostra que, para se obter verdadeiramente o máximo de trabalho útil, é preciso que todo calor a ser rejeitado deixe o sistema à temperatura do ambiente.

Do mesmo modo, se a pressão do ambiente e do sistema forem diferentes e se o sistema expandir, então, para minimizar o trabalho pV desperdiçado, a expansão precisará ser sempre feita à pressão do ambiente. Toda pressão deve ser reduzida a p_0, produzindo trabalho útil.

Então, o assunto deste capítulo é calcular o máximo de trabalho que se pode extrair, ou o menor dispêndio necessário para uma dada transformação. O trabalho depende de três quantidades: os estados do sistema, 1 e 2, mais o estado do ambiente, 0. Esse conceito de trabalho foi primeiramente mencionado por J. C. Maxwell, em sua *Theory of Heat* (Longmans Green, Londres, 1871), e tem recebido várias denominações:

- Máximo de trabalho que se extrai
- Máximo de energia disponível
- Máximo trabalho disponível
- Trabalho disponível
- Energia disponível
- Disponibilidade

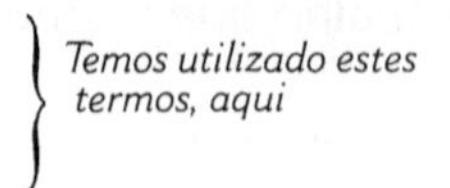

Para distinguir esse conceito de todas as outras formas de trabalho e para representá-lo, Rant (*Forsh. Ing. Wes*. 22, 36 [1956]) cunhou um novo termo: "exergia".

No Brasil, o termo exergia vem ganhando terreno em detrimento do termo "disponibilidade", primeiramente utilizado por Gibbs, mas desenvolvido e ampliado por Keenan (*Thermodynamics*, Wiley, New York, 1941) e será representado pelos símbolos B ou b. Nos Estados Unidos, se utiliza mais o termo "disponibilidade", em contraste com a Europa e o Japão, onde "exergia" é mais utilizado.

Você pode chamar como quiser; neste livro vamos chamá-lo de "exergia". E lembre-se: exergia não representa apenas qualquer forma de energia, mas o máximo de trabalho útil num sistema que está algo acima do nível de referência.[1] Seu símbolo será W_{ex}.

A. EXERGIA DE SISTEMAS DE BATELADA

Vamos desenvolver equações para a exergia em várias situações.

$W_{ex, 1 \to 0}$, de batelada

Considere um sistema a T_1, p_1 e tendo E_{p1} e E_{k1}, enquanto que as redondezas estão a T_0, p_0. Para calcular a exergia desse sistema, extraia dele todo o trabalho que você possa quando ele se move para T_0, p_0, onde $E_{p0} = E_{k0} = 0$. Esse processo é mostrado e explicado na Fig. 19-3. Estude a figura, se você a entender você pegou a idéia do que é exergia.

Vamos desenvolver uma equação para essa transformação de T_1, p_1 para T_0, p_0. Primeiro, da análise da máquina de Carnot feita no capítulo anterior, podemos escrever:

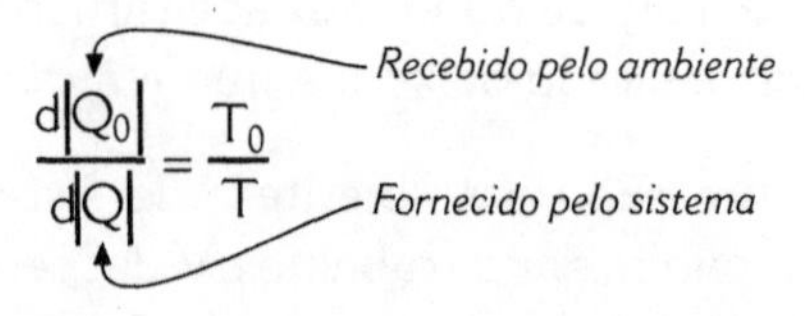

[1] Não seria mirabolante se pudéssemos avaliar a máxima possibilidade em outras áreas? Por exemplo:
- o mais rapidamente possível que um ser humano pode correr 1 milha é em 3 min e 16 s;
- o mais alto que um ser humano poderia pular seria 3,07 m;
- o maior tempo de vida que um ser humano poderá atingir seria 186 anos e 42 dias.

É inconcebível que essas coisas possam ser calculadas; contudo, na termodinâmica, podemos avaliar tais máximos. Estes valores são muito úteis, pois nos permitem comparar os processos reais com o processo-limite, avaliar a eficiência, verificar se vale a pena colocar esforços para aumentar o rendimento de dado processo real.

ou assim:

$$d|Q_0| = T_0 \frac{d|Q|}{T} = T_0 dS \tag{19-1}$$

Do sistema (aponta para dS)

Do ambiente (aponta para T_0)

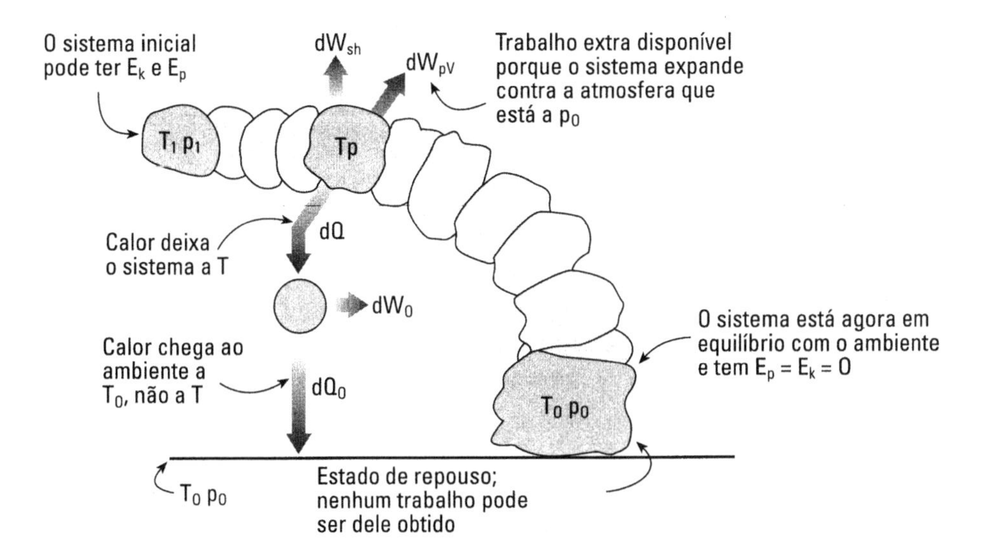

Figura 19-3

Em seguida, considere uma variação muito pequena (diferencial) do sistema (a T, p) em direção ao equilíbrio. O trabalho total produzido pelo sistema é a soma dos três termos (Fig. 19-3).

$$dW_{total} = dW_{sh} + p_0 dV + dW_0 \tag{19-2}$$

Trabalho para empurrar a atmosfera dW_{pv} (aponta para $p_0 dV$)

Chamamos a soma desses dois termos de trabalho de eixo disponível, trabalho útil ou exergia, $dW_{sh,\,av}$ (aponta para dW_{sh} e $p_0 dV$)

Trabalho obtido da máquina de Carnot (Fig. 19-3) (aponta para dW_0)

Com a primeira lei (Eq.3-2) temos para o sistema mais a máquina de Carnot:

$$d\mathbf{E} = dQ_0 - dW_{total} \tag{19-3}$$

Variação total de energia do sistema (aponta para $d\mathbf{E}$)

$T_0 dS$... *da Eq. 19-1* (aponta para dQ_0)

Combinando as Eqs. 19-2 e 19-3, obtemos o máximo de trabalho de eixo disponível ou exergia dada por:

$$dW_{ex} = dW_{sh} + dW_0 = -d\mathbf{E} + T_0 dS - p_0 d\mathbf{V} \tag{19-4}$$

Assim, para a progressão total das transformações do sistema de T_1, p_1, E_{p1}, E_{k1} para T_0, p_0, com $E_{p0} = E_{k0} = 0$, a Eq. 19-4 se torna:

$$W_{ex,\,1\to0,\,batelada} = -(U_0 - \mathbf{E}_1) + T_0(S_0 - S_1) - p_0(V_0 - V_1) \quad [J] \tag{19-5}$$

$\mathbf{E}_1$: $U_1 + E_{p1} + E_{k1}$

Este é o máximo trabalho de eixo útil que pode ser arrancado do sistema, incluindo os trabalhos elétricos, mecânicos, químicos, cinéticos, potenciais, e assim por diante, quando ele se move para o equilíbrio ou estado final. É a exergia do sistema no estado 1.

$W_{ex,1\to2,\,descontínuo}$

Quando uma porção de material vai do estado 1 para o estado 2, com o ambiente permanecendo no mesmo estado 0, temos a situação apresentada na Fig. 19-4.

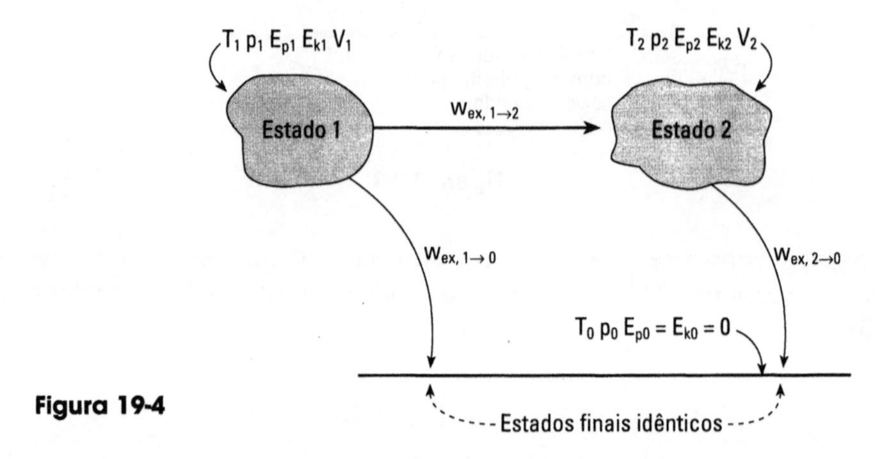

Figura 19-4

Da Figura 19-4, vemos que:

$$W_{ex,\,1\to2} = W_{ex,\,1\to0} - W_{ex,\,2\to0} \tag{19-6}$$

Daí, combinando a Eq. 19-4 com a Eq. 19-6, obtemos:

$$W_{ex,\,1\to2,\,batelada} = -(\mathbf{E}_2 - \mathbf{E}_1) + T_0(S_2 - S_1) - p_0(V_2 - V_1) \quad [J] \tag{19-7}$$

$\mathbf{E}_2$: $U_2 + E_{p,2} + E_{k,2}$

Trabalho Real e Trabalho Perdido em Transformações Reais Sistema em Batelada

O trabalho real, incluindo o trabalho pV recebido do ambiente quando uma transformação descontínua vai do estado 1 para o estado 2, é dado por:

Tanto úteis como não úteis

$$\Delta E_{1\to 2} = Q_{\substack{\text{real para}\\ \text{o ambiente}}} - W_{\substack{\text{real para}\\ \text{o ambiente}}} \qquad (19\text{-}8)$$

$T_0\Delta S_{ambiente}$ *da Eq. 19-1*

$W_{sh,\ verdadeiro,\ 1\to 2,} + p_0(V_2 - V_1)$ *da Eq. 19-2*

Então o trabalho de eixo perdido, pelas Eqs. 19-7 e 19-8, é:

$$\begin{aligned} W_{sh,\ perdido,\ 1\to 2} &= W_{ex,\ 1\to 2} - W_{sh,\ real,\ 1\to 2} \\ &= T_0(S_2 - S_1) + T_0\Delta S_{ambiente} \\ &= T_0\Delta S_{sistema} + T_0\Delta S_{ambiente} \end{aligned}$$

Assim, para qualquer transformação:

$$\boxed{W_{sh,\ perdido} = T_0\Delta S_{total} \qquad [J]} \qquad (19\text{-}9)$$

Sistema + ambiente

As Eqs. 19-5, 19-7 e 19-9 são três importantes expressões da exergia para sistemas descontínuos.

EXEMPLO 19-1 A prosperidade vem de Nhangaba da Serra

A pequena comunidade de Nhangaba da Serra (pop. ~35, temperatura média 27°C) possui um enorme reservatório subterrâneo — não de petróleo, nem de gás natural, mas de gás de chaminé (volume de gás no reservatório = 10^{12} m^3, c_p = 36 J/mol · K, p = 9,95 atm, T = 237°C, $\overline{mw}$ = 0,03 kg/mol). Os habitantes pensam que seguramente poderiam extrair alguma energia (e algum dinheiro) desse gás e, assim, contrataram você como um consultor e querem que lhes responda às seguintes questões:

a) Idealmente, quanto trabalho útil pode ser obtido desse gás?

b) Se Nhangaba da Serra pode vender eletricidade para a companhia de distribuição de energia elétrica por R$ 0,036/kW · h e se a usina geradora de energia tem uma eficiência de 10%, qual será o valor total do gás contido no reservatório?

Solução

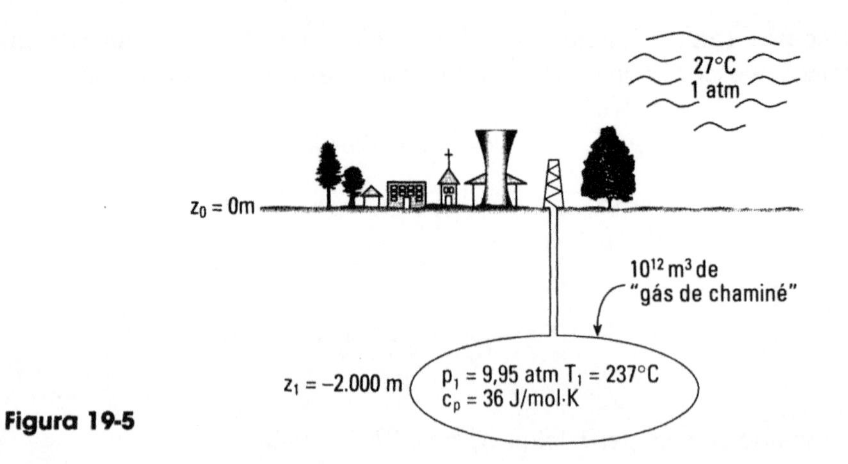

Figura 19-5

a) A quantidade de gás é definida; assim para encontrar o máximo trabalho disponível quando o gás se expande de p_1, T_1 para p_0, T_0, use a Eq. 19 -5:

$$W_{ex,\,1\to 0} = -[(U_0 + \underbrace{E_{p,0}}_{=0} + \underbrace{E_{k,0}}_{=0}) - (U_1 + E_{p,1} + \underbrace{E_{k,1}}_{=0})] + T_0(S_0 - S_1) - p_0(V_0 - V_1) \qquad (19\text{-}10)$$

O reservatório é subterrâneo, ΔE_p é certamente diferente de zero, mas considere-o desprezível

Admitindo que o gás tenha um comportamento de gás ideal, a expressão se torna:

$$W_{ex,\,1\to 0} = -[n\,c_v(T_0 - T_1)] + T_0 n\left(cp\,\ell n\frac{T_0}{T_1} - R\,\ell n\frac{p_0}{p_1}\right) - p_0(V_0 - V_1) \qquad (19\text{-}11)$$

Isto é a exergia (aponta para $W_{ex,\,1\to 0}$); *Eq. 16-5* (aponta para o termo entre parênteses)

onde

$$n = \frac{p_1 V_1}{RT_1} = \frac{9,95\,(101.325)\,(10^{12})}{(8,314)\,(510)} = 2,378 \times 10^{14}\ \text{mol}$$

$$c_v = 36 - 8,314 = 27,686\ \text{J / mol}\cdot\text{K}$$

$$V_0 = (10^{12})\left(\frac{9,95}{1}\right)\left(\frac{300}{510}\right) = 5,853 \times 10^{12}\ \text{m}^3$$

Substituindo todos os valores na Eq.19-11, obtemos:

$$W_{ex,\,1\to0} = -2{,}378\times10^{14}\ (27{,}686)\ (300-510) + 300\ (2{,}378\times10^{14})$$
$$\left[36\ \ell n\frac{300}{510} - 8{,}314\ \ell n\frac{1}{9{,}95}\right] - 101.325\ (5{,}853\times10^{12} - 10^{12})$$
$$= 1{,}382\ 6\times10^{18} - 4{,}272\ 2\times10^{13} - 4{,}917\ 3\times10^{17}$$
$$= \underline{\underline{8{,}908\ 3\times10^{17}}}\ \text{J trabalho útil nesse gás} \longleftarrow$$

b) O valor desse gás, se 10% de todo o trabalho disponível pode ser convertido em eletricidade e então vendido, é

$$(8{,}908\ 3\times10^{17}\,\text{J})\left(\frac{1\ \text{kW}}{1.000\ \text{J/s}}\right)\left(\frac{1\ \text{h}}{3.600\ \text{s}}\right)\left(\frac{\text{R\$}0{,}072}{\text{kW}\cdot\text{h}}\right)(0{,}1) = \text{R\$}17{,}8\times10^{8}$$
$$= \underline{\underline{\text{R\$}1.780\ \text{milhão}}}\quad \text{(caramba!)} \longleftarrow$$

EXEMPLO 19-2. Mais sobre Nhangaba da Serra

Refaça o Exemplo 19-1, mas não ignore a contribuição da energia potencial (o trabalho requerido) para trazer o gás até a superfície.

Solução

A contribuição da energia potencial, desprezada no Exemplo 19-1, é

$$E_{p,\,1\to0} = E_{p0} - E_{p1}$$
$$= \frac{mg(z_0 - z_1)}{g_c}$$
$$= \frac{(2{,}378\times10^{14})\ (0{,}03)\ (9{,}8)\ (0-(-2.000))}{(1)}$$
$$= 1{,}398\ 3\times10^{17}\ \text{J}$$

Assim, levando em conta o trabalho necessário para trazer o gás até a superfície, diminuirá um pouco o W_{ex}; então:

$$W_{ex,\,1\to0} = 8{,}908\ 3\times10^{17} - 1{,}398\ 3\times10^{17} = 7{,}51\times10^{17}\ \text{J}$$

Então, o trabalho disponível decrescerá para

$$\frac{1{,}398\ 3}{8{,}908\ 3}\times100 = 15{,}7\%$$

e o valor do gás cairá para

$$\text{R\$}1.780\times10^{6}\ (0{,}157) = \underline{\underline{\text{R\$}280\ \text{milhões}}} \longleftarrow$$

Este exemplo mostra que nem sempre podemos desprezar a energia potencial.

B. EXERGIA DE SISTEMAS CONTÍNUOS

Considere um sistema contínuo como o mostrado na Fig. 19-6.

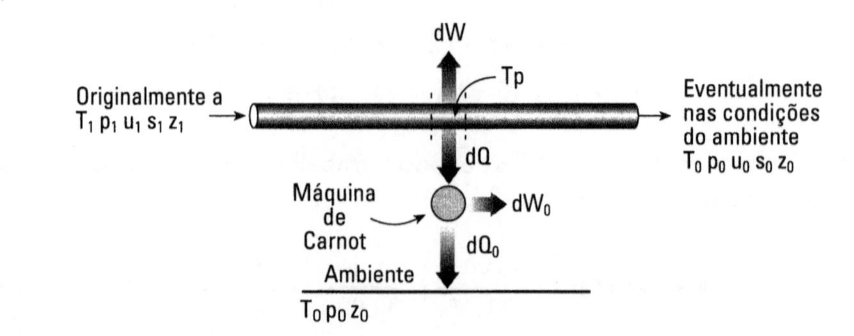

Figura 19-6

Temos, nesse caso, os mesmos argumentos que tínhamos quando tratávamos com sistemas em batelada: trabalho extra poderá ser extraído com o emprego da máquina de Carnot se qualquer calor rejeitado o for à temperatura do ambiente T_0. Contudo, o trabalho de empurrar a atmosfera não deve ser considerado como termo "extra", como nos sistemas em batelada. Ele já foi levado em conta pelo uso da entalpia em vez da energia interna (veja a Eq. 13-3).

Então, a exergia, ou trabalho de eixo disponível do sistema contínuo no estado 1 (veja Eq. 19-5), é

$$W_{ex,\,1\to 0} = -[H_0 - (H + E_p + E_k)_1] + T_0(S_0 - S_1) \tag{19-12}$$

A exergia do sistema quando ele vai do estado 1 para o estado 2 (similar à Eq. 19-7) é

$$W_{ex,\,1\to 2} = -[(H + E_p + E_k)_2 - (H + E_p + E_k)_1] + T_0(S_2 - S_1) \tag{19-13}$$

e o trabalho perdido ou rejeitado para a transformação real entre os estados 1 e 2 (veja a Eq. 19-9) é:

$$W_{sh,\,perdido,\,1\to 2} = \underbrace{W_{ex,\,1\to 2}}_{[Q_{rev} - (\Delta H + \Delta E_p + \Delta E_k)]} - \underbrace{W_{sh,\,real,\,1\to 2}}_{[Q_{real\ para\ o\ ambiente} - (\Delta H + \Delta E_p + \Delta E_k)]}$$

$$= Q_{rev} - Q_{real} \tag{19-14}$$

$$= T_0(S_2 - S_1) + T_0 \Delta S_{ambiente}$$

Assim, para uma transformação real do estado 1 para o estado 2:

$$W_{sh,\,perdido,\,1\to 2} = T_0 \Delta S_{total} \tag{19-15}$$

Para sistemas contínuos e para o ambiente

C. RELAÇÃO ENTRE TERMOS DE TRABALHO EM SISTEMAS DE BATELADA E CONTÍNUOS

Quando um sistema sofre uma transformação do estado 1 para o estado 2, temos, em geral:

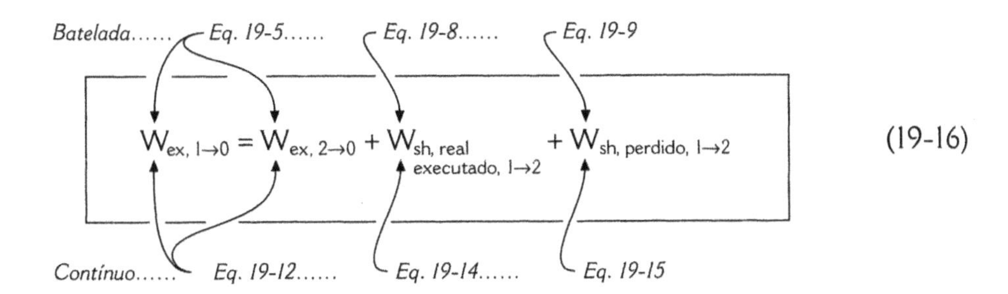

(19-16)

EXEMPLO 19-3 Exergia de um gás ideal

Uma corrente de 2 mols/s de ar vai de 1.000 K e 10 bar para 500 K e 5 bar enquanto realiza 5,0 kW de trabalho. O ambiente está a 300 K e 1 bar. Qual o trabalho perdido nesse processo?

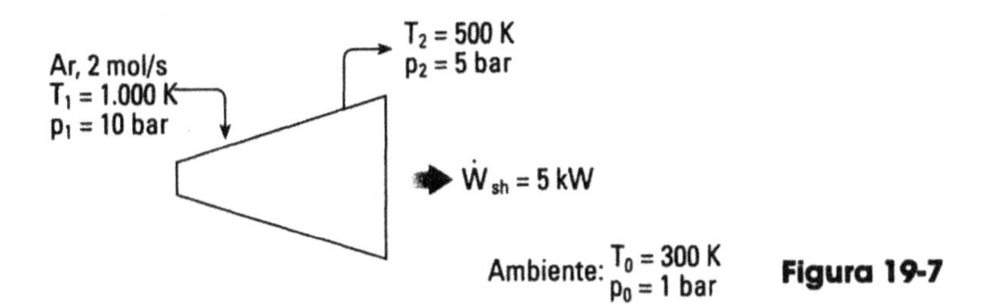

Figura 19-7

Solução

Calculamos a diferença de exergia das correntes de entrada e saída e a subtraímos do trabalho real feito. Isso dá o trabalho perdido. Assim, da Eq. 19-13, temos, por mol de gás que escoa:

$$
\begin{aligned}
w_{ex,\,1\to2} &= h_1 - h_2 + T_0(s_2 - s_1) \qquad \text{Eq. 16-5} \\
&= c_p(T_1 - T_2) + T_0\left[c_p\,\ell n\frac{T_2}{T_1} - R\,\ell n\frac{p_2}{p_1}\right] \\
&= 29{,}1\,(1.000 - 500) + 300\left[29{,}1\,\ell n\frac{500}{1.000} - 8{,}314\,\ell n\frac{5}{10}\right] \\
&= 10.228 \text{ J/mol}
\end{aligned}
$$

A potência disponível será, então:

$$\dot{W}_{ex,\,1\to 2} = (10.228)\,(2) = 20.456 \text{ W}$$
$$= 20{,}5 \text{ kW}$$

A potência real produzida é $\dot{W}_{real}$, assim:

$$\dot{W}_{sh,\,perdido} = 20{,}5 - 5{,}000 = \underline{\underline{15{,}5 \text{ kW}}} \longleftarrow$$

EXEMPLO 19-4 Água em abundância para a Arábia Saudita

A Arábia Saudita, um país muito quente e seco do Oriente Médio ($T_{médio} = 30°C$), planeja laçar icebergues na Antártica, rebocá-los até o porto de Jiddah, derretê-los, estocar a água a 5°C e, assim, suprir o país com água fresca (Fig. 19-8). Mas alguém pode produzir trabalho, eletricidade e ar condicionado também durante o processo de derretimento. Se os sauditas não tentarem recuperar esse trabalho disponível, quanto trabalho eles perderão, se puxarem 10^6 t de icebergue a cada três semanas?

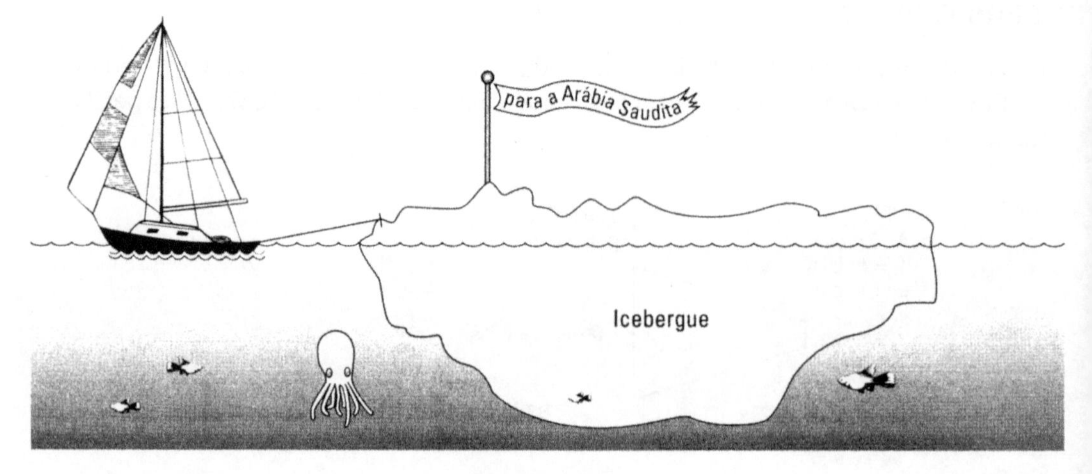

Figura 19-8

Solução

A fusão do gelo e o aquecimento da água podem ser representados pela Fig. 19-9:

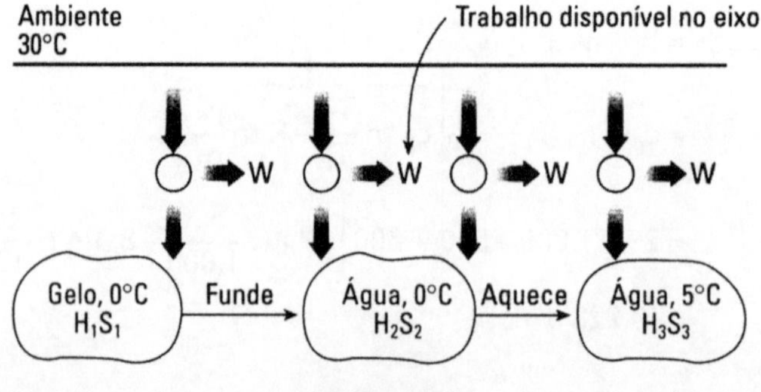

Figura 19-9

Uma vez que estamos interessados somente na transformação global $1 \to 3$, podemos pular o estado 2. Também poderemos considerar essa operação em estado estacionário, ignorando ΔE_p e ΔE_k, o que fornece, por meio da Eq.19-13, para cada quilograma de gelo:

$$w_{ex,\,1 \to 3} = -[(h_3 + e_{p3} + e_{k3}) - (h_1 + e_{p1} + e_{k1})] + T_0(s_3 - s_1) \qquad (19\text{-}17)$$

Aqui poderíamos usar o calor latente e o calor específico para calcular o valor da entalpia e da entropia. De modo mais simples, vamos usá-las dos anexos do final do livro. Elas fornecem:

$$h_1 = -\,333{,}43 \text{ kJ/kg} \qquad h_2 = 20{,}98 \text{ kJ/kg}$$

$$s_1 = -\,1{,}221 \text{ kJ/kg}\cdot\text{K} \qquad s_3 = 0{,}0761 \text{ kJ/kg}\cdot\text{K}$$

Daí, a Eq. 19-17 se torna:

$$\begin{aligned} w_{ex,\,1 \to 3} &= -\,[(20{,}98 - (-\,333{,}43))] + 303(0{,}0761 - (-\,1{,}221)) \\ &= 38{,}61 \text{ kJ/kg} \end{aligned}$$

Agora o trabalho perdido é dado pela Eq. 12-14 como

$$w_{perdido} = w_{ex} - \cancelto{=0}{w_{\substack{realmente\\obtido}}} = 38{,}61 \text{ kJ/kg}$$

Assim, a potência perdida é

$$\begin{aligned} \dot{W}_{perdido} &= \left(38{,}61\frac{\text{kJ}}{\text{kg}}\right)\left(\frac{1.000 \text{ kg}}{\text{t}}\right)\left(\frac{10^6 \text{ t}}{21 \text{ dias}}\right)\left(\frac{1 \text{ dia}}{24 \times 60 \times 60 \text{ s}}\right) \\ &= 21.280\frac{\text{kJ}}{\text{s}} = \underline{\underline{21{,}3\,\text{MW}}} \longleftarrow \end{aligned}$$

Isso representa cerca de 14.000 aquecedores elétricos portáteis ou 20.000 cafeteiras. Todos trabalhando juntos, dia e noite.

Nota. Veja em *Iceberg Utilization*, de A. A. Husseiny (Pergamon Press, 1978), como capturar um icebergue, como rebocá-lo, a melhor época do ano para a captura, a melhor rota e sugestões termodinâmicas de como persuadir um icebergue à vir sozinho sem rebocadores!

O *Chemical Engineering News*, de 6 de agosto de 1973 (pág. 40), também considera o problema do abastecimento de San Diego, na Califórnia, com água de icebergue.

Este capítulo é de extrema importância no que se refere ao trabalho, uma vez que trata de vários tipos: W_{pV}, W_{sh}, W_{rev}, $W_{perdido}$, W_{ex}. Assim, é natural que tenhamos uma boa coleção de problemas a seguir.

Note que, em todo o capítulo, substituímos Q por TΔS. É para indicar que estávamos tratando de processos reversíveis — sem atrito e nenhum desperdício de trabalho. Estamos sempre querendo espremer o máximo de trabalho possível dos sistemas.

Para saber mais sobre a exergia, veja a generosa quantidade de exemplos da física, da química e das operações de combustão, no minilivro *Availability (Exergy) Analysis,* de M. V. Sussmann (Lexington, MA: Mulliken House, 1980).

PROBLEMAS

1. Um bloco de ferro A (200 kg) está 10 m acima do nível do chão e o bloco B (100 kg) está 20 m acima do nível do chão. Qual dos dois blocos tem mais exergia?

2. Dois blocos de ferro (c_p = 500 J/kg · K) repousam sobre o chão. O bloco A (200 kg) está a 400 K e o bloco B (100 kg) está a 500 K. O chão e os arredores estão a 300 K. Qual dos dois blocos tem maior exergia?

3. Qual destes dois blocos possui maior exergia: um bloco A de ferro (100 kg, c_p = 500 J/kg · K) 10 m acima, no ar, e à temperatura ambiente, ou o bloco B (100 Kg), repousando no chão, mas 10°C acima da temperatura do ambiente, que está a 300 K?

4. Uma garrafa de plástico de 2 L é preenchida com ar a 12,5 bar. A temperatura é de 300 K em todos os lugares. Qual é a sua exergia? Veja se o valor que você vai calcular tem sentido quando comparado com os valores encontrados nos Exemplos 11-6, 11-7 e 11-8.

5. Uma grande fábrica de produtos químicos libera 3,6 t/h de vapor de água superaquecido (200°C e 1 bar) para o ambiente (25°C, 1 bar). Que desperdício!! Qual é a máxima potência recuperada proveniente desse vapor?

6. Durante a plena carga de produção de plutônio, a Usina Hanford de energia nuclear, em Washington, continuamente retira e devolve água ao Rio Colúmbia, numa vazão de 10^5 m^3/h, necessária para resfriamento. O rio e o ambiente estão a uma temperatura média de 10°C e a descarga se dá a 90°C. Teoricamente, quanta potência poderia ser obtida dessa corrente de água quente?

7. 2 kg de água quente (90°C) são derramados dentro de uma piscina (20°C). Calcule:

a) a variação total de entropia desse processo (ΔS_{total});

b) o trabalho perdido (W_{perd});

c) a exergia desses 2 kg de água quente.

8. Vapor de água geotérmico, a 500 kPa e 250°C, pode ser obtido do solo em Caldas Novas, GO, a 1.000 kg/min. Se o ambiente está a 25°C, quanta potência pode ser gerada dessa fonte?

9. Em uma fábrica são produzidas 100 t métricas de gelo por hora por meio de um processo contínuo. Quantos carros Dodge de oito cilindros, de 225 HP cada um, são necessários para fazer o trabalho se a água utilizada entra no processo a 20°C, é resfriada a 0°C e se congela?

Dados: O calor é rejeitado a 20°C. A eficiência global da fábrica é de 20%.

10. Imagine um tubo Hilsch bem isolado, alimentado com gás em alta pressão (3,329 4 bar, 300 K, c_p = 34,026 J/mol · K) num laboratório a 1 bar. Suponha que o fluxo se divida meio a meio, com o gás frio saindo a 100 K e o gás quente a 500 K. É possível, em teoria, se obter isso ou não?

11. Qual é a menor quantidade de trabalho teórica para separar uma corrente de ar em duas, uma constituída de oxigênio puro (21%) e outra de nitrogênio mais traços de outros gases (79%)? Tudo isso acontece a 300 K e 1 bar.

12. Uma corrente de ar (100 mols/s, 78% N_2, 21% O_2 e 1% Ar) a 227°C e 1 bar deve ser separada em duas, uma constituída de argônio puro e outra sem nenhum argônio. Ambas as correntes devem estar a 227°C e 1 bar. Qual é a mínima potência requerida para essa operação?

13. Um bloco de 25 kg de cobre (c_p = 400 J/kg · K) é resfriado de 177°C para 27°C no norte da Sibéria onde a temperatura do ar, no verão, é de –23°C.

a) Qual é a maior quantidade de trabalho útil que seria recuperada nesse processo?

b) Determine a quantidade de calor trocado com o ambiente quando nenhum trabalho é realizado e quando o trabalho útil é obtido como no item (a).

14. Um reservatório de calor constituído de 100 kg de H_2O a 100°C fornece calor para uma máquina de Carnot, que o rejeita para um grande reservatório a 0°C. O processo continua até que a temperatura da água do reservatório quente se resfrie a 0°C. Calcule o trabalho disponível.

15. Um reservatório a 100°C fornece calor a uma máquina de Carnot. Esta descarta calor a um outro reservatório de calor constituído por 100 kg de água a 0°C no início. Esse reservatório tem, então, sua temperatura aumentada, chegando a 100°C. Calcule por dois modos diferentes o trabalho que se pode obter:

a) com a análise da máquina de Carnot do Cap. 18;
b) utilizando o conceito de exergia desenvolvida neste capítulo.

Observação: Quando somente calor está envolvido no processo (nenhuma compressão ou mudança de pressão), então pode-se usar tanto a análise do Cap. 18 como os métodos apresentados neste capítulo.

16. Um gás ideal (c_p = 36 J/kg · K) a 500 K e 1 atm, é comprimido até 10 atm e, então, após uma apropriada troca de calor, é levado ao processo. Toda essa operação se realiza em um ambiente a 300 K. O trabalho necessário para a operação é de 20 kJ/mol de gás. Compare esse valor com:

a) O mínimo trabalho requerido para uma compressão adiabática reversível do gás. Note que a temperatura final do gás será maior do que 500 K.
b) O mínimo trabalho requerido para uma compressão isotérmica. Aqui a temperatura final será de 500 K.
c) O verdadeiro trabalho mínimo necessário para se obter o gás a 10 atm e 500 K.
d) Se o gás-produto deve ser enviado ao processo a 10 atm e 300 K, como isso afeta a resposta ao item (c)?

17. 200 mols/s de um gás de combustão (k = 1,3) saem de uma câmara de combustão de carvão, pressurizada, a 1.000 K e 10 bar. Esse gás de combustão move uma turbina adiabática e reversível, saindo a 2 bar para a atmosfera (300 K e 1 bar).

a) A que temperatura o gás deixa a turbina? Calcule, também, o c_p do gás.
b) Qual é a potência gerada pela turbina?
c) Qual é a perda de potência nessa operação, comparada com o melhor sistema de obtenção de trabalho?

18. Você está soltando 10 L/s de ar a 400 K e 10 bar. (Puxa, que perda!) Por que não tentar recuperar alguma coisa desse ar? Quanta potência pode ser recuperada:

a) com uma turbina adiabática reversível?
b) com uma turbina isotérmica 100% eficiente?
c) Qual é a máxima potência disponível que se pode extrair?

19. Uma corrente de gás ideal ($k = 1{,}333$) a 16 bar e 720 K se expande até 1 bar e é resfriada para 360 K sem que se produza qualquer trabalho útil.

a) Qual o c_p desse gás?

b) Qual é a troca de calor por mol desse gás com o ambiente durante essa operação?

c) Qual é o ΔS do gás para essa operação?

d) Qual é o máximo trabalho disponível que se pode obter do gás que entra, a exergia, se o ambiente está a 1 bar e 300 K?

20. A *Chemical and Engineering News*, de 21 de abril de 1980 (pág. 34), relata sobre a produção de potência a partir da salmoura geotérmica dos campos geotérmicos de East Mesa, no California's Imperial Valley (temperatura média ambiente 27°C).

O Departamento de Energia implantou uma usina-piloto de 750 L/min de salmoura quente a 170°C e pressurizada. A salmoura entra pelo topo de uma torre a 12 m de altura, 1 m de diâmetro, transfere seu calor ao isobutano, o fluido de trabalho, e sai a 65°C.

Ao mesmo tempo gotas de isobutano líquido entram na torre, absorvem calor, vaporizam e deixam a torre, sendo encaminhadas para uma turbina para gerar trabalho útil. O vapor de isobutano que sai da turbina é condensado, comprimido (a energia necessária para a compressão é desprezível porque $\Delta V \cong 0$) e retorna para a torre.

A revista relata que a potência produzida nessa usina-piloto é de 500 kW. Qual é a eficiência dessa instalação comparada à eficiência de Carnot? Na ausência de dados termodinâmicos para a salmoura, considere-os próximos aos da água.

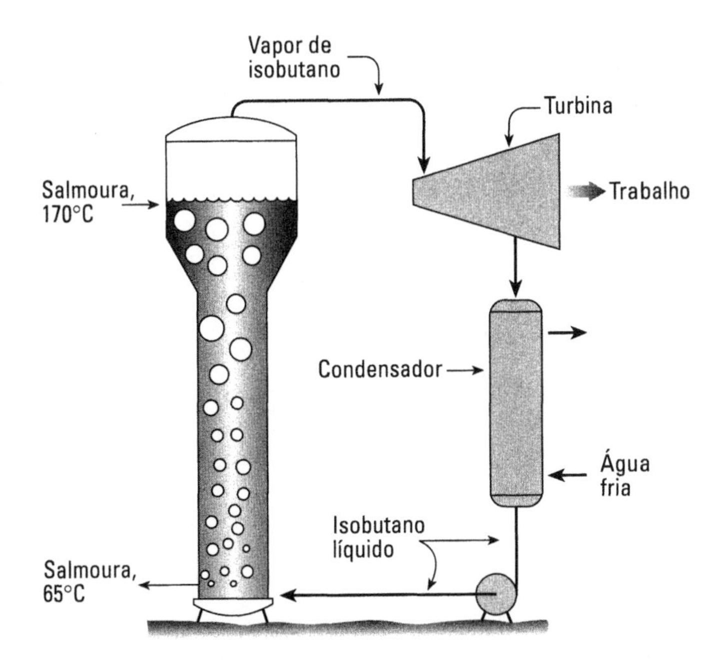

21. A *Corvallis Gazette Times*, de 27 de maio de 1980 (pág. 8), relata que testes em poços geotérmicos abertos perto de Los Alamos, no Novo México (EUA), mostram que a energia obtida de rochas quentes no fundo do solo pode ser bem econômica. Ela é obtida como segue:

- Perfuram-se poços de 3.000 m ou mais através de uma camada de rocha impermeável, em direção a uma zona de rochas quentes fraturadas.
- Bombeia-se água (a 25°C) para baixo e retira-se água quente.
- Conduz-se essa água quente para trocadores de calor e turbinas e se extrai trabalho útil.
- Retorna-se a água usada para os poços em circuito fechado.

Se a circulação típica de água para esse tipo de gerador de energia é da ordem de 10 kg/s e sai do chão a 200°C, ainda como líquido, qual é a máxima potência que se pode obter do poço? Despreze a potência necessária para se bombear a água para cima e para baixo no circuito.

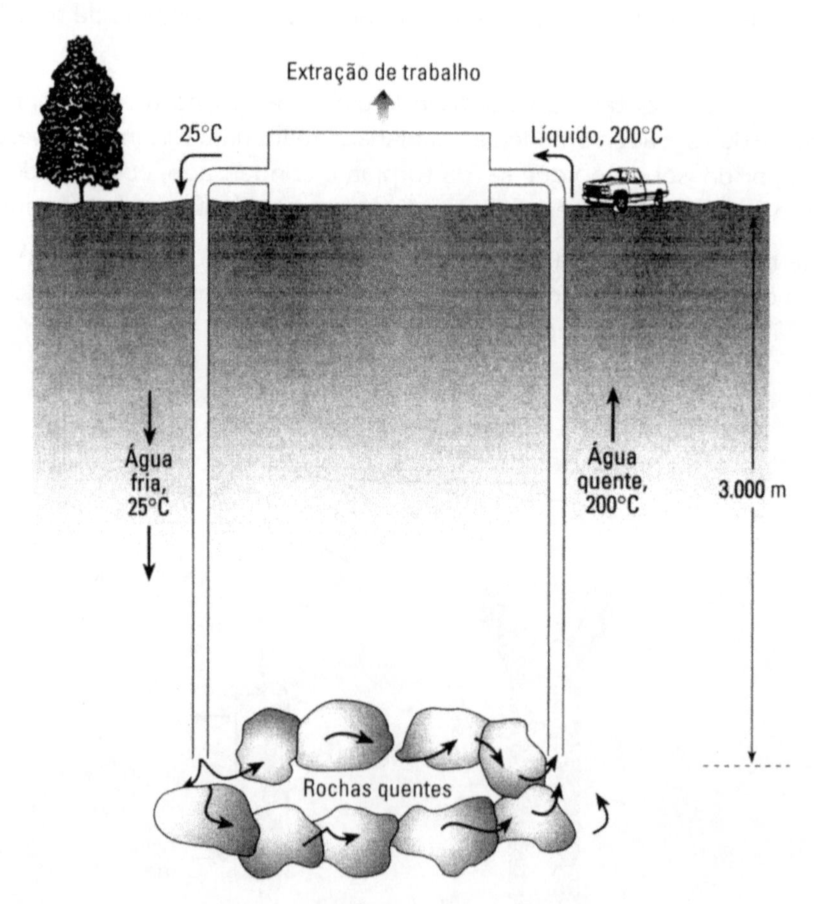

CAPÍTULO 20

TERMODINÂMICA NA ENGENHARIA MECÂNICA

Os maiores usuários da termodinâmica são os engenheiros mecânicos, pois eles são projetistas e construtores de máquinas, dispositivos para a transformação de calor e energia química em trabalho. Eles também tratam com máquinas que usam trabalho para bombear calor de uma temperatura baixa para uma mais alta. Vamos examinar esses dispositivos.

A. TIPOS DE MÁQUINAS

Há três tipos principais de engenhos para transformar calor em trabalho: dispositivo ciclo G-L fechado; dispositivo de um único passe G-L, ciclo aberto; e dispositivo a gás de um único passe, ciclo aberto.

Dispositivo Ciclo G-L Fechado

Essa classe de dispositivo faz um fluido circular, aquecendo-o e vaporizando-o a alta pressão, expandindo-o e, então, resfriando-o e condensando-o, tudo feito de tal modo que possa gerar trabalho.

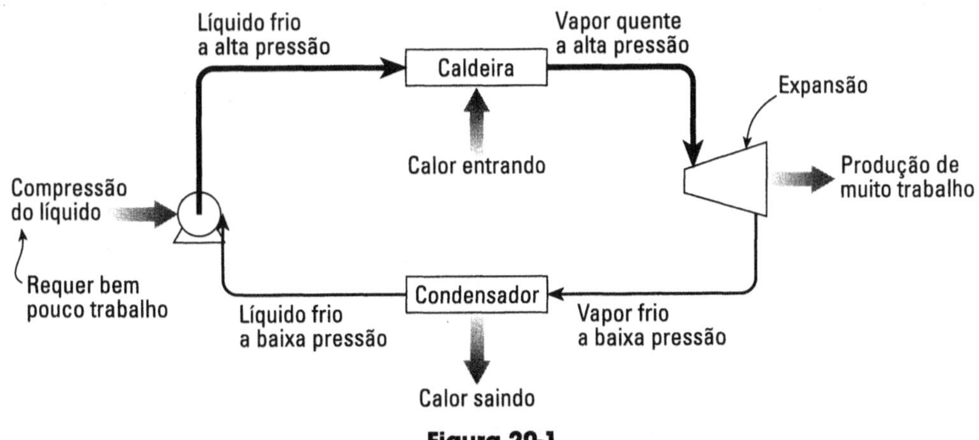

Figura 20-1

Tais equipamentos necessitam tanto de caldeira como de resfriador-condensador. Gran-des plantas de geração de energia elétrica, estacionárias, movidas a carvão, são desse tipo e usam água líquida e água em vapor como fluidos de trabalho.

Dispositivos de Único Passe G-L, Ciclo Aberto

Esse tipo de máquina comprime, aquece e vaporiza um líquido, expande-o para realizar trabalho e, finalmente, rejeita-o como vapor a baixa pressão.

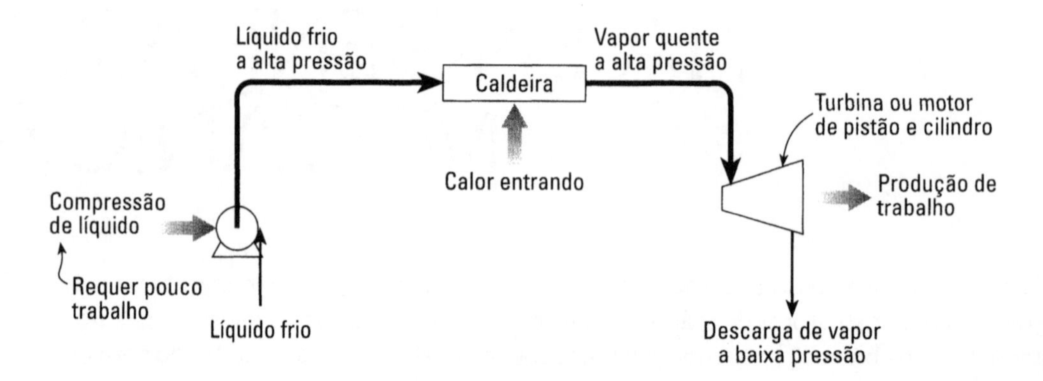

Figura 20-2

Como o fluido de trabalho é usado uma única vez e então rejeitado, esse tipo de dispositivo torna-se prático somente se o fluido é barato — o que significa água/vapor. É impraticável usar outro tipo de fluido, como o Freon ou HFC-134a. Esse equipamento não tem resfriador-condensador, por isso pode ser bem menor que o tipo 1. A locomotiva a vapor é o mais romântico exemplo desse tipo de dispositivo.

Dispositivos a Gás de um Único Passe G-L, Ciclo Aberto

O dispositivo a gás dispensa tanto a caldeira quanto o resfriador-condensador. Ele gera o gás quente a alta pressão por meio de reações químicas — combustão.

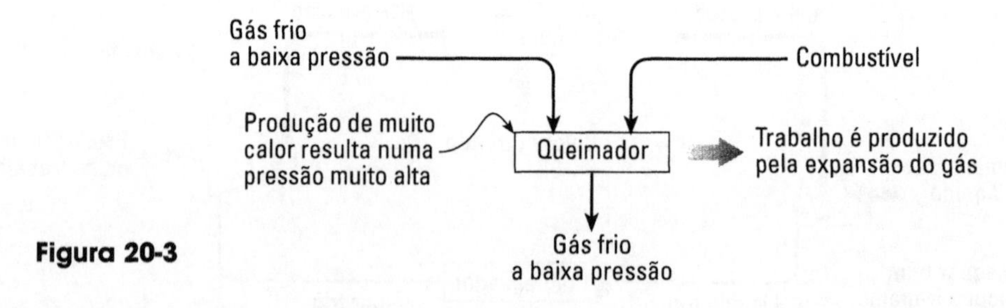

Figura 20-3

Como veremos, existem muitas maneiras de realizar essa combustão; dentro de cilindros providos de pistões, turbinas e outros dispositivos.

Esse tipo de máquina pode ser muito pequeno e compacto mas exige que se utilize combustível líquido para gerar o calor — gasolina, diesel, querosene de aviação. O automóvel, o motor a jato, o foguete são exemplos desses produtores de trabalho. Enquanto os combustíveis líquidos forem abundantes e baratos, esse tipo de equipamento dominará o mundo das máquinas.

Refrigeradores e Bombas de Calor

Para bombear calor de uma temperatura baixa para a temperatura ambiente, não se pode usar água/vapor. Deve-se empregar um fluido que evapora e condensa a baixas temperaturas. Isso nos leva para a amônia, dióxido de enxofre, freons e, mais recentemente, os HFC. A operação de um único passe não é prática com esses fluidos, de modo que temos de usar um dispositivo que não descarta o fluido de trabalho, mas o evapore e condense repetidas vezes.

No passado, essas máquinas eram monstros enormes que serviam para instalações comerciais de refrigeração. Mas, com a moderna tecnologia, unidades menores que ainda conservam o vaporizador e o condensador tornaram-se práticos; por exemplo, a geladeira, nos idos de 1930, o condicionador de ar nos anos 1950 e o refrigerador de ar de automóveis realmente compacto dos anos 1970. Hoje, aceitamos esses equipamentos como algo corrente, sem perceber sua complexidade. Para operações em escala muito pequena, temos outros dispositivos inteligentes para "produzir frio".

Vamos dar uma olhada nos tipos de máquina acima mencionados com mais detalhes e comparar suas operações com a máquina ideal de Carnot.

B. O CICLO DE CARNOT

No Cap. 18, vimos que o ciclo de Carnot é o mais eficiente modo de produzir trabalho a partir do fluxo de calor proveniente de uma fonte a alta temperatura T_1 para uma temperatura baixa T_2. Em geral, a eficiência de produção de trabalho é definida como:

$$\eta = \frac{\text{trabalho realizado}}{\begin{array}{c}\text{calor da fonte}\\ \text{de alta temperatura}\end{array}} = \frac{|W|}{|Q_1|} = \frac{|Q_1| - |Q_2|}{|Q_1|} \qquad (20\text{-}1)$$

Para o ciclo de Carnot, a eficiência depende somente da temperatura da fonte de calor e da baixa temperatura do reservatório de calor. Ou

$$\eta = \frac{T_1 - T_2}{T_1} \qquad (20\text{-}2)$$

Esse ciclo é representado por um retângulo no diagrama T-s, como se vê na Fig. 20-4 (veja também as Figs. 18-11, 18-14 e 18-15).

O ciclo de Carnot pode ser reproduzido de forma bem aproximada pela circulação de um gás (veja o Cap. 18), mas não pelo sistema gás-líquido. Contudo, o modo mais útil e de fácil compreensão de compararmos dispositivos cíclicos com o ciclo de Carnot é por meio do diagrama T-s. Assim, tenhamos presente a Fig. 20.4 durante o desenvolvimento de vários ciclos práticos de duas fases.

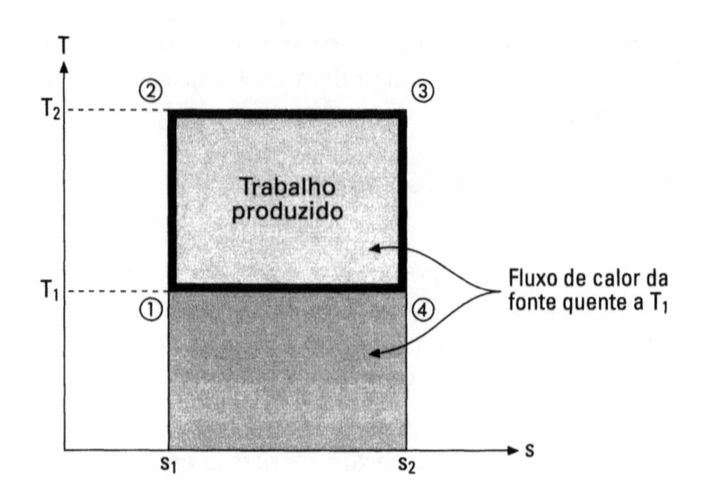

Figura 20-4

C. CICLOS G-L PRÁTICOS: O CICLO DE RANKINE (INSTALAÇÃO GERADORA DE ENERGIA)

Vamos tentar operar um ciclo de Carnot com um fluido real, digamos água/vapor. Absorver ou rejeitar calor em temperatura constante (passos 2 → 3 e 4 → 1 na Fig. 20-4) só pode ser feito na região de duas fases, como mostrado na Fig. 20-5.

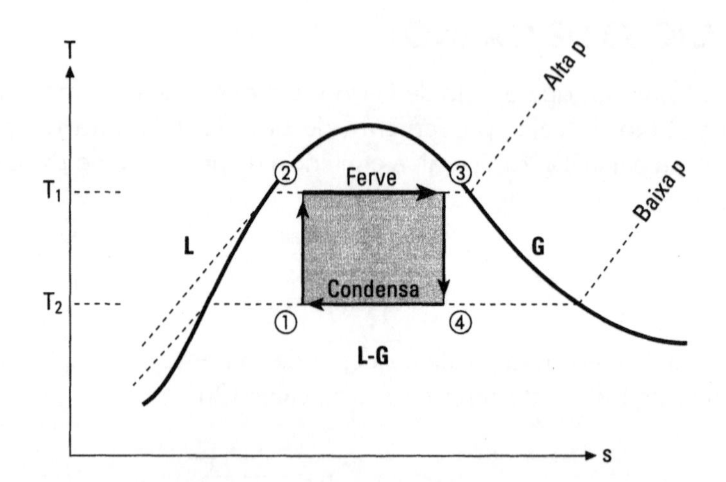

Figura 20-5

Mas problemas como a cavitação e erosão das pás de turbinas tornam impossível operar na região de duas fases. Então, somos forçados a operar a etapa de produção de potência desses dispositivos na região de uma única fase de vapor. Isso é feito através do ciclo de Rankine.

Vamos olhar as diversas formas do ciclo de Rankine. O caminho 1-2-3-4-5-6-1 da Fig. 20-6 representa o ciclo de Rankine ideal. Desprezando as contribuições de energia potencial e cinética, a eficiência desse ciclo (tal como no ciclo de Carnot) é dada por:

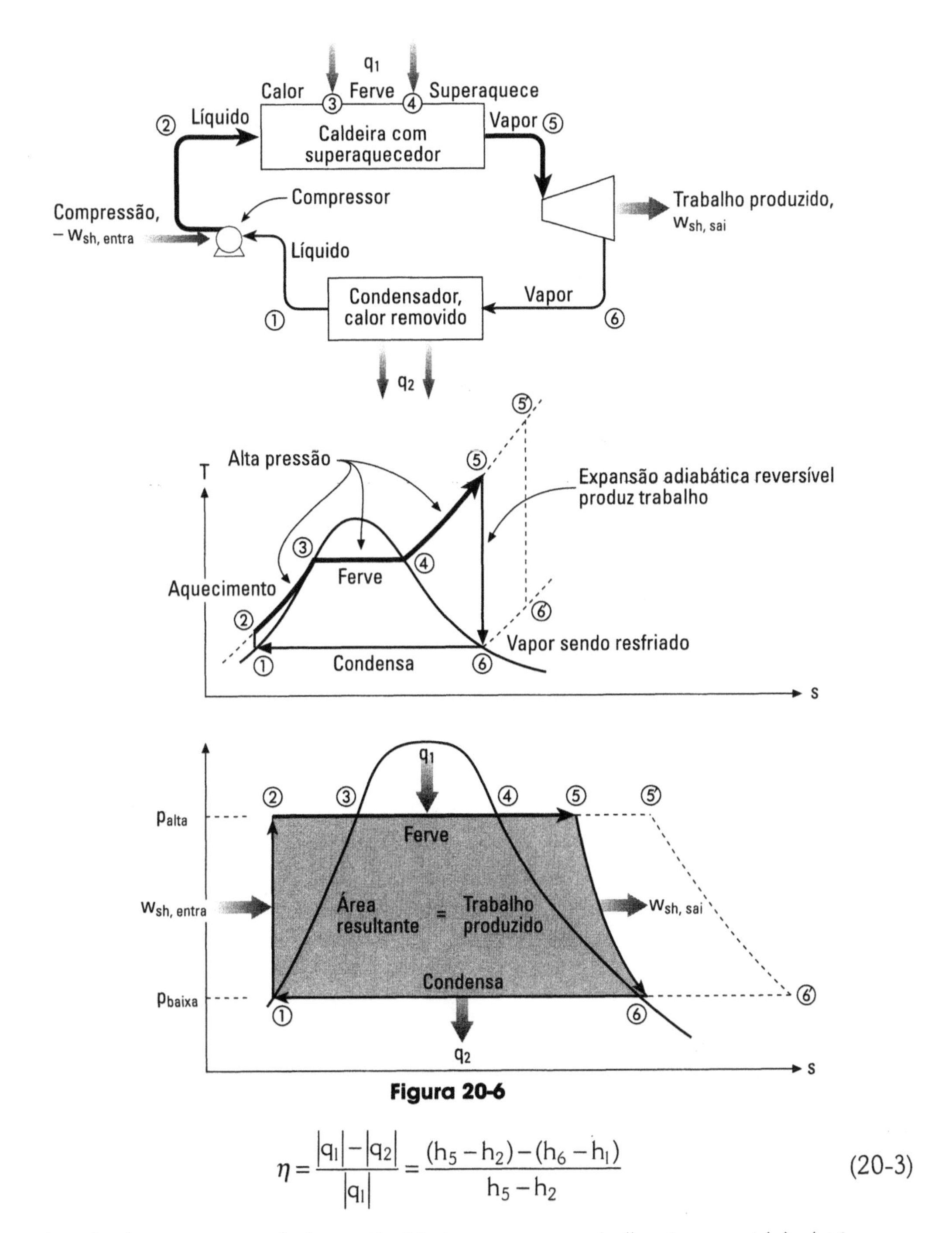

Figura 20-6

$$\eta = \frac{|q_1| - |q_2|}{|q_1|} = \frac{(h_5 - h_2) - (h_6 - h_1)}{h_5 - h_2} \tag{20-3}$$

como $h_1 \cong h_2$ (para se comprimir um líquido bem pouco trabalho é requerido) obtém-se:

$$\eta = \frac{h_5 - h_6}{h_5 - h_1} \tag{20-4}$$

A eficiência do ciclo de Rankine pode ser melhor comparada ao Ciclo de Carnot no diagrama T-s, como mostrado na Fig. 20-7.

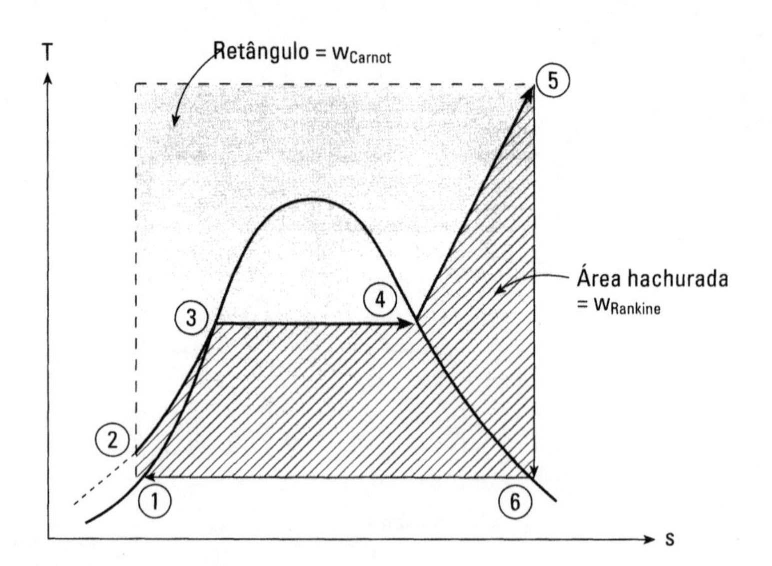

Figura 20-7

Se fôssemos capazes de usar o ciclo 1-2-3-4-4′, a eficiência ficaria mais próxima à de Carnot (Fig. 20-8).

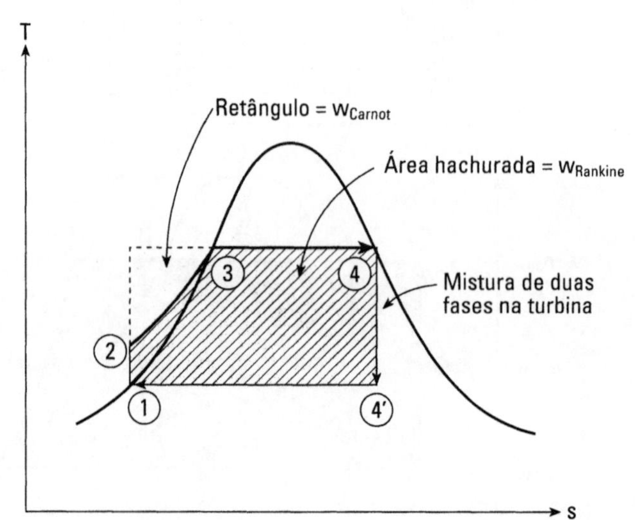

Figura 20-8

Contudo, como mencionado anteriormente, há problemas mecânicos envolvidos quando se tenta fazer uma turbina operar com uma mistura de líquido e vapor (etapa 4-4′).

Vejamos algumas considerações de segurança. Para garantir que na expansão o vapor não se condense na turbina e a arruine — ou seja, de modo que o ponto 6 na Fig. 20-7 não caia na região de duas fases —, o vapor é em geral aquecido ligeiramente além do ponto 5, por exemplo, ponto 5′. Nessa situação, o ciclo se torna 1-2-3-4-5′-6′-1 nesse caso, a eficiência se torna (com $h_2 \cong h_l$)

$$\eta = \frac{h_{5'} - h_{6'}}{h_{5'} - h_l} \tag{20-5}$$

Mas note que, assim procedendo, a eficiência se reduz, como é mostrado na Fig. 20-9.

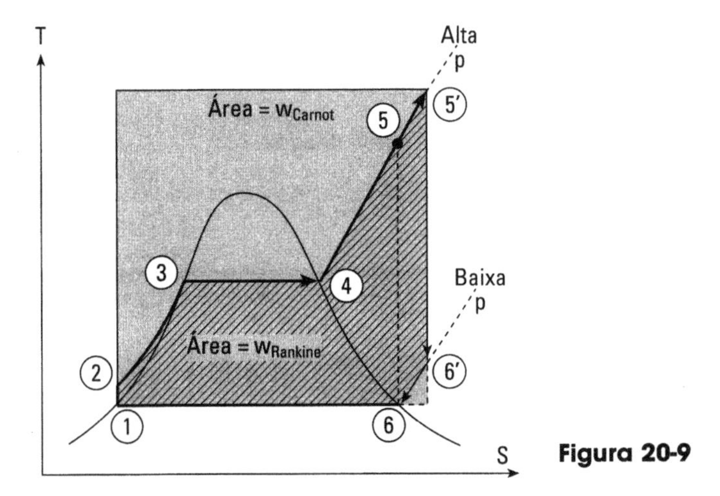

Figura 20-9

Ciclo de Rankine com Reaquecimento

Para nos aproximarmos mais ainda do ciclo de Carnot e evitar as temperaturas extremamente altas do ponto 5′, façamos um ciclo com reaquecimento. A Fig. 20-10 mostra o mais simples desses ciclos, o ciclo com único reaquecimento.

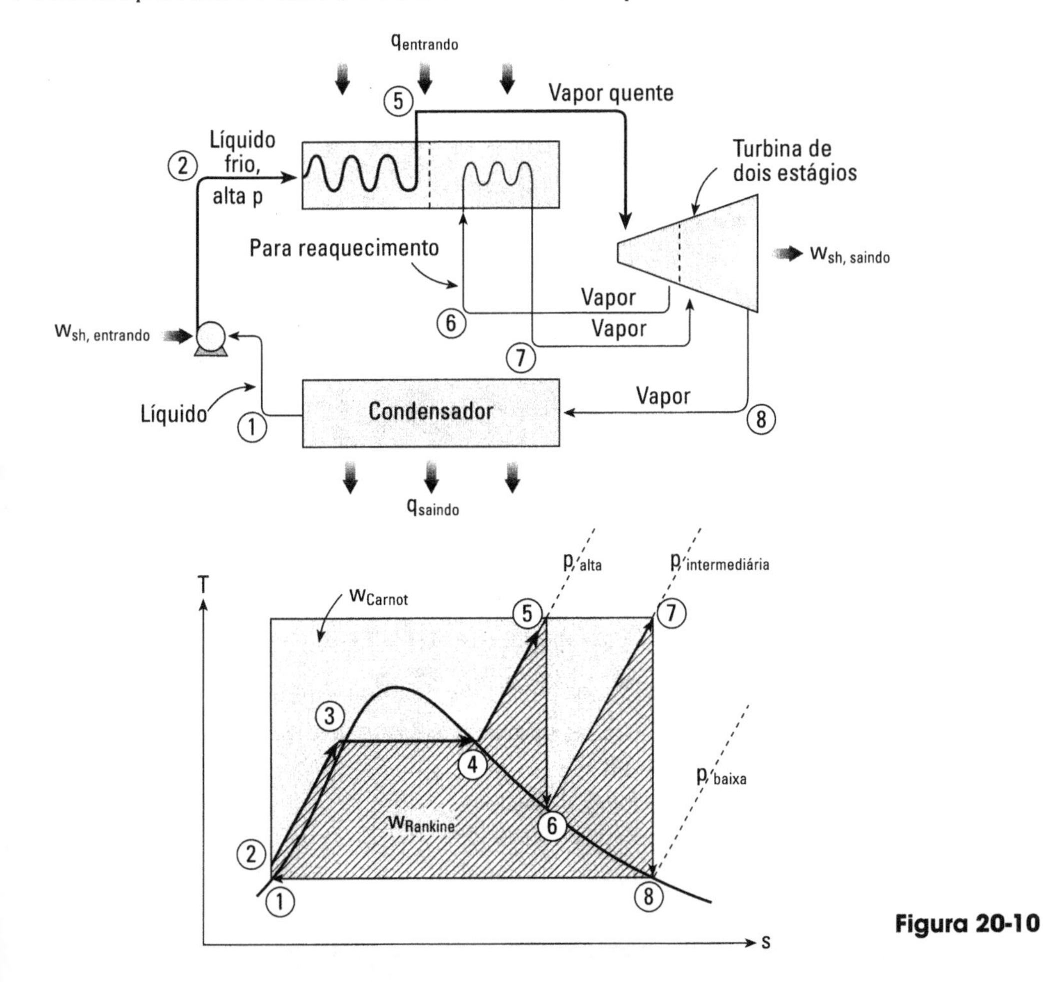

Figura 20-10

Muitas variações e ciclos alternativos foram propostos e estão em uso, como:

- ciclos com múltiplos reaquecimentos (Fig. 20-11);
- ciclos regenerativos;
- uso de aquecedores de água de alimentação.

E assim por diante. Não entraremos em detalhe sobre esses sistemas.

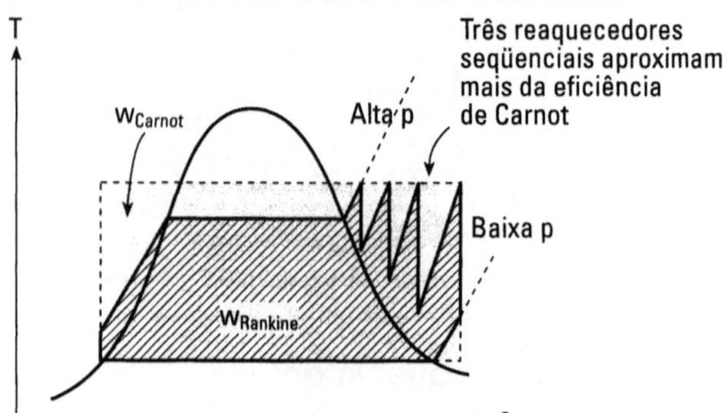

Figura 20-11

D. O CICLO DE REFRIGERAÇÃO DE RANKINE

Poderemos nos aproximar mais ainda ao ciclo de refrigeração de Carnot discutido na Seção C do Cap. 18 se operarmos no regime de duas fases para o fluido de circulação, como mostrado na Fig. 20-12; o ciclo 1′-2′-3-4′–1.

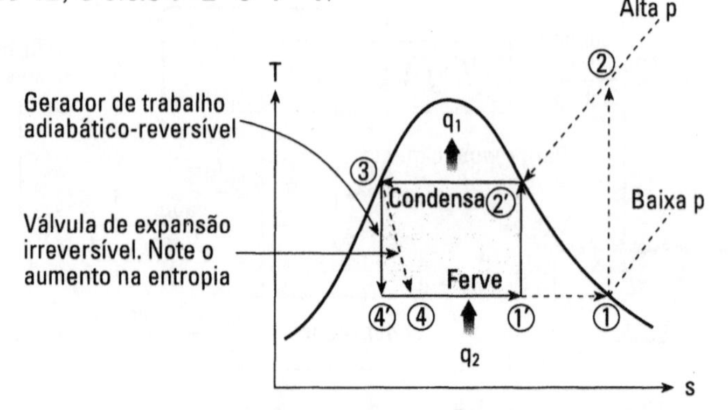

Figura 20-12

Contudo, é preferível comprimir um gás puro a uma mistura de duas fases, líquido mais vapor. Então, é melhor transferir o ponto 1′ para o ponto 1. E ainda, desde que a expansão adiabática reversível 3-4′ produz pouco trabalho, podemos substituir esse complicado esquema por uma simples válvula de expansão com pouca perda de eficiência. Essas duas transformações nos levam ao ciclo 1-2-3-4-1, chamado de *ciclo de refrigeração de Rankine*, cujo esquema está representado na Fig. 20-13.

O coeficiente de performance(*) do refrigerador de Rankine ou ar condicionado pode ser obtido com a primeira e segunda lei :

$$(COP)_{refrig} = \frac{\text{calor removido pelo refrigerador}}{\text{trabalho adicionado}} = \frac{|q_2|}{|w|} = \frac{h_1 - h_4}{h_2 - h_1} \qquad (20\text{-}6)$$

(*) N. do T. O coeficiente de performance é também conhecido como coeficiente de eficácia.

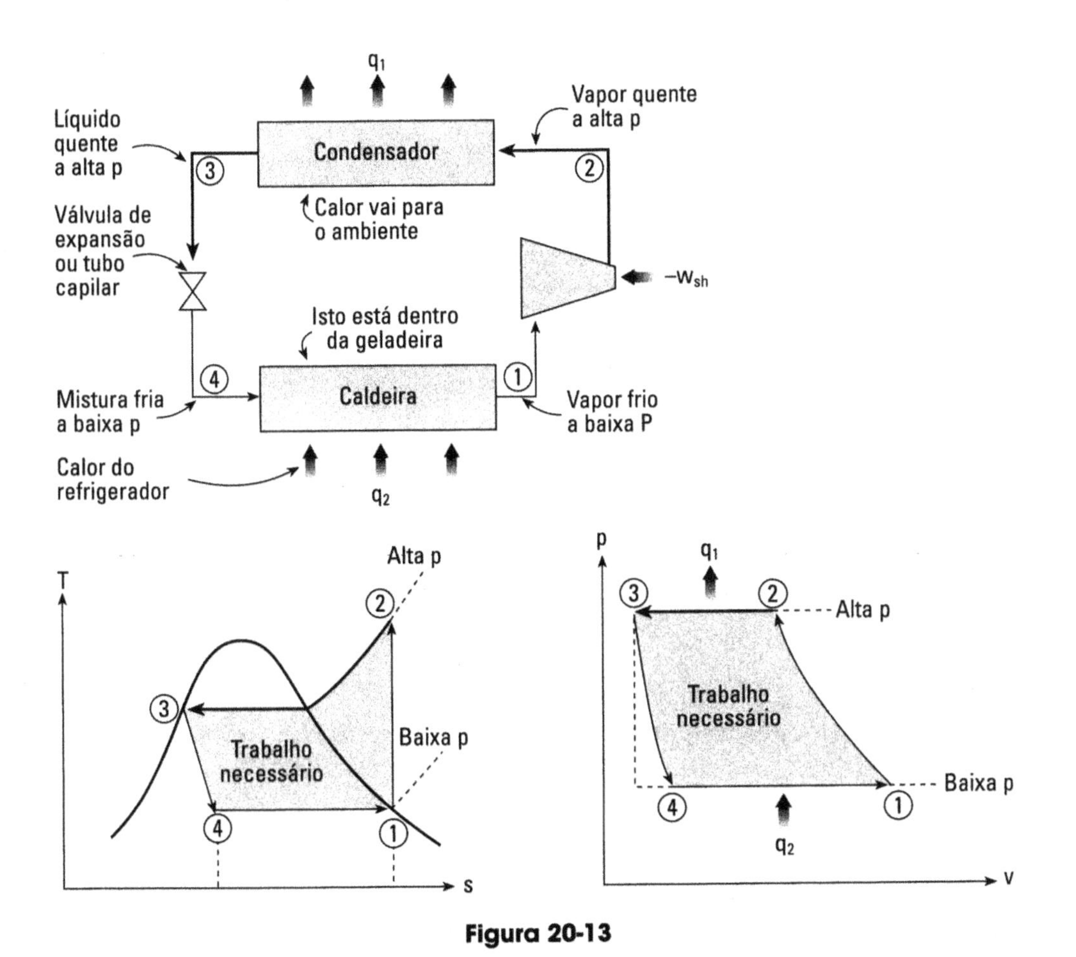

Figura 20-13

Analogamente à bomba de calor de Rankine, estamos interessados no calor recebido; daí:

$$(\text{COP})_{\text{bomba de calor}} = \frac{\text{calor transferido para o ambiente}}{\text{trabalho adicionado}} = \frac{|q_1|}{|w|} = \frac{h_2 - h_3}{h_2 - h_1} \tag{20-7}$$

EXEMPLO 20-1 Um Glutão Desperdiçador

Nossa escola de engenharia desenvolve atualmente uma unidade compacta de geração de energia, especialmente projetada para utilizar restos agrícolas e rejeitos de floresta como combustível. O coração desse processo consiste numa caldeira de leito fluidizado para gerar vapor de água. No protótipo mostrado na Fig. 20-14, a temperatura nos tubos é limitada a 300°C, enquanto que o condensador operará a 75 kPa.

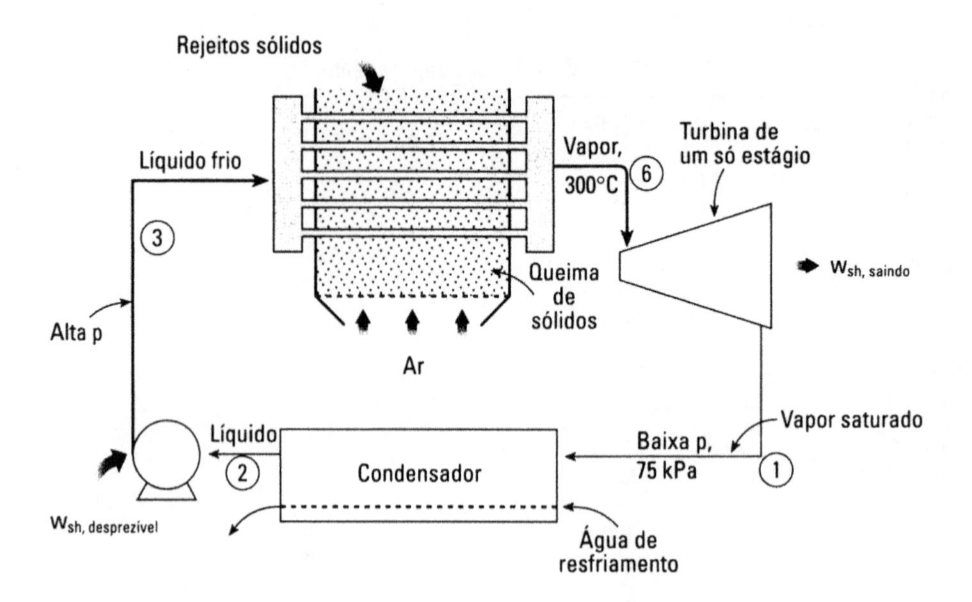

Figura 20-14

Considerando um ciclo de Rankine ideal com uma turbina a vapor de exaustão saturado:

a) num diagrama T-s esquematize seu ciclo;
b) recomende uma pressão da caldeira razoável;
c) determine a eficiência da transformação do calor que entra na caldeira em trabalho;
d) ache a eficiência do ciclo de Carnot operando entre esses mesmos limites de temperatura.

Solução

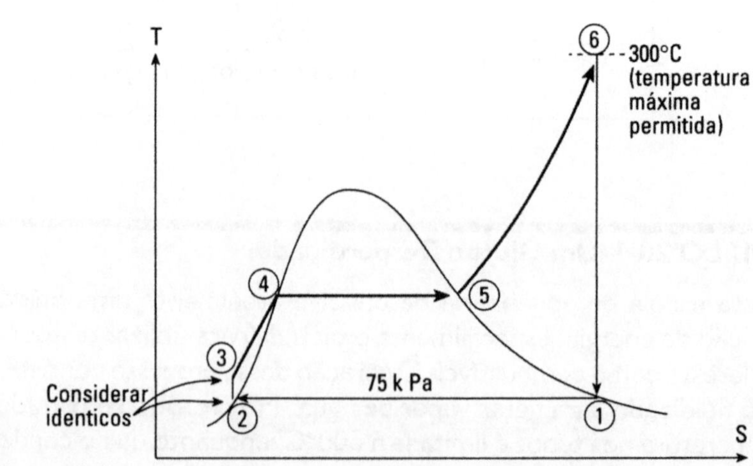

Figura 20-15

Primeiramente, vamos esquematizar o diagrama T-s e incluir todas as informações dadas neste diagrama (Fig. 20-15).

$$p_1 = 0{,}75\,\text{bar (dado)} \quad s_1 \cong s_6 = 7{,}4599 \quad T_2 = 91{,}78°C$$
$$T_1 = 91{,}78°C \quad T_6 = 300°C \quad h_2 = 384{,}39$$
$$h_1 = 2.663{,}0 \quad h_6 = 3.064{,}2$$
$$s_1 = 7{,}4564 \quad \underline{\underline{p_6 = 0{,}5\,\text{MPa}}} \quad \longleftarrow \quad \text{(b)}$$

$$\underline{\underline{\text{Eficiência}}} = \frac{|w|}{|q_1|} = \frac{h_6 - h_1}{h_6 - h_2} = \frac{3.064{,}2 - 2.663{,}0}{3.064{,}2 - 384{,}39}$$
$$= 0{,}1497 = 15{,}0\% \quad \longleftarrow \quad \text{(c)}$$

$$\underline{\underline{\text{Eficiência do ciclo de Carnot}}} = \frac{T_{quente} - T_{frio}}{T_{quente}} = \frac{(300+273)-(91{,}78+273)}{(300+273)}$$
$$= 0{,}363 = 36{,}3\% \quad \longleftarrow \quad \text{(d)}$$

E. DISPOSITIVOS A GÁS DE ÚNICO PASSE

Carros, caminhões, aviões grandes ou pequenos, tratores e assemelhados que nos ajudam a remodelar a face da Terra são máquinas projetadas para extrair trabalho útil da energia química contida nos combustíveis. Eles fazem isso através de várias manipulações — aquecendo, resfriando, comprimindo e expandindo gases gerados pelo combustível. Vamos analisar essas transformações utilizando, como aproximação, a lei dos gases ideais.

Para ilustrar esta abordagem, considere que existam perto de 800 milhões motores de combustão interna espalhados pelo mundo. Esses motores não operam em ciclos, no que se refere ao fluido de trabalho, mas são analisados como se assim fosse. Todos os tipos de motor são desse tipo: a gasolina, a diesel, querosene de aviação, turbina, motor a jato, e assim por diante.

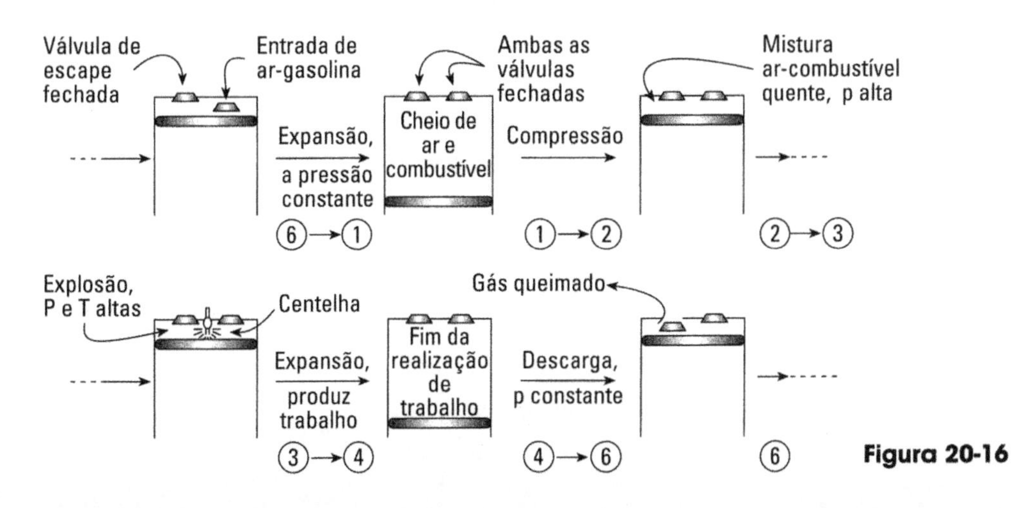

Figura 20-16

1. O Motor a Gasolina Ideal — O Ciclo Otto

O motor comum a gasolina, de cilindro e pistão, completa um ciclo a cada quatro deslocamentos do pistão, por isso é chamado de motor de combustão interna de *quatro tempos*. Alguns motores pequenos de motocicletas e motosserras, ultraleves, etc. completam um ciclo a cada dois deslocamentos e, portanto, são chamados de motores de *dois tempos*. Esses motores são analisados pelo ciclo Otto e a Fig. 20-16 mostra a operação de um motor de quatro tempos.

Para determinar a eficiência desse motor, considere 1 mol de um gás ideal de c_v constante (independente da temperatura). As Figs. 20-16 e 20-17 mostram o comportamento do gás em um ciclo; assim, temos:

- Passo 1-2

$$\text{(compressão adiabática reversível)} \begin{cases} q = 0 \\ |w_{entra}| = -\Delta u_{21} \\ \Delta s = 0 \end{cases}$$

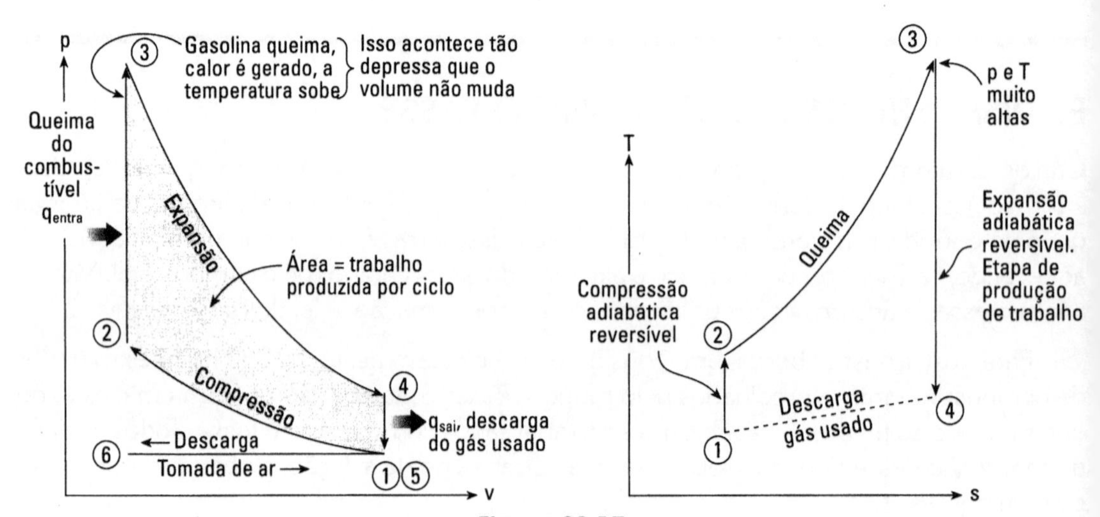

Figura 20-17

- Passo 2-3

$$\text{(aquecimento a volume constante)} \begin{cases} |q_{entra}| = c_v(T_3 - T_2) \\ w = 0 \\ \Delta s > 0 \end{cases}$$

- Passo 3-4

$$\text{(expansão adiabática reversível)} \begin{cases} q_{43} = 0 \\ |w_{sai}| = -\Delta u_{43} \\ \Delta s = 0 \end{cases}$$

- Passos 4-5-6-1, que podem ser representados pelo passo 4-1 somente

$$\text{(perda de calor a volume constante)} \quad \begin{cases} |q_{sai}| = c_v(T_4 - T_1) \\ w = 0 \\ \Delta s < 0 \end{cases}$$

Combinando todos esses termos, obtemos a eficiência do motor de ciclo Otto:

$$\eta = \frac{|q_{entra}| - |q_{sai}|}{|q_{entra}|} = \frac{c_v(T_3 - T_2) - c_v(T_4 - T_1)}{c_v(T_3 - T_2)}$$

E, para um gás ideal e notando também da Eq.11-16 que:

$$\frac{T_2}{T_1} = \left(\frac{v_1}{v_2}\right)^{k-1} = \left(\frac{v_4}{v_3}\right)^{k-1} = \frac{T_3}{T_4}$$

achamos:

$$\boxed{\eta = 1 - \frac{T_1}{T_2} = 1 - r_c^{1-k}} \tag{20-8}$$

$$\textit{Taxa de compressão: } r_c = \frac{v_1}{v_2} = \frac{v_4}{v_3} \tag{20-9}$$

A eficiência de um motor a gasolina é determinada pela sua taxa de compressão. Quanto maior a r_c, maior será a eficiência. Automóveis têm r_c em torno de 8 ou 9. Gostaríamos de usar taxas de compressão maiores, mas a pré-ignição da mistura ar-gasolina durante as etapas 1-2 limita a taxa de compressão. Atualmente, os aditivos colocados no combustível permitem taxas de compressão entre 8 a 9. Os carros antigos tinham taxas da ordem de 6.

Esse é o motor padrão a gasolina e ar. Os motores reais se aproximam desse ideal.

2. Motores diesel ideais — O Ciclo Diesel

Nos motores a gasolina, a mistura ar-combustível é comprimida e então inflamada (explode) praticamente de forma instantânea sob a ação de uma centelha. Desse modo, assume-se que a adição de calor é feita instantaneamente.

Nos motores a diesel, o ar é comprimido sozinho e, só então, o combustível é introduzido, inflamando à medida que se mistura com o ar quente e comprimido. Essa combustão é mais vagarosa do que nos motores a gasolina, de modo que o pistão se desloca *durante* a combustão. Desse modo, temos o comportamento mostrado na Fig. 20-18. O diagrama p-v e T-s correspondentes são mostrados na Fig. 29-19.

Vamos avaliar a eficiência do motor diesel. Para isso vamos definir duas relações:

$$\text{razão de compressão: } r_c = \frac{v_1}{v_2} \tag{20-10}$$

$$\text{razão de expansão: } r_e = \frac{v_4}{v_3} \tag{20-11}$$

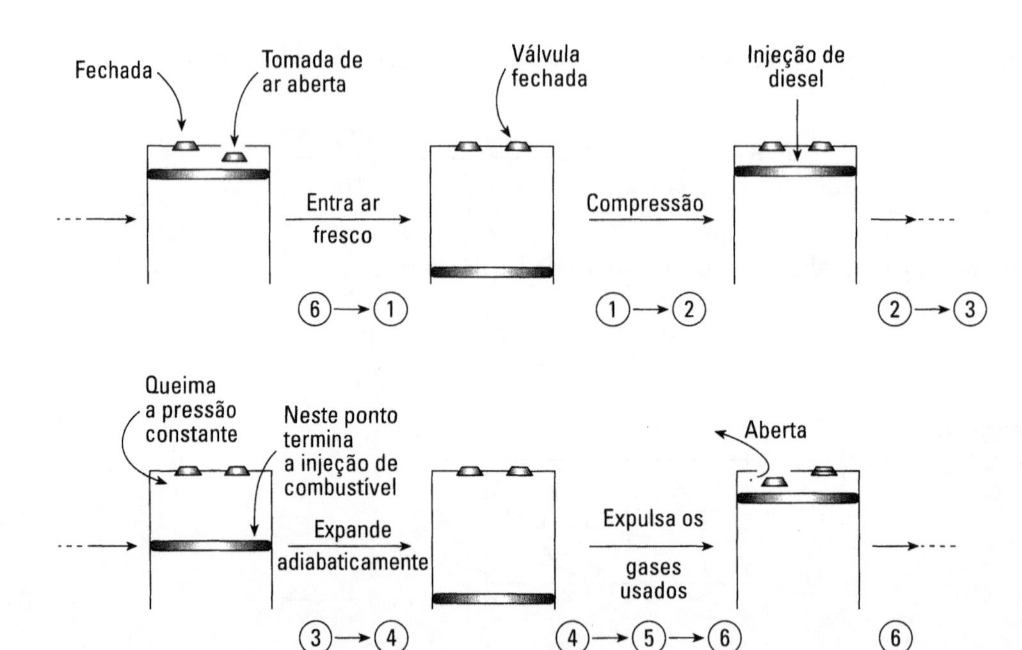

Figura 20-18

Então, com um gás ideal:

$$T_1 = T_2\left(\frac{1}{r_c}\right)^{k-1}$$

$$T_4 = T_3\left(\frac{1}{r_e}\right)^{k-1}$$

Combinando a expressão acima com a expressão da eficiência, obtemos:

$$\eta = \frac{|w|}{|q_{entra}|} = \frac{|q_{23}| - |q_{41}|}{|q_{23}|} = \frac{c_p(T_3 - T_2) - c_v(T_4 - T_1)}{c_p(T_3 - T_2)} = 1 - \frac{1}{k}\left(\frac{T_4 - T_1}{T_3 - T_2}\right)$$

ou

$$\eta = 1 - \frac{1}{k}\,\frac{\left(\frac{1}{r_e}\right)^k - \left(\frac{1}{r_c}\right)^k}{\frac{1}{r_e} - \frac{1}{r_c}} \tag{20-12}$$

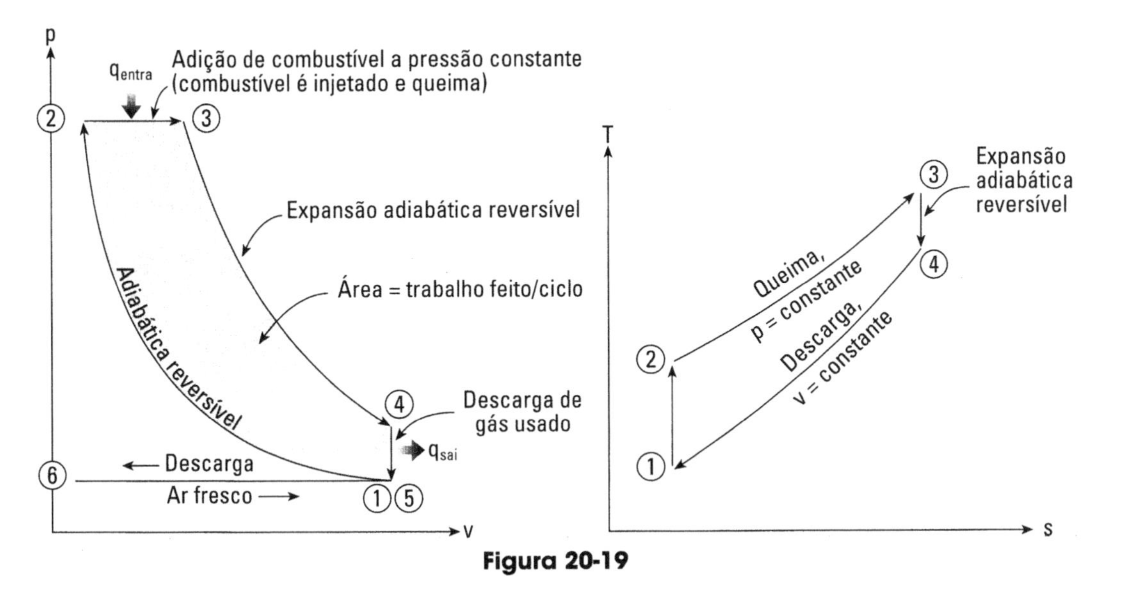

Figura 20-19

3. Comparação entre os Motores a Gasolina e a Diesel

A Fig. 20-20 compara os ciclos Otto e o Diesel para as mesmas e diferentes taxas de compressão. Vemos que, para a mesma relação de compressão, o diesel tem uma eficiência menor. Contudo, o motor a diesel pode operar com taxas de compressão bem maiores, até 20, caso em que passa a ser muito mais eficiente que o motor de ciclo Otto.

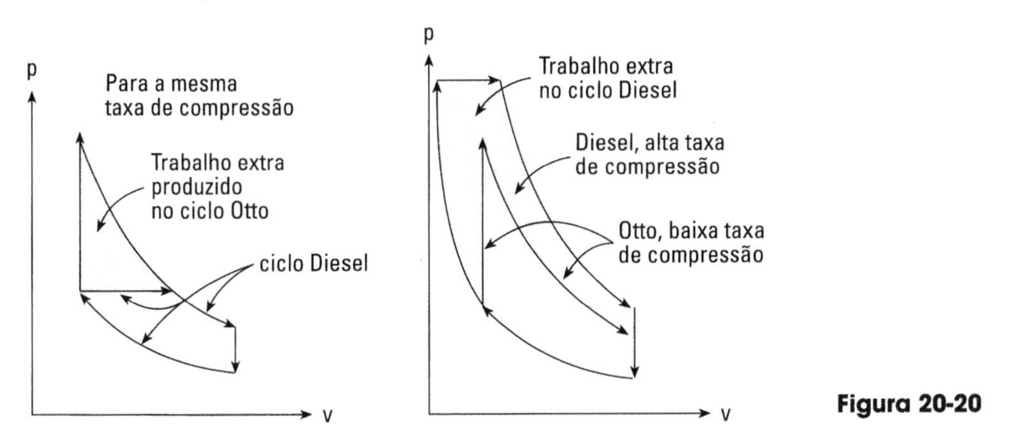

Figura 20-20

Nos motores reais, os vários passos não são tão distintos como mostrado nas Figs. 20-17 e 20-20, porque os passos adiabáticos não são realmente adiabáticos; ocorrem atritos e assim por diante. Apesar disso, a abordagem feita é o caminho que os engenheiros usam para estudar a operação desses motores.

4. Turbina a Gás (Ciclo de Brayton ou Joule)

Uma turbina numa instalação estacionária de produção de energia (ciclo de Rankine) é mais eficiente (em termos de atrito) que um motor de movimento alternativo. Por outro lado, motores de combustão interna têm vantagens em relação aos que têm fonte de calor externa (motores menos complicados). Tenta-se com as turbinas de combustão combinar as vantagens dos dois tipos de motor.

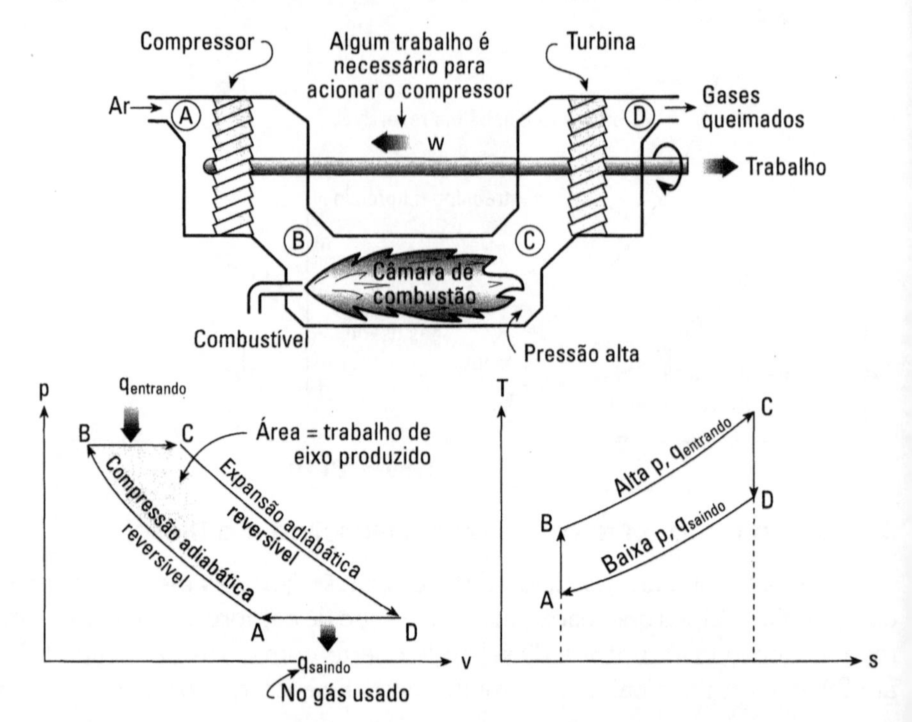

Figura 20-21

A Fig. 20-21 apresenta esquematicamente os principais elementos de uma turbina de combustão e mostra os diagramas ideais p-v e T-s por mol de ar que passa por esse motor. A eficiência desse motor é:

$$\eta = \frac{|w_{CD}| - |w_{AB}|}{|q_{BC}|} = \frac{|q_{BC}| - |q_{AD}|}{|q_{BC}|}$$

Para um gás ideal:

$$\eta = \frac{c_p(T_C - T_B) + c_p(T_A - T_D)}{c_p(T_C - T_B)}$$

E, para expansão e compressão reversíveis e adiabáticas entre p_B (= p_C) e p_A (= p_D):

$$\frac{T_B}{T_A} = \left(\frac{p_B}{p_A}\right)^{(k-1)/k} = \left(\frac{p_C}{p_D}\right)^{(k-1)/k} = \frac{T_C}{T_D}$$

Combinando as duas expressões dadas acima, obtemos:

$$\eta = 1 - \frac{T_A}{T_B} = 1 - \left(\frac{p_A}{p_B}\right)^{(k-1)/k} \tag{20-13}$$

Comentários. Grande parte do trabalho gerado é usado para movimentar o compressor (~60%), ao contrário do ciclo de Rankine, que comprime um líquido (~1%). Assim, o grande problema é projetar compressores eficientes. Hoje em dia, a eficiência dos compressores chega a 80%.

A Eq. 20-13 nos diz que, quanto maior a temperatura de combustão, mais eficiente será o motor. Essa temperatura é limitada pela resistência do material com que são feitas as pás das turbinas. Pás de turbinas feitas de cerâmica resistem a altas temperaturas e estão sendo usadas nas turbinas mais modernas.

5. Motores de Propulsão a Jato — Ciclos de Brayton ou Joule

Aqui, o trabalho de eixo da turbina de combustão a gás é substituído pela energia cinética dos gases de saída. Existem vários tipos de motores a jato

6. Motores Turbojato

Esses motores empregam turbinas a gás e usam a energia cinética dos gases de saída. Veja o esquema na Fig.20-22.

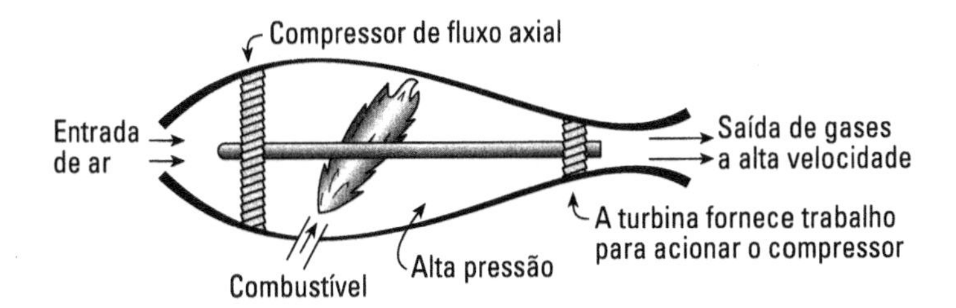

Figura 20-22

7. Estatorreatores

Se o ar entrar na turbina a uma velocidade bem alta, a pressão crescerá o suficiente para podermos dispensar tanto a turbina quanto o compressor (Fig. 20-23). Esse motor oferece boa eficiência a velocidades supersônicas, mas em outras condições ele não se mostra muito útil.

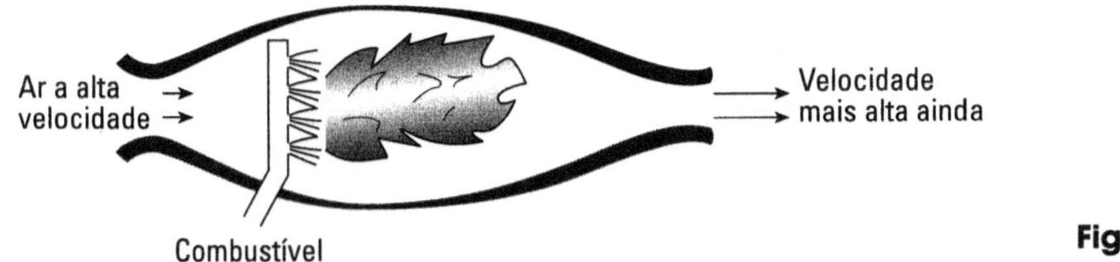

Figura 20-23

8. Força de Propulsão

Vamos traçar rapidamente os conceito usados para analisar esses motores a jato. Da terceira lei de Newton, a força de propulsão, chamada de *empuxo*, é dada por:

$$F = \frac{(\dot{m}\mathbf{v})_{saindo} - (\dot{m}\mathbf{v})_{entrando}}{g_c} \tag{20-14}$$

E, desprezando a massa do combustível que passa pelo motor, pois é muito pequena em comparação à massa de ar (com o seu nitrogênio), escrevemos:

$$F = \frac{\dot{m}_{ar}(\mathbf{v}_{saindo} - \mathbf{v}_{entrando})}{g_c} = \frac{\dot{m}\Delta\mathbf{v}}{g_c} \tag{20-15}$$

Da primeira lei, temos:

$$\Delta h + \frac{\Delta \mathbf{v}^2}{2g_c} + \Delta e_p = q - w_{sh}$$

ou

$$c_p \Delta T + \frac{\Delta \mathbf{v}^2}{2g_c} = 0$$

Isso mostra que a temperatura dos gases determina a sua velocidade, ou:

$$F \propto \left(\sqrt{T_{saindo}} - \sqrt{T_{entrando}}\right) \tag{20-16}$$

O significado dessa expressão é que, quanto maior o Δh_r do combustível, maior será o empuxo do motor.

9. Motor de Foguete

Temos aqui um comportamento similar ao dos motores a jato, exceto que não há compressor e o fluido de trabalho é levado pelo próprio foguete. Esse tipo de motor é ideal para operar no espaço sideral.

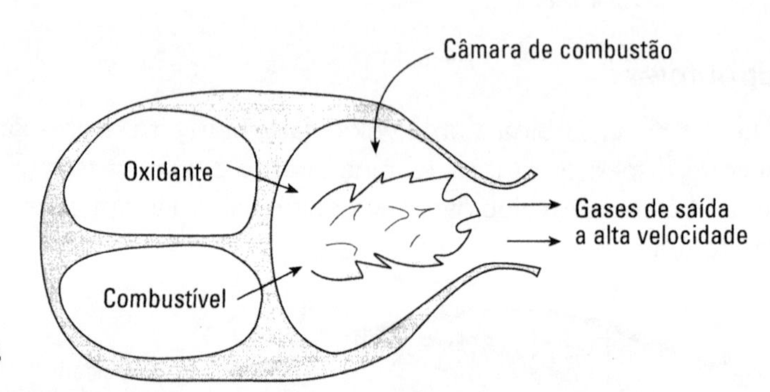

Figura 20-24

Como não há entrada de ar, façamos $v_1 = 0$, e a Eq. 20-14 torna-se:

$$F = \frac{\dot{m}_{saindo}\mathbf{v}_{saindo}}{g_c} \tag{20-17}$$

A medida importante da eficiência do motor de foguete é o *impulso específico*, definido por:

$$SI = \frac{\text{(empuxo) (tempo)}}{\substack{\text{unidade de massa} \\ \text{de combustível e} \\ \text{oxidante usados}}} = \frac{F}{\dot{m}} = \frac{\mathbf{v}_{saindo}}{g_c} \quad \left[\frac{N \cdot s}{kg}\right] \tag{20-18}$$

Assim, a velocidade ou a temperatura dos gases de saída é tudo o que importa na determinação do impulso específico, da máxima potência, da eficiência e assim por diante. Mas deixemos essa discussão para os especialistas.

PROBLEMAS

1. Vapor de água a 8 MPa e 800°C entra em uma turbina e se expande adiabaticamente para 3 bar e 300°C. Qual é a eficiência da turbina?

2. Uma usina de geração de energia ideal opera segundo o ciclo de Rankine sob as seguintes condições:

   - pressão da caldeira, 20 bar;
   - pressão do condensador, 70,14 kPa;
   - saída da turbina, superaquecimento de 10°C.

   Ache a eficiência do ciclo. Por favor, despreze o trabalho de compressão nos seus cálculos.

3. Os poços geotérmicos do problema 19-20 produzem água quente, porém suja, a 200°C. Esse líquido pressurizado vai para o trocador de calor para gerar vapor de água pura saturada, a 180°C. Esse vapor é parte do ciclo de Rankine, cujo condensador está a 20 kPa e cuja turbina é 100% eficiente.

   a) Faça o esquema desse ciclo de Rankine no diagrama T-s e numere todos os pontos pertinentes.

   b) Determine a eficiência global desse ciclo de potência (ignore a potência de bombeamento).

   c) Qual é a qualidade (porcentagem de vapor) na saída da turbina?

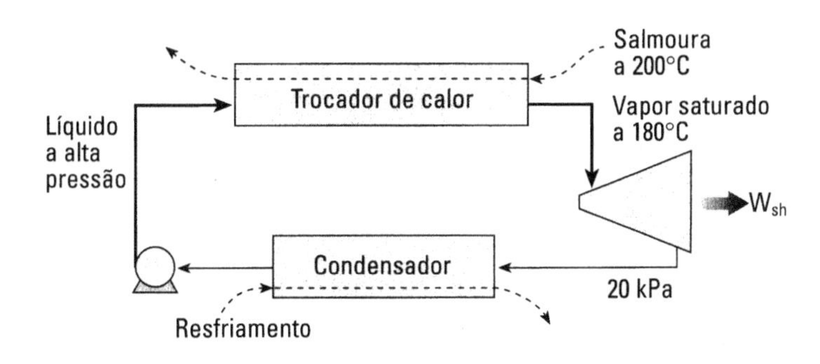

4. Repita o problema anterior com uma mudança: Como a condensação da água se dá na turbina, ela é somente 50% eficiente, comparada ao ideal adiabático reversível.

5. Em sua unidade de refrigeração, em Roraima, a Frio & Quente usa um ciclo de compressão a vapor com HFC-134a como fluido de trabalho. Fuçando dentro da unidade e olhando os manômetros, notei que uma parte do ciclo deles opera perto de 50 kPa e outra parte opera a 1,8 MPa. Também notei que uma válvula de expansão está presente como parte do sistema. Pelo que foi descrito, você poderia determinar o coeficiente de performance dessa unidade de refrigeração, se tudo opera idealmente?

6. Repita o Exemplo 20-1 com uma mudança: usaremos um ciclo de reaquecimento com uma turbina de dois estágios em lugar de uma turbina de único estágio. Essa modificação está mostrada no esquema abaixo:

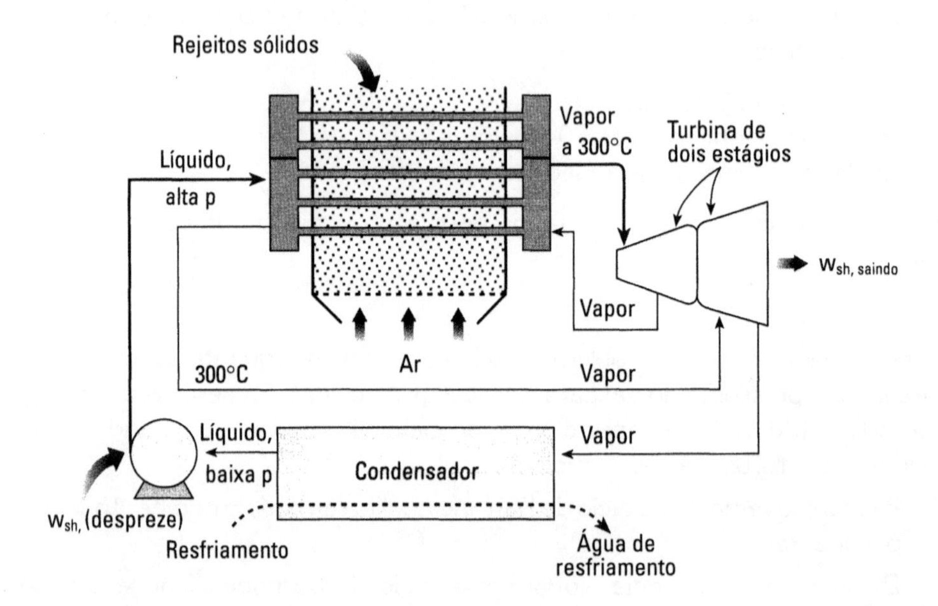

7. Pretendo comprar um carro e já tenho dois em vista: o primeiro tem um motor com taxa de compressão de 8,5 e utiliza gasolina comum; o segundo tem taxa de compressão de 10,5 e precisa da gasolina azul para andar. Suponha os carros idênticos (com exceção dessas características) com mesmo peso, etc., e que as duas gasolinas são equivalentes no que se refere à energia por litro. O preço por litro das gasolinas são, respectivamente, R$ 1,70 a comum e R$ 2,30 a azul. Qual dos dois automóveis será mais econômico para andar?

8. Para uma mesma taxa de compressão, relacione os ciclos Otto, Diesel e Brayton.

CAPÍTULO 21

EQUILÍBRIO DE FASES

Até agora tratamos de sistemas com um único componente, como o sistema água como líquido e vapor, HFC-134a como líquido e gás, e gases de todos os tipos. Contudo, os químicos, biólogos e engenheiros químicos freqüentemente são obrigados a trabalhar com misturas de diferente espécies químicas, separando-as, misturando-as ou reagindo-as.

Vamos agora estender o tratamento dado às substâncias puras para misturas de várias substâncias. Neste capítulo, estudaremos o que o *equilíbrio de fases* nos conta a respeito de como as espécies químicas, individualmente, se distribuem entre o líquido e o gás quando as duas fases estão em equilíbrio. Mais adiante, estudaremos o *equilíbrio químico*, no qual a termodinâmica nos conta que fração de reagentes pode, em princípio, reagir formando produto.

A . MISTURAS MISCÍVEIS

Queremos aqui saber como dois ou mais componentes químicos se distribuem em um sistema de duas fases. Em geral, o tratamento dado a esse problema é um tanto abrangente, requerendo conceitos de fugacidade, coeficiente de atividade e potenciais químicos. Podemos simplificar o problema tratando a situação mais simples em que o gás é uma *mistura ideal* e o líquido se comporta como uma *solução ideal*. Consideremos essas simplificações agora.

1. A Mistura de Gases Ideais

Como foi mostrado no Cap. 12, uma mistura dos gases ideais A e B segue a lei de Dalton, expressa por:

$$\left.\begin{aligned} p_A &= \pi y_A \\ p_B &= \pi y_B \end{aligned}\right\} \quad \text{e} \quad \begin{aligned} p_A + p_B &= \pi \\ y_A + y_B &= 1 \end{aligned} \tag{21-1}$$

onde, y_A e y_B representam as frações molares dos componentes A e B na fase gasosa, e π é a pressão total em que se encontra o gás.

2. Solução Ideal

Considere uma mistura gasosa dos componentes A e B em equilíbrio com a mistura líquida, também constituída pelos componentes A e B, à pressão p e à temperatura T. A Fig. 21-1 mostra os símbolos que representam essa situação.

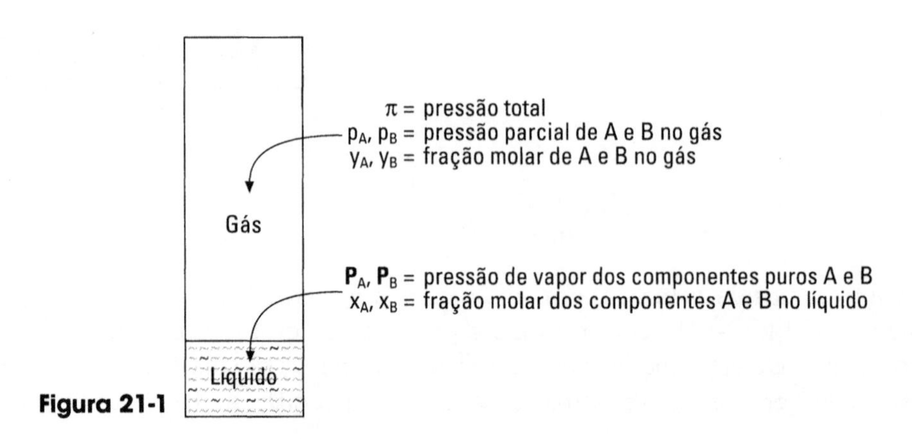

Figura 21-1

Então, uma solução ideal é aquela que segue a lei de Raoult ou:

$$\left.\begin{aligned} p_A &= \mathbf{P}_A x_A \\ p_B &= \mathbf{P}_B x_B \end{aligned}\right\} \quad \text{e} \quad x_A + x_B = 1 \tag{21-2}$$

Assumir que o gás seja ideal e que as soluções se comportem idealmente significa que uma molécula de A trata as moléculas vizinhas de A e de B de modo semelhante — nenhuma atração ou repulsão extra entre elas, nenhuma preferência por A nem por B e nenhuma discriminação. Assim, se você misturar um volume de A com um volume de B, obterá exatamente dois volumes da mistura, nada menos (se A e B se atraíssem mutuamente) e nada a mais (se A e B se repelissem mutuamente).

Essa é uma situação normal para moléculas que possuem estruturas similares, tais como as misturas de metanol-etanol-propanol, hexano-heptano-octano, benzeno-tolueno e assim por diante. Substâncias não-similares freqüentemente não se comportam como soluções ideais; se são muitos diferentes, elas freqüentemente não formam soluções, como é o caso de óleo e água.

Na Fig. 21-2 está representado o ábaco de Cox, que relaciona a pressão de vapor de líquidos puros com a temperatura. Para a maioria dos materiais, essa relação pode ser razoavelmente representada por meio de uma linha reta. Determina-se a pressão em duas temperaturas — por exemplo, no ponto crítico e na temperatura de ebulição normal —, ligando-as por uma linha reta, obtendo-se o intervalo completo de pressões de vapor.

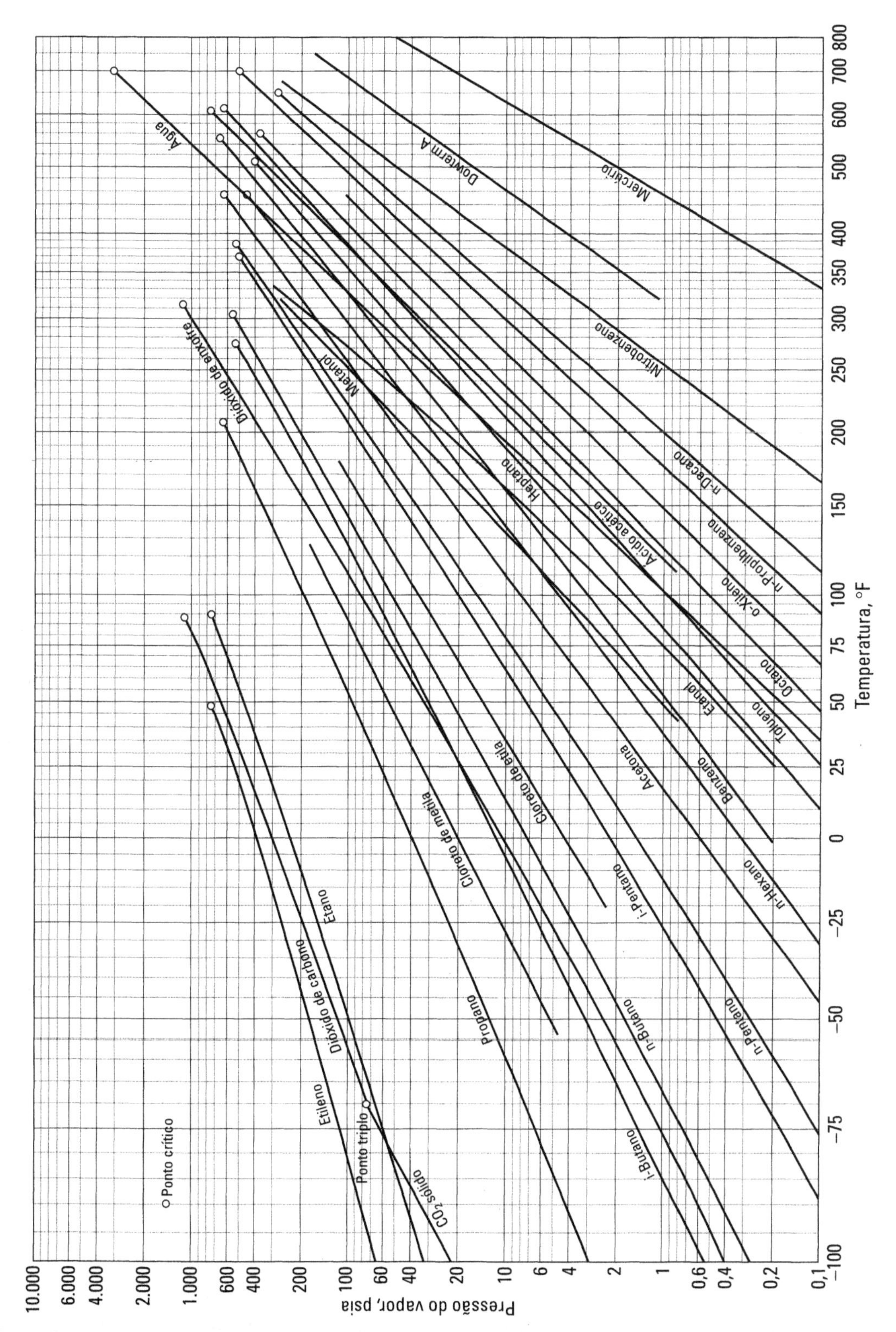

Figura 21.2 Pressão de vapor dos líquidos em função da temperatura. De G. G. Brown et al., *Unit Operations* (cortesia de John Wiley and Sons, New York), 1950, p. 583.

3. A Constante de Equilíbrio de Fase, K

Combinando as equações 21-1 e 21-2 obtemos:

$$\left.\begin{aligned} p_A &= \pi\, y_A = \mathbf{P}_A x_A \\ p_B &= \pi\, y_B = \mathbf{P}_B x_B \end{aligned}\right\} \qquad (21\text{-}3)$$

A constante de equilíbrio de fase K é uma conveniente variável suplementar definida como:

$$\left.\begin{aligned} K_A &= \frac{y_A}{x_A} = \frac{\mathbf{P}_A}{\pi} \\ K_B &= \frac{y_B}{x_B} = \frac{\mathbf{P}_B}{\pi} \end{aligned}\right\} \qquad (21\text{-}4)$$

Somente para soluções ideais

Valores de K para várias substâncias estão apresentados na Fig. 21-3. Para uma substância cujo líquido tem uma pressão de vapor muito baixa, $K \to 0$, enquanto que para uma substância cujo líquido possui uma alta pressão de vapor, por exemplo o hidrogênio ou o oxigênio à temperatura ambiente, $K \to \infty$.

O que dizemos para um sistema de dois componentes pode ser estendido diretamente para um sistema multicomponente.

4. Estratégia para Resolver Problemas de Equilíbrio de Fases

Consideremos uma corrente de alimentação contendo F mols de A e B com frações molares z_A e z_B. Ela se divide em uma corrente constituída por uma mistura de gás e líquido em equilíbrio. A Fig. 21-4 ilustra essa divisão.

O balanço material para a Fig. 21-4 fornece:

$$F = G + L \quad \left.\begin{aligned} z_A F &= x_A L + y_A G \\ z_B F &= x_B L + y_B G \end{aligned}\right\} \quad \left.\begin{aligned} x_A + x_B &= 1 \\ y_A + y_B &= 1 \end{aligned}\right\} \quad \left.\begin{aligned} y_A &= K_A x_A \\ y_B &= K_B x_B \end{aligned}\right\} \qquad (21\text{-}5)$$

Combinando as variáveis da Eq. 21-5 obtemos uma relação muito útil. Para o componente A:

$$x_A = \frac{z_A F}{L + K_A(1 - L)}, \qquad y_A = \frac{z_A F}{G + \dfrac{(1 - G)}{K_A}} \qquad (21\text{-}6)$$

Equações similares podem ser obtidas para o componente B. Agora veremos como se usam tais equações para resolver problemas de equilíbrio de fase.

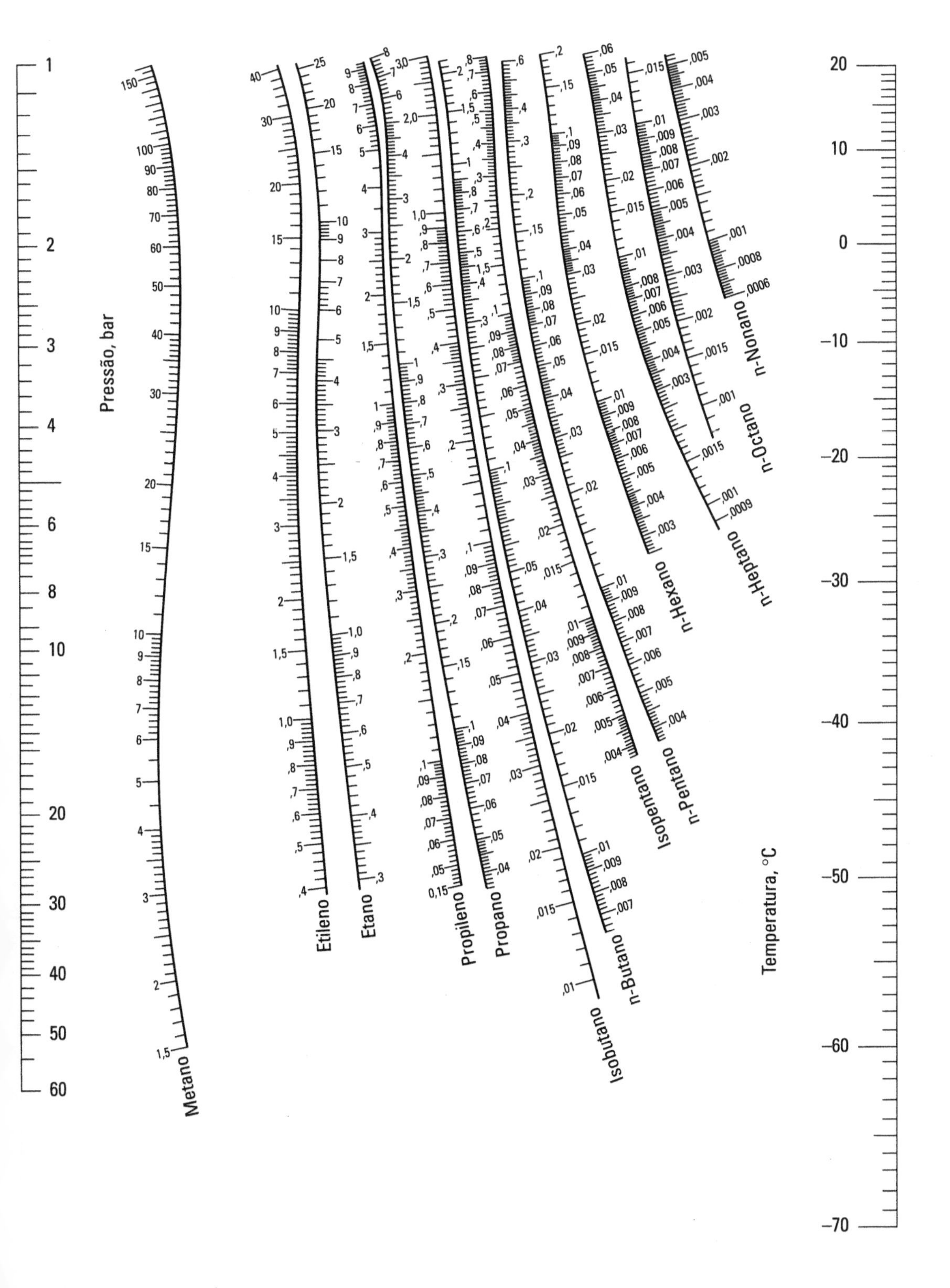

Figura 21-3a Valores de K para hidrocarbonetos leves; baixas temperaturas. Adaptado de D. B. Dady Burjor, *Chem. Eng. Prog.*, págs. 85, 86, abril de 1978, com permissão da AICHE.

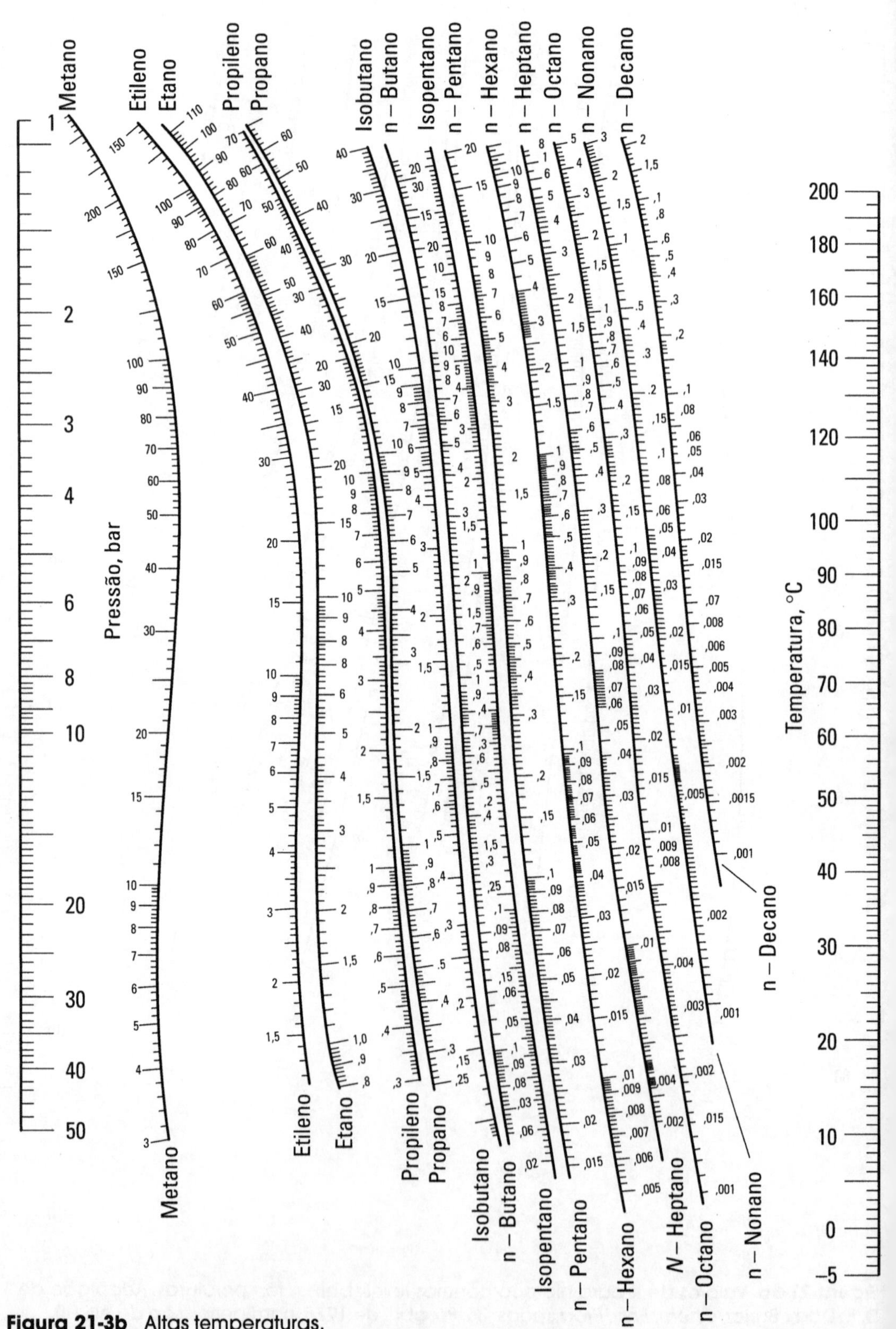

Figura 21-3b Altas temperaturas.

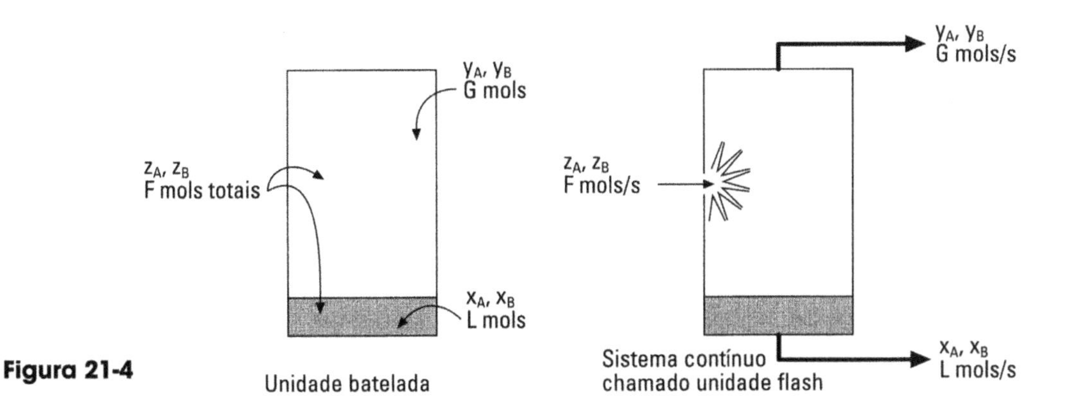

Figura 21-4

EXEMPLO 21-1 O separador flash

Uma mistura constituída por 40% em mol de isobutano e 60% em mol de n- pentano é alimentada a um tambor onde sofre uma rápida e parcial vaporização, chamada de "*flash*", a 49°C e 3,2 bar. Do tambor saem duas correntes, uma gasosa e outra líquida. Calcule quanto líquido e quanto gás deixam a câmara por mol de alimentação e encontre a composição de cada corrente.

Solução

O índice 1 se refere ao isobutano e o índice 2 ao n-pentano.

Assim, para 1 mol de mistura alimentada, escreva o que é conhecido:

$$F = 1 \text{ mol}, \quad z_1 = 0{,}4, \quad z_2 = 0{,}6 \quad \text{e, da Fig. 3,} \quad K_1 = 2, \quad K_2 = 0{,}5$$

Então, a Eq.21-6 se torna:

$$x_1 = \frac{0{,}4\ (1)}{L + 2\ (1 - L)} \qquad x_2 = \frac{0{,}6\ (1)}{L + 0{,}5\ (1 - L)} \tag{i}$$

Em geral, neste ponto da solução, um método de tentativas e erros é utilizado para resolver problemas de equilíbrio de fases. Procederemos aqui, então, estimando valores para L até que $x_1 + x_2 = 1$:

	Estimativa			
	L = 0,5 **(da eq. i) x_i**	**L = 0,1** **x_i**	**L = 0,9** **x_i**	**L = 0,8** **x_i**
i - C_4	0,27	0,21	0,36	0,333
n - C_5	0,80	1,09	0,63	0,667
$\Sigma x_i =$	1,07	1,30	0,99	1,000

Correto (↑ 1,000)

ou

$$\underline{\underline{L = 0{,}8}} \begin{cases} x_1 = 0{,}33 \\ x_2 = 0{,}67 \end{cases} \longleftarrow$$

e com $y_i = K_i x_i$

$$\underline{\underline{G = 0{,}2}} \begin{cases} y_1 = 0{,}67 \\ y_2 = 0{,}33 \end{cases} \longleftarrow$$

EXEMPLO 21-2 Estudantes de engenharia vão à prática

Nós, os alunos de engenharia, decidimos que já era tempo de fazer alguma coisa com respeito à crise de energia (chega de discurso!); assim, estabelecemos o nosso próprio projeto de prospecção e perfuração de poços de petróleo (Fig. 21-5). Começamos a perfurar justamente sob a mesa do reitor (poderia haver lugar melhor?). Aprofundamos e aprofundamos, passando pelas tubulações de gás, esgotos, etc., em direção ao centro da Terra e dos poços de petróleo dos Persas, do outro lado do planeta. Entretanto, só obtivemos um sucesso parcial, porque o nosso poço forneceu apenas gás a alta pressão e muito pouco líquido. Como especialistas em energia que somos, estamos plenamente convencidos de que esse gás é apenas a capa de cobertura de um gigantesco reservatório de petróleo, de modo que decidimos continuar a perfurar até chegar ao líquido.

Para processar o petróleo que certamente será extraído desse poço, deveremos estar preparados para o que vier. Vamos admitir que o gás esteja em equilíbrio com o líquido, embaixo. Avalie a composição desse líquido. Eu suponho que você pode admitir que a temperatura, lá embaixo, seja de 50°C.

Dados: Composição do gás obtido: CH_4 – 80%, C_2H_6 – 10%, C_3H_8 – 10%

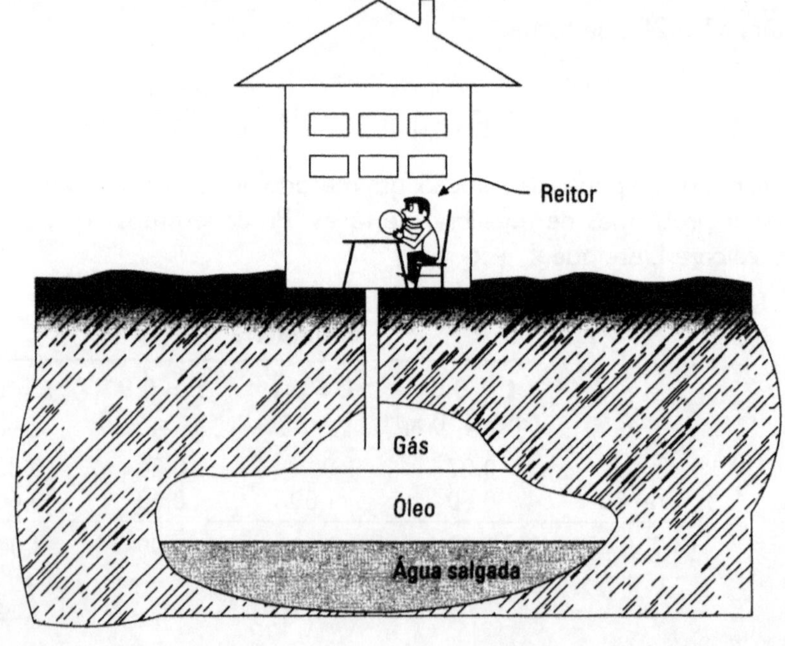

Figura 21-5

Solução

Para 1 mol de gás, vejamos o que é conhecido:

$$y_i = K_i x_i \qquad \text{ou} \qquad x_i = \frac{y_i}{K_i} \tag{i}$$

Agora estime a pressão. Ache K_i (da Fig. 21-3) e então calcule x_i e resolva por tentativa e erro, obtendo um valor para a pressão que satisfaça $\sum x_i = 1$.

Dados	y_i	Estime π = 10 bar K_i	da eq. i x_i	Estime π = 50 bar K_i	x_i
C_1	0,8	19,4	0,0412	3,9	0,2051
C_2	0,1	4,5	0,0222	1,28	0,0781
C_3	0,1	1,67	0,0599	0,046	0,2174
$\sum x_i =$			0,1233		0,5006
			Valor muito baixo		*Ainda muito baixo*

Tomando a pressão mais alta no gráfico da Fig. 21-3, $\sum x_i$ é muito baixa (essa somatória nunca chega a ser igual a 1). Portanto, como o gráfico termina nas proximidades do ponto crítico, isso significa que a mistura está a uma pressão acima do ponto crítico, implicando que o gás tem a mesma composição que o líquido no fundo do reservatório:

portanto o líquido do reservatório consiste em:
80% de metano
10% de etano
10% de propano ←

B. MISTURAS IMISCÍVEIS

Mesmo quando os compostos A e B são completamente imiscíveis em fase líquida, separando-se, inclusive, em duas fases, eles continuam perfeitamente miscíveis em fase gasosa. Podemos então, ver essa mistura do modo como se representa na Fig. 21-6. A equação que representa essa situação é:

$$\pi = p_A + p_B = \mathbf{P}_A x_A + \mathbf{P}_B x_B = \mathbf{P}_A + \mathbf{P}_B \tag{21-7}$$

A puro na fase líquida; $\therefore\ x_A = 1$

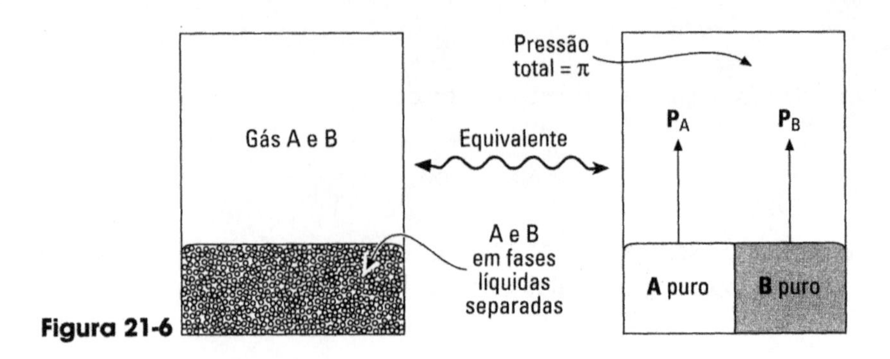

Figura 21-6

C. SISTEMAS COMPOSTOS

Para sistemas compostos em que A e B formam uma solução ideal, a qual, por sua vez, é imiscível com C, temos a situação representada na Fig. 21-7. As equações que expressam o equilíbrio entre as três fases são:

$$\pi = p_A + p_B + p_C = \mathbf{P}_A x_A + \mathbf{P}_B x_B + \mathbf{P}_C x_C \tag{21-8}$$

$$x_A + x_B = 1, \quad x_C = 1$$

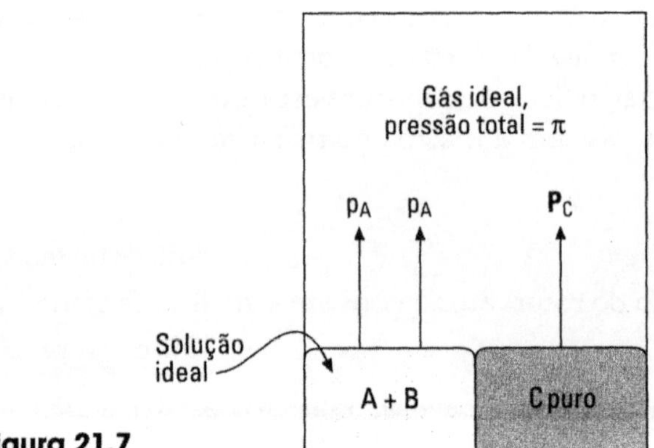

Figura 21.7

EXEMPLO 21-3 Equilíbrio entre soluções imiscíveis

Encontre a composição do vapor em equilíbrio com a mistura líquida de água, hexano e heptano a 92°C e 219 kPa. Observe que a água é completamente imiscível com os dois compostos orgânicos, que, por sua vez, formam uma solução ideal.

Solução

Vamos usar o índice 1 para o hexano, 2 para o heptano e w para a água. Então, das tabelas das propriedades do vapor de água ou da Fig. 21-2: p_w = 73 kPa; da Fig. 21-3: $K_1 = 0,9$ e $K_2 = 0,4$.

Das equações 21-3 e 21-4 temos:

$$p_1 = \pi\, y_1 = \pi\, K_1 x_1 = 219\ (0,9)\ x_1 = 197,1\ x_1\ \text{kPa}$$
$$p_2 = \pi\, y_2 = \pi\, K_2 x_2 = 219\ (0,4)\ x_2 = 87,6\ x_2\ \text{kPa}$$
$$p_w = 73\ \text{kPa}$$

Mas $x_1 + x_2 = 1$, e

$$p_1 + p_2 = \pi - p_w = 219 - 73 = 146 = 197,1\ x_1 + 87,6\ (1 - x_1)$$

de onde obtemos:

$$x_1 = \frac{146 - 87,6}{197,1 - 87,6} = 0,533$$
$$x_2 = 0,467$$

Assim, para a fase gasosa:

$$\left.\begin{aligned} p_{hexano} &= \pi\, K\, x_1 = 219\ (0,9)\ (0,533) = 105,12\ \text{kPa} \\ p_{heptano} &= 219\ (0,4)\ (0,467) = 40,88\ \text{kPa} \\ p_{água} &= 73\ \text{kPa} \end{aligned}\right\} \longleftarrow$$

PROBLEMAS

1. Um tambor de *flash* recebe uma mistura líquida contendo 50% de n-pentano e 50% de n-octano (em bases molares) que sofre uma vaporização parcial instantânea a 146°C e 3,6 bar. Do tambor, saem duas correntes, uma gasosa e outra líquida. Ache a composição e vazão dessas duas correntes.

2. Uma corrente contendo 40 mol% de etano e 60 mol% de propano, sofre um "flasheamento" em um tambor de *flash* cuja pressão é mantida constante a 10 bar. Dessa corrente, 20% sai do tambor como vapor e 80% como líquido. Determine a composição do vapor, bem como a sua temperatura.

3. Uma mistura eqüimolar de etileno e propileno deve ser introduzida em um tanque que está a 5 bar. A que temperatura a mistura será 50% vapor e 50% líquida?

4. Uma mistura eqüimolar de n-pentano e n-hexano é submetida a uma destilação *flash* a 100°C; 30 mol% da alimentação deixam o tambor de *flash* como vapor. Calcule a composição das correntes de destilado e do líquido residual.

5. Uma mistura eqüimolar de etileno e propileno encontra-se 50 mol% no estado vapor e 50 mol% no estado líquido. A que pressão se encontra a mistura e qual a composição do vapor?

6. Uma corrente constituída por 20% de hidrogênio, 30% de isobutano e 50% de n-pentano sofre um "flasheamento" em uma câmara mantida a 3,2 bar e 49°C. Dessa câmara, saem duas correntes, uma gasosa e outra líquida. Ache a vazão e a composição da corrente gasosa.

7. Uma mistura composta por 20 mol% de etano, 50 mol% de propano e 30 mol% de dodecano ($C_{12}H_{26}$) é "flasheada" a uma pressão de 12 bar e 32°C. Ache a composição do vapor.

8. Uma corrente constituída por 30% de hidrogênio, 20% de isobutano, 40% de normal butano e 10% de decano ($C_{10}H_{22}$) sofre um "flasheamento" dentro de uma câmara cuja pressão é mantida a 3,2 bar e 49°C e deixa a câmara como duas correntes, uma gasosa e outra líquida. Ache a vazão e a composição de ambas as correntes.

9. Uma gororoba composta de água, heptano e octano (substâncias orgânicas imiscíveis em água) mais uma pequena porção de vapor é bombeada através de um duto a 105°C e 2 bar. Encontre a composição do vapor em porcentagens molares.

10. Vamos dar um refresco agora. Para relaxar um pouco, considere o esquema abaixo: um barco a remos em um pequeno lago. Quando a grande e pesada âncora é atirada do bote, o que acontece com o nível da água do lago? Ele sobe, desce ou permanece inalterado?

    Cuidado: de acordo com J. Walker (*The Flying Circus of Physics*, John Wiley, 1975), esse problema foi proposto para George Gamow, Robert Oppenheimer e Felix Bloch, todos brilhantes físicos — e todos eles erraram!

CAPÍTULO 22

MEMBRANAS, ENERGIA LIVRE E FUNÇÃO TRABALHO

A. ENERGIA LIVRE E FUNÇÃO TRABALHO

Um Sistema Fechado e Isolado

Quando uma porção de material isolado vai do estado 1 para o estado 2, as trocas de calor e trabalho com o ambiente estão relacionadas com as variações de energia do sistema de acordo com:

$$Q_{1 \to 2} - W_{1 \to 2} = \Delta U + \Delta E_p + \Delta E_k \qquad \text{(3-2) ou (22-1)}$$

Quando todas as variações de energia mecânicas ocorrem reversivelmente (sem nenhum atrito) e tanto o sistema quanto o ambiente estão à mesma temperatura T_{sist}, então a Eq. 15-3 fornece $Q_{rev} = T_{sist} \Delta S$, de modo que

$$W_{1 \to 2} = -(\Delta U - T_{sis} \Delta S + \Delta E_p + \Delta E_k) \qquad (22\text{-}2)$$

Essa expressão fornece o máximo trabalho útil que pode ser obtido do sistema quando ele vai do estado 1 para o estado 2 e as temperaturas, tanto do sistema quando do ambiente, estão a T_{sist}.

Note que $W_{1 \to 2}$ não é a exergia $W_{ex, 1 \to 2}$ (veja a Eq. 19-7), porque $W_{1 \to 2}$ inclui o trabalho pV de expansão do sistema, mas não leva em conta o trabalho extra que pode ser produzido quando o calor flui entre o sistema e o ambiente, o que acontece numa situação mais geral quando $T_{sist.} \neq T_{amb}$.

Quando um sistema parte do estado 1, passa pelo estado 2 de modo reversível e, eventualmente, termina em equilíbrio no estado 3, mais e mais trabalho pode ser obtido. Podemos ver isso graficamente na Fig. 22-1.

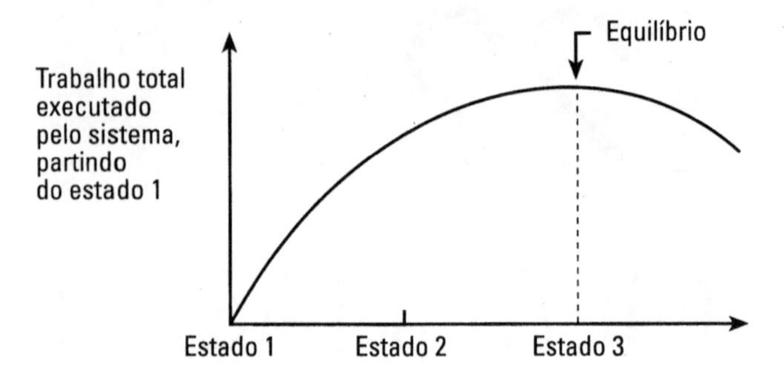

Figura 22-1

E a Fig. 22-2 apresenta graficamente o resultado da aplicação da Eq. 22-2.

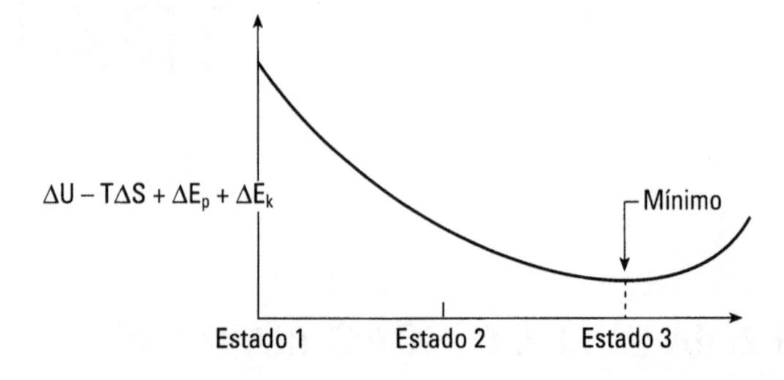

Figura 22-2

No equilíbrio, $E_k = 0$, de modo que, para qualquer mudança de estado para longe do equilíbrio:

$$\frac{dW}{d\,(\text{qualquer mudança})} < 0 \tag{22-3}$$

No equilíbrio, $E_k = 0$, de modo que, para quaisquer dois pontos em um sistema em equilíbrio:

$$\boxed{\begin{gathered} W = 0 \\ \Delta U - T\Delta S + \Delta E_p = 0 \end{gathered}}_{\textit{Equilíbrio},\ T_{\text{sistema}} = T_{\text{ambiente}}} \tag{22-4}$$

Veremos mais adiante que essa expressão nos conta que, quando uma coluna de uma mistura de gases está em equilíbrio, tanto a composição quanto a pressão serão diferentes no topo e no fundo da coluna. Mais: se a água da superfície do oceano contém 3% de sal, a água do fundo terá uma concentração bem diferente.

Escoamento em Regime Permanente

A primeira lei mostra as interações e as variações dos diferentes tipos de energia entre um ponto 1 a montante e outro a jusante, 2:

$$Q_{1\to 2} - W_{sh,\,1\to 2} = \Delta H + \Delta E_p + \Delta E_k \qquad (13\text{-}3)\ \text{ou}\ (22\text{-}5)$$

Se o escoamento é isotérmico e sem atrito, então $Q_{rev, 1 \to 2} = T_{sist}\,\Delta S$ (veja a Eq. 15-3), de modo que a Eq. 22-5 se torna

$$W_{sh, 1 \to 2} = -(\Delta H - T\Delta S + \Delta E_p + \Delta E_k) \qquad (22\text{-}6)$$

Nessa análise, consideramos ambos, sistema e ambiente, a T_{sist}.

Essa combinação de H, T_{sist}, e S apresenta-se repetidamente na termodinâmica avançada, de modo que vamos tomar o símbolo G e um nome, *energia livre de Gibbs*, então:

$$G = H - TS \qquad (22\text{-}7)$$

de forma que, se a temperatura for constante, teremos:

$$\Delta G = \Delta H - T\Delta S \qquad (22\text{-}8)$$

Combinando as Eqs. 22-6 e 22-8, obtemos

$$W_{sh, 1 \to 2} = -(\Delta G + \Delta E_p + \Delta E_k) \qquad (22\text{-}9)$$

Novamente, como um sistema isolado, uma evolução espontânea para o equilíbrio pode produzir trabalho e, no equilíbrio, $\Delta E_k = 0$, de modo que, em dois pontos quaisquer no sistema em equilíbrio e em escoamento, temos:

$$\boxed{W_{sh} = 0 \qquad \text{e} \qquad \Delta G + \Delta E_p = 0} \qquad (22\text{-}10)$$

E ainda, movendo-se o sistema de um estado qualquer em direção ao equilíbrio, a quantidade de trabalho produzida é maximizada e, portanto, no equilíbrio, G e E_P são minimizados.

Gás Ideal

Para um gás ideal que sofre um processo isotérmico, $\Delta H = 0$, $\Delta U = 0$, tanto para operações em batelada como contínuas:

$$-W_{sh, 1 \to 2} = -T\Delta S + \Delta E_p + \Delta E_k$$

Inserindo as Eqs. 5-2, 6-3 e 16-4, essa expressão se torna:

$$-W_{sh, 1\to 2} = -nRT\,\ell n\frac{p_1}{p_2} + \frac{mg(z_2 - z_1)}{g_c} + \frac{m(\mathbf{v}_2^2 - \mathbf{v}_1^2)}{2\,g_c}$$

No equilíbrio, $\Delta E_k = 0$, e temos:

$$-nRT\,\ell n\frac{p_1}{p_2} + \frac{mg(z_2 - z_1)}{g_c} = 0$$

ou

$$\boxed{\frac{p_1}{p_2} = e^{\frac{\overline{mw}\,g(z_2 - z_1)}{g_c RT}}} \qquad (22\text{-}11)$$

Equilíbrio, gás ideal, $T_{constante}$

EXEMPLO 22-1. Armazenamento do gás mais denso do mundo

No início da era nuclear, os Estados Unidos armazenaram urânio na forma de hexafluoreto de urânio gasoso (UF_6, $\overline{mw} = 0{,}352$ kg/mol) em um poço de petróleo abandonado, no Texas. Agora, depois de 50 anos, topamos com um desses poços esquecidos do Texas (Fig. 22-3). Tomamos uma amostra do gás no topo do poço, de 2 km de profundidade, e descobrimos tratar-se de puro UF_6, a 2 bar e 300 K. Qual é a pressão no fundo do poço?

Admita que o gás se comporta como um gás ideal.

Solução

Depois de 40 anos, podemos aceitar que o gás está em equilíbrio ao longo de todo o poço. Assim, para uma variação de pressão isotérmica desde o fundo (ponto 1) até o topo (ponto 2), a Eq. 22-11 fornece:

$$p_1 = p_2 \, e^{\frac{\overline{mw}\, g(z_2 - z_1)}{g_c RT}}$$

$$= (2 \text{ bar})\, e^{\frac{0{,}352\,(9{,}8)\,(2.000)}{1\,(8{,}314)\,(300)}} = \underline{\underline{31{,}8 \text{ bar}}}$$

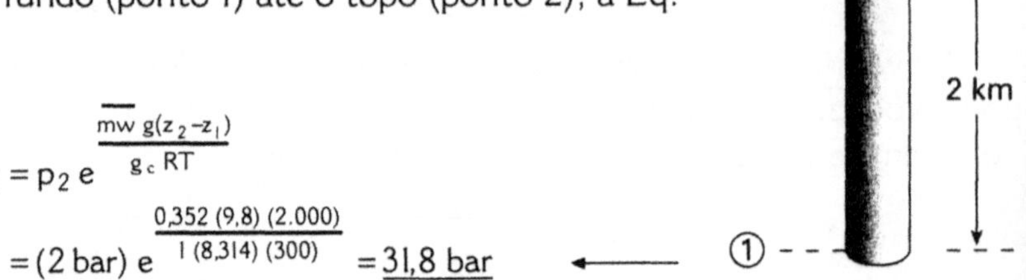

Figura 22-3

B. MEMBRANAS SEMIPERMEÁVEIS

Dada uma mistura dos componentes A e B, líquida ou gasosa, definimos uma membrana semipermeável como aquela que permite a livre passagem, através de si, de um dos componentes, mas que é completamente impermeável ao outro (Fig. 22-4).

Na prática, essas membranas são utilizadas para:

- dessalinização, para produzir água potável a partir de água salgada ou salobra;
- extrair hidrogênio de misturas gasosas;
- purificar o sangue de pacientes por diálise, permitindo a sobrevivência de milhares de pessoas com falência dos rins.

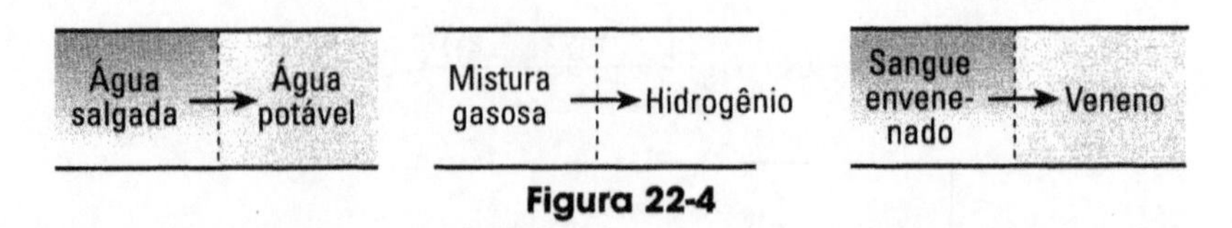

Figura 22-4

Conceitualmente, a membrana semipermeável ideal é de interesse em termodinâmica porque permite o desenvolvimento das equações básicas do equilíbrio de fases e químico. O exemplo a seguir ilustra bem isso.

EXEMPLO 22-2 Membranas semipermeáveis para gases

Se urânio radioativo for estocado em câmaras esféricas, ele poderá se tornar crítico (ocorrerá um descontrole da temperatura) e explodir.

Nos anos 50, fazendas de estocagem segura foram criadas; elas consistiam em tubos enterrados em furos cilíndricos, de pequeno diâmetro, no solo. Estes eram então preenchidos com uma mistura gasosa de hidrogênio e hexafluoreto de urânio.

Tais tanques de estocagem permaneceram intocados por décadas, de modo que podemos considerar que o seu conteúdo atingiu o equilíbrio (Fig. 22-5). Um deles foi recentemente reaberto e continha 50-50 mol% da mistura a 1 bar e 300 K no topo (ponto 2).

Qual é a pressão e a composição da mistura no fundo do poço, 2 km abaixo da superfície (ponto 1)? Suponha que o gás tem um comportamento ideal.

Solução

Para resolver esse problema, temos que introduzir o conceito da membrana semipermeável ideal. As letras A e B representam os dois componentes, segundo

$$A = H_2,$$

$$B = UF_6$$

Agora veja a Fig. 22-5.

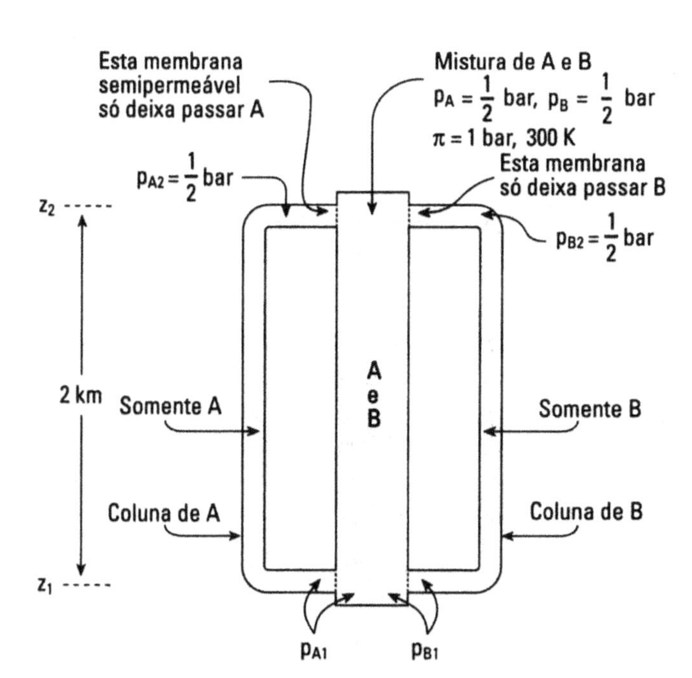

Figura 22-5

O topo e o fundo da coluna A (a coluna que contém hidrogênio puro) estão em equilíbrio; então, como no Exemplo 22-1, aplicamos a Eq. 22-11; assim:

$$p_{A1} = p_{A2}\, e^{\frac{\overline{mw}_A\, g(z_2-z_1)}{g_c\, RT}}$$

$$= (0{,}5 \text{ bar})\, e^{\frac{0{,}002\,(9{,}8)\,(2.000)}{1\,(8{,}314)\,(300)}} = 0{,}508 \text{ bar}$$

Analogamente, para a coluna B (coluna que contém UF_6 puro) e com os dados do Exemplo 22-1:

$$p_{B1} = (0{,}5 \text{ bar})\, e^{\frac{0{,}352\,(9{,}8)\,(2.000)}{1\,(8{,}314)\,(300)}} = 7{,}95 \text{ bar}$$

Portanto, no fundo do poço:

$$\text{pressão total} = 0{,}508 + 7{,}95 = 8{,}46 \text{ bar}$$

$$\left.\begin{aligned} H_2 &= \frac{0{,}508}{0{,}508+7{,}95} \times 100 = \underline{\underline{6{,}0 \text{ mol\%}}} \\ UF_6 &= \frac{7{,}95}{0{,}508+7{,}95} \times 100 = \underline{\underline{94{,}0 \text{ mol\%}}} \end{aligned}\right\} \longleftarrow$$

C. ΔP DE UM LÍQUIDO EM EQUILÍBRIO ATRAVÉS DE UMA MEMBRANA

Para uma mistura gasosa no equilíbrio, a pressão parcial do componente que permeia a membrana é a mesma em ambos os lados da membrana ideal e a análise é direta (veja o Exemplo 22-2). Para um sistema envolvendo líquidos e vapores, as coisas são um pouco mais complicadas, de forma que precisamos introduzir o conceito de solução ideal e mistura de gases ideais.

Suponha uma mistura líquida composta por A e B com uma fração molar x_A e x_B, no lado esquerdo da membrana, que é permeável somente para A. No lado direito, temos A puro. Considere que a pressão de vapor do componente B é desprezível. Desse modo, temos a situação representada na Fig. 22-6. O esquema mostra que a pressão de vapor do lado esquerdo é menor do que a do lado direito, de modo que o componente A fluirá através da membrana tanto quanto pela parte de cima da direita para a esquerda. Isso não representa uma condição de equilíbrio.

O equilíbrio seria representado pela situação em que nenhum componente permeável A passaria de um lado para outro e isso só seria possível se os níveis dos líquidos, nos dois lados, fossem diferentes, como está mostrado na Fig. 22-7, tal que p_A fosse o mesmo em ambos os braços do sistema.

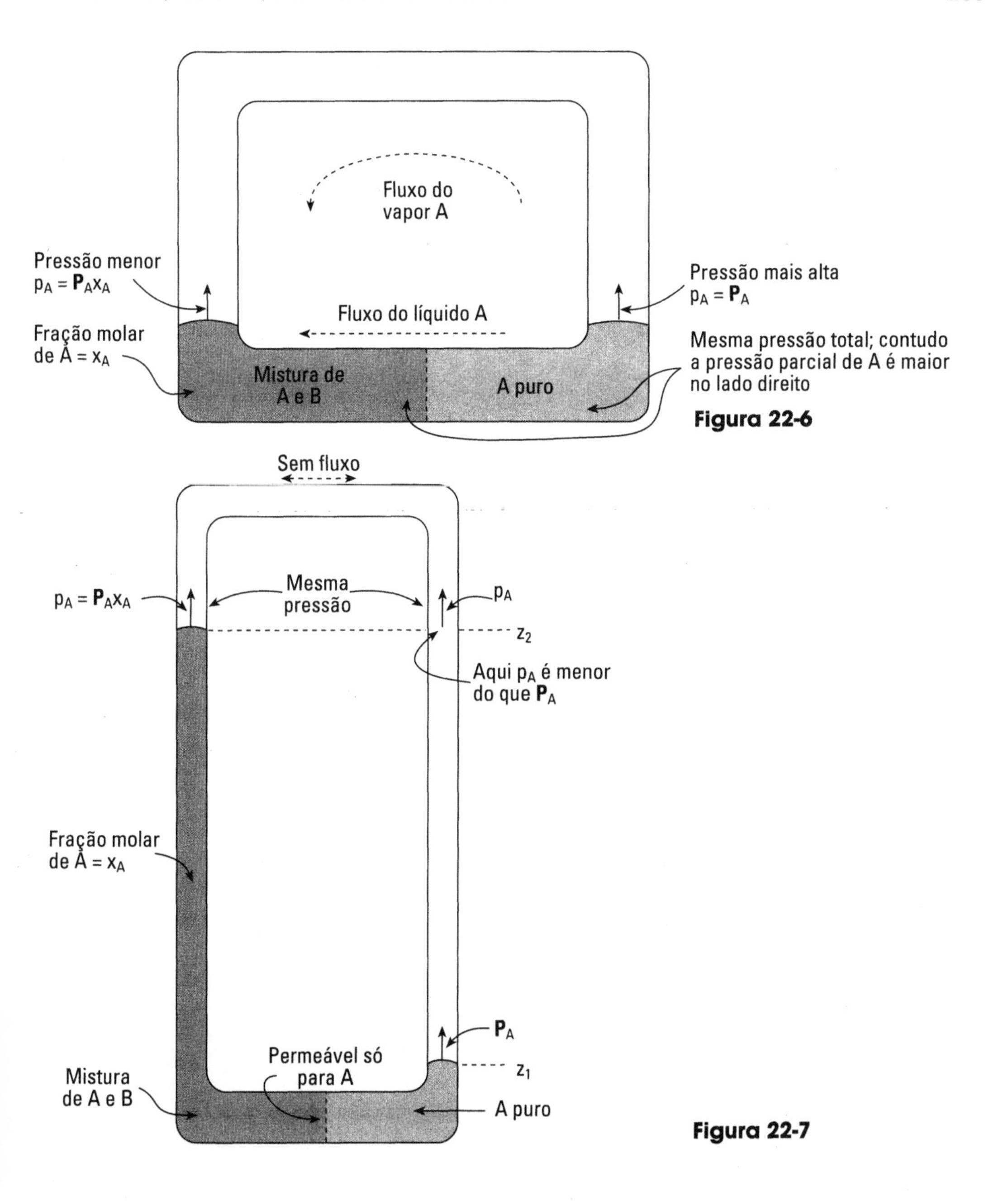

Figura 22-6

Figura 22-7

Façamos $\Delta z = z_2 - z_1$:

- para o lado que contém o componente puro A em z_1: $p_A = \mathbf{P}_A$;
- para o lado que contém o componente puro A em z_2 (da Eq. 22-11):

$$p_A = \mathbf{P}_A \, e^{-\frac{\overline{mw}_A \, g(z_2 - z_1)}{g_c \, RT}} \tag{22-12}$$

- para ambos os lados A e B em z_2: $p_A = \mathbf{P}_A x_A$ (22-13)

Combinando as Eqs. 22-12 e 22-13, obtemos a relação molar de A na solução com a diferença de altura, como segue:

$$x_A = e^{-\frac{\overline{mw}_A \, g \, \Delta z}{g_c \, RT}}$$

e

$$\Delta z = \frac{g_c \, RT}{\overline{mw}_A \, g} \ell n \frac{1}{x_A} \tag{22-14}$$

Agora, para achar a pressão no lado em que se encontra a mistura em z_1, escrevemos a primeira lei entre z_1 e z_2:

$$\cancel{\Delta U} + \Delta E_p + \cancel{\Delta E_k} = \cancel{Q} - \cancel{W_{sh}} - W_{pV} \qquad \text{da (7-4)}$$

Substituindo os valores, como na Eq. 13-15, obtemos, por kg de mistura:

$$\frac{g(z_2 - z_1)}{g_c} = -\frac{(p_2 - p_1)}{\rho_{mistura}} \tag{22-15}$$

Combinando com a Eq. 22-8:

$$\underbrace{(p_1 - p_2)}_{\textit{Pressão osmótica}} = \frac{\rho_{mistura} \, g(z_2 - z_1)}{g_c} = \frac{\rho_{mistura} \, RT}{\overline{mw}_A} \ell n \frac{1}{x_A} \underset{\textit{Diluído}}{\cong} \frac{c_B RT}{\overline{mw}_B} = C_B RT \tag{22-16}$$

Pressão osmótica; *Diluído*; c_B: *kg de soluto/m³ de solução*; C_B: *Mols de soluto/m³ de solução*

A quantidade $p_1 - p_2$ é, também, igual à diferença de pressão entre os dois lados da membrana, sendo chamada de *pressão osmótica*. Lembre-se de que, na Eq. 22-16, A é o componente permeável e o B o componente não-permeável.

EXEMPLO 22-3 Dissociação do sal do mar

Considere que a água do oceano consiste somente de água e sal (3,48% de NaCl, $\overline{mw}$ = 58,5 g/mol), parte do qual se encontra dissociado em seus íons positivos e negativos, como segue:

$$NaCl \rightleftarrows Na^+ + Cl^-$$

Ache a fração de sal dissociada a 10°C para a qual a pressão de vapor da água pura é 1.227,6 Pa, enquanto que a pressão de vapor da água do oceano é 1.206,5 Pa. Admita que o sal e seus íons formam uma solução ideal (hipótese questionável!) com a água. Note que a pressão de vapor do sal e seus íons é nula.

Solução

Relacionando a pressão de vapor da água do oceano com a da água doce através da expressão da solução ideal (Eq. 21-2), achamos, para o componente água na mistura:

$$p_{oceano} = p_{água\ doce}\, x_{oceano}$$

de onde podemos calcular a fração molar de água pura na água do oceano:

$$x_{oceano} = \frac{p_{oceano}}{p_{água\ doce}} = \frac{1.206{,}5}{1.227{,}6} = 0{,}9828$$

Em termos de massa e peso molecular,

$$x_{oceano} = \frac{\text{mols de água}}{\text{mols total}} = \frac{\left(\frac{kg}{mol}\right)_{água}}{\left(\frac{kg}{mol}\right)_{água} + \left(\frac{kg}{mol}\right)_{NaCl,\ Na^+,\ Cl^-}}$$

ou

$$0{,}9828 = \frac{0{,}9652/18}{0{,}9622/18 + 0{,}0348/\overline{mw}_{sal}}$$

Média para o sal, Na^+, *e* Cl^-

da qual obtemos a massa molecular média do NaCl e seus íons

$$\overline{mw}_{sal} = 37{,}1 \text{ g/mol}$$

Finalmente, representemos por z a fração de NaCl dissociada. Então:

$$(1 - z)\,\overline{mw}_{NaCl} + 2z\,\overline{mw}_{íons} = (1 + z)\,\overline{mw}_{médio}$$

ou

$$(1 - z)\,(58{,}5) + 2(z)\left(\frac{58{,}5}{2}\right) = (1 + z)\,(37{,}1)$$

ou

$$z = 0{,}566$$

Assim, admitindo comportamento de solução ideal, a fração de sal dissociada em seus íons é de 56,6%. ←

EXEMPLO 22-4 Pressão osmótica da água do mar

Avalie a pressão osmótica da água do oceano em contato com água doce a 10°C.

Dados:

Para a água do oceano:
Salinidade =3,48%, densidade =1.028 kg/m^3.
Massa molecular média do sal e seus ions = 0,0371 kg/mol, do Exemplo 22-3.
Fração molar da água na mistura água mais sal = 0,9828, do Exemplo 22-3.

Solução

Substituindo todos os valores conhecidos na Eq. 22-16, obtemos:

$$\underset{\text{Osmótico}}{\Delta p} = \frac{(1.028)\,(8{,}314)\,(283)}{0{,}018}\,\ell n\,\frac{1}{0{,}9828} = 2{,}33\times 10^6 \text{ Pa}$$

$$= \underline{\underline{23 \text{ atm}}} \longleftarrow$$

Isso equivale à altura de uma coluna de água do mar (Δz), que, da Eq. 22-16:

$$\Delta z = \frac{\Delta p(g_c)}{\rho_{mistura}\,(g)} = \frac{(2{,}33\times 10^6)\,(1)}{1.028\,(9{,}8)} = \underline{\underline{231 \text{ m}}} \longleftarrow$$

Solução alternativa

Usando a aproximação empregada na Eq. 22-16, obtemos:

$$C_{soluto} = \left(0{,}0348\,\frac{\text{kg de sal}}{\text{kg de solução}}\right)\left(1.028\,\frac{\text{kg de solução}}{\text{m}^3 \text{ de solução}}\right) = 35{,}77\,\frac{\text{kg de sal}}{\text{m}^3 \text{ de solução}}$$

Portanto, da Eq. 22-16,

$$\Delta p = \frac{(35{,}77)\,(8{,}314)\,(283)}{0{,}0371} = 2{,}27\times 10^6 \text{ Pa}$$

$$= \underline{\underline{22{,}4 \text{ atm}}} \longleftarrow$$

D. TRABALHO E POTÊNCIA OSMÓTICA

A Fig. 22-8 ilustra o significado desse equilíbrio através da membrana semipermeável.

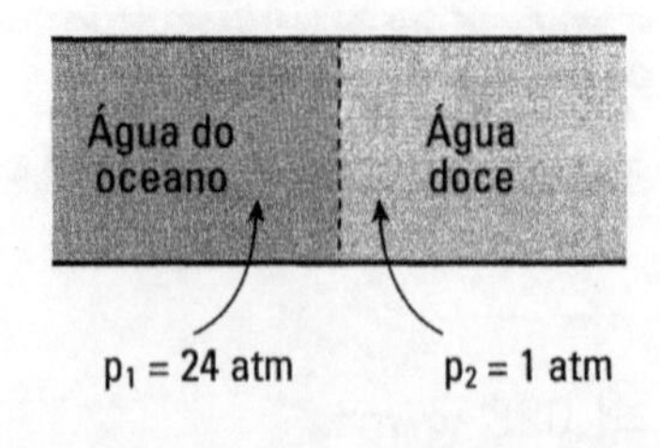

Figura 22-8 (a) (b)

O trabalho reversível necessário para produzir 1 kg de água doce a partir da água do oceano requer uma pressão sobre a água do oceano um pouco maior do que 24 atm (veja a Fig. 22-8a). Nessa situação, a Eq. 13-15 torna-se:

$$w_{sh,\,1\to 2} = -\int_1^2 v_{oceano}\,dp = \frac{p_1 - p_2}{\rho_{mistura}} \qquad [J/kg] \qquad (22\text{-}17)$$

Entretanto, esse trabalho requer a elevação de 1 kg de água do oceano a uma altura de 231 m (veja a Fig. 22-8b) e, nesse caso, a Eq. 22-9 ou a 5-2 se tornam:

$$w_{sh,\,1\to 2} = -\Delta E_p = -\frac{m_{mistura}\, g(z_2 - z_1)}{g_c} \qquad [J / kg] \qquad (22\text{-}18)$$

A potência requerida é então obtida combinando-se as Eqs. 22-16, 22-17 e 22-18:

$$\dot{W}_{sh,\,1\to 2} = \dot{v}_{mistura} \underbrace{(p_1 - p_2)} = \frac{\dot{m}_{mistura}\, g(z_1 - z_2)}{g_c} = \frac{\dot{m}_{mistura}\, RT}{mw_A} \ell n \frac{1}{x_A} \cong \dot{n}_B RT \qquad [W] \qquad (22\text{-}19)$$

Pressão osmótica — *Componente permeável, água doce* — *Diluído* — *mol* B/s

Na prática, se utilizam pressões da ordem de 100 atm para produzir água doce a partir de água do mar, obtendo-se uma vazão razoável.

EXEMPLO 22-5 Potência osmótica de rios

Quanta potência pode ser extraída pela salinização reversível do Rio São Francisco na sua foz?

Dados: Suponha que a vazão do rio seja de 610 m^3/s.

Solução

Primeiramente, devemos achar o volume de água do oceano que contém 610 m^3 de água doce. Assim:

$$v_{mistura} = \left(\begin{matrix}610\ m^3\ de\\ \text{água doce}\end{matrix}\right)\left(\frac{1.000\ kg\ de\ \text{água doce}}{1\ m^3\ de\ \text{água doce}}\right)\left(\frac{1\ kg\ de\ oceano}{0{,}9652\ kg\ de\ \text{água doce}}\right)\left(\frac{1\ m^3\ de\ oceano}{1.028\ kg\ de\ oceano}\right)$$

$$= 615\ m^3\ de\ oceano$$

Do exemplo 22-4

Método 1 Pela pressão osmótica

A potência produzida quando líquidos a alta pressão são despressurizados reversivelmente é dada pela Eq. 22-19 como:

do exemplo 22-4

$$\dot{W}_{rev} = \dot{v}_{mistura}(-\Delta p)$$
$$= \left(615\frac{m^3}{s}\right)(23\ \text{atm})\left(\frac{101.325\ \text{Pa}}{1\ \text{atm}}\right) = 1{,}43\times10^9\ \text{W}$$

Método 2 Pela carga desenvolvida

Permita que a água doce afunde 231 m reversivelmente no oceano. Então, na membrana, ela estará em equilíbrio com a água salgada. Nesse caso, a Eq. 22-19 se torna:

$$\dot{W} = \frac{\dot{m}_{mistura}\, g(-\Delta z)}{g_c}$$
$$= \frac{\left(615\frac{m^3}{s}\right)\left(\frac{1.028\ \text{kg}}{m^3}\right)\left(9{,}8\frac{m}{s^2}\right)(231\ \text{m})}{1\frac{\text{kg m}}{s^2 N}} = \underline{\underline{1{,}43\times10^9\ \text{W}}} \longleftarrow$$

E. LIÇÕES DA TERMO

A termodinâmica informa que, se você se aproxima do equilíbrio irreversivelmente (ineficientemente, com um aumento na entropia total), consegue obter menos trabalho útil do que obteria caso se aproximasse do equilíbrio eficientemente. Exemplos:

1. Quando o calor flui de uma fonte quente para uma fonte fria, o motor de Carnot faz isso mais eficientemente (veja o Cap. 18).
2. Quando um gás, a uma pressão mais alta, é levado eficientemente para uma pressão mais baixa, você pode obter trabalho dessa operação, trabalho que pode até mesmo ser utilizado para levar o calor de uma temperatura mais baixa para uma mais elevada.
3. Quando os gases A e B se misturam a uma pressão p, trabalho pode ser obtido se isso for feito eficientemente.

Em todos esses casos (calor fluindo de temperaturas altas para mais baixas, gás fluindo de uma pressão alta para uma mais baixa, ou mistura de gases), se forem feitos irreversivelmente, você estará perdendo trabalho que poderia ser útil.

Aplicando esse conceito à mistura de água doce com água do oceano, se formos espertos, veremos que é possível extrair enormes quantidades de trabalho (de fato, trabalho equivalente a uma queda de água de 231 m!) quando fazemos isso reversivelmente.

Como a seiva de uma árvore consegue subir 100 m? Será que a raiz atua como uma membrana?

1. O Rio Desemboca no Oceano

Vamos brincar um pouco com essa idéia. Suponha que queremos obter trabalho quando um rio de água doce desemboca no oceano. Em princípio, isso pode ser feito por meio de duas barragens, como mostrado na Fig. 22-9.

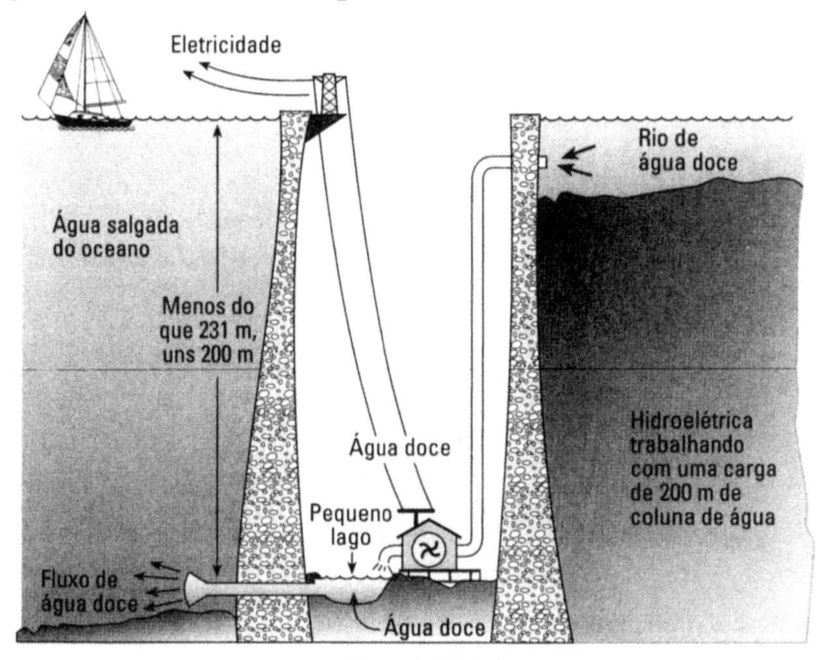

Figura 22-9

Mas por que usar duas barragens, quando uma é suficiente (Fig. 22-10)?

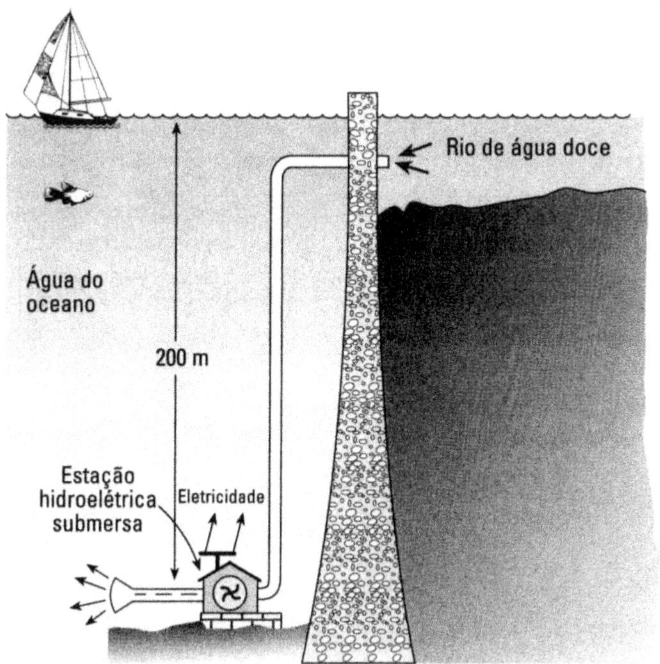

Figura 22-10

Ou, melhor ainda, por que não fazer a usina sem barragem nenhuma. É só manter as águas separadas com uma folha de plástico (Fig. 22-11).

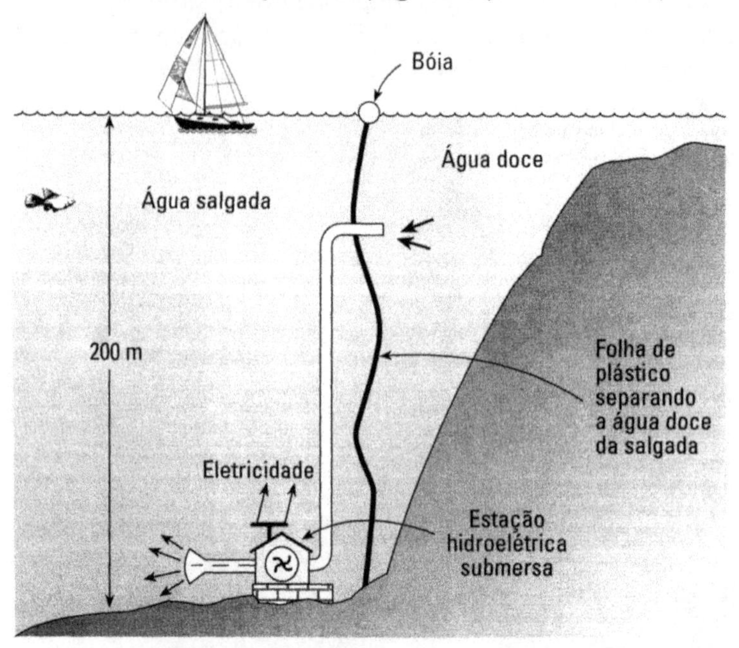

Figura 22-11

Ou até mesmo sem a folha de plástico (Fig. 22-12).

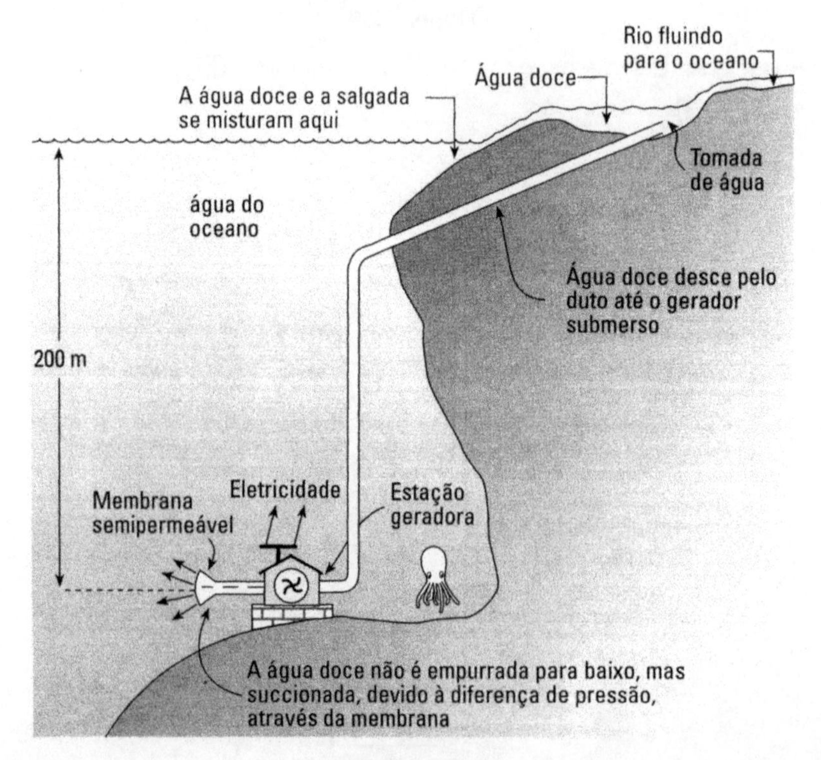

Figura 22-12

Esta discussão é baseada em considerações teóricas. Na prática, todos os tipos de ineficiência se apresentam — membranas não-ideais, lama e sólidos na água doce para entupir a membrana, fluxo vagaroso pela membrana —, tornando a concepção bem antieconômica atualmente.

2. O Oceano Real

Uma última palavra: o oceano real está quase em equilíbrio térmico, mas não em equilíbrio químico. Como no exemplo 22-3, se a concentração de sal na superfície é de 3,5%, então ela seria de 8% a 10 km de profundidade. Mas isso não é verdade — a concentração se mantém em cerca de 3,5% ao longo de toda a profundidade. Isso se deve à circulação das águas do oceano (Fig. 22-13), dos pólos para o Equador e vice-versa (cerca de 2 milhões de anos). Essa circulação é bem mais rápida que os processos de difusão que levam a um perfil de concentrações de equilíbrio (mais de 100 milhões de anos).

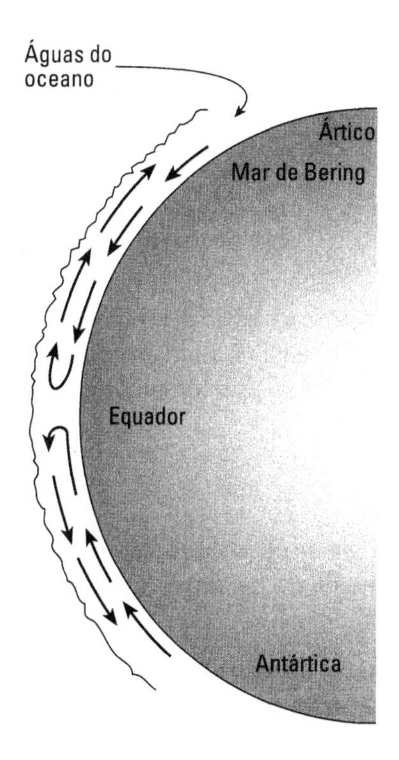

Figura 22-13

Assim, se formos espertos, poderemos, em princípio, extrair energia ajudando o oceano a atingir o equilíbrio. Levenspiel e de Nevers (*Science*, 183, 157, 1974) mostram como. Em vez de obter trabalho, alguém pode usar esse trabalho para obter água doce a partir da água do oceano a custo zero e com um dispositivo muito simples: apenas com um tubo muito, mas muito longo mesmo e com uma membrana semipermeável ideal no seu fundo (Fig. 22-14).

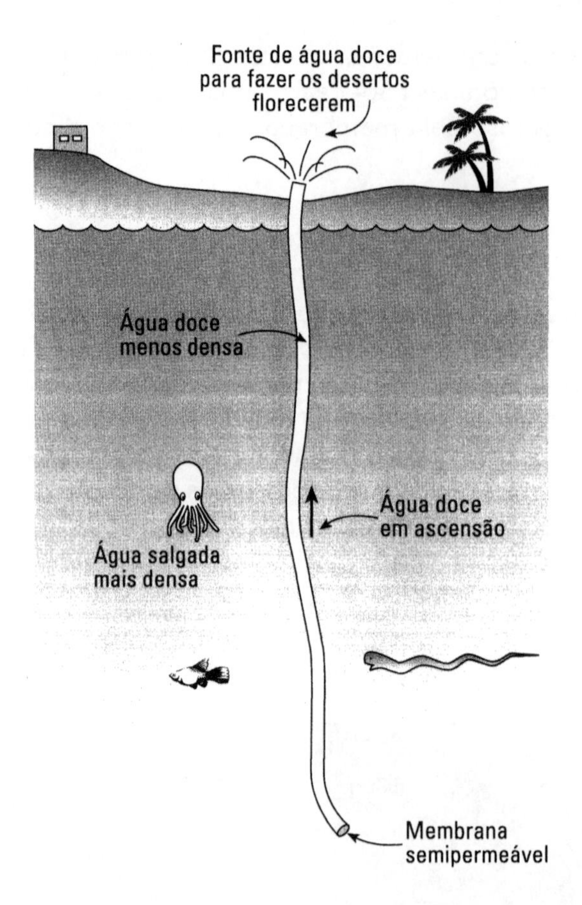

Figura 22-14

Há muitas outras possibilidades interessantes ao nosso redor. Lembre-se: quando um sistema não está em equilíbrio, um engenheiro criativo deve ser capaz, em princípio, de extrair energia do sistema "convidando-o" a se aproximar do equilíbrio.

PROBLEMAS

1. A medida da pressão osmótica de uma solução contendo proteínas e outras macromoléculas é a melhor maneira de se determinar o peso molecular dessas moléculas gigantes. Eis um exemplo:

   Quatro gramas de hemoglobina são introduzidos em um frasco de medida, que é, então, preenchido com água suficiente para atingir 100 cm^3. O valor da pressão osmótica dessa solução, em relação à água pura, encontrado foi 1.600 Pa a 25°C. Com esses dados, determine o peso molecular da hemoglobina.

2. Uma solução de polímero em benzeno é feita dissolvendo-se 1 g de polímero em 100 mL de benzeno ($\overline{mw} = 0{,}078$ kg/mol, $\rho = 879$ kg/m^3) para se obter uma solução a 1% em peso. Essa solução está em um dos lados de um tubo em U, separada do benzeno puro, contido no outro lado, por uma membrana semipermeável. No equilíbrio, a 25°C, a superfície da solução está 3 cm acima da superfície do benzeno puro. Qual é o peso molecular do polietileno puro?

CAPÍTULO 23

EQUILÍBRIO DAS REAÇÕES QUÍMICAS

Para começar, observe que, quando ΔE_p e ΔE_k são desprezíveis, um sistema se move em direção ao equilíbrio conforme representado na Fig. 23-1.

Figura 23-1

Para o sistema sair do equilíbrio e voltar ao estado inicial, é necessário fornecer-lhe trabalho e, então, ele ganha energia livre.

A. REAÇÃO DE GASES

Quando substâncias químicas reagem e atingem o equilíbrio, possivelmente você obterá pouca conversão ao produto, talvez uns 50% ou, quem sabe, conversão completa. É essa conversão que nos interessa e também como ela é afetada pela pressão, temperatura e composição da alimentação. A termo tem algo a dizer sobre isso, de modo que vale a pena examinar a questão.

Comecemos por considerar a reação simples A resultando R:

$$aA \rightleftarrows rR \tag{23-1}$$

Ela ocorre em equilíbrio a uma temperatura e pressão fixadas e dentro de um reator químico, como mostra a Fig. 23-2. Tomemos p_{Ae} e p_{Re} como as pressões parciais de equilíbrio dos componentes no vaso.

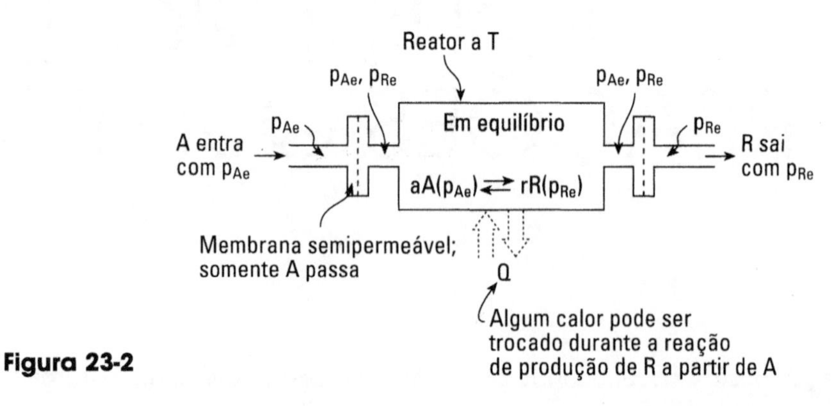

Figura 23-2

Se acrescentarmos algum A ao reator (à pressão p_{Ae}), algum R (à pressão p_{Re}) sairá; se adicionarmos algum R (novamente à pressão p_{Re}), então algum A sairá (à pressão p_{Ae}). Se o reator estiver em equilíbrio, o trabalho necessário para ambas as transformações será nulo; assim, a variação de energia livre dada pela Eq. 22-10 é:

$$\Delta G_{\text{A para R ou R para A}} = 0$$

Consideremos agora que, no equilíbrio, tanto p_{Ae} quanto p_{Re} são menores do que 1 atm (podemos admitir pressões maiores do que 1 atm sem perder o caráter geral desta dedução). Suponha que a corrente de alimentação de reagente A seja introduzida no reator na, assim chamada, condição padrão em que $p_A^o = 1$ atm, e suponha que algum R seja removido na sua condição padrão, novamente a $p_R^o = 1$ atm. Então, algum trabalho de expansão e compressão sobre as correntes de entrada e saída é necessário. Isso é mostrado na Fig. 23-3.

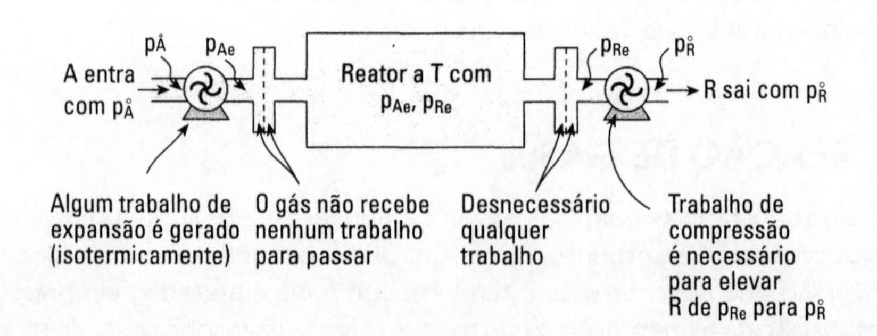

Figura 23-3

Assim, o trabalho de eixo produzido (expansão ou compressão) quando a mols de A são convertidos em r mols de R, todos à temperatura T (nenhum T_0 é necessário), é dado por:

$$W_{sh,\,produzido} = W_{ex} = -\Delta G^\circ = aRT\,\ell n\frac{p_A^\circ}{p_{Ae}} + rRT\,\ell n\frac{p_{Re}}{p_R^\circ}$$

Chamamos isso de "energia livre padrão" para essa reação — *Eq. 13-16, para expansão isotérmica* — *Eq. 13-16, para compressão isotérmica*

$$= RT\,\ell n\frac{\left(\dfrac{p_{Re}}{p_R^\circ}\right)^r}{\left(\dfrac{p_{Ae}}{p_A^\circ}\right)^a} = RT\,\ell n\,K \tag{23-2}$$

Mais genericamente, para qualquer mistura de gases ideais reagindo à temperatura T, por exemplo:

$$aA \rightleftarrows rR + sS \;\ldots\; \Delta G^\circ \tag{23-3}$$

temos:

$$\Delta G^\circ = rG^\circ_{f,R} + sG^\circ_{f,S} - aG^\circ_{f,A}$$

Energia livre padrão dos componentes a partir de seus elementos

$$= -RT\,\ell n\frac{\left(\dfrac{p}{p^\circ}\right)_R^r\left(\dfrac{p}{p^\circ}\right)_S^s}{\left(\dfrac{p}{p^\circ}\right)_A^a} = -RT\,\ell n K \tag{23-4}$$

Todos $p^\circ = 1$ atm — *Chamada de constante de equilíbrio da reação*

onde

$$K = \frac{K_p}{(p^\circ = 1\text{ atm})^{\Delta n}} = \frac{K_y \pi^{\Delta n}}{(p^\circ = 1\text{ atm})^{\Delta n}} = \frac{K_C (RT)^{\Delta n}}{(p^\circ = 1\text{ atm})^{\Delta n}}$$

$$K_p = \frac{p_R^r p_S^s}{p_A^a}, \qquad K_y = \frac{y_R^r y_S^s}{y_A^a}, \qquad K_c = \frac{C_R^r C_S^s}{C_A^a} \tag{23-5}$$

e

$$\Delta n = r + s - a, \qquad C_i = p_i RT$$

EXEMPLO 23-1 Calculando composições de equilíbrio

Calcule as pressões parciais de equilíbrio de todos os componentes para a seguinte reação, que ocorre em um reator contínuo, a pressão constante e a 298 K:

$$\left.\begin{array}{l} p_{A0} = 1{,}5\text{ atm} \\ p_{B0} = 1{,}5\text{ atm} \end{array}\right\} \; A + B \rightarrow R + S \qquad \Delta G^\circ_{298} = 0$$

Solução

Para $\Delta G^\circ = 0$, a Eq. 23-4 mostra que:

$$K = e^{-\Delta G^\circ/RT} = e^{-0/8{,}314(298)} = 1$$

$$= \frac{p_{Re}\, p_{Se}}{p_{Ae}\, p_{Be}} \Big/ (p^\circ)^{\Delta n} = \frac{p_{Re}\, p_{Se}}{p_{Ae}\, p_{Be}}$$

Agora, faça uma contagem do número de mols envolvido começando, digamos, com 3 mols; na verdade, qualquer que seja o número de mols o resultado será o mesmo:

	A	**B**	**R**	**S**	**Total**
Mols iniciais	1,5	1,5	0	0	3 mols
Mols no equilíbrio	1,5-x	1,5-x	x	x	3 mols
Fração molar no equilíbrio	$\frac{1{,}5-x}{3}$	$\frac{1{,}5-x}{3}$	$\frac{x}{3}$	$\frac{x}{3}$	1
Pressão parcial no equilíbrio	1,5-x	1,5-x	x	x	3 atm

Assim, substituindo esses valores na expressão para K:

$$K = \frac{p_R\, p_S}{p_A\, p_B} = \frac{(x)(x)}{(1{,}5-x)\,(1{,}5-x)} = 1$$

ou

$$\frac{x}{1{,}5-x} = 1 \quad \text{ou} \quad x = 0{,}75$$

Portanto:

$$\left.\begin{aligned} p_{Ae} &= 1{,}5 - x = 0{,}75 \text{ atm} \\ p_{Be} &= 0{,}75 \text{ atm} \\ p_{Re} &= 0{,}75 \text{ atm} \\ p_{Se} &= 0{,}75 \text{ atm} \end{aligned}\right\} \longleftarrow$$

ΔG° e Temperatura

No capítulo 22 mostramos que, para um sistema à temperatura constante, $\Delta E_p = \Delta E_k = 0$,

$$\Delta G = \Delta H - T\Delta S$$

e, desde que ΔH e ΔS são funções da temperatura, ΔG também varia com a temperatura. Como normalmente estabelecemos a temperatura, estaremos lidando com $\Delta G^\circ_{298\ K}$, $\Delta G^\circ_{500\ K}$ e assim por diante. Os valores de ΔG° são aditivos.

Somatório de valores de ΔG°

Foi mostrado no Cap. 9 que ΔH pode ser a soma de vários componentes da reação. O mesmo é válido para ΔG°. Desse modo, valores de ΔG°_f de formação das substância químicas a partir de seus elementos são mostrados na Tab. 23-1. Eles podem ser utilizados para obtenção da energia livre de reação dessas substâncias.

TABELA 23-1 Energia livre padrão de substâncias a partir de seus elementos

Composto	ΔG_f° (J/mol a 25°C)	Composto	ΔG_f° (J/mol a 25°C)
CO	–137.280	HCN	+120.080
CO_2	–394.380	H_2O (g)	–228.590
CH_4	–50.790	H_2O (ℓ)	–237.190
C_3H_6	+62.720	H_2S (ℓ)	–27.363
C_3H_8	–23.490	N_2O	+103.600
C_2H_5OH (g)	–168.620	MgO	–569.570
C_2H_5OH (ℓ)	–174.770	SO_2 (g)	–300.369
C_6H_6	–8.200	SiO_2 (s)	–805.002

Composição e conversão no equilíbrio

Eis como determinar a composição e a conversão no equilíbrio:

1. Da Tab. 23-1, obtenha ΔG_f° para todos os componentes da reação.
2. Calcule ΔG° para a reação.
3. Calcule a constante de equilíbrio K da Eq. 22-4.
4. Levando em conta as condições padrão previamente escolhidas para ΔG_f°, determine as pressões parciais dos vários componentes da reação.

Significado dos valores de ΔG° muito positivos e muito negativos

Suponha que a sua tabela de valores da energia livre informe que as diferentes reações x, y e z forneçam os seguintes valores para energia livre da reação:

$$\begin{array}{lll} \text{reação x:} & A + B \rightleftarrows R + S & \Delta G^\circ = -22.819 \text{ J} \\ \text{reação y:} & C + D \rightleftarrows T + U & \Delta G^\circ = 0 \\ \text{reação z:} & E + F \rightleftarrows V + W & \Delta G^\circ = +22.819 \text{ J} \end{array}$$

Então, para uma alimentação constituída de uma mistura eqüimolar e lembrando que $\ell n\, K = -\Delta G^\circ/RT$, teremos, no equilíbrio:

para a reação x: K = 10.000, conversão em produtos = 99%
para a reação y: K = 1, conversão em produtos = 50%
para a reação z: K = 0,0001, conversão em produtos = 1%

Esses números nos contam alguma coisa útil; para uma dada temperatura:

- um valor muito negativo de ΔG° significa grande conversão em produtos no equilíbrio.
- um valor muito positivo de ΔG° significa uma conversão desprezível.

Contudo, quando conversões a diferentes temperaturas são avaliadas, você precisa comparar valores de $\Delta G°/RT$ a essas diferentes temperaturas e não apenas os valores de $\Delta G°$.

Reações Simultâneas

Quando diferentes reações podem ocorrer entre os reagentes, temos um problema algébrico bem mais complicado para resolver. Por exemplo, em um importante processo industrial para produção de hidrogênio, os reagentes metano e vapor de água passam por um catalisador a 600°C. Nessas condições, a termodinâmica nos diz que, entre muitas, as seguintes reações podem ocorrer:

$$
\begin{aligned}
CO + H_2O &= CO_2 + H_2 & \Delta G° &= -6.000 \text{ J} \\
CH_4 + H_2O &= CO + 3H_2 & \Delta G° &= +4.000 \text{ J} \\
2CH_4 &= C_2H_6 + H_2 & \Delta G° &= +70.000 \text{ J} \\
H_2O &= H_2 + {}^1/_2O_2 & \Delta G° &= +200.000 \text{ J} \\
CO_2 &= CO + {}^1/_2O_2 & \Delta G° &= +206.000 \text{ J}
\end{aligned}
$$

Considerando esses valores de energia livre padrão, podemos seguramente ignorar as três últimas reações e trabalhar apenas com as duas primeiras. Contudo, atualmente, com a disponibilidade de computadores de alta velocidade e seus programas especiais, podemos tratar qualquer número de reações e deixar que o computador faça todo o trabalho árduo.

B. REAÇÕES HETEROGÊNEAS ENVOLVENDO GASES, LÍQUIDOS, SÓLIDOS E SOLUÇÕES

O tratamento dado aos sistemas reacionais heterogêneos seguem o mesmo tratamento anterior, exceto que os estados padrão são escolhidos como seguem:

gases — componente puro a 1 atm e 25°C ;
sólidos — sólido puro em seu estado usual e pressão usual a 25°C;
líquidos — líquido puro à sua pressão de vapor a 25°C;
soluto em um líquido — à sua pressão parcial numa solução 1 molar a 25°C.

Para as reações heterogêneas $aA + bB \rightarrow rR + sS$, a constante de equilíbrio pode ser escrita como:

$$K = \frac{a_R^r a_S^s}{a_A^a a_B^b} \tag{23-6}$$

onde a_i é chamada de *atividade do componente i*.

- Para o componente i de um gás ideal, a Eq. 23-4 mostra que:

$$a_i = \frac{p_i}{p_i^\circ} = \frac{p_i}{(1 \text{ atm})} \tag{23-7}$$

- Para líquidos e sólidos puros:

$$a_i = \frac{p_i}{p_i^\circ} \xrightarrow{\text{a 298 K}} 1 \tag{23-8}$$

- Para solutos com molaridade M (mols por litro) em soluções ideais, a lei de Raoult afirma que:

$$a_i = \frac{p_i \text{ (para molaridade M)}}{p_i \text{ (para M = 1)}} = M$$

Assim, $a_i = 2$ para uma solução de 2 mols/L, $a_i = 5$ para uma solução de 5mol/L.

EXEMPLO 23-2 Reações heterogêneas múltiplas

À temperatura de 527°C, o reagente A pode ser decomposto de dois modos diferentes:

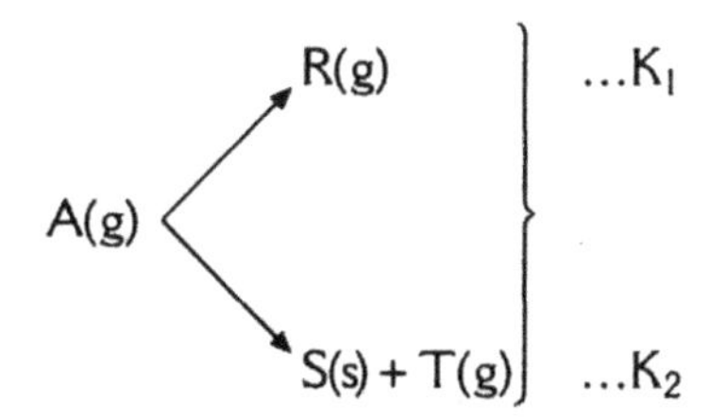

Passamos uma corrente gasosa por um longo e limpo tubo de aço inoxidável mantido a 527°C. Se o equilíbrio for atingido:

a) Qual será a composição dos gases de saída?
b) Quanto sólido — se porventura se formar algum — deposita-se por mol de corrente gasosa que entra no tubo?

A corrente que entra no tubo consiste em A puro, $p_{A0} = 1$ atm, $K_1 = 1$ e $K_2 = 2$.

Solução

Primeiramente, determine se ocorre depósito de sólidos ou não. Para isso, use as hipóteses de haver depósito e de que não haver depósito e veja qual das duas leva a um resultado coerente.

Considere a hipótese de que não há depósito de sólido, o que implica em $a_s < 1$. Então, somente a primeira reação se realiza, ou:

$$K_1 = \frac{p_{Re}/p_{Ae}}{(p^\circ)^{\Delta n}} = \frac{p_{Re}}{p_{Ae}} = 1 \qquad \Delta n = r - a = 0$$

ou

$$p_{Ae} = {}^1/_2 \text{ atm} \qquad p_{Re} = {}^1/_2 \text{ atm}$$

Agora, verifique com a segunda reação. Note que, se nenhum sólido se forma, $p_T = 0$.

$$K_2 = \frac{a_S p_{Te}}{p_{Ae}} = \frac{a_S(0)}{\frac{1}{2}} = 2 \ldots \text{ ou } \qquad a_S = \infty$$

$a_S > 1$ significa que o sólido se *depositará*, o que contradiz a hipótese original. Então essa hipótese está errada.

Admita agora que o sólido se depositará, ou que $a_S = 1$. Indique a fração de A que reagiu na primeira reação por x e a fração na segunda por y. Faça então um balanço dos componentes.

	A	**R**	**S**	**T**	**Total no gás**
Número de mols inicial	1	0	0	0	1 mol
Número de mols no equilíbrio	1-x-y	x	y	y	1 mol
p_e dos componentes	1-x-y	x		y	1 atm

Para as duas reações:

$$K_1 = \frac{p_{Re}}{p_{Ae}} = \frac{x}{1-x-y} = 1, \qquad K_2 = \frac{\overset{=1}{a_S}\, p_{Te}}{p_{Ae}} = 2$$

Resolvendo simultaneamente para x e y, obtemos:

$$x = {}^1/_4 \text{ e } y = {}^1/_2$$

e, assim:

$$\left.\begin{aligned} p_{Ae} &= 1 - x - y = \tfrac{1}{4} \text{ atm} \\ p_{Re} &= x = \tfrac{1}{4} \text{ atm} \\ p_{Se} &= y = \tfrac{1}{2} \text{ atm} \\ \text{Depósito sólido} &= y = \tfrac{1}{2} \text{ mol S/mol de A alimentado} \end{aligned}\right\} \longleftarrow$$

C. LIMITAÇÕES DA TERMODINÂMICA E TRUQUES PARA FAZER AS REAÇÕES ACONTECEREM

Truque 1

Embora a termodinâmica preveja que, no equilíbrio, a reação atinja, digamos, 60% de conversão, a velocidade da reação talvez seja tão lenta que tudo se passa como se ela não chegasse ao equilíbrio. Por exemplo, se você colocar hidrogênio e oxigênio em um tanque à temperatura ambiente, a termodinâmica prevê que a conversão em água será quase completa:

$$H_2 + {}^1/_2O_2 \rightarrow H_2O \qquad \Delta G° = -228.590 \text{ J}$$

mas, na prática, você teria que esperar vários milhares de anos para perceber alguma conversão.

Um catalisador é algo bem específico. Você pode acelerar apenas uma das reações e não as outras. Então, com o catalisador correto, você pode fazer com que a reação desejada vá em frente. Para a reação acima, uma platina especialmente preparada constitui um catalisador apropriado e faz com que a reação chegue praticamente à conversão total quase que instantaneamente.

Truque 2

Suponha que você tenha a reação $A \rightleftarrows R$ com uma conversão de equilíbrio de apenas 10%. Você poderá obter uma alta taxa de conversão se remover R da mistura que está reagindo. Isso fará com que mais A se converta em R em vez de R voltar para A para atender o equilíbrio.

EXEMPLO 23-3 ΔG° de uma Notável Reação Gás-líquido

No Exemplo 9-2, mostrou-se como matar "humanamente" o inimigo. Acontece que eu tenho uma maneira simples e barata de preparar a potente mistura. Simplesmente, borbulhe ar em uma garrafa de vinho branco, fechada com uma rolha feita de um material catalisador especial. Ao se abrir a garrafa, sairá o desejado letal e amado gás. Ainda não desenvolvi o catalisador, mas estou trabalhando nisso e ele não será um problema. A estequiometria dessa reação é:

$$\underset{\text{Vinho branco}}{C_2H_5OH \text{ (aquoso)}} + \underbrace{3/2O_2 + 2N_2}_{\text{Do ar}} \rightleftarrows \underbrace{2HCN(g) + N_2O(g)}_{\text{Produto gasoso}} + H_2O(\ell) \qquad (23\text{-}9)$$

Gostaria de saber qual seria a energia livre dessa reação a 25°C. Com o catalisador correto, você diria que essa reação se realiza? Não tente calcular a conversão da reação.

Solução

Comece elaborando um mapa da reação (Fig. 23-4), mostrando a energia livre de formação dos componentes da reação.

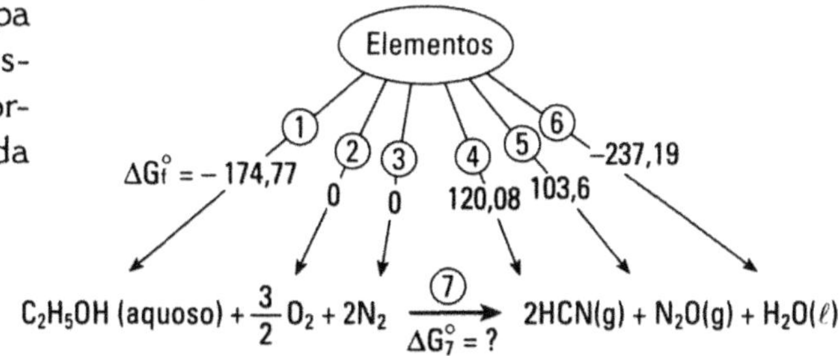

Figura 23-4

Assim, para a reação da Eq. 23-9:

$$\Delta G^\circ_{f1} + \Delta G^\circ_{f2} + \Delta G^\circ_{f3} + \Delta G^\circ_{7} = \Delta G^\circ_{f4} + \Delta G^\circ_{f5} + \Delta G^\circ_{f6}$$

Substituindo os valores em kJ/mol,

$$\begin{aligned}\Delta G^\circ_7 &= 2\,(120{,}08) + 103{,}7 - 237{,}19 - (-174{,}77 + 0 + 0)\\ &= 281{,}34 \text{ kJ}\end{aligned}$$

Assim, tem-se

$$\left.\begin{aligned}\Delta G^\circ_7 &= +281.340 \text{ J}\\ K = e^{-\Delta G^\circ/RT} = e^{-281.340/8{,}314(298)} &= 4{,}8 \times 10^{-50}\end{aligned}\right\} \longleftarrow$$

Com uma constante de equilíbrio tão pequena, essa reação é impraticável. Tente algum outro método.

D. AS CRIATURAS VIVAS E A TERMODINÂMICA

Podemos nos sentir contentes conosco mesmos porque, nos últimos 200 anos, aprendemos como extrair trabalho quando o calor flui de uma fonte quente para outra fria (veja a Fig. 23-5).

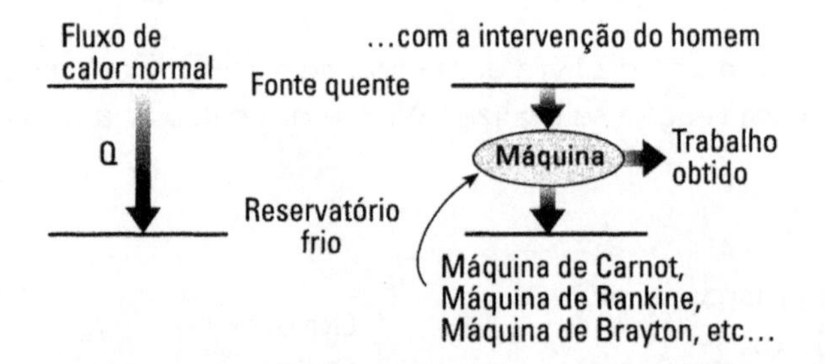

Figura 23-5

Mas esses esforços são débeis quando comparados com a complexidade da natureza no assunto. Atualmente, para viver, as criaturas extraem trabalho útil e energia de materiais com grande energia livre para reagir e produzir materiais de baixa energia livre. Por exemplo, homens e animais extraem sua energia vital digerindo alimentos (G elevado) para formar produtos como CO_2 e H_2O (G baixo) (Fig. 23-6).

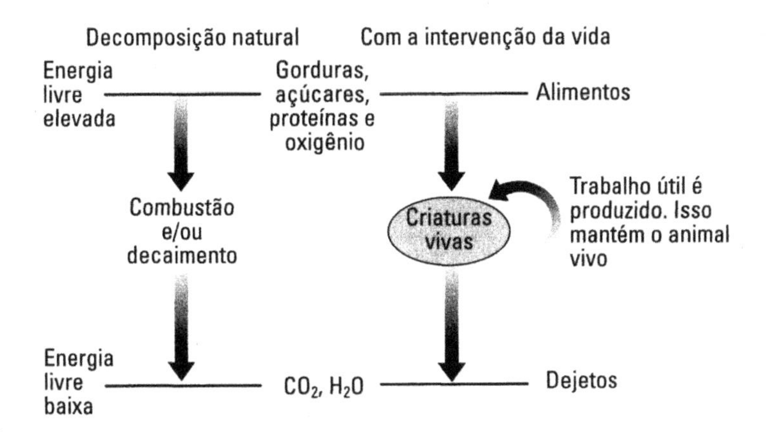

Figura 23-6

De fato, qualquer que seja o ambiente, se o nível de energia livre pode decrescer então a vida pode se estabelecer e prosperar. Por exemplo, nas primeiras eras da Terra, a atmosfera era rica em dióxido de carbono e hidrogênio, e formas de vida se desenvolveram para se alimentar desses materiais.

Hoje em dia, no fundo dos oceanos, muito distante da luz do Sol, encontramos fontes de água quente ricas em compostos de enxofre que seriam venenosos para nós. Contudo, esses sais contêm elevado nível de energia livre e mantêm colônias de microorganismos, cada uma vivendo em seu ambiente favorável, mesmo sob temperaturas escaldantes, e outras a temperaturas progressivamente mais baixas.

Nas fontes de água quente no fundo dos oceanos, nas águas vulcânicas ricas em minerais do Parque Nacional de Yellowstone — em qualquer lugar em que haja materiais com elevado nível de energia livre —, formas de vida se adaptarão e lá viverão. Contudo, isso só ocorrerá se o alimento tiver um nível de energia livre maior do que os produtos. Lembre-se da relação entre trabalho útil e energia livre do Cap. 22,

$$W_{sh} = -(\Delta G^\circ + \Delta E_p + \Delta E_k) \qquad (22\text{-}4)$$

Trabalho disponível (W_{sh}) — *Perda de energia livre* (ΔG°)

EXEMPLO 23-4 O mundo da ficção científica

Escritores de ficção científica conceberam mundos nos quais as "criaturas" tinham sua vida baseada em compostos de silício em vez de compostos de carbono. Elas comiam areia e excretavam oxigênio e silício puro:

$$SiO_2\,(s) \longrightarrow Si\,(s) + O_2\,(g)$$

Isso faz sentido do ponto de vista da termodinâmica?

Solução

Vejamos se é possível extrair trabalho útil dessa reação. Para tanto, faça o esquema representado na Fig. 23-7:

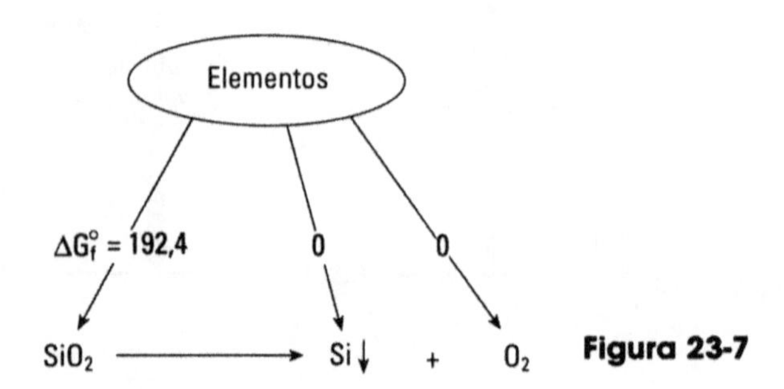

Figura 23-7

Assim, para a reação acima:

$$\Delta G° = 0 + 0 - (-192.400) = 192.400 \text{ J/mol}$$

Não é possível obter qualquer trabalho útil porque a energia livre final é maior do que a inicial, ou

$$\underline{\underline{-\Delta G = +W_{sh} < 0}} \quad \longleftarrow$$

Portanto, não é possível a existência dessa forma de vida.

PROBLEMAS

1. Desejo bombear A daqui para ali a 25°C e 1 atm. Mas temo que A se decomponha conforme a seguinte reação:

$$A(g) \rightleftarrows R(g) + H_2$$

Que fração posso esperar que se decomponha? Meus temores são justificados?

Dados: Energia livre de formação padrão:
Para A gasoso a 25°C: $G^{o}_{A,\,298K} = 10.000$ J
Para R gasoso a 25°C: $G^{o}_{R,\,298K} = 40.000$ J

2. Veja a mensagem que recebi na minha secretária eletrônica: "Alô, Octopus, estou me sentindo muito bem hoje; e eis a explicação: na noite passada, na Taverna do Pateta, um cientista deixou escapar casualmente que ele preparou um pó branco que catalisa a decomposição do gás propano em propileno e hidrogênio:

$$C_3H_8\ (g) \rightleftarrows C_3H_6(g) + H_2$$

O sujeito nunca percebeu o que isso significa. Mas eu, com o meu natural senso para negócios, imediatamente percebi o alcance da coisa. Olhe, o propileno é uma matéria-prima para o polipropileno e é quatro vezes mais caro que o propano, um simples combustível. Imagine só, dou um telefonema:

'Alô! Propano do Acre S.A.? Envie-me R$ 100.000,00 de propano'. Em seguida, pego tudo isso, passo pelo pó branco e bingo! ... Depois, outra chamada de telefone:

'Alo, DuPont? Gostariam de comprar R$ 400.000,00 de propileno?'

Veja que beleza, um monte desse pó mágico só me custaria R$ 1.000,00. Não é maravilhoso?

Agora, preste atenção, é aí que você entra. Como estou meio duro no momento e como você é um bom amigo, vou lhe fazer um favorzão. Dou-lhe 50% das ações por apenas R$ 100.000,00. Mande-me um cheque com essa quantia amanhã, sem falta!

—(fim da mensagem telefônica)—

Observação: Antes de passar o cheque, que tal avaliar o processo do ponto de vista termodinâmico? Que porcentagem de conversão de propano para propileno seria possível obter? Qual a sua conclusão?

3. O reagente A se decompõe de acordo com a seguinte estequeometria:

$$A(g) \rightleftarrows R(g) + S(g)$$

Um reator contínuo é alimentado com A puro a 1 atm e 298 K; A se decompõe para formar uma mistura de equilíbrio de A, R e S, na qual $p_{Ae} = 0{,}25$ atm.

a) A que porcentagem de decomposição de A isso corresponde?

b) Ache a constante de equilíbrio para essa reação.

c) Ache ΔG° para a reação $2R + 2S \rightleftarrows 2A$.

d) Ache a pressão parcial de A na mistura de equilíbrio que sai do reator, se a pressão total é mantida a $\pi = 10$ atm (em vez de 1 atm).

Calcule a pressão parcial de equilíbrio de todos os componentes para as seguintes reações, que ocorrem em um reator contínuo, à pressão constante, dadas pelas seguintes condições:

4. $\ldots \left.\begin{matrix} p_{A0} = 1 \text{ atm} \\ p_{B0} = 9 \text{ atm} \end{matrix}\right\} \; A + B \rightarrow R + S \ldots \Delta G^\circ = 0$

5. $\ldots \left.\begin{matrix} p_{A0} = 1 \text{ atm} \\ p_{B0} = 1 \text{ atm} \end{matrix}\right\} \; A + B \begin{matrix} \nearrow R + S \ldots \Delta G^\circ = 0 \\ \searrow T + U \ldots \Delta G^\circ = 0 \end{matrix}$

6. $\ldots \left.\begin{matrix} p_{A0} = 2 \text{ atm} \\ p_{B0} = 2 \text{ atm} \end{matrix}\right\} \; A + B \begin{matrix} \nearrow R + S \ldots \Delta G^\circ = 0 \\ \searrow T + U \ldots \Delta G^\circ = -5.443{,}8 \text{ J} \end{matrix}$

7. ... $\left.\begin{array}{l} p_{A0} = 1\,\text{atm} \\ p_{B0} = 1\,\text{atm} \end{array}\right\} \quad A + B \begin{array}{l} \nearrow R + S \ldots \Delta G^\circ = 0 \\ \searrow T + U \ldots \Delta G^\circ = 34.225\,\text{J} \end{array}$

8. ... $p_{A0} = 1\,\text{atm} \quad 2A \rightarrow R \qquad \Delta G^\circ = 0$

9. A 161°C, A gasoso pode ser decomposto assim:

$$A(g) \rightarrow B(g) + S(s) \ldots \Delta G^\circ = -2.500\ \text{J}$$

Por mol de A introduzido num reator contínuo a 161°C e 1 atm, e que atinge o equilíbrio, caso se forme algum sólido, quanto se formará?

10. A 409 K, o seguinte equilíbrio é estabelecido:

$$A(g) = R(g) + S(s) \qquad \Delta G^\circ_{409K} = 2.357\ \text{J}$$

Uma mistura de 50% de A – 50% de R (em bases molares) entra em um reator a 2 atm e 409 K. Qual será a composição da corrente de saída supondo-se que o equilíbrio no reator seja atingido?

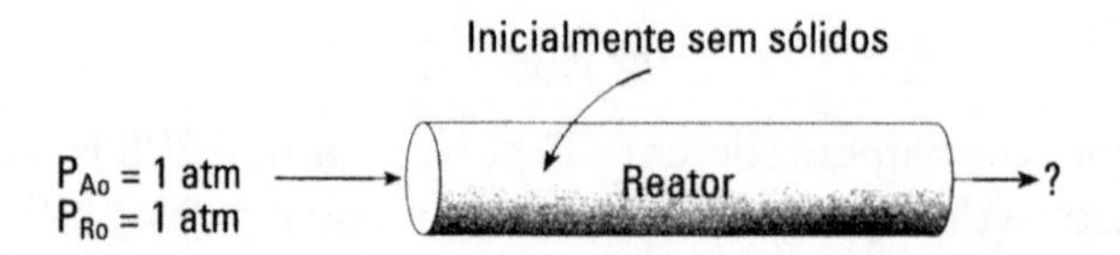

11. Resolva o Exemplo 2 com uma alimentação constituída de A puro a 1 atm e com $K_1 = 1$, $K_2 = 1$.

12. Resolva o Exemplo 2 com uma alimentação constituída $p_{A0} = 1$ atm e $p_{T0} = 1$ atm e com $K_1 = 1$, $K_2 = 1$.

13. A uma da temperatura e 1 atm de pressão, queremos que a reação:

$$A(g) = R(g) \ldots K_1 = 3$$

atinja o equilíbrio. Infelizmente a reação paralela

$$A(g) = S(s) + T(g) \ldots K_2 = 1$$

pode também ocorrer. Queremos evitar a formação de S, e achamos que adicionar T à alimentação pode nos ajudar. Nesse sentido, determine como o reator deve ser alimentado para que nenhum sólido se forme. Encontre também a composição de equilíbrio da corrente de gás que sai do reator nessas condições.

A 527°C, o reagente A pode se decompor de duas maneiras:

$$A(g) \nearrow R(g) \quad \ldots \; K_1$$
$$A(g) \searrow S(s) + T(g) \quad \ldots \; K_2$$

Passamos uma corrente de alimentação gasosa através de um leito fluidizado constituído por sólidos S a 527°C. Se o equilíbrio for atingido:

a) Qual será a composição da corrente gasosa de saída do leito?

b) Quanto sólido será depositado ou consumido por mol de gás alimentado?

Não importa o que aconteça, o sólido S estará sempre presente.

14. ...A alimentação consiste em A puro a 1 atm, sendo $K_1 = 3$, $K_2 = 1$. Também, $\pi \cong 1$ atm ao longo do reator.

15. ...A alimentação consiste em 50% de A – 50% de T (naturalmente, em bases molares), $\pi \cong 2$ atm, $K_1 = 1$, $K_2 = 1$.

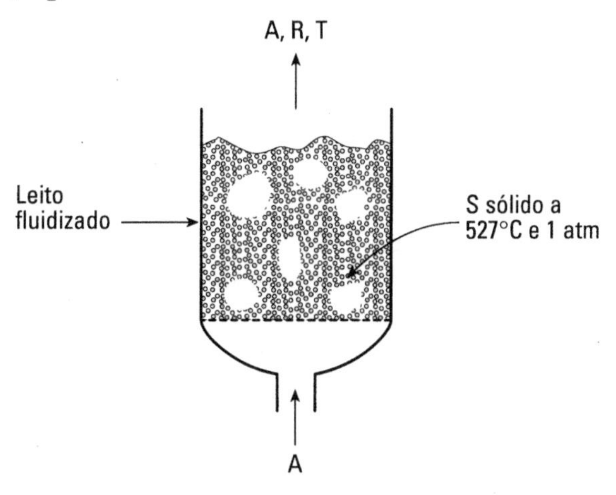

16. Passo oxigênio puro a 1 atm através de um leito de carvão mantido a 700°C. Penso que podem ocorrer as seguintes reações:

$$\begin{array}{lllll} C(s) & + & O_2 & = & CO_2 \quad K_1 \\ C(s) & + & {}^1/_2 O_2 & = & CO \quad K_2 = 3 \times 10^{10} \\ CO & + & {}^1/_2 O_2 & = & CO_2 \quad K_3 = 1{,}2 \times 10^{9} \\ C(s) & + & CO_2 & = & 2CO \quad K_4 = 2 \end{array}$$

a) A partir dos dados acima, calcule K_1.

b) Qual será a composição da corrente de saída em equilíbrio?

17. No problema anterior, faça uma mudança: passe ar (21% de O_2) e não oxigênio puro, através do leito de carvão quente ao rubro.

18. Lápis coloridos são inofensivos, mas lápis pretos de grafite são mortais; por isso, sua fabricação e comercialização devem ser proibidas. Por quê? Porque você respira em cima do lápis com que você escreve, o ar que você expira tem 13% de dióxido de carbono e o lápis consiste em carbono. Esses materiais reagem para produzir o CO, que sabemos ser mortal:

$$CO_2\,(g) + C\,(s) \longrightarrow 2CO\,(g)$$

Estudantes, professores e escritores são particularmente vulneráveis. Como prova do que estou dizendo apresento estes dados de recenseamento:

- Em 1860 (antes de o lápis preto ser inventado), a taxa de falecimentos no país era de apenas 70.000/ano.
- Em 1900 ela foi de 200.000/ano.
- Em 1940, ela subiu para mais de 1.000.000/ano.

Entendeu? Mais lápis, mais óbitos. Se você não me acredita, por que não calcula a conversão de CO_2 para CO no ar quando você está escrevendo?

19. Atualmente, bactérias de metano vivem da energia obtida da reação do dióxido de carbono e hidrogênio:

$$CO_2 + H_2 \longrightarrow CH_4 + 2H_2O$$

Essa reação está de acordo com a termodinâmica?

20. Alguém sugeriu que a atmosfera primitiva da Terra era rica em CO_2 e que as formas de vida então existentes se alimentavam de enxofre; respiravam CO_2 e exalavam dióxido de enxofre com monóxido de carbono, ou:

$$S(s) + 2CO_2\,(g) \longrightarrow SO_2 + 2CO(g)$$

O que a termodinâmica tem a dizer sobre essa proposição?

CAPÍTULO 24

ENTROPIA E INFORMAÇÃO

Considere as duas frases seguintes:

A. Atirei uma moeda para cima e deu "cara".

B. Sou um especialista em cogumelos e acho que deveria lhe contar que os cogumelos que agora você está saboreando são venenosos, e você morrerá em agonia dentro de 1 hora.

Penso que você concordará que a frase B é mais surpreendente do que a frase A. Em outras palavras, a quantidade de informações dada pela frase A é pequena, ao passo que a da B é maior.

Somente no século XX, os pensadores se engalfinharam com idéias de "grandes quantidades de informação" e "poucas informações", e tentaram quantificar sistematicamente grandes quantidades de informação numa mensagem. Em 1948, a publicação de *The Mathematical Theory of Communication*, de Claude Shannon, relacionou solidamente os conceitos de informação às idéias básicas da física e ao conceito de entropia.

Vamos ver os conceitos básicos de informação que se tinha naquela época:

1. A informação numa simples mensagem (você foi reprovado no exame de termodinâmica).
2. A mensagem média numa série de mensagens (você tirou zero e eu vi alguém indo embora com o seu carro).
3. A informação total numa série de informações independentes (você tirou zero, alguém acabou de roubar o seu carro e, sim, não temos banana hoje).
4. A relação entre a informação e a entropia.

A. INFORMAÇÃO EM UMA SIMPLES MENSAGEM SOBRE UM EVENTO BANAL

Suponha que uma mensagem é enviada e que diga que o evento i ocorreu. Quanta informação é dada nessa mensagem? Definimos dois termos: primeiro, seja $p_{evento\ i}$ a probalidade de o evento i realmente acontecer. Segundo, a mensagem enviada pode ser correta, truncada ou até mesmo incorreta. Seja $p_{correta}$ a probalidade de a mensagem i ser correta. Então a quantidade de informações recebida é definida como[1]:

$$\begin{aligned} \Delta I &= \log \frac{p_{correta}}{p_{evento\ i}} \\ &= \log p_{correta} - \log p_{evento\ i} \end{aligned} \tag{24-1}$$

Se não há nenhum erro de relato, então $p_{correta} = 1$, e ela é chamada de *mensagem sem ruído*. Nessa situação, a informação recebida pela mensagem é:

$$\Delta I = -\log p_{evento\ i} \tag{24-2}$$

Nessa expressão, qualquer base de logaritmo pode ser escolhida, contudo as bases 2 e 10 são tidas como as mais úteis. A quantidade de informação nessas bases é medida em unidades chamadas *bits* ou *decibits*, respectivamente. Como exemplo:

$$\Delta I = \log_2 8 = 3 \text{ bits}$$
$$\Delta I = \log_{10} 100 = 2 \text{ decibits}$$

Para converter um logaritmo da base b para a base a, fazemos:

$$\begin{aligned} \log_{10} x &= 0{,}3010 \quad \log_2 x = 0{,}4343\ \ell n\ x \\ \log_2 x &= 3{,}3223 \quad \log_{10} x = 1{,}4428\ \ell n\ x \\ \ell n\ x &= 0{,}6931 \quad \log_2 x = 2{,}303\ \log_{10} x \end{aligned} \tag{24-3}$$

e

Nos exemplos seguintes, veremos que essa definição corresponde aos nossos conceitos intuitivos

[1] Quem primeiro introduziu o logaritmo da relação dessas duas probabilidades como "peso de evidência" foi Alan Turing em 1940.

EXEMPLO 24-1 Eu jogo uma moeda

Minha visão é boa e eu nunca erro. Quanta informação eu relato quando olho para a moeda e exclamo "cara"? Da Eq. 24-1, usando a base 2,

Nenhum erro no que afirmei

$$\Delta I = \log_2 \frac{1}{1/2} = \log_2 2 = \underline{\underline{1 \text{ bit}}} \longleftarrow$$

Escolhido por conveniência

Poderíamos ter escolhido a base 10 e, nesse caso, a quantidade de informação seria:

$$\Delta I = \log_{10} \frac{1}{1/2} = \log_{10} 2 = \underline{\underline{0{,}3010 \text{ decibit}}} \longleftarrow$$

EXEMPLO 24-2 Você jogou uma moeda

Infelizmente, você já não enxerga tão bem e deixou seus óculos em casa. De tudo o que você afirma está, em média, errado uma vez em cada oito. Quanta informação você fornece cada vez que exclama "cara"?

$$\Delta I = \log_{10} \frac{7/8}{1/2} = \log_{10} \frac{7}{4} = \underline{\underline{0{,}243 \text{ decibit}}} \longleftarrow$$

$$= \underline{\underline{0{,}81 \text{ bit}}} \longleftarrow$$

EXEMPLO 24-3 Lançamento de dois dados

Eu disse corretamente que obtive um 9 com dois dados. Quanta informação isso representa?

O número "9", com dois dados, pode ser formado por 6-3, 5-4, 4-5, 3-6, ou seja, de quatro modos em 36 combinações de números. Assim, da Eq. 24-2

$$\Delta I = -\log_{10} \frac{4}{36} = \log_{10} 9 = \underline{\underline{0{,}954 \text{ decibit}}} \longleftarrow$$

$$= \underline{\underline{3{,}17 \text{ bits}}} \longleftarrow$$

B. INFORMAÇÃO MÉDIA POR AFIRMATIVA NUMA MENSAGEM LONGA

Em uma longa seqüência de afirmações (a, z, b, r, c, e ...), o símbolo p_a representa a probabilidade de ocorrer "a"; p_b, a probalidade de ocorrer "b" e assim por diante. A informação média por afirmativa (a, z, b, c, ...) recebida, se a mensagem não tem perturbação, é:

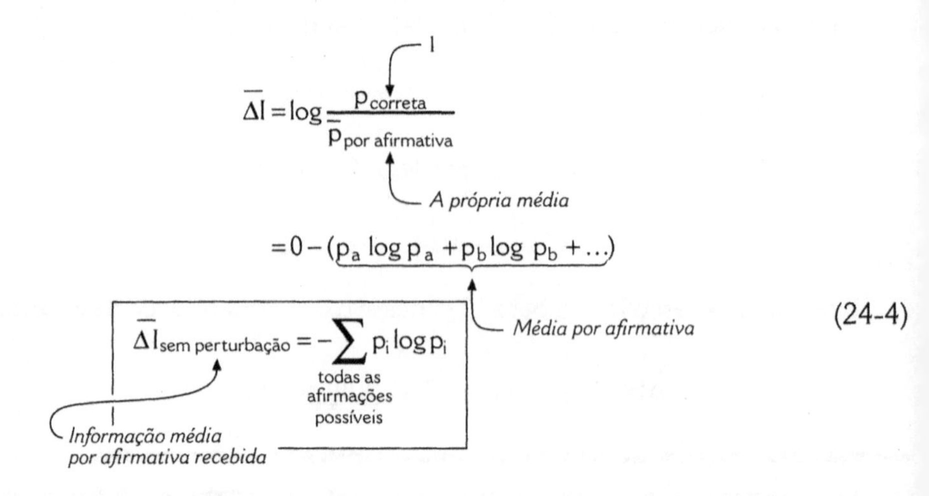

EXEMPLO 24-4 Vários arremessos de uma moeda

Joguei uma moeda várias vezes e anotei o resultado (por exemplo, C, K , C, C, K, C, C, C, ...). Quanta informação se obtém por jogada? Da Eq. 24-4:

$$\overline{\Delta I} = -(p_C \log_2 p_C + p_K \log_2 p_K)$$
$$= -(\tfrac{1}{2} \log_2 \tfrac{1}{2} + \tfrac{1}{2} \log_2 \tfrac{1}{2}) = \tfrac{1}{2} + \tfrac{1}{2} = \underline{\underline{1 \text{ bit}}} \longleftarrow$$

EXEMPLO 24-5 O jogo dos dois dados

Joguei dois dados várias vezes e anotei a soma dos pontos obtidos em cada jogada; por exemplo: 3, 4 ,7, 5, 9, 2, 10, ... Quanta informação posso obter, em média, por jogada? Da Eq. 24-4:

Para os números 2 e 12 — *Probabilidade de se obter 2 ou 12*

$$\overline{\Delta I} = -\left(\frac{2}{36}\log_{10}\frac{1}{36} + \frac{4}{36}\log_{10}\frac{2}{36} + \frac{6}{36}\log_{10}\frac{3}{36} + \frac{8}{36}\log_{10}\frac{4}{36} + \frac{10}{36}\log_{10}\frac{5}{36} + \frac{6}{36}\log_{10}\frac{6}{36}\right)$$
$$= 0{,}0865 + 0{,}1395 + 0{,}1799 + 0{,}2121 + 0{,}2381 + 0{,}1297$$
$$= \underline{\underline{0{,}9858 \text{ decibit}}} \longleftarrow$$
$$= \underline{\underline{3{,}275 \text{ bits}}} \longleftarrow$$

C. INFORMAÇÃO TOTAL CONTIDA EM UM DADO NÚMERO DE MENSAGENS SOBRE EVENTOS INDEPENDENTES

A Informação sobre eventos independentes é aditiva; daí, podemos escrever:

$$\Delta I_{total} = \sum_{\substack{\text{todos}\\ \text{eventos}\\ \text{independentes}}} (\Delta I)_{\text{de cada evento}} \tag{24-5}$$

EXEMPLO 24-6 Localize uma peça no tabuleiro de xadrez

Posso localizar uma peça no tabuleiro de xadrez apenas contando que ela está na coluna B e na linha 7.

Quanta informação isso representa? Da Eq. 24-5:

$$\begin{aligned}\Delta I_{\text{para localizar}} &= (\Delta I)_{\text{coluna}} + (\Delta I)_{\text{linha}}\\ &= \log_2 \frac{1}{1/8} + \log_2 \frac{1}{1/8}\\ &= 3 + 3 = \underline{\underline{6 \text{ bits}}} \longleftarrow\end{aligned}$$

EXEMPLO 24-7 Moléculas dentro de uma caixa

Tenho dez moléculas de um gás dentro de uma caixa; elas estão espalhadas tanto pelo lado direito quanto pelo lado esquerdo da caixa. Que informação eu passo quando corretamente digo "elas estão todas do lado esquerdo"? Vamos supor que as moléculas se movem independentemente, o que é muito razoável. Então, da Eq. 24-5 temos:

$$\begin{aligned}\Delta I &= (\Delta I)_{\text{molécula 1}} + \Delta I_2 + \ldots + \Delta I_{10}\\ &= \log_2 \frac{1}{1/2} + \log_2 \frac{1}{1/2} + \ldots + \log_2 \frac{1}{1/2}\\ &= 10 \log_2 2 = \underline{\underline{10 \text{ bits}}} \longleftarrow\end{aligned}$$

D. RELACIONE ENTROPIA COM INFORMAÇÃO[2]

Considere um recipiente que contenha $\mathbf{A} = 6{,}023 \times 10^{23}$ moléculas de um gás ideal, sendo **A** o número de Avogadro, o número de moléculas em 1 mol de matéria. Façamos de conta que inicialmente não fazemos a mínima idéia de onde as moléculas estão. Então, eu,

[2] Em um curto artigo técnico, publicado em 1929, Leo Szilard foi o primeiro a mostrar que "informação" e "entropia" eram duas faces do mesmo conceito.

corretamente, conto a você que todas as moléculas estão do lado esquerdo do recipiente (Fig. 24-1). Quanta informação essa mensagem representa?

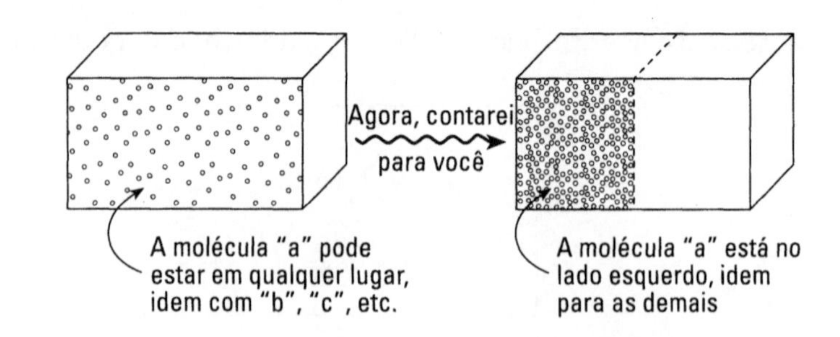

Figura 24-1

Calcule ΔI

$$\Delta I_{total} = \sum_{\substack{\text{todas as} \\ \text{moléculas}}} (\Delta I)_{\text{de cada uma}} = \sum_{\mathbf{A}} \log_2 \frac{1}{1/2} = \mathbf{A} \log_2 2 \quad (24\text{-}6)$$

Calcule ΔS

Podemos calcular a variação de entropia desse processo considerando uma compressão isotérmica (Fig. 24-2).

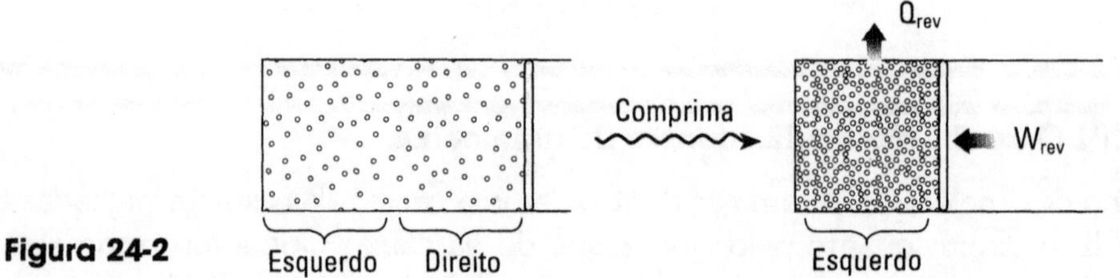

Figura 24-2

Das Eqs. 16-4 e 24-3, podemos escrever:

$$\Delta S = \int \frac{dq_{rev}}{T} = \int \frac{dw_{rev}}{T} = \int \frac{pdv}{T} = \int \frac{Rdv}{v} = R \ell n \frac{v_2}{v_1}$$

$$= R \ell n \frac{1/2}{1} = -R \ell n\, 2 = -R\,(0{,}693) \log_2 2 \quad (24\text{-}7)$$

Compare ΔI com ΔS para o mesmo evento. Das Eq. 24-6 e 24-7, achamos:

$$-\frac{\Delta s}{R} = \frac{0{,}693\, \Delta I}{\mathbf{A}}$$

Onde R é a constante dos gases por mol de gás ideal. A constante equivalente por molécula, (não por mol) é chamada de *constante de Boltzmann*, **k**, onde R = **kA**. Então:

$$\mathbf{k} = \frac{R}{\mathbf{A}} = \frac{8{,}314 J / mol \cdot K}{6{,}023 \times 10^{23} \text{ moléculas} / mol} = 1{,}38 \times 10^{-23} \frac{J}{\text{molécula } K}$$

Assim, para moléculas, podemos relacionar Δs com ΔI como segue:

$$-\Delta s = (0{,}693\mathbf{k})\Delta I = \frac{0{,}693\ R}{\mathbf{A}}\Delta I$$

ou

$$\Delta I = \frac{\mathbf{A}}{0{,}693\ R}\Delta s = \frac{\Delta s}{0{,}693\ \mathbf{k}} \qquad (24\text{-}8)$$

$$1\ \text{bit} = 9{,}56 \times 10^{-24}\ \frac{\text{J}}{\text{mol}\cdot\text{K}}$$

Essa equação mostra que, quanto mais você conhece sobre as moléculas do sistema (onde as moléculas estão, qual sua velocidade e direção), tanto mais a entropia diminui. Isso introduz um curioso aspecto sobre a entropia.

A massa de um objeto é a sua massa, não importa se você a mediu ou não, a sua temperatura é a mesma se você a conhece ou não. Mas a entropia é diferente — o seu valor tem alguma coisa a ver com o que você conhece do sistema. Bridgman apresentou isso de um modo elegante no livro *Nature of Thermodynamics* (Cambridge University Press, 1941), quando escreveu:

> "É necessário admitir, penso eu, que as leis da termodinâmica têm um 'sentir' diferente da maioria das outras leis dos físicos. Elas têm algo mais palpável, têm mais 'cheiro' das origens humanas."

Esse aspecto da termodinâmica pode levar, e tem levado, a se fazer muita filosofia a seu respeito.

EXEMPLO 24-8 Um gás ideal

Em média, quanto tempo devemos esperar até que as moléculas de um gás fiquem todas do lado esquerdo do recipiente?

Dados: As moléculas se rearranjam, colidem e tornam a se rearranjar 10^{10} vezes/s.

Solução

Relembre que, quando sei que uma molécula está no lado esquerdo, a informação que se ganha é ΔI/molécula = 1 bit. Portanto, para uma molécula de gás, ou **A** moléculas, o total de informação ganha é $\Delta I_{total} = \mathbf{A}$ bits $= 6{,}023 \times 10^{23}$ bits. Assim, em média, o tempo que tenho de esperar é:

$$t = \left(\frac{6{,}023 \times 10^{23}\ \text{mudanças}}{10^{10}\ \text{mudanças/s}}\right)\left(\frac{\text{h}}{3.600\ \text{s}}\right)\left(\frac{\text{dia}}{24\ \text{h}}\right)\left(\frac{1\ \text{ano}}{365\ \text{dias}}\right)$$

$$= \underline{\underline{1{,}9 \times 10^{6}\ \text{anos}}} \longleftarrow$$

E. SUMÁRIO

De modo geral, considere a transformação representada no esquema 24-3.

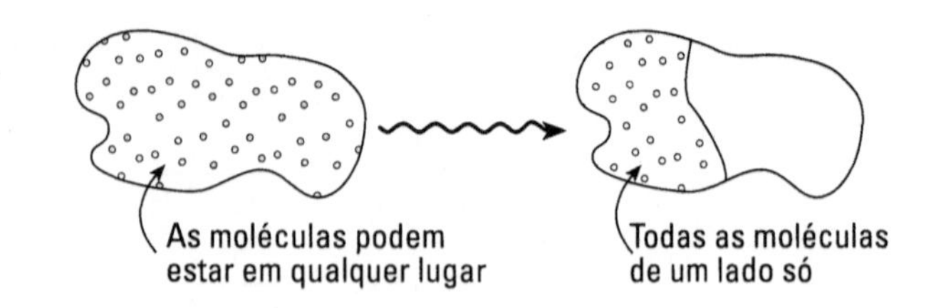

Figura 24-3

Isso representa uma transformação:

- para um estado mais ordenado;
- distante do equilíbrio;
- um estado menos provável;
- que leva a um aumento no nível de informação.

Então, um movimento em direção ao equilíbrio representa:

- um movimento para um estado mais provável;
- um aumento de entropia;
- uma perda de informações sobre o sistema;
- um estado mais desorganizado.

Tendo isso em mente, fazem sentido as seguintes citações:

"Ganho de entropia sempre significa perda de informação e nada mais. Esse é um conceito subjetivo que pode ser expresso de uma forma menos subjetiva" (de G. N. Lewis, *Science*, 71, 567, junho de 1930).

"O movimento para o equilíbrio é um movimento de um estado que se pode distinguir mais facilmente para um estado mais difícil de se distinguir" (J. Jeans).

"Entropia mede a perda de informação sobre o sistema ou a nossa ignorância sobre o exato estado do sistema."

As idéias acima apresentadas estabelecem as bases para o desenvolvimento de asssuntos da chamada termodinâmica estatística, termodinâmica quântica e mecânica quântico-estatística junto com a estatística de Maxwell-Boltzmann, Bose-Einstein e Fermi-Dirac. Essas teorias estatísticas nos explicam o comportamento macroscópico observado do mundo em termos de comportamento microscópico nos quais tais sistemas têm sua origem.

O grande valor da termodinâmica clássica se deve diretamente ao fato de que os instrumentos que usamos para medir as variáveis termodinâmicas pressão e temperatura são incapazes de detectar flutuações causadas pela ação molecular.

Felizmente, pela termodinâmica clássica, já estamos do lado correto: na metade do caminho entre os átomos e as estrelas.

Exemplo 24-9 Embaralhando as cartas

Peguei um baralho com as cartas arrumadas (ás de espadas, 2, 3, ...,) e embaralhei. Quanta informação (em bits) perdi e qual é ΔS para esse processo?

Observação. Para grandes números, $\ell n\, N! \cong N \cdot \ell n(N-1)$

Solução

Quando afirmo que o ás de espadas está no topo do baralho e não em outra posição, então a Eq. 24-1 nos conta que

$$\Delta I_{\text{ás de espadas}} = -\log \frac{1}{1/52} = \log 52, \text{ em qualquer unidade}$$

Com a primeira carta fixada, existem 51 possíveis posições para o 2 de espadas. Quando afirmo que ele está na posição 2, então:

$$\Delta I_{2 \text{ de espadas}} = \log 51$$

E assim por diante, até completar o baralho:

$$\begin{aligned} \Delta I_{\text{total}} &= \log 52 + \log 51 + \ldots + \log 1 \\ &= \log 52! \text{ em qualquer unidade} \end{aligned}$$

Mas, quando embaralhei as cartas perdi todas essas informações, ou

Para converter $\log_e$ *para a base* $\log_2$, *Eq. 24-3*

$$\begin{aligned} \Delta I_{\text{embaralhamento}} &= -\log 52! \\ &= -52[\ell n(52-1)](1{,}443) \\ &= \underline{\underline{-221{,}5 \text{ bits}}} \longleftarrow \end{aligned}$$

e

$$\Delta S_{\text{embaralhamento}} = \underline{\underline{+221{,}5 \text{ bits}}} \longleftarrow$$

Exemplo 24-10 Outro embaralhamento

Suponha que eu não soubesse que as cartas do baralho do Exemplo 24-9 estavam previamente ordenadas; se eu embaralhasse as cartas, quanto valeriam ΔI e ΔS desse embaralhamento?

Solução

Desde que nenhuma informação foi perdida ou ganha, $\Delta I = \Delta S = 0$.

Observação: Os exemplos 24-9 e 24-10 mostraram que ΔS não trata apenas de transformações físicas. Ela também trata do que você conhece com respeito ao sistema. Muito confuso!

PROBLEMAS

1. Jogo uma moeda e você diz que deu "cara". Contudo, na média, você declara que "erra metade das vezes". Quanta informação você fornece quando declara "deu cara"?

2. Jogo simultaneamente uma moeda de 1 centavo e outra de 5 centavos tal como no problema 1. Declaro então "1 centavo, cara; 5 centavos, coroa". Quanta informação forneci por declaração?

3. Jogo simultaneamente duas moedinhas de 1 centavo e declaro tanto "cara-cara", "cara-coroa" ou "coroa-coroa". Quanta informação eu forneço por declaração?

4. Começo com um maço de cartas bem embaralhado. Primeiramente, escrevo a ordem das cartas num pedaço de papel; em seguida, amasso-o bem, ponho um pouco de sal e o como. Qual a variação de entropia nesse processo de duas etapas?

5. A trava de segurança da minha bicicleta tem um segredo; ela é composta por um sistema de três anéis, cada um com seis números (1,2,3,4,5,6). Não entendo o que me aconteceu; no *stress* da minha pressa, deu branco e não consigo mais lembrar da combinação, de três números, para abrir o segredo. Não sei se é 1,2,6; 2,4,1; 6,5,6... Desisto! Nem mesmo sei quanta informação perdi por ter esquecido a combinação. Você pode recuperar essa quantidade para mim?

6. A, B, C e D são quatro pessoas:
   - A joga dois dados, um vermelho e outro verde;
   - B está jogando crepe, olha o resultado e diz "nove";
   - C está jogando gamão e diz "um seis e um três";
   - D é um estatístico que quer anotar a freqüência dos resultados do jogo de dados e diz: "um seis no vermelho, um três no verde".

   a) Quantas informações C deu a mais do que B?
   b) Quantas informações D deu a mais do que B?

7. Dois dados, um vermelho e outro verde, são jogados. Álfio relata "doze"; Berzélio relata "seis no vermelho e seis no verde". Quantas informações Berzélio deu a mais do que Álfio?

8. Dois bonitos canários amarelos estão confinados em $^1/_4$ de suas gaiola por uma tela metálica. A tela é removida e os canários ficam livres para voar para qualquer lugar da gaiola. Calcule a variação de entropia que resulta da remoção da tela.

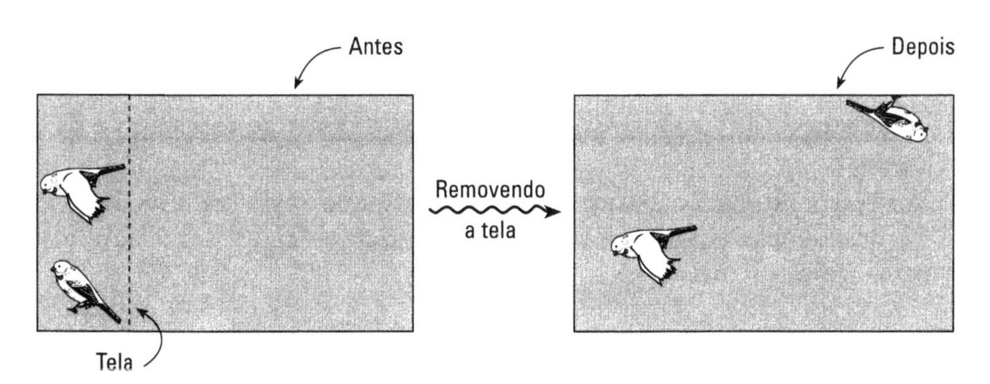

9. Três lindos canarinhos estão voando alegremente dentro da sua gaiola. Eu espero até que dois estejam no lado esquerdo da gaiola, ocupando $^1/_4$ do tamanho dela. Então, rapidamente faço descer uma tela metálica, confinando os dois canários do lado esquerdo. O terceiro canário se encontra do lado direito. Calcule a variação de entropia para esse procedimento. Use a unidade que você quiser.

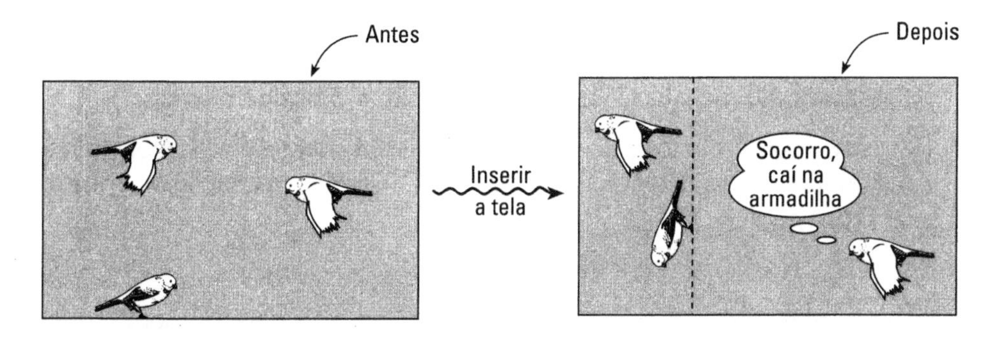

10. Numa mensagem secreta, as vinte e seis letras do alfabeto são utilizadas com igual freqüência. Quanta informação pode cada letra trazer consigo?

11. A freqüência de uso de cada letra do alfabeto na língua inglesa é:

E = 131/1.000	S = 61	U = 25	V = 8
T = 105	H = 53	G = 20	K = 3
A = 86	D = 38	Y = 20	X = 1
O = 80	L = 34	P = 20	J = 1
N = 71	F = 29	W = 15	Q = 1
R = 68	C = 28	B = 13	Z = 1
I = 63	M = 25		

A informação contida em cada letra e obtida pela tabela de freqüências, é calculada pela Eq. 24-5, é $\Delta I = 4{,}70$ bits.

E eis aqui o nosso problema: um secretário de Estado do ex-presidente norte-americano Jimmy Carter soletrou seu nome, de modo que podemos escrevê-lo como:

Zbigniew Szczypa Brzezinski

a) Comparando as freqüências, você diria que o nome do secretário é de origem inglesa?

b) Você pode estimar quão surpreendente e inusitado é esse nome na língua inglesa? Como exemplo, é tão inusitado como obter quinze "caras" seguidas num jogo de cara e coroa ou mais?

12. Há cerca de cem anos, Pasteur disse que algumas substâncias químicas se apresentam em duas formas, uma como a mão direita e a outra como a mão esquerda (como as luvas). Não muito tempo depois, descobriu-se que certas moléculas, no estado cristalino, podiam ser orientadas numa posição ou em outra — uma espécie de "sim" ou "não". Futuramente, esse comportamento pode se tornar a base para um novo mecanismo de armazenamento de informação.

a) Quanta informação é possível armazenar em 1 mm^3 de gelo a $-0{,}1°C$, se cada molécula de H_2O pode ser considerada como possuidora da propriedade acima descrita?

b) Como isso se compara à memória de um computador pessoal já meio antiguinho de, digamos, 80 megabits? (Lembre-se: 1 byte = 8 bits de memória.)

c) Desastre: com a memória do cubo a pleno uso, a energia elétrica foi interrompida e o cubo de gelo se derreteu em água a 0°C. Qual é a variação de entropia para esse processo?

13. Tenho N moedas, todas idênticas, exceto uma que é mais pesada. Com uma balança de pratos que pesa por comparação de pesos (o prato com o peso maior desce enquanto que o de peso menor sobe), quantas pesagens, n, são necessárias para identificar a mais pesada?

14. Nosso herói, Zé Baralho, está ferrado! Ele vai perder, neste último jogo, sua fortuna, sua garota e sua reputação. Durango Cachorrão está dando as cartas, e colocou o ás de espadas no topo do maço, de modo que, desonestamente, ela cairá nas mãos de seu comparsa Luís Baixaria. Mas, Zé percebe, baixa seu jogo, corta o baralho, pega as cartas e fica com o ás antes mesmo que Cachorrão possa protestar! Cachorrão perde o ás, a calma e o jogo. O que o corte do baralho fez à entropia do maço de cartas e como Cachorrão sabia disso?

Observação. Naquele instante, havia somente 33 cartas no baralho.

15. A gaiola de pássaros mostrada abaixo encerra dois belos canários. Essa gaiola possui fendas A e B, por meio das quais um divisor pode ser colocado ou tirado.

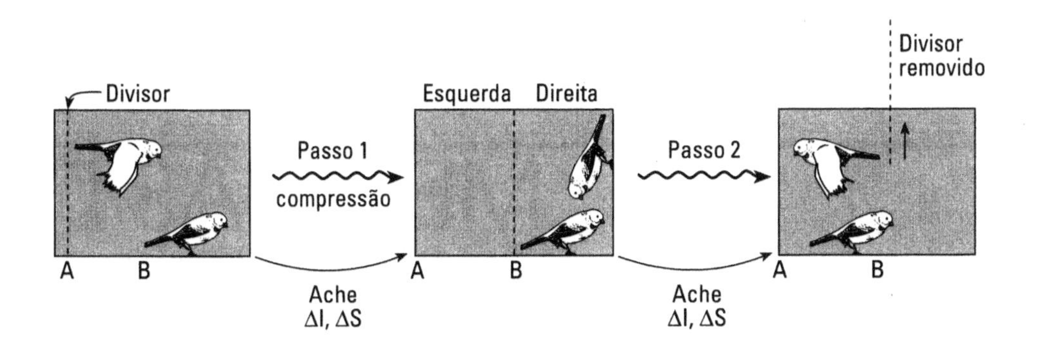

Passo 1 O divisor é retirado da fenda A e colocado na fenda B, de tal modo que os pássaros fiquem na metade direita da gaiola.

Passo 2 O divisor é retirado da fenda B.

a) Depois do passo 1, o que aconteceu à entropia do sistema e à nossa informação sobre o sistema?

b) Depois do passo B, o que aconteceu àquelas duas grandezas?

Observação. Este problema é uma versão complicada do exemplo tratado por L. Szilard em seu artigo "Redução de entropia de um sistema termodinâmico através da intervenção de um ser inteligente", na revista *Zeit, für Physik*, 53, 840 (1929), onde ele mostra que a relação entre ΔS e ΔI não é apenas um simbolismo matemático.

CAPÍTULO 25

MEDIDAS DE TEMPERATURA — PASSADO, PRESENTE, E...

É obscura a origem do termômetro, um dispositivo com algum tipo de escala para se medir o quanto um objeto está quente ou frio. Contudo o clima da Europa, nos idos de 1600, estava propício para tanto. Ele tinha que ser inventado naquela época e foi... Mas por quem? Na Itália, Galileu tinha seus defensores e também os tinha Santorio, professor de medicina em Pádua. Havia o galês doutor Fludd, e também o inventor de engenhocas e construtor da máquina de movimento perpétuo, Drebbel, da Holanda. Mas quem foi o primeiro? Como o pessoal daquela época não se preocupava muito em entrar para o *Guinness Book*, provavelmente nunca saberemos quem inventou o termômetro. Parece que esse tipo de imortalidade não era uma paixão, como hoje em dia.

De qualquer modo, em meados de 1600, o termômetro já era amplamente conhecido na Europa, e cada fabricante tinha a sua própria escala de medida. Era moda os termômetros terem no meio uma marca "1" para mostrar a situação de temperatura confortável. Indicava então 8 graus de frio e 8 graus de calor, e cada grau, por sua vez, era subdividido em 60 minutos. Isaac Newton, em uma errata de sua famosa "Leis do resfriamento", propôs uma escala de temperatura na qual o ponto de congelamento da água fosse tomado como zero e a temperatura do corpo humano como 12°. Outros fabricantes propuseram escalas mais descritivas como, por exemplo:

Extremamente quente
Muito quente
Quente
Morno
Temperado
Frio
Gelado
Bem gelado
Muito gelado
Extremamente gelado

Mesmo mais tarde, em meados de 1800, podia-se comprar um termômetro com dezoito escalas de temperaturas diferentes.

O desenvolvimento de uma escala de temperatura padronizada foi um longo e penoso processo. Cerca de 100 anos após a invenção do termômetro, entrou em cena Daniel Gabriel Fahrenheit, nascido em Dantzig e naturalizado holandês, mestre fabricante de instrumentos e viajante. Quando esteve em Copenhagen, por volta de 1704, ele visitou Ole Rømer, astrônomo dinamarquês, e observou como este calibrava delicadamente os termômetros. Espantado com a elegante simplicidade da escolha das temperaturas de calibração feita por Rømer — $7\frac{1}{2}^{\circ}$ para o gelo fundente e $22\frac{1}{2}^{\circ}$ para a temperatura do corpo —, Gabriel imediatamente adotou esses pontos para si.

Mas números fracionários nunca foram seu forte e ele multiplicou aqueles valores por quatro para eliminar as metades e tornou mais "palatável" as referências, aumentando-as um pouco, chegando então a 32° e 96° para tais pontos de calibração. Nessa escala, uma mistura de sal do mar e gelo funde a 0° e a temperatura corporal de uma pessoa está ao redor de 100°. Como o ser humano é pouco confiável até para referência (alguns apresentam sangue muito quente, outros nem tanto), foram tomados e logo aceitos, como pontos de referência, o ponto de congelamento (32°) e o ponto de ebulição da água (212°). Como o termômetro de Fahrenheit vendeu bem, sua escala tornou-se largamente aceita.

Enquanto a escala de Fahrenheit tornava-se muito usada na Inglaterra e na Holanda, a França ignorava solenemente esse avanço. O homem que popularizou o termômetro na Fraça foi Réaumur; ele construiu um termômetro apropriado para os fabricantes de vinho (francês naturalmente, e vermelho para uma leitura fácil). Sua escala ia de 0° para o gelo fundente até 80° para a água em ebulição. Infelizmente, a insistência de Réaumur em um ponto de calibração e o fato de a qualidade do vinho francês ter variado de ano para ano, levaram-no a toda sorte de complicações. Assim, embora o termômetro dos franceses fosse uma boa tentativa, durando mais de 1 século, eles o abandonaram e preferiram tomar o seu vinho.

Enquanto esses desenvolvimentos aconteciam em climas mais amenos, o astrônomo sueco Anders Celsius palmilhou seu nevado país com os dez dedos dos pés (e os dez das mãos) congelados, advogando uma escala com 100 divisões (centígrada), clamando sem cessar que "a água congela a 100° e ferve a 0°". Por coincidência, Lineu, amigo íntimo de Anders, além de botânico era canhoto. Por causa dessa "sinistra" condição utilizou o termômetro de Anders de cabeça para baixo, assinalando 0° para o congelamento da água e 100° para a ebulição e, então, sem perceber o erro recomendou o uso da "arretada" escala.

O futuro foi um tanto confuso, pois houve outros cientistas que reclamaram com veemência a honra de ter inventado essa escala; entretanto, em 1948, a 9ª Conferência Geral dos Pesos e Medidas decidiu, baseada em conhecimentos suficientes, estabelecer que a escala centígrada deveria, daí por diante e para todo o sempre, ser designada como "escala Celsius". Assim, o nome Celsius estará conosco para sempre. Se o nome de Lineu fosse Clineu, possivelmente estaríamos falando "graus Clineus" em vez de Celsius.

A. CALIBRAÇÃO CONFUSA

Os termômetros se desenvolveram em três grandes tipos, como está mostrado na Fig. 25-1. E como os usuários demandavam mais precisão, apareceram toda sorte de problemas.

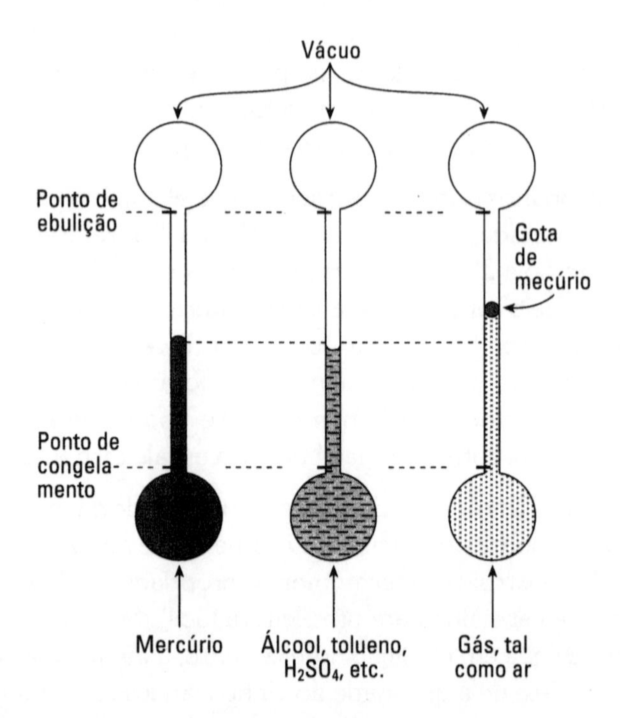

Figura 25-1

Por exemplo, gelo fundindo ou água congelando poderia ser um ponto de calibração? Na prática eles diferem? Ferver a água ou condensar vapor poderia ser outro ponto de calibração? Mais: o ponto zero de um dado termômetro muda contínua e vagarosamente com o tempo; nos termômetros de mercúrio, ele sobe; já nos que usam álcool, desce. Isso se deve a quê? À acomodação do vidro, à lenta decomposição do fluido ou...? Essas variações continuam por 10, 20, 30 anos! Também, como os cientistas explicam as pequenas e periódicas variações de acordo com as estações?

Provavelmente o mais sério dos problemas foi a medida de temperatura no meio dos pontos de calibração, enquanto um tipo de termômetro mede um valor, outros, devido à variação do coeficiente de expansão dos fluidos, medem outros valores. Isso está ilustrado na Fig. 25-1. Nesse caso, qual dos termômetros mede a real temperatura no meio da escala — em qual confiar? Escolher os intervalos de temperatura iguais é uma questão arbitrária ou existe um modo racional de se fazer isso? Essas dificuldades quase puseram os cientistas numa sinuca.

Nos anos 1800, havia muita controvérsia sobre como desenvolver uma escala racional de temperatura. Em 1847, Regnault apontou o problema com clareza, dizendo:

> "Damos nome de termômetro aos instrumentos que pretendem medir a variação da quantidade de calor de um determinado corpo... Um termômetro perfeito seria aquele para o qual a adição de quantidades iguais de calor sempre produzem igual expansão... Infelizmente tal substância não é real."

Apenas um ano mais tarde William Thomson, posteriormente lorde Kelvin, magicamente visualizou uma escala de temperatura baseada no conceito da máquina de calor ideal irreversível de Sadi Carnot. Discutimos e desenvolvemos essa escala de temperatura no Cap. 18. Usamos duas escalas que se apóiam naquelas bases; a escala Kelvin, correspondente ao grau Celsius, e a escala Rankine, correspondente ao grau Fahrenheit. Elas estão representadas na Fig. 25-2.

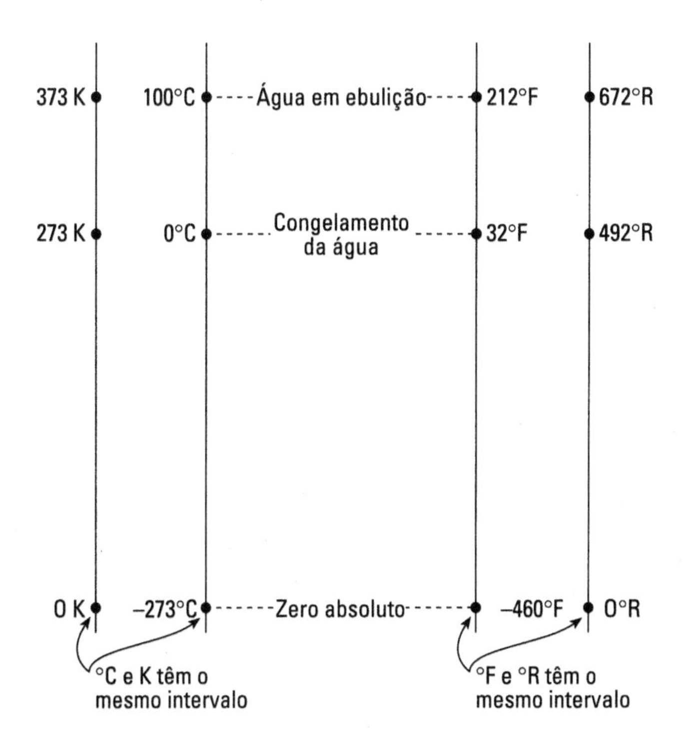

Figura 25-2

B. A TEMPERATURA ATUALMENTE

Assim estão as coisas hoje em dia: primeiramente, a menor temperatura que se pode imaginar, o zero absoluto, foi inventada. Isto é, de onde as escalas de temperatura deveriam começar e, realmente, é de onde as nossas escalas absolutas (Kelvin e Rankine) partem. Em segundo lugar, temos um meio racional de escolher iguais intervalos de temperatura.

Temos apenas uma questão em aberto. Partindo desse ponto muito frio, ponto zero, por que escolhemos a unidade de temperatura do modo como fazemos? Por que escolher a água e não gugliox? Não há um modo mais razoável para escolher a nossa unidade de temperatura?

Como Regnault mostrou há muito tempo, a temperatura mede "a quantidade de calor" em um corpo ou, na linguagem de hoje, sua "energia térmica". Assim, por que não medir a temperatura diretamente como energia por quantidade de material? J. C. Georgian (*Nature*, 201, 695, (1964); 203, 1.158 (1964); 207, 1.285 (1965)) incitou com insistência e urgência a adoção de uma escala desse tipo, escolhendo um gás ideal como instrumento de medida. A razão para isso é que a energia de qualquer gás ideal é proporcional à sua temperatura absoluta. Assim, medindo sua energia você mede sua temperatura.

Com essa escala de temperatura dada pela energia do gás ideal, ou IGE (*ideal-gas-energy*), a água congela a:

$$T = pv = (101.325\ \text{Pa})\left(0{,}0224\frac{\text{m}^3}{\text{mol}}\right) = 2.270\frac{\text{J}}{\text{mol}}$$

e ferve a

$$T = 2.270\left(\frac{373{,}15}{273{,}15}\right) = 3.100\frac{\text{J}}{\text{mol}}$$

A Fig. 25-3 compara as diversas temperaturas absolutas de acordo com essa proposta:

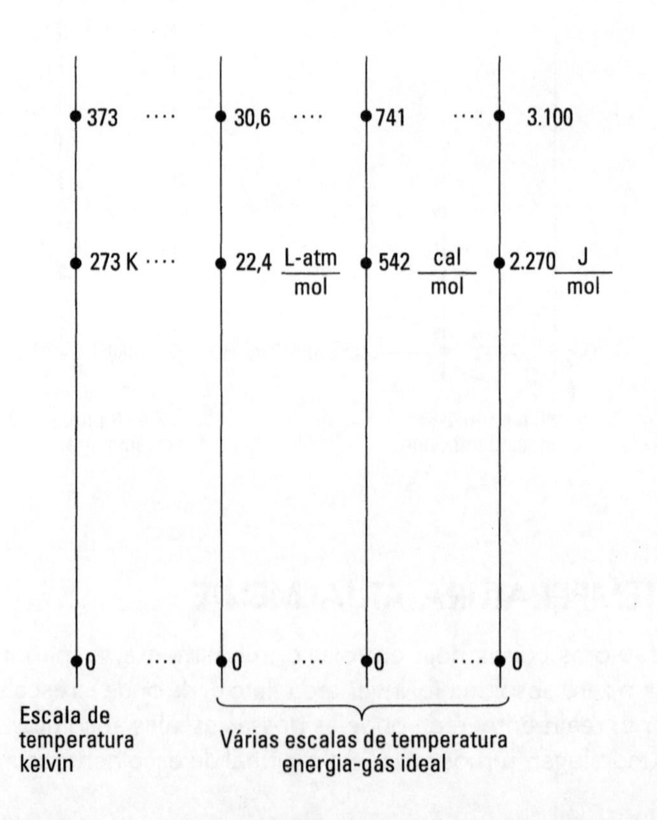

Figura 25-3

Pode soar desajeitado e estranho falar que a água congela a 2.270°X e entra em ebulição a 3.100°X, ou ter uma leve febre de 2.600°X (onde X honraria algum famoso cientista cujo nome não começasse com as letras C, F, K ou R)[1]. Contudo, com uma escala desse tipo, ocorrem várias simplificações naturalmente.

Em particular, seria banido de uma vez por todas um fator de conversão das nossas vidas (todo estudante de termodinâmica iria adorar isso), aquela miserável constante dos gases. Então, por mol de gás ideal:

$$pv = RT \qquad \text{tornar-se-ia} \qquad pv = T\left[\frac{J}{mol}\right]$$

e

$$c_p - c_v = R \qquad \text{tornar-se-ia} \qquad c_p - c_v = 1\ [-]$$

Também, por mol de qualquer substância:

c_p e s seriam adimensionais

Essa escala de temperatura ajudaria a clarear o conceito de entropia, pois mostra que a entropia mede a fração de energia de uma substância que está em movimento aleatório. Simplificaria e tornaria mais cheio de significado o estudo da termodinâmica.

C. O SIGNIFICADO DA ENTROPIA E A TERCEIRA LEI

Quando energia é removida de um material, sua temperatura diminui e o movimento das moléculas decresce (redução da energia cinética). Pense na água como vapor; as moléculas zumbem e colidem umas com as outras a uma velocidade de cerca de 400 m/s. Como líquido, as moléculas escorregam uma nas outras, sempre muito juntas, com velocidade muito, muito menor do que a dos gases. Quando mais energia é removida, o líquido se torna gelo, as moléculas não escorregam, mas permanecem em posições fixas, vibrando ao redor dessas posições.

A terceira lei da termodinâmica diz que no zero absoluto, ou 0 K, até mesmo as vibrações do sólido cristalino cessam, e tudo, até mesmo no nível atômico, é congelado. Isso significa que tudo é conhecido a respeito de cada molécula e cada átomo — onde cada átomo está localizado, para onde ele está indo (nenhum lugar). Temos completa informação a respeito do sistema; não há nenhuma incerteza no nosso conhecimento, nenhuma aleatoriedade. Referindo-nos ao capítulo anterior, sobre a teoria da informação, podemos dizer que, a 0 K:

- Com respeito à informação, I é máximo;
- Com respeito à incerteza, S é mínimo, de fato zero.

Isso, então, é a *terceira lei da termodinâmica*, a qual nos conta que S = 0 a 0 K.

[1] Por que não escolher "G" em homenagem a John Gregorian, o primeiro a propor essa escala de temperatura racional?

Ninguém está capacitado a conseguir o zero absoluto de temperatura; contudo, alguns pesquisadores (veja *Science News*, 146, 175 (1994)) recentemente conseguiram uma temperatura um milionésimo de grau acima do 0 K. A essa temperatura, os átomos não voam a centenas de metros por segundo, mas flutuam preguiçosamente a uma velocidade média de 1 cm/s. Qualquer que seja a temperatura (acima de 0 K), isso leva a uma incerteza no nosso conhecimento a respeito das moléculas.

Esse comportamento tem reflexos na escala de temperatura IGE, a qual nos conta diretamente, em grandezas adimensionais, que:

- a 0 K, S = (energia do movimento aleatório) = 0;
- acima de 0 K, S = (energia na forma de movimento aleatório das moléculas) > 0;
- a altas temperaturas, as moléculas zumbem frenética e histericamente de modo que a entropia é grande.

A energia do gás ideal é uma escala de temperatura racional baseada nos princípios da termodinâmica. Fico imaginando se algum dia uma escala de temperatura desse tipo receberá consideração, ou será a ciência tão grande e com muita inércia? O tempo nos dirá.

APÊNDICE

Dimensões, Unidades, Conversões e Propriedades Termodinâmicas da H_2O e HFC-134a

A. Lei de Newton

$$F = \frac{ma}{g_c}$$

Na superfície da Terra, $a = g = 9{,}806\ m/s^2$

Fator de conversão, $g_c = 1 \frac{kg \cdot m}{s^2 \cdot N}$

B. Comprimento

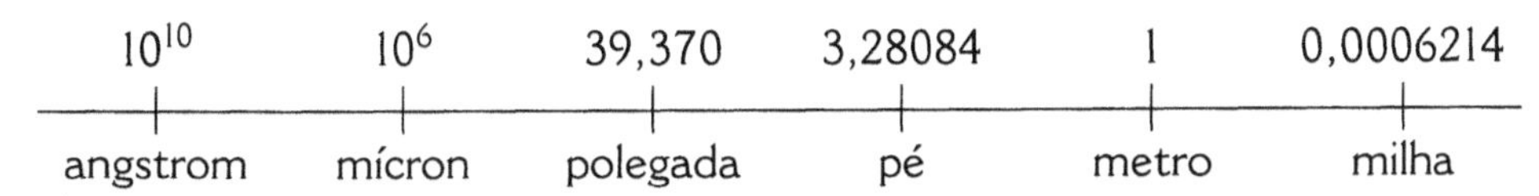

C. Volume

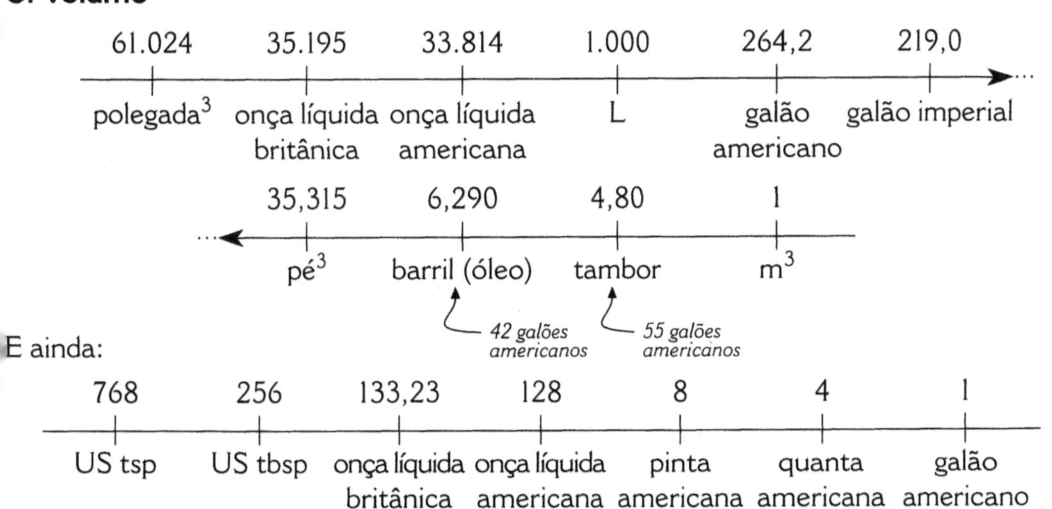

Ou ainda mais:

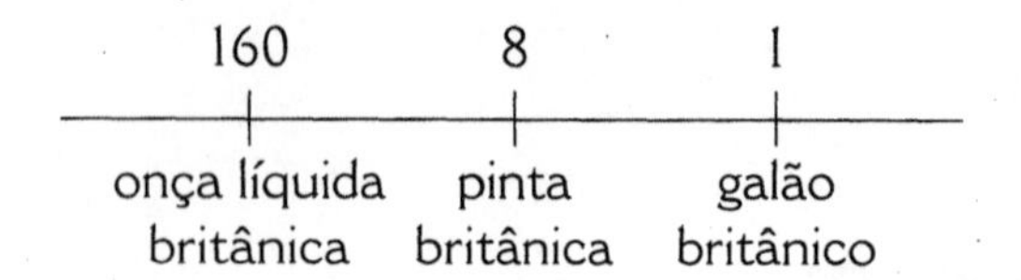

D. Massa

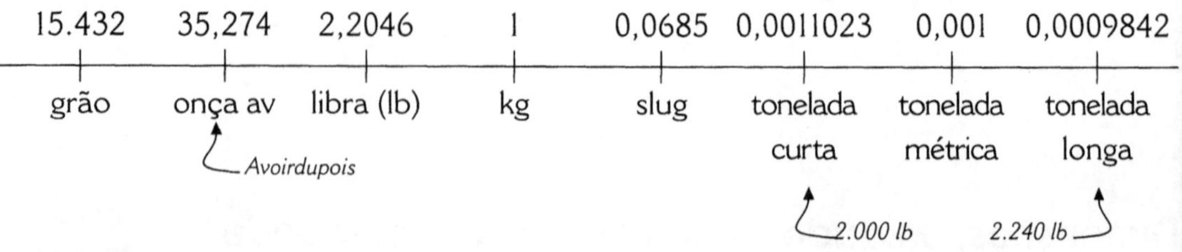

E. Pressão

Pascal: $1\ \text{Pa} = 1\dfrac{\text{N}}{\text{m}^2} = 1\dfrac{\text{kg}}{\text{m}\cdot\text{s}^2} = 10\dfrac{\text{dina}}{\text{cm}^2}$

$1\ \text{atm} = 760\ \text{mmHg} = 760\ \text{torr} = 14{,}696\ \dfrac{\text{lbf}}{\text{pol}^2}$

$= 29{,}92\ \text{pol Hg} = 33{,}93\ \text{pé}\ H_2O = 407{,}189\ \text{pol}\ H_2O$

$= 101.325\ \text{Pa}$

1 bar $= 10^5$ Pa, próximo a 1 atm, às vezes chamado de "atmosfera técnica"

1 pol H_2O $= 248{,}84\ \text{Pa} \cong 250\ \text{Pa}$

F. Trabalho, Calor e Energia

Joule: $1\ \text{joule} = 1\ \text{N}\cdot\text{m} = 1\ \dfrac{\text{kg}\cdot\text{m}}{\text{s}^2}$

$6{,}24\times10^{24}$	10^{13}	10^6	737.562	238.846	101.972
ev	erg	J	pé · lb_f	cal	$kg_f\cdot m$

9.869	947,8	238,85	0,372 51
L · atm	Btu	kcal	Hp · h

(Btu: 778 pé · lb_f)

0,277 778	0,009 478	$947{,}8\times10^{-18}$
kW · h	therm	**Q**

G. Potência

Watt: 1 W = 1 J/s

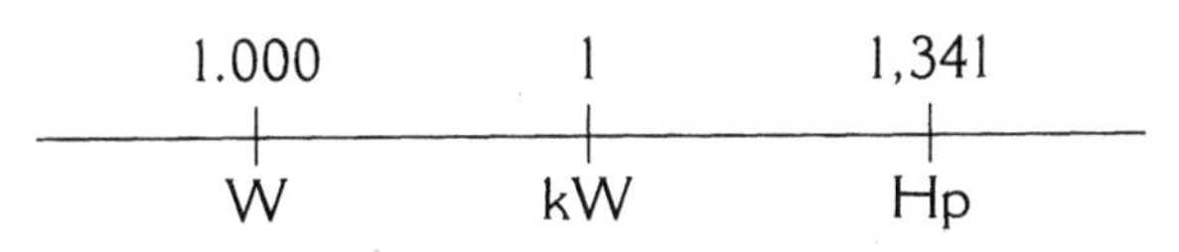

H. Peso Molecular ou Massa Molecular

Em unidades SI: $\overline{(mw)}_{O_2} = 0{,}032 \frac{kg}{mol}$

$\overline{(mw)}_{ar} = 0{,}0289 \frac{kg}{mol}$

I. Gás Ideal

$$pV = nRT \quad \text{ou} \quad \frac{p}{\rho} = \frac{RT}{\overline{(mw)}} \quad \text{ou} \quad C_A = \frac{n_A}{V} = \frac{p_A}{RT}$$

(p: Pa; n: mol; V: m³; T: K; ρ: kg/m³; $\overline{(mw)}$: kg/mol; C_A: mol/m³)

Constante dos gases $R = 8{,}314 \frac{J}{mol \cdot K} = 1{,}987 \frac{cal}{mol \cdot K} = 0{,}7302 \frac{pé^3 \cdot atm}{lb\ mol \cdot °R}$

$$= 0{,}082\ 06 \frac{L \cdot atm}{mol \cdot K} = 1{,}987 \frac{Btu}{lb\ mol \cdot °R} = 8{,}314 \frac{Pa \cdot m^3}{mol \cdot K}$$

J. Propriedades da Água e Vapor Saturados — Tabela de Pressão

Pressão (kPa)	Temp. (°C)	Volume específico (m^3/kg)		Energia interna (kJ/kg)		Entalpia (kJ/kg)		Entropia (kJ/kg · K)	
		líq.sat.	vapor sat.	líq.sat.	vapor sat.	líq.sat.	vapor sat.	líq.sat.	vapor sat.
0,6113	0,01	0,001 000	206,14	,00	2375,3	,01	2501,4	,0000	9,1562
1,0	6,98	0,001 000	129,21	29,30	2385,0	29,30	2514,2	,1059	8,9756
2,0	17,50	0,001 001	67,00	73,48	2399,5	73,48	2533,5	,2607	8,7237
3,0	24,08	0,001 003	45,67	101,04	2408,5	101,05	2545,5	,3545	8,5776
5,0	32,88	0,001 005	28,19	137,81	2420,5	137,82	2561,5	,4764	8,3951
10	45,81	0,001 010	14,67	191,82	2437,9	191,83	2584,7	,6493	8,1502
20	60,06	0,001 017	7,649	251,38	2456,7	251,40	2609,7	,8320	7,9085
30	69,10	0,001 022	5,229	289,20	2468,4	289,23	2625,3	,9439	7,7686
40	75,87	0,001 027	3,993	317,53	2477,0	317,58	2636,8	1,0259	7,6700
50	81,33	0,001 030	3,240	340,44	2483,9	340,49	2645,9	1,0910	7,5939
75	91,78	0,001 037	2,217	384,31	2496,7	384,39	2663,0	1,2130	7,4564
MPa									
0,10	99,63	0,001 043	1,6940	417,36	2506,1	417,46	2675,5	1,3026	7,3594
0,15	111,37	0,001 053	1,1593	466,94	2519,7	467,11	2693,6	1,4336	7,2233
0,20	120,23	0,001 061	0,8857	504,49	2529,5	504,70	2706,7	1,5301	7,1271
0,25	127,44	0,001 067	0,7187	535,10	2537,2	535,37	2716,9	1,6072	7,0527
0,30	133,55	0,001 073	0,6058	561,15	2543,6	561,47	2725,3	1,6718	6,9919
0,40	143,63	0,001 084	0,4625	604,31	2553,6	604,74	2738,6	1,7766	6,8959
0,50	151,86	0,001 093	0,3749	639,68	2561,2	640,23	2748,7	1,8607	6,8213
0,70	164,97	0,001 108	0,2729	696,44	2572,5	697,22	2763,5	1,9922	6,7080
0,75	167,78	0,001 112	0,2556	708,64	2574,7	709,47	2766,4	2,0200	6,6847
1,00	179,91	0,001 127	0,194 44	761,68	2583,6	762,81	2778,1	2,1387	6,5865
1,50	198,32	0,001 154	0,131 77	843,16	2594,5	844,89	2792,2	2,3150	6,4448
2,00	212,42	0,001 177	0,099 63	906,44	2600,3	908,79	2799,5	2,4474	6,3409
3,0	233,90	0,001 217	0,066 68	1004,78	2604,1	1008,42	2804,2	2,6457	6,1869
5	263,99	0,001 286	0,039 44	1147,81	2597,1	1154,23	2794,3	2,9202	5,9734
7	285,88	0,001 351	0,027 37	1257,55	2580,5	1267,00	2772,1	3,1211	5,8133
10	311,06	0,001 452	0,018 026	1393,04	2544,4	1407,56	2724,7	3,3596	5,6141
15	342,24	0,001 658	0,010 337	1585,6	2455,5	1610,5	2610,5	3,6848	5,3098
20	365,81	0,002 036	0,005 834	1785,6	2293,0	1826,3	2409,7	4,0139	4,9269
22,09	374,14	0,003 155	0,003 155	2029,6	2029,6	2099,3	2099,3	4,4298	4,4298

Dados de J. H. Keenan, F. G. Keys, P. G. Hill and J. G. Moore, *Steam Tables*, © 1969, John Wiley and Sons; em B. G. Kyle, *Chemical and Process Thermodynamics*, 2.ª ed., Prentice Hall, 1992, sob permissão.

K. Propriedades da Água e Vapor Saturados — Tabela de Temperatura

Temp. (°C)	Pressão (kPa)	Volume específico (m^3/kg)		Energia interna (kJ/kg)		Entalpia (kJ/kg)		Entropia (kJ/kg · K)	
		líq.sat.	vapor sat.	líq.sat.	vapor sat.	líq.sat.	vapor sat.	líq.sat.	vapor sat.
0,01	0,6113	0,001 000	206,14	,00	2375,3	,01	2501,4	,0000	9,1562
5	0,8721	0,001 000	147,12	20,97	2382,3	20,98	2510,6	,0761	9,0257
10	1,2276	0,001 000	106,38	42,00	2389,2	42,01	2519,8	,1510	8,9008
15	1,7051	0,001 001	77,93	62,99	2396,1	62,99	2528,9	,2245	8,7814
20	2,339	0,001 002	57,79	83,95	2402,9	83,96	2538,1	,2966	8,6672
25	3,169	0,001 003	43,36	104,88	2409,8	104,89	2547,2	,3764	8,5580
30	4,246	0,001 004	32,89	125,78	2416,6	125,79	2556,3	,4369	8,4533
35	5,628	0,001 006	25,22	146,67	2423,4	146,68	2565,3	,5053	8,3531
40	7,384	0,001 008	19,52	167,56	2430,1	167,57	2574,3	,5725	8,2570
45	9,593	0,001 010	15,26	188,44	2436,8	188,45	2583,2	,6387	8,1648
50	12,349	0,001 012	12,03	209,32	2443,5	209,33	2592,1	,7038	8,0763
55	15,758	0,001 015	9,568	230,21	2450,1	230,23	2600,9	,7679	7,9913
60	19,940	0,001 017	7,671	251,11	2456,6	251,13	2609,6	,8312	7,9096
65	25,03	0,001 020	6,197	272,02	2463,1	272,06	2618,3	,8935	7,8310
70	31,19	0,001 023	5,042	292,95	2469,6	292,98	2626,8	,9549	7,7553
75	38,58	0,001 026	4,131	313,90	2475,9	313,93	2635,3	1,0155	7,6824
80	47,39	0,001 029	3,407	334,86	2482,2	334,91	2643,7	1,0753	7,6122
85	57,83	0,001 033	2,828	355,84	2488,4	355,90	2651,9	1,1343	7,5445
90	70,14	0,001 036	2,361	376,85	2494,5	376,92	2660,1	1,1925	7,4791
95	84,55	0,001 040	1,982	397,88	2500,6	397,96	2668,1	1,2500	7,4159
	MPa								
100	0,101 33	0,001 044	1,6729	418,94	2506,5	419,04	2676,1	1,3069	7,3549
110	0,143 27	0,001 052	1,2102	461,14	2518,1	461,30	2691,5	1,4185	7,2387
120	0,198 53	0,001 060	0,8919	503,50	2529,3	503,71	2706,3	1,5276	7,1296
130	0,2701	0,001 070	0,6685	546,02	2539,9	546,31	2720,5	1,6344	7,0269
140	0,3613	0,001 080	0,5089	588,74	2550,0	589,13	2733,9	1,7391	6,9299
150	0,4758	0,001 091	0,3928	631,68	2559,5	632,20	2746,5	1,8418	6,8379
160	0,6178	0,001 102	0,3071	674,87	2568,4	675,55	2758,1	1,9427	6,7502
170	0,7917	0,001 114	0,2428	718,33	2576,5	719,21	2768,7	2,0419	6,6663
180	1,0021	0,001 127	0,194 05	762,09	2583,7	763,22	2778,2	2,1396	6,5857
190	1,2544	0,001 141	0,156 54	806,19	2590,0	807,62	2786,4	2,2359	6,5079
200	1,5538	0,001 157	0,127 36	850,65	2595,3	852,45	2793,2	2,3309	6,4323
210	1,9062	0,001 173	0,104 41	895,53	2599,5	897,76	2798,5	2,4248	6,3585
220	2,318	0,001 190	0,086 19	940,87	2602,4	943,62	2802,1	2,5178	6,2861
230	2,795	0,001 209	0,071 58	986,74	2603,9	990,12	2804,0	2,6099	6,2146
240	3,344	0,001 229	0,059 76	1033,21	2604,0	1037,32	2803,8	2,7015	6,1437
250	3,973	0,001 251	0,050 13	1080,39	2602,4	1085,36	2801,5	2,7927	6,0730
260	4,688	0,001 276	0,042 21	1128,39	2599,0	1134,37	2796,9	2,8838	6,0019
270	5,499	0,001 302	0,035 64	1177,36	2593,7	1184,51	2789,7	2.9751	5,9301
280	6,412	0,001 332	0,030 17	1227,46	2586,1	1235,99	2779,6	3,0668	5,8571
290	7,436	0,001 366	0,025 57	1278,92	2576,0	1289,07	2766,2	3,1594	5,7821

K. Propriedades da Água e Vapor Saturados — Tabela de Temperatura

Temp. (°C)	Pressão (MPa)	Volume específico (m³/kg)		Energia interna (kJ/kg)		Entalpia (kJ/kg)		Entropia (kJ/kg · K)	
		líq.sat.	vapor sat.	líq.sat.	vapor sat.	líq.sat.	vapor sat.	líq.sat.	vapor sat.
300	8,581	0,001 404	0,021 67	1332,0	2563,0	1344,0	2749,0	3,2534	5,7045
310	9,856	0,001 447	0,018 350	1387,1	2546,4	1401,3	2727,3	3,3493	5,6230
320	11,274	0,001 499	0,015 488	1444,6	2525,5	1461,5	2700,1	3,4480	5,5362
330	12,845	0,001 561	0,012 996	1505,3	2498,9	1525,3	2665,9	3,5507	5,4417
340	14,586	0,001 638	0,010 797	1570,3	2464,6	1594,2	2622,0	3,6594	5,3357
350	16,513	0,001 740	0,008 813	1641,9	2418,4	1670,6	2563,9	3,7777	5,2112
360	18,651	0,001 893	0,006 945	1725,2	2351,5	1760,5	2481,0	3,9147	5,0526
370	21,03	0,002 213	0,004 925	1844,0	2228,5	1890,5	2332,1	4,1106	4,7971
374,14	22,09	0,003 155	0,003 155	2029,6	2029,6	2099,3	2099,3	4,4298	4,4298

Dados de J. H. Keenan, F. G. Keys, P. G. Hill e J. G. Moore, *Steam Tables*, © 1969, John Wiley and Sons; em G. J. VanWylen e R. E. Sonntag, *Fundamentals of Classical Thermodynamics*, 2.ª ed., Versão S.I. John Wiley and Sons, New York, 1976, sob permissão.

L. Propriedades do Vapor Superaquecido — Tabela de Pressão

T	p = 0,010 MPa (45,81)				p = 0,050 MPa (81,33)				p = 0,10 MPa (99,63)			
	v	u	h	s	v	u	h	s	v	u	h	s
Sat.	14,674	2437,9	2584,7	8,1502	3,240	2483,9	2645,9	7,5939	1,6940	2506,1	2675,5	7,3594
50	14,869	2443,9	2592,6	8,1749								
100	17,196	2515,5	2687,5	8,4479	3,418	2511,6	2682,5	7,6947	1,6958	2506,7	2676,2	7,3614
150	19,512	2587,9	2783,0	8,6882	3,889	2585,6	2780,1	7,9401	1,9364	2582,8	2776,4	7,6134
200	21,825	2661,3	2879,5	8,9038	4,356	2659,9	2877,7	8,1580	2,172	2658,1	2875,3	7,8343
250	24,136	2736,0	2977,3	9,1002	4,820	2735,0	2976,0	8,3556	2,406	2733,7	2974,3	8,0333
300	26,445	2812,1	3076,5	9,2813	5,284	2811,3	3075,5	8,5373	2,639	2810,4	3074,3	8,2158
400	31,063	2968,9	3279,6	9,6077	6,209	2968,5	3278,9	8,8642	3,103	2967,9	3278,2	8,5435
500	35,679	3132,3	3489,1	9,8978	7,134	3132,0	3488,7	9,1546	3,565	3131,6	3488,1	8,8342
600	40,295	3302,5	3705,4	10,1608	8,057	3302,2	3705,1	9,4178	4,028	3301,9	3704,7	9,0976

T	p = 0,20 MPa (120,23)				p = 0,30 MPa (133,55)				p = 0,40 MPa (143,63)			
Sat.	,8857	2529,5	2706,7	7,1272	,6058	2543,6	2725,3	6,9919	,4625	2553,6	2738,6	6,8959
150	,9596	2576,9	2768,8	7,2795	,6339	2570,8	2761,0	7,0778	,4708	2564,5	2752,8	6,9299
200	1,0803	2654,4	2870,5	7,5066	,7163	2650,7	2865,6	7,3115	,5342	2646,8	2860,5	7,1706
250	1,1988	2731,2	2971,0	7,7086	,7964	2728,7	2967,6	7,5166	,5951	2726,1	2964,2	7,3789
300	1,3162	2808,6	3071,8	7,8926	,8753	2806,7	3069,3	7,7022	,6548	2804,8	3066,8	7,5662
400	1,5493	2966,7	3276,6	8,2218	1,0315	2965,6	3275,0	8,0330	,7726	2964,4	3273,4	7,8985
500	1,7814	3130,8	3487,1	8,5133	1,1867	3130,0	3486,0	8,3251	,8893	3129,2	3484,9	8,1913
600	2,013	3301,4	3704,0	8,7770	1,3414	3300,8	3703,2	8,5892	1,0055	3300,2	3702,4	8,4558

T	p = 0,50 MPa (151,86)				p = 0,60 MPa (158,85)				p = 1,00 MPa (179,91)			
	v	u	h	s	v	u	h	s	v	u	h	s
Sat.	,3749	2561,2	2748,7	6,8213	,3157	2567,4	2756,8	6,7600	,194 44	2583,6	2778,1	6,5865
200	,4249	2642,9	2855,4	7,0592	,3520	2638,9	2850,1	6,9665	,2060	2621,9	2827,9	6,6940
250	,4744	2723,5	2960,7	7,2709	,3938	2720,9	2957,2	7,1816	,2327	2709,9	2942,6	6,9247
300	,5226	2802,9	3064,2	7,4599	,4344	2801,0	3061,6	7,3724	,2579	2793,2	3051,2	7,1229
350	,5701	2882,6	3167,7	7,6329	,4742	2881,2	3165,7	7,5464	,2825	2875,2	3157,7	7,3011
400	,6173	2963,2	3271,9	7,7938	,5137	2962,1	3270,3	7,7079	,3066	2957,3	3263,9	7,4651
500	,7109	3128,4	3483,9	8,0873	,5920	3127,6	3482,8	8,0021	,3541	3124,4	3478,5	7,7622
600	,8041	3299,6	3701,1	7,3522	,6697	3299,1	3700,9	8,2674	,4011	3296,8	3697,9	8,0290
700	,8969	3477,5	3925,9	8,5952	,7472	3477,0	3925,3	8,5107	,4478	3475,3	3923,1	8,2731
800	,9896	3662,1	4156,9	8,8211	,8245	3661,8	4156,5	8,7367	,4943	3660,4	4154,7	8,4996
900	1,0822	3835,6	4394,7	9,0329	,9017	3853,4	4394,4	8,9486	,5407	3852,2	4392,9	8,7118
1000	1,1747	4051,8	4639,1	9,2328	,9788	4051,5	4638,8	9,1485	,5871	4050,5	4637,6	8,9119

T	p = 1,40 MPa (195,07)				p = 2,00 MPa (212,42)				p = 3,00 MPa (233,90)			
Sat	,140 84	2592,8	2790,0	6,4693	,099 63	2600,3	2799,5	6,3409	,066 68	2604,1	2804,2	6,1869
200	,143 02	2603,1	2803,3	6,4975								
250	,163 50	2698,3	2927,2	6,7467	,111 44	2679,6	2902,5	6,5453	,070 58	2644,0	2855,8	6,2872
300	,182 28	2785,2	3040,4	6,9534	,125 47	2772,6	3023,5	6,7664	,081 14	2750,1	2993,5	6,5390
350	,2003	2869,2	3149,5	7,1360	,138 57	2859,8	3137,0	6,9563	,090 53	2843,7	3115,3	6,7428
400	,2178	2952,5	3257,5	7,3026	,151 20	2945,2	3247,6	7,1271	,099 36	2932,8	3230,9	6,9212
									,107 87	3020,4	3344,0	7,0834
500	,2521	3121,1	3474,1	7,6027	,175 68	3116,2	3467,6	7,4317	,116 19	3108,0	3456,5	7,2338
600	,2860	3294,4	3694,8	7,8710	,199 60	3290,9	3690,1	7,7024	,132 43	3285,0	3682,3	7,5085
700	,3195	3473,6	3920,8	8,1160	,2232	3470,9	3917,4	7,9487	,148 38	3466,5	3911,7	7,7571
800	,3528	3659,0	4153,0	8,3431	,2467	3657,0	4150,3	8,1765	,164 14	3653,5	4145,9	7,9862
900	,3861	3851,1	4391,5	8,5556	,2700	3849,3	4389,4	8,3895	,179 80	3846,5	4385,9	8,1999
1000	,4192	4049,5	4636,4	8,7559	,2933	4048,0	4634,6	8,5901	,195 41	4045,4	4631,6	8,4009

T	p = 4,00 MPa (250,40)				p = 6,00 MPa (275,64)				p = 8,00 MPa (295,06)			
Sat	,049 78	2602,3	2801,4	6,0701	,032 44	2589,7	2784,3	5,8892	,023 52	2569,8	2758,0	5,7432
300	,058 84	2725,3	2960,7	6,3615	,036 16	2667,2	2884,2	6,0674	,024 26	2590,9	2785,0	5,7906
350	,066 45	2826,7	3092,5	6,5821	,042 23	2789,6	3043,0	6,3335	,029 95	2747,7	2987,3	6,1301
400	,073 41	2919,9	3213,6	6,7690	,047 39	2892,9	3177,2	6,5408	,034 32	2863,8	3138,3	6,3634
450	,080 02	3010,2	3330,3	6,9363	,052 14	2988,9	3301,8	6,7193	,038 17	2966,7	3272,0	6,5551
500	,086 43	3099,5	3445,3	7,0901	,056 65	3082,2	3422,2	6,8803	,041 75	3064,3	3398,3	6,7240
550					,061 01	3174,6	3540,6	7,0288	,045 16	3159,8	3521,0	6,8778
600	,098 85	3279,1	3674,4	7,3688	,065 25	3266,9	3658,4	7,1677	,048 45	3254,4	3642,0	7,0206
700	,110 95	3462,1	3905,9	7,6198	,073 52	3453,1	3894,2	7,4234	,054 81	3443,9	3882,4	7,2812
800	,122 87	3650,0	4141,5	7,8502	,081 60	3643,1	4132,7	7,6566	,060 97	3636,0	4123,8	7,5173
900	,134 69	3843,6	4382,3	8,0647	,089 58	3837,8	4375,3	7,8727	,067 02	3832,1	4368,3	7,7351
1000	,146 45	4042,9	4628,7	8,2662	,097 49	4037,8	4622,7	8,0751	,073 01	4032,8	4616,9	7,9384

Dados de J. H. Keenan, F. G. Keys, P . G. Hill e J. G. Moore, *Steam Tables*, © 1969, John Wiley and Sons; em B. G. Kyle, *Chemical and Processs Thermodinamics*, 2.ª ed., Prentice Hall, 1992, sob permissão.

M. HFC-134A Propriedades na Saturação

Temp. (°C)	Pressão (kPa)		Densidade (kg/m³)	Entalpia (kJ/kg)	Entropia (kJ/kg·K)
–100	0,566	liq.	1580,49	77,268	0,4448
		vap.	0,040	337,199	1,9460
–95	0,947	liq.	1566,80	83,033	0,4776
		vap.	0,065	340,146	1,9209
–90	1,532	liq.	1553,10	88,792	0,5095
		vap.	0,103	343,132	1,8982
–85	2,407	liq.	1539,41	94,565	0,5406
		vap.	0,158	346,155	1,8778
–80	3,679	liq.	1525,71	100,367	0,5710
		vap.	0,235	349,209	1,8594
–75	5,482	liq.	1512,01	106,206	0,6009
		vap.	0,341	352,292	1,8428
–70	7,980	liq.	1498,29	112,087	0,6302
		vap.	0,486	355,399	1,8279
–65	11,371	liq.	1484,54	118,014	0,6590
		vap.	0,677	358,525	1,8144
–60	15,887	liq.	1470,73	123,989	0,6873
		vap.	0,926	361,667	1,8024
–55	21,797	liq.	1456,86	130,014	0,7152
		vap.	1,245	364,818	1,7916
–50	29,406	liq.	1442,89	136,091	0,7428
		vap.	1,648	367,975	1,7819
–45	39,059	liq.	1428,82	142,219	0,7699
		vap.	2.149	371,134	1,7732
–40	51,139	liq.	1414,61	148,401	0,7967
		vap.	2,767	374,288	1,7655
–35	66,065	liq.	1400,25	154,638	0,8231
		vap.	3,518	377,434	1,7586
–30	84,295	liq.	1385,71	160,932	0,8492
		vap.	4,424	380,566	1,7525
–25	106,320	liq.	1370,97	167,283	0,8750
		vap.	5,504	383,681	1,7470
–20	132,668	liq.	1356,00	173,695	0,9005
		vap.	6,784	386,773	1,7422
–15	163,899	liq.	1340,77	180,170	0,9257
		vap.	8,288	389,836	1,7379
–10	200,601	liq.	1325,27	186,711	0.9507
		vap.	10,044	392,866	1,7341
–5	243,394	liq.	1309,45	193,319	0,9755
		vap.	12,082	395,857	1,7308
0	**292,925**	**liq.**	**1293,28**	**200,000**	**1,0000**
		vap.	**14,435**	**398,803**	**1,7278**

Temp. (°C)	Pressão (kPa)		Densidade (kg/m³)	Entalpia (kJ/kg)	Entropia (kJ/kg·K)
5	349,868	liq.	1276,74	206,756	1,0244
		vap.	17,140	401,697	1,7252
10	414,919	liq.	1259,77	213,593	1,0485
		vap.	20,236	404,532	1,7229
15	488,801	Liq.	1242,33	220,514	1,0726
		vap.	23,770	407,300	1,7208
20	572,259	liq.	1224,38	227,526	1,0964
		vap.	27,791	409,993	1,7189
25	666,063	liq.	1205,86	234,634	1,1202
		vap.	32,359	412,600	1,7171
30	771,005	liq.	1186,69	241,846	1,1439
		vap.	37,540	415,109	1,7155
35	887,907	liq.	1 166,81	249,170	1,1676
		vap.	43,413	417,506	1,7138
40	1017,616	liq.	1146,11	256,617	1,1912
		vap.	50,072	419,775	1,7122
45	1161,013	liq.	1 124,49	264,198	1,2148
		vap.	57,630	421,897	1,7105
50	1319,017	liq.	1101,80	271,926	1,2384
		vap.	66,225	423,845	1,7086
55	1492,592	liq.	1077,87	279.821	1.2622
		vap.	76,035	425.590	1.7064
60	1682,762	liq.	1052,47	287.905	1.2861
		vap.	87,287	427.091	1.7039
65	1890,623	liq.	1025,28	296.209	1.3102
		vap.	100,283	428.296	1.7009
70	2117,366	liq.	995,91	304.772	1.3347
		vap.	115,442	429.132	1.6971
75	2364,313	liq.	963,73	313.652	1.3597
		vap.	133,373	429.496	1.6924
80	2632,970	liq.	927,84	322.936	1.3854
		vap.	155,010	429.230	1.6863
85	2925,109	liq.	886,70	332.764	1.4121
		vap.	181,929	428.076	1.6782
90	3242,934	liq.	837,34	343.414	1.4406
		vap.	217,162	425.547	1.6668
95	3589,451	liq.	772,35	355.577	1.4727
		vap.	268,255	420.471	1.6489
100	3969,943	liq.	651,44	373.174	1.5187
		vap.	375,503	406.956	1.6092

N. HFC-134A Vapor Superaquecido — Tabela de Pressão

Temp. (°C)	Pressão = 50 kPa ρ (kg/m³)	h (kJ/kg)	s (kJ/kg·K)		Temp. (°C)	Pressão = 100 kPa ρ (kg/m³)	h (kJ/kg)	s (kJ/kg·K)
-40,43	1408,451	147,9	0,7944	Liquido sat.	-26,34	1369,863	165,6	0,8681
-40,43	2,709	374,0	1,7661	Vapor sat.	-26,34	5,195	382,8	1,7484
-40	2,704	374,3	1,7675		-20	5,043	387,9	1,7685
-30	2,581	381,8	1,7990		-10	4,823	395,8	1,7994
-20	2,471	389,5	1,8297		0	4,624	404,0	1,8297
-10	2,370	397,3	1,8599		10	4,444	412,2	1,8593
0	2,278	405,2	1,8895		20	4,279	420,6	1,8883
10	2,194	413,3	1,9186		30	4,127	429,1	1,9169
20	2,116	421,5	1,9473		40	3,986	437,7	1,9450
30	2,043	430,0	1,9755		50	3,855	446,6	1,9727
40	1,976	438,5	2,0034		60	3,733	455,5	2,0001
50	1,913	447,3	2,0309		70	3,620	464,7	2,0270
60	1,854	456,2	2,0580		80	3,513	473,9	2,0537

Temp.	Pressão = 200 kPa				Temp.	Pressão = 300 kPa		
-10,08	1333,333	186,8	0,9503	Liquido sat.	0,66	1298,701	200,9	1,0032
-10,08	10,015	392,8	1,7342	Vapor sat.	0,66	14,771	399,2	1,7275
-20	1356,195	173,7	0,9004		10	14,101	407,5	1,7573
-10	10,011	392,9	1,7344		20	13,469	416,4	1,7883
0	9,544	401,4	1,7661		30	12,907	425,4	1,8183
10	9,130	409,9	1,7968		40	12,402	434,4	1,8477
20	8,759	418,5	1,8267		50	11,944	443,6	1,8764
30	8,422	427,3	1,8560		60	11,523	452,8	1,9045
40	8,114	436,1	1,8847		70	11,138	462,1	1,9322
50	7,833	445,1	1,9129		80	10,781	471,6	1,9594
60	7,572	454,2	1,9406		90	10,448	481,2	1,9862
70	7,330	463,4	1,9679		100	10,139	490,9	2,0126
80	7,105	472,8	1,9948		110	9,849	500,8	2,0387

Temp.	Pressão = 500 kPa				Temp.	Pressão = 600 kPa		
15,71	1234,568	221,5	1,0759	Liquido sat.	21,54	1219,512	229,7	1,1038
15,71	24,307	407,7	1,7205	Vapor sat.	21,54	29,137	410,8	1,7183
20	23,737	411,8	1,7347		30	27,781	419,2	1,7463
30	22,551	421,3	1,7667		40	26,404	428,9	1,7780
40	21,523	430,8	1,7975		50	25,209	438,7	1,8086
50	20,615	440,4	1,8274		60	24,155	448,4	1,8382
60	19,803	449,9	1,8565		70	23,213	458,1	1,8671
70	19,070	459,5	1,8849		80	22,361	468,0	1,8953
80	18,402	469,2	1,9128		90	21,585	477,9	1,9229
90	17,791	479,0	1,9401		100	20,873	487,8	1,9501
100	17,224	489,0	1,9670		110	20,221	497,9	1,9767
110	16,698	498,9	1,9934		120	19,608	508,1	2,0030
120	16,210	509,0	2,0195		130	19,041	518,4	2,0288

Temp. (°C)	Pressão = 800 kPa ρ (kg/m³)	h (kJ/kg)	s (kJ/kg · K)		Temp. (°C)	Pressão = 1.000 kPa ρ (kg/m³)	h (kJ/kg)	s (kJ/kg · K)
31,29	1176,471	243,7	1,1500	Líquido sat.	39,35	1149,425	255,6	1,1881
31,29	38,986	415,7	1,7150	Vapor sat.	39,35	49,158	419,5	1,7124
40	36,968	424,8	1,7445		40	48,932	420,2	1,7147
50	35,017	435,1	1,7767		50	45,849	431,2	1,7491
60	33,352	445,2	1,8076		60	43,330	441,8	1,7816
70	31,897	455,3	1,8374		70	41,201	452,3	1,8126
80	30.611	465,4	1,8664		80	39,358	462,7	1,8425
90	29,458	475,5	1,8947		90	37,736	473,1	1,8715
100	28,414	485,7	1,9223		100	36,292	483,5	1,8998
110	27,457	495,9	1,9494		110	34,982	493,9	1,9273
120	26,578	506,3	1,9761		120	33,795	504,4	1,9543
130	25,766	516,7	2,0023		130	32,702	515,0	1,9809
140	25,0 ml2	527,2	2,0281		140	31,698	525,6	2,0070

Temp.	Pressão = 1.400 kPa				Temp.	Pressão = 1.800 kPa		
52.39	1086,957	275,7	1,2498	Líquido sat	62,87	1041,667	292,6	1,2999
52.39	70,751	424,7	1,7076	Vapor sat.	62,87	94,520	427,8	1,7022
60	66,577	434,0	1,7357		70	88,188	437,4	1,7306
70	62,228	445,6	1,7700		80	81,517	450,0	1,7667
80	58,715	456,8	1,8023		90	76,373	462,0	1,8001
90	55,775	467,8	1,8331		100	72,172	473,6	1,8317
100	53,241	478,8	1,8628		110	68,652	485,0	1,8618
110	51,032	489,6	1,8915		120	65,606	496,3	1,8909
120	49,056	500,5	1,9194		130	62,920	507,5	1,9191
130	47,283	511,3	1,9467		140	60,530	518,7	1,9466
140	45,674	522,2	1,9734		150	58,390	530,0	1,9734
150	44,198	533,2	1,9997		160	56,437	541,2	1,9997
160	42,839	544,2	2,0255		170	54,641	552,5	2,0256

Temp.	Pressão = 2.000 kPa				Temp.	Pressão = 3.000 kPa		
67,47	1010,101	300,4	1,3223	Líquido sat.	86,22	877,193	335,3	1,4188
67,47	107,456	428,8	1,6991	Vapor sat.	86,22	189,568	427,6	1,6758
70	104,329	432,5	1,7101		90	173,927	436,1	1,6992
80	94,819	446,1	1,7493		100	150,440	453,5	1,7466
90	87,957	458,8	1,7845		110	136,372	468,2	1,7855
100	82,577	470,8	1,8173		120	126,267	481,8	1,8204
110	78,165	482,6	1,8483		130	118,400	494,7	1,8528
120	74,432	494,1	1,8781		140	111,972	507,2	1,8835
130	71,198	505,5	1,9068		150	106,546	519,4	1,9128
140	68,340	516,9	1,9347		160	101,860	531,6	1,9411
150	65,794	528,3	1,9619		170	97,740	543,6	1,9686
160	63,497	539,7	1,9884		180	94,070	555,6	1,9953
170	61,401	551,1	2,0145		190	90,765	567,6	2,0215

Adaptado do Manual Técnico, T-134a-SI da DuPont, sob permissão.

ÍNDICE